원리 학습을 기반으로 하는 중학 과학의 새로운 패러다임

중학 과학 2·1

| 교재
내용
문의 | 교재 내용 문의는 EBS 중학사이트
(mid.ebs.co.kr)의 교재 Q&A
서비스를 활용하시기 바랍니다. | 교 재
정오표
공 지 | 발행 이후 발견된 정오 사항을 EBS
중학사이트 정오표 코너에서 알려 드립니다.
교재학습자료 → 교재 → 교재 정오표 | 교재
정정
신청 | 공지된 정오 내용 외에 발견된 정오 사항이 있다면
EBS 중학사이트를 통해 알려 주세요.
교재학습자료 → 교재 → 교재 선택 → 교재 Q&A |

사뿐

중학 사회
중학 역사

사회를 한 권으로
가뿐하게!

중학 사회

①-1 ②-1 ①-2 ②-2

중학 역사

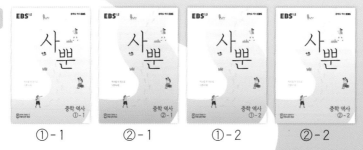

①-1 ②-1 ①-2 ②-2

원리 학습을 기반으로 하는 중학 과학의 새로운 패러다임

비욘드

중학 과학 2·1

구성과 특징

제목으로 **미리보기**

단원에서 학습해야 할 내용을 쉽고 흥미로운 이야기로 도입하였습니다.

그림을 떠올려! **기억하기**

단원에서 학습할 내용의 기초가 되는 이전 개념을 대표적인 그림을 떠올려 기억할 수 있도록 구성하였습니다.

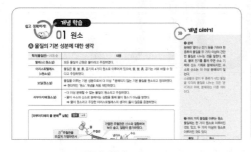

• **개념 더하기**: 개념 이해를 돕기 위한 다양한 코너들
  핵심 Tip / 원리 Tip / 암기 Tip / 적용 Tip

쉽고 정확하게! **개념 학습**

교과서를 철저하게 분석하고, 중학생 눈높이에 맞는 설명과 예시, 생생한 사진과 삽화, 다양한 코너를 이용하여 개념을 정확하고 쉽게 이해할 수 있도록 구성하였습니다.

기초를 튼튼히! **개념 잡기**

학습한 개념을 확실하게 잡을 수 있도록 간단하지만 날카로운 확인 문제로 구성하였습니다. 개념 학습과 실전을 연결시켜 주기 위한 중요한 단계입니다.

• **실험 Tip**: 실험 분석을 돕기 위한 자료
• **Plus 탐구**: 같은 목표의 다른 실험 자료

과학적 사고로! **탐구하기**

교육과정에서 필수적으로 제시한 탐구 실험/자료를 [과정–결과–정리–문제] 단계로 구성하였습니다. 과학적 사고로 문제를 해결할 수 있는 능력을 키울 수 있습니다.

Beyond 특강

단원에 따라 다양한 내용의 특강으로 구성하여 학습의 효율을 극대화할 수 있도록 하였습니다.

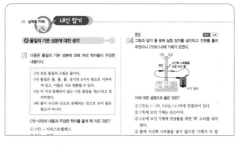

실력을 키워! **내신 잡기**

학교 시험 족보를 꼼꼼하게 분석하여 실제 출제되는 핵심 유형의 문제들로 구성하였습니다. 실력을 키워 학교 내신에 철저하게 대비할 수 있습니다.

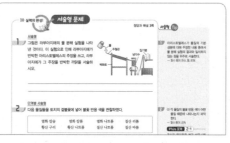

• **서술형 Tip**: 서술형 문제의 답안 작성을 위한 팁
• **Plus 문제**: 한 문제에서 다른 관점으로 물어 볼 수 있는 또 다른 문제

실력의 완성! **서술형 문제**

실제 학교 시험에서 출제되는 다양한 유형의 서술형 문제를 구성하여 실력을 완성할 수 있도록 하였습니다.

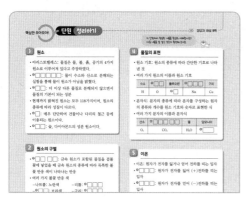

핵심만 모아모아! 단원 정리하기

각 중단원에서 학습한 개념 중 핵심 내용만 모아서 짧은 시간에 전체 단원을 복습할 수 있도록 구성하였습니다.

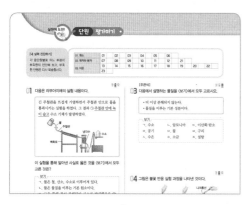

실전에 도전! 단원 평가하기

대단원 내용에 대한 개념, 응용, 통합 등 다양한 관점의 문제들로 구성하여 실전 실력을 평가할 수 있도록 구성하였습니다.

- **내 실력 진단하기**: 각 문제마다 맞았는지 틀렸는지 표시하여 어느 중단원 부분이 부족한지 한 눈에 볼 수 있는 코너

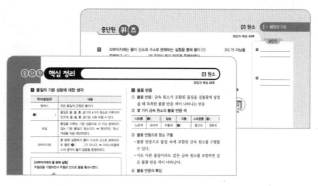

중단원 핵심 정리 / 중단원 퀴즈

학교 시험에 대비하여 개념을 빠르게 복습할 수 있도록 개념 정리와 퀴즈 문제로 구성하였습니다. 시험 직전에 효과적으로 이용할 수 있습니다.

○○ 문제 공략

시험에 자주 출제되는 문제를 공략하기 위한 코너로 구성하였습니다. 암기 문제 / 계산 문제 / 개념 이해 문제 / 모형 문제 / 그림 문제 등 단원별 빈출 유형을 집중 훈련할 수 있습니다.

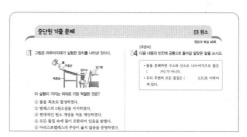

중단원 기출 문제

실제 학교 기출 문제 중 출제 비중이 높은 문제들로 구성하였습니다. 고난도 문제, 서술형 문제를 통하여 학교 시험 100점을 향해 완벽한 대비를 할 수 있습니다.

정답과 해설

문제의 전반적인 해설과, 옳은 선지와 옳지 않은 선지에 대한 친절한 해설로 구성하였습니다.

- **자료 분석**: 고난도 문제를 쉽게 해결할 수 있는 자료 분석 및 재해석 코너

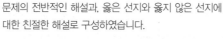
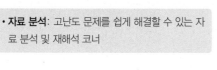

중학 과학 교과서 들여다보기

Ⅰ 물질의 구성

중단원명	비욘드 중학 과학	동아출판	미래엔	비상교육	천재교과서	와이비엠
01 원소	10~19	13~19	14~19	12~17	13~17	14~17
02 원자와 분자	20~29	20~27	20~29	22~31	18~27	18~27
03 이온	30~40	31~37	30~38	36~42	31~38	30~35

Ⅱ 전기와 자기

중단원명	비욘드 중학 과학	동아출판	미래엔	비상교육	천재교과서	와이비엠
01 전기의 발생	48~59	49~54	50~55	50~59	47~51	48~51
02 전류, 전압, 저항	60~71	55~63	56~65	60~73	52~61	52~63
03 전류의 자기 작용	72~82	66~75	66~73	74~83	64~73	65~74

차례

비욘드 중학 과학 2-2 내용 미리 보기

태양계

식물과 에너지

I

물질의 구성

기억하기

이 단원을 학습하기 전에, 이전에 배운 내용 중 꼭 알아야 할 개념들을 그림과 함께 떠올려 봅시다.

1 | 물체와 물질 —————————————⟫⟫ 초등학교 3학년 물질의 성질

- (❶): 모양과 크기를 가지고 어떤 용도에 의해 만들어진 물건
- (❷): 물체를 만드는 재료

2 | 물질의 상태와 입자 배열 —————————⟫⟫ 중학교 1학년 물질의 상태 변화

- 모든 물질은 (❸)로 되어 있다.
- 물질의 상태에 따라 (❸)의 배열 모습이 다르다.

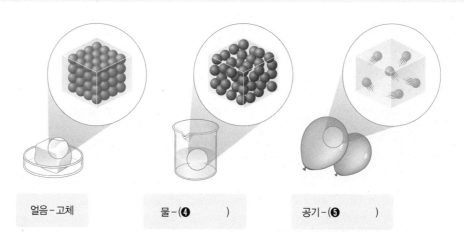

얼음-고체　　　　　물-(❹ 　)　　　　　공기-(❺ 　)

정답 ❶ 물체 ❷ 물질 ❸ 입자 ❹ 액체 ❺ 기체

개념 학습

01 원소

Ⓐ 물질의 기본 성분에 대한 생각

학자(물질관) - 시대 순	내용
탈레스(1원소설)	모든 물질의 근원은 물이라고 주장하였다.
아리스토텔레스 (4원소설)	물질은 물, 불, 흙, 공기의 4가지 원소로 이루어져 있으며, 물, 불, 흙, 공기는 서로 바뀔 수 있다고 주장하였다.
보일(원소설)	물질을 이루는 기본 성분으로서 더 이상 *분해되지 않는 기본 물질을 원소라고 정의하였다. ➡ 현대적인 '원소' 개념을 처음 제안하였다.
라부아지에(원소설)	• 더 이상 분해할 수 없는 물질이 원소라고 주장하였다. • 물이 수소와 산소로 분해되는 실험을 통해 물이 원소가 아님을 밝혔다. ➡ 물이 원소라고 주장한 아리스토텔레스의 생각이 옳지 않음을 증명하였다.

[라부아지에의 물 분해❶ 실험] **탐구** 14쪽

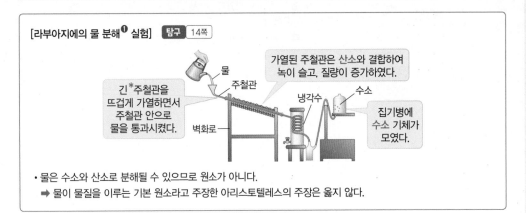

긴 *주철관을 뜨겁게 가열하면서 주철관 안으로 물을 통과시켰다.

가열된 주철관은 산소와 결합하여 녹이 슬고, 질량이 증가하였다.

집기병에 수소 기체가 모였다.

• 물은 수소와 산소로 분해될 수 있으므로 원소가 아니다.
➡ 물이 물질을 이루는 기본 원소라고 주장한 아리스토텔레스의 주장은 옳지 않다.

Ⓑ 원소

1. 원소 더 이상 다른 물질로 분해되지 않으면서 물질의 기본이 되는 성분

예 수소, 산소, 탄소, 질소, 염소, 수은, 나트륨, 마그네슘, 금, 은, 주석, 니켈 등

① 현재까지 밝혀진 원소는 <u>118가지</u>이다. ➡ 약 90가지는 자연에서 발견되었고, 나머지는 인공적으로 만든 것이다.
└이 118가지의 원소들이 모여 세상의 물질들을 구성한다. 즉, 물질의 종류는 원소의 종류보다 훨씬 많다.

② 원소는 종류에 따라 성질이 다르다.

③ 모든 물질은 원소로 이루어져 있다.❷

예 • 금반지: 금   • 소금: 염소, 나트륨   • 비누: 탄소, 수소, 산소, 나트륨 등

2. 여러 가지 원소의 성질과 이용❸

철	구리	금
매우 단단하므로 건물이나 다리의 철근, 철도 레일 등에 이용된다.	전기가 잘 통하는 성질이 있으므로 전선으로 이용된다.	광택이 있고 물, 산소와 반응하지 않으므로 *장신구의 재료로 이용된다.

헬륨	산소	탄소
가볍고 안전하므로 비행선이나 광고용 풍선의 기체로 이용된다.	지구 대기의 약 21 %를 차지하며, 생물의 호흡이나 물질의 연소에 이용된다.	숯, 다이아몬드의 성분이며, 연필심, 건전지 등에 이용된다.

개념 더하기

❶ 분해

분해란 열이나 전기 등을 가하여 한 종류의 물질을 두 가지 이상의 간단한 물질로 나누는 것을 말한다. 예로, 물에 전기를 흘려 주면 수소 기체와 산소 기체로 분해되지만, 수소와 산소는 더 이상 분해되지 않는다.
소금물과 같이 두 종류가 섞인 물질을 각각의 물질로 나누는 것은 '분리'라고 하며, 분해와는 다른 의미이다.

❷ 여러 가지 물질을 이루는 원소

물질에는 한 가지 원소로 이루어진 것도 있고, 두 가지 이상의 원소로 이루어진 것도 있다.

물질	원소
알루미늄 포일	알루미늄
소금	염소, 나트륨
설탕	탄소, 수소, 산소
나무젓가락	탄소, 수소, 산소
플라스틱	탄소, 수소, 염소 등
휴대폰	금, 은, 리튬, 주석, 니켈 등
치약	플루오린, 나트륨, 탄소, 수소 등
바닷물	수소, 산소, 염소, 나트륨, 마그네슘 등

❸ 여러 가지 원소의 성질과 이용
• 수소: 가장 가벼운 원소로, 우주 왕복선의 연료로 이용된다.
• 질소: 다른 물질과 잘 반응하지 않으므로 과자 봉지의 충전 기체로 이용된다.
• 규소: 지각에 많이 존재하며, 반도체를 만드는 데 이용된다.

용어 사전

*분해(나눌 分, 풀 解)
여러 부분이 결합된 것을 각각으로 나눔
*주철관
탄소를 포함하는 철로 만든 관
*장신구
몸 치장을 하는 데 쓰는 물건, 반지, 목걸이 등

1 물질의 기본 성분에 대해 다음과 같이 주장한 학자를 각각 고르시오.

| 탈레스 | 아리스토텔레스 | 보일 | 라부아지에 |

(1) 모든 물질의 근원은 물이라고 주장하였다. ( )
(2) 현대적인 원소 개념을 최초로 제안하였다. ( )
(3) 물 분해 실험을 통해 물은 물질을 이루는 기본 원소가 아님을 밝혔다. ( )
(4) 물질은 물, 불, 흙, 공기의 4가지 원소로 이루어져 있으며, 이들은 서로 바뀔 수 있다고 주장하였다. ( )

2 다음 내용의 ㉠~㉢에 알맞은 말을 쓰시오.

라부아지에는 그림과 같은 실험을 통해, 물은 (㉠   )과/와 (㉡   )(으)로 분해되는 것을 확인하였고, 이로부터 물은 (㉢   )이/가 아님을 증명하였다.

3 원소에 대한 설명으로 옳은 것은 ○, 옳지 않은 것은 ×로 표시하시오.

(1) 더 이상 다른 물질로 분해되지 않는다. ( )
(2) 모든 원소는 자연에서 발견되었다. ( )
(3) 원소의 종류에 따라 그 성질이 다르다. ( )
(4) 모든 물질은 한 종류의 원소로 이루어져 있다. ( )

4 원소에 해당하는 것을 〈보기〉에서 모두 고르시오.

보기
ㄱ. 금   ㄴ. 물   ㄷ. 구리
ㄹ. 염화 나트륨   ㅁ. 비누   ㅂ. 나트륨

5 다음 원소와 원소의 특징을 옳게 연결하시오.

(1) 철 •   • ㉠ 전기가 잘 통하므로 전선으로 이용된다.

(2) 구리 •   • ㉡ 생물의 호흡이나 물질의 연소에 이용된다.

(3) 산소 •   • ㉢ 가볍고 안전하므로 비행선이나 광고용 풍선의 기체로 이용된다.

(4) 헬륨 •   • ㉣ 매우 단단하므로 건물이나 다리의 철근, 철도 레일 등에 이용된다.

쉽고 정확하게!

개념 학습

01 원소

C 원소의 구별

1. 불꽃 반응 금속 원소❶가 포함된 물질을 *겉불꽃에 넣었을 때 금속 원소의 종류에 따라 독특한 불꽃 반응 색이 나타나는 반응 **탐구** 15쪽

① 몇 가지 금속 원소의 불꽃 반응 색 – 금속 원소의 종류에 따라 고유한 불꽃 반응 색을 나타낸다.

노란색	보라색	주황색	빨간색	빨간색	청록색	황록색
나트륨	칼륨	칼슘	리튬	스트론튬	구리	바륨

리튬과 스트론튬은 불꽃 반응 색이 빨간색으로 비슷하다.

② 불꽃 반응❷으로 원소 구별

• 불꽃 반응 색으로 물질 속에 포함된 금속 원소를 구별할 수 있다.

　예 어떤 물질의 불꽃 반응 색이 노란색이었다. ➡ 물질에 나트륨이 포함되어 있다.

• 서로 다른 물질이라도 같은 금속 원소를 포함하면 같은 불꽃 반응 색이 나타난다.

[같은 불꽃 반응 색을 나타내는 물질]

물질	불꽃 반응 색
염화 구리	청록색
질산 구리	
염화 나트륨	노란색
질산 나트륨	

• 염화 **구리**와 질산 **구리**는 모두 구리를 포함하며, 불꽃 반응 색이 **청록색**으로 같다. ➡ 불꽃 반응 색은 구리에 의한 것이다.
• 염화 나트륨과 질산 나트륨은 모두 나트륨을 포함하며, 불꽃 반응 색이 노란색으로 같다. ➡ 불꽃 반응 색은 나트륨에 의한 것이다.
• 염화 구리와 염화 나트륨은 모두 염소를 포함하지만 불꽃 반응 색이 다르다. ➡ 불꽃 반응 색은 염소에 의한 것이 아니다.

2. 스펙트럼 빛을 *분광기에 통과시켰을 때 나타나는 여러 가지 색깔의 띠

① 스펙트럼의 종류

연속 스펙트럼	선 스펙트럼
햇빛을 분광기로 관찰했을 때 나타나는 연속적인 색의 띠	금속 원소가 포함된 물질의 불꽃 반응에서 나타나는 불꽃을 분광기로 관찰했을 때 선으로 밝게 나타나는 띠
예 햇빛의 연속 스펙트럼	**예** 나트륨의 선 스펙트럼

② 선 스펙트럼으로 원소 구별

• 원소의 종류에 따라 나타나는 선의 색깔, 위치, 개수, 굵기 등이 다르다.

　예 불꽃 반응 색이 비슷한 리튬과 스트론튬도 선 스펙트럼은 다르게 나타나므로 구별할 수 있다.

리튬　　　　　　　　　　　스트론튬

• 여러 가지 원소가 포함된 물질일 경우 각 원소의 선 스펙트럼이 모두 나타난다.

[선 스펙트럼 분석] 물질 (가)에 포함되어 있는 원소 찾기

[방법] 각 원소의 스펙트럼에 나타난 선을 따라 위로 점선을 그었을 때, 물질 (가)의 스펙트럼에 있는 선과 모두 겹쳐지면 그 원소는 물질 (가)에 포함된 원소이다.

[결론]
물질 (가)에는 리튬과 나트륨이 포함되어 있다.

└ 스트론튬의 선 스펙트럼에는 있지만 물질 (가)의 선 스펙트럼에는 없는 선이 있으므로 스트론튬은 물질 (가)에 포함되어 있지 않다.

개념 더하기

❶ 금속 원소와 비금속 원소
• 금속 원소: 특유의 광택이 있고, 전기가 잘 통하며, 열을 잘 전달한다. 금속 원소의 예로는 철, 구리, 알루미늄, 납, 수은 등이 있다.
• 비금속 원소: 전기가 잘 통하지 않으며, 비금속 원소의 예로는 수소, 질소, 탄소, 염소, 황, 인 등이 있다.

❷ 불꽃 반응의 특징
• 실험 방법이 간단하다.
• 물질의 양이 적어도 실험을 통해 포함된 금속 원소를 알아낼 수 있다.
• 리튬과 스트론튬처럼 불꽃 반응 색이 비슷한 원소는 구별하기 어렵다.
• 특정한 불꽃 반응 색을 나타내는 몇몇 금속 원소만을 구별할 수 있다.
　└ 불꽃 반응으로 모든 금속 원소를 구별할 수 있는 것은 아니다.

용어 사전

***겉불꽃**
불꽃의 가장 바깥 부분
***분광기**
빛의 스펙트럼을 관찰하는 데 사용되는 기구

정답과 해설 2쪽

핵심 **Tip**

• **불꽃 반응**: 금속 원소가 포함된 물질을 겉불꽃에 넣었을 때 금속 원소의 종류에 따라 독특한 불꽃 반응 색이 나타나는 반응
• **선 스펙트럼**: 금속 원소가 포함된 물질의 불꽃 반응에서 나타나는 불꽃을 분광기로 관찰했을 때 선으로 밝게 나타나는 띠
• 불꽃 반응 색이 비슷한 금속 원소는 선 스펙트럼으로 구별할 수 있다.

원리 **Tip**

가스레인지 위의 국이나 찌개가 끓어 넘칠 때 가스레인지의 불꽃이 노란색으로 변하는 까닭은?

넘쳐 흐른 국이나 찌개에는 소금(염화 나트륨)이 들어 있는데, 이때 소금에 포함된 나트륨 원소 때문에 불꽃색이 노란색으로 변한다.

적용 **Tip**

염화 나트륨의 불꽃 반응 색이 염소에 의한 것인지 나트륨에 의한 것인지 확인하려면?

> 염화 나트륨 – 노란색

• 염소를 포함한 다른 물질의 불꽃 반응 색을 확인한다.
 예 염화 칼륨: 보라색 ➡ 염소에 의한 것이 아님
• 나트륨을 포함한 다른 물질의 불꽃 반응 색을 확인한다.
 예 질산 나트륨: 노란색 ➡ 나트륨에 의한 것임

6 불꽃 반응에 대한 설명으로 옳은 것은 ○, 옳지 않은 것은 ×로 표시하시오.

(1) 금속 원소가 포함된 물질을 겉불꽃에 넣었을 때 독특한 불꽃 반응 색이 나타나는 반응이다. ( )
(2) 물질의 양이 적으면 불꽃 반응 실험을 할 수 없다. ( )
(3) 같은 금속 원소를 포함하면 같은 불꽃 반응 색이 나타난다. ( )
(4) 리튬과 스트론튬처럼 불꽃 반응 색이 비슷해도 명확히 구분할 수 있다. ( )

7 다음 금속 원소의 불꽃 반응 색을 각각 쓰시오.

(1) 나트륨: ( ) (2) 리튬: ( ) (3) 바륨: ( )

8 다음 불꽃 반응 색을 나타내는 금속 원소를 각각 쓰시오.

(1) 보라색: ( ) (2) 주황색: ( ) (3) 청록색: ( )

9 다음 내용의 ㉠, ㉡에 알맞은 말을 쓰시오.

> 염화 구리와 질산 구리는 불꽃 반응 색이 (㉠)으로 같다. 이는 염화 구리와 질산 구리가 (㉡)을/를 공통으로 포함하고 있기 때문이다.

10 선 스펙트럼에 대한 설명으로 옳은 것은 ○, 옳지 않은 것은 ×로 표시하시오.

(1) 햇빛을 분광기로 관찰할 때 나타나는 연속적인 색의 띠이다. ( )
(2) 불꽃 반응 색이 비슷한 원소는 선 스펙트럼도 비슷하게 나타난다. ( )
(3) 원소의 종류에 따라 선의 색깔, 위치, 개수, 굵기 등이 다르게 나타난다. ( )
(4) 여러 금속 원소가 포함된 물질은 선 스펙트럼으로 구별할 수 없다. ( )

11 그림은 물질 (가)와 리튬, 스트론튬의 선 스펙트럼을 나타낸 것이다.

리튬과 스트론튬 중 물질 (가)에 포함된 원소를 모두 고르시오.

과학적 사고로!

탐구하기 ● **Ⓐ 물 분해 실험 자료 분석**

목표
• 라부아지에의 물 분해 실험 결과를 해석하여 물을 이루는 성분에 대해 알아본다.
• 물의 전기 분해 실험 결과를 해석하여 생성된 기체의 성질에 대해 알아본다.

분석

[자료 1] 라부아지에의 물 분해 실험

[과정]
라부아지에는 긴 주철관을 벽화로 속으로 통과시켜 뜨겁게 달군 후, 주철관 안으로 물을 통과시키는 실험을 하였다.

[결과]
• 주철관은 녹이 슬었고, 질량이 증가하였다. 이는 철이 산소와 결합하였기 때문이다.
  ➡ 물이 분해되어 산소가 생성됨을 알 수 있다.
• 집기병에 수소 기체가 모였다. ➡ 물이 분해되어 수소가 생성됨을 알 수 있다.

실험 Tip

기체의 성질
• 산소: 다른 물질이 잘 타도록 도와주는 성질이 있다.
• 수소: 자신이 잘 타는 성질이 있다.

수산화 나트륨을 녹이는 까닭
순수한 물은 전류가 흐르지 않으므로 전류가 흐르게 하기 위해 수산화 나트륨을 조금 녹인 물을 사용한다.

[자료 2] 물의 전기 분해

[과정]
❶ 실리콘 마개로 한쪽 끝을 막은 빨대 2개에 수산화 나트륨을 조금 녹인 물을 가득 채운다.
❷ 홈 판에 플라스틱 병을 꽂고 과정 ❶의 빨대를 뒤집어 세워 장치한 후 전류를 흘려 주었더니, 양쪽 극에서 기체가 발생하였다.

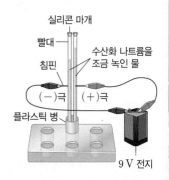

[결과]
• 각 극에서 발생한 기체의 양:
  (+)극에서 발생한 기체 < (−)극에서 발생한 기체
• 각 극에서 발생한 기체의 확인
  − (+)극: 꺼져가는 성냥불을 가져갔더니, 불씨가 다시 타올랐다. ➡ 산소 기체 확인
  − (−)극: 성냥불을 대었더니, '퍽' 소리를 내며 탔다. ➡ 수소 기체 확인

정리

• 물은 산소와 수소로 분해되므로 물은 (㉠   )가 아니다.
• 물을 전기 분해하면 (+)극에서 (㉡   ) 기체가, (−)극에서 (㉢   ) 기체가 발생한다.

확인 문제

1 위 실험에 대한 설명으로 옳은 것은 ○, 옳지 않은 것은 ×로 표시하시오.

(1) 라부아지에의 물 분해 실험에서 주철관이 녹슨 것은 산소 기체와 반응했기 때문이다. (   )
(2) 라부아지에는 아리스토텔레스의 주장을 뒷받침했다. (   )
(3) 물을 전기 분해하면 (+)극에서 수소 기체가, (−)극에서 산소 기체가 발생한다. (   )
(4) 물은 원소가 아니고, 수소와 산소는 원소이다. (   )

실전 문제

2 그림은 물의 전기 분해 실험 장치를 나타낸 것이다. 이에 대한 설명으로 옳지 않은 것은?

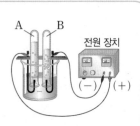

① A에는 산소 기체가 모인다.
② B에는 수소 기체가 모인다.
③ A에 모인 기체는 꺼져가는 불씨를 다시 살린다.
④ B에 모인 기체에 성냥불을 대면 꺼진다.
⑤ 물은 수소와 산소로 이루어진 물질이다.

과학적 사고로! | 탐구하기 · ⑧ 불꽃 반응 실험

목표 불꽃 반응 실험을 통해 여러 가지 물질 속에 각각 포함된 금속 원소를 확인해 본다.

과 정

[유의점]
물질을 바꿀 때마다 약숟가락을 잘 닦아 전에 사용한 물질이 묻어 있지 않도록 한다.

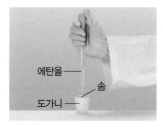
❶ 도가니에 적당한 크기의 솜을 넣고 에탄올로 충분히 적신다.

❷ 약숟가락의 $\frac{1}{3}$ 정도 양의 염화 나트륨을 과정 ❶의 솜 위에 올려놓는다.

❸ 점화기로 과정 ❷의 염화 나트륨이 있는 부분에 불을 붙여 불꽃 반응 색을 관찰한다.

❹ 준비한 여러 가지 물질로 과정 ❶~❸을 반복한다.

결과 및 정리

· 관찰한 각 물질의 불꽃 반응 색은 다음과 같다.

물질	염화 나트륨	염화 리튬	염화 칼륨	염화 스트론튬	염화 칼슘
불꽃 반응 색	노란색	빨간색	보라색	빨간색	주황색
물질	질산 나트륨	질산 리튬	질산 칼륨	질산 스트론튬	질산 칼슘
불꽃 반응 색	노란색	빨간색	보라색	빨간색	주황색
	↓	↓	↓	↓	↓
공통으로 포함된 원소	(㉠)	(㉡)	(㉢)	(㉣)	(㉤)

불꽃 반응 색을 나타내는 원소

· 물질의 불꽃 반응 색이 같으면 물질 속에 포함된 (㉥   )의 종류가 같다.

실험 Tip

니크롬선을 겉불꽃에 넣는 까닭
겉불꽃은 온도가 높고 색깔이 거의 없어 정확한 불꽃 반응 색을 관찰할 수 있기 때문이다.

니크롬선 대신 사용할 수 있는 금속선
백금선 등 자신이 불꽃 반응 색을 나타내지 않는 금속을 사용할 수 있다.

Plus 탐구

니크롬선을 이용한 불꽃 반응 실험

[과정]
❶ 니크롬선을 묽은 염산에 넣어 깨끗이 씻은 다음 증류수로 헹군다. ― 니크롬선에 묻은 불순물을 제거하는 과정
❷ 니크롬선을 토치의 겉불꽃에 넣어 색깔이 나타나지 않을 때까지 가열한다.
❸ 니크롬선에 시료를 묻힌 후 토치의 겉불꽃에 넣어 불꽃 반응 색을 확인한다.

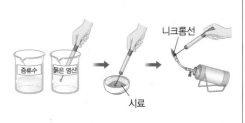

확인 문제

1 위 실험에 대한 설명으로 옳은 것은 ○, 옳지 않은 것은 ×로 표시하시오.

(1) 염화 나트륨과 질산 나트륨의 불꽃 반응 색은 서로 같다. (   )

(2) 염화 칼륨과 염화 칼슘의 불꽃 반응 색은 서로 같다. (   )

(3) 니크롬선을 이용한 실험에서 니크롬선은 겉불꽃 속에 넣어야 한다. (   )

(4) 모든 원소는 불꽃 반응 실험으로 구별할 수 있다. (   )

실전 문제

2 물질 (가)를 물에 녹인 수용액으로 불꽃 반응 실험을 하였더니, 불꽃 반응 색이 빨간색이었다. 물질 (가)와 불꽃 반응 색이 같은 물질은?

① 염화 나트륨　　　② 염화 리튬
③ 질산 구리　　　　④ 질산 칼륨
⑤ 탄산 칼슘

ⓐ 물질의 기본 성분에 대한 생각

01 다음은 물질의 기본 성분에 대해 여러 학자들이 주장한 내용이다.

> (가) 모든 물질의 근원은 물이다.
> (나) 물질은 물, 불, 흙, 공기의 4가지 원소로 이루어져 있고, 이들은 서로 변환될 수 있다.
> (다) 더 이상 분해되지 않는 기본 물질을 '원소'라고 정의하였다.
> (라) 물이 수소와 산소로 분해되는 것으로 보아 물은 원소가 아니다.

(가)~(라)의 내용과 주장한 학자를 옳게 짝 지은 것은?

① (가) – 아리스토텔레스
② (나) – 보일
③ (다) – 탈레스
④ (다) – 돌턴
⑤ (라) – 라부아지에

탐구 14쪽

[02~03] 그림은 라부아지에의 물 분해 실험을 나타낸 것이다.

02 이 실험을 통해 라부아지에가 추론한 내용으로 옳지 <u>않은</u> 것은?

① 물을 매우 높은 온도까지 가열하니 물이 분해되는군.
② 물이 분해되면 수소와 산소가 생성되네.
③ 물이 분해되는 것으로 보아 물은 원소가 아니었어.
④ 물은 물질을 이루는 기본 성분이라고 할 수 없겠군.
⑤ 역시 아리스토텔레스의 생각이 옳았어.

【주관식】
03 물, 수소, 산소 중 원소를 모두 고르시오.

중요
04 그림과 같이 물 분해 실험 장치를 설치하고 전류를 흘려주었더니 (가)와 (나)에 기체가 모였다.

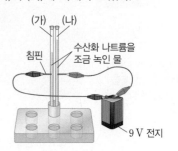

이에 대한 설명으로 옳은 것은?

① (가)는 (−)극, (나)는 (+)극에 연결되어 있다.
② (가)에 모인 기체는 산소이다.
③ (나)에 모인 기체에 성냥불을 대면 '픽' 소리를 내며 탄다.
④ 물에 수산화 나트륨을 넣지 않으면 기체가 더 잘 발생한다.
⑤ 물은 물질의 기본 성분인 원소임을 알 수 있다.

ⓑ 원소

중요
05 원소에 대한 설명으로 옳은 것을 모두 고르면? (2개)

① 물질을 이루는 기본 성분이다.
② 원소의 종류는 셀 수 없이 많다.
③ 인공적으로 만들어진 원소도 있다.
④ 모든 물질은 한 가지 원소로 이루어져 있다.
⑤ 두 가지 이상의 원소가 결합하여 새로운 원소가 생성된다.

06 더 이상 다른 물질로 분해되지 않으면서 물질을 이루는 기본 성분으로만 나열된 것은?

① 물, 수소, 산소
② 금, 구리, 철
③ 수소, 산소, 공기
④ 염소, 나트륨, 소금
⑤ 설탕, 소금, 알루미늄

07 다음의 특징을 가진 원소의 이름을 옳게 짝 지은 것은?

(가)	(나)	(다)
숯, 다이아몬드의 성분이며, 연필심 등에 이용된다.	가볍고 안전하여 광고용 풍선에 이용된다.	지각에 많이 존재하며, 반도체에 이용된다.

	(가)	(나)	(다)
①	규소	수소	염소
②	철	질소	헬륨
③	탄소	헬륨	규소
④	금	염소	플루오린
⑤	플루오린	산소	질소

08 다음은 주변에서 볼 수 있는 물질들이다. 이 중 한 가지 원소로 이루어진 물질은?

① 소금   ② 설탕
③ 비누   ④ 나무젓가락
⑤ 알루미늄 포일

C 원소의 구별

중요

09 불꽃 반응에 대한 설명으로 옳지 <u>않은</u> 것은?

① 실험 과정이 비교적 쉽고 간단하다.
② 불꽃 반응 색이 비슷한 물질은 구별하기 어렵다.
③ 물질 속에 포함된 모든 금속 원소를 확인할 수 있다.
④ 물질의 양이 적어도 물질에 포함된 금속 원소를 확인할 수 있다.
⑤ 물질의 종류가 달라도 같은 금속 원소를 포함한 물질의 불꽃 반응 색은 같다.

10 다음은 민진이가 불꽃 공연을 하기 위해 연소시키려고 준비한 물질들이다.

• 염화 칼륨	• 염화 리튬
• 질산 나트륨	• 질산 칼슘

민진이가 불꽃 공연에서 나타낼 수 있는 불꽃색이 <u>아닌</u> 것은?

① 노란색   ② 주황색   ③ 보라색
④ 파란색   ⑤ 빨간색

중요

11 〈보기〉의 물질 중 불꽃 반응 색이 같은 것으로만 옳게 짝 지은 것은?

보기	
ㄱ. 염화 나트륨	ㄴ. 염화 구리
ㄷ. 질산 구리	ㄹ. 질산 칼륨
ㅁ. 탄산 칼슘	ㅂ. 탄산 바륨

① ㄱ, ㄴ   ② ㄴ, ㄷ   ③ ㄷ, ㄹ
④ ㄹ, ㅁ   ⑤ ㅁ, ㅂ

탐구 15쪽

12 그림과 같이 에탄올에 적신 솜을 도가니에 넣고, 다음의 여러 가지 물질을 각각 소량씩 넣어 점화기로 불을 붙인 후 불꽃 반응 색을 관찰하였다. 각 물질이

에탄올에 적신 솜+물질   점화기

나타내는 불꽃 반응 색과 그 불꽃 반응 색을 나타내는 원소를 옳게 짝 지은 것은?

	물질	불꽃 반응 색	원소
①	염화 칼슘	청록색	염소
②	탄산 칼륨	보라색	탄산
③	염화 나트륨	주황색	나트륨
④	질산 바륨	보라색	바륨
⑤	염화 스트론튬	빨간색	스트론튬

중요

탐구 15쪽

13 그림은 불꽃 반응 실험 과정을 나타낸 것이다. 실험 과정에서 관찰된 불꽃 반응 색이 노란색이었다.

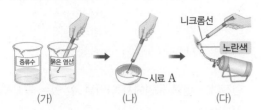

이에 대한 설명으로 옳은 것을 모두 고르면? (2개)

① (가)는 니크롬선에 묻은 불순물을 제거하는 과정이다.
② (나)에서는 시료의 양을 많이 묻혀야 한다.
③ (다)에서 니크롬선을 속불꽃에 넣어야 한다.
④ 니크롬선 대신 구리선을 사용해도 된다.
⑤ 시료 A는 나트륨을 포함하는 물질이다.

14 다음은 불꽃 반응 실험에 대한 두 학생의 대화이다.

소은이의 의문점을 해결하기 위해 추가로 실험해야 하는 것을 〈보기〉에서 모두 고른 것은?

┌─ 보기 ─────────────────────────┐
ㄱ. 염화 나트륨 수용액의 불꽃 반응 색을 관찰한다.
ㄴ. 질산 칼륨 수용액의 불꽃 반응 색을 관찰한다.
ㄷ. 질산 나트륨 수용액의 불꽃색을 분광기로 관찰한다.
└──────────────────────────────┘

① ㄱ   ② ㄷ   ③ ㄱ, ㄴ
④ ㄱ, ㄷ   ⑤ ㄴ, ㄷ

15 스펙트럼에 대한 설명으로 옳지 <u>않은</u> 것은?

① 햇빛을 분광기로 관찰하면 연속 스펙트럼이 나타난다.
② 금속 원소의 불꽃 반응에서 나타나는 불꽃을 분광기로 관찰하면 선 스펙트럼이 나타난다.
③ 원소의 종류에 따라 스펙트럼에 나타나는 선의 색깔, 위치, 개수, 굵기 등이 다르다.
④ 불꽃 반응 색이 비슷한 원소는 선 스펙트럼도 같다.
⑤ 여러 원소가 포함된 물질은 각 원소의 스펙트럼이 모두 나타난다.

[주관식]

16 그림은 미지의 물질 (가)와 3가지 원소의 선 스펙트럼을 나타낸 것이다.

물질 (가)에 포함되어 있을 것으로 예상되는 원소를 모두 고르시오.

중요

17 그림은 여러 가지 물질의 스펙트럼을 나타낸 것이다.

이에 대한 설명으로 옳은 것은?

① 모두 연속 스펙트럼이다.
② 물질 (가)에는 원소 A와 B 중 A만 포함되어 있다.
③ 물질 (나)에는 원소 A와 B 중 B만 포함되어 있다.
④ 물질 (다)에는 원소 A와 B가 모두 포함되어 있다.
⑤ 물질 (가)와 (다)는 선의 색깔, 위치, 개수 등이 많이 겹치므로 같은 물질이다.

서술형 Tip

서술형

1

그림은 라부아지에의 물 분해 실험을 나타낸 것이다. 이 실험으로 인해 라부아지에가 반박한 아리스토텔레스의 주장을 쓰고, 라부아지에가 그 주장을 반박한 까닭을 서술하시오.

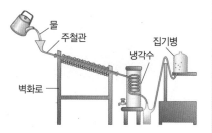

1 아리스토텔레스가 물질의 기본 성분에 대해 주장한 내용 중에서 물 분해 실험의 결과와 일치하지 않는 점을 위주로 서술한다.
→ 필수 용어: 원소, 물, 분해

단계별 서술형

2

다음 물질들을 토치의 겉불꽃에 넣어 불꽃 반응 색을 관찰하였다.

염화 칼슘	염화 칼륨	염화 나트륨	질산 리튬
황산 구리	황산 나트륨	질산 나트륨	질산 바륨

(1) 불꽃 반응 색이 같은 물질을 모두 고르시오.

(2) (1)과 같은 결과가 나타나는 까닭을 서술하시오.

2 (2) 각 물질의 불꽃 반응 색이 어떤 물질 때문에 나타나는지 파악한다.
→ 필수 용어: 금속

Plus 문제 2-1

주어진 물질들을 불꽃 반응시켰을 때 관찰할 수 있는 불꽃 반응 색은 모두 몇 가지인지 쓰시오.

서술형

3

염화 리튬과 염화 스트론튬은 서로 다른 물질이지만 같은 불꽃 반응 색을 나타내므로 불꽃 반응 실험으로는 구별하기 어렵다. 이 두 물질을 구별하는 방법을 서술하시오.

3 불꽃 반응 색이 비슷한 원소도 선 스펙트럼은 다르게 나타난다는 것을 기억한다.
→ 필수 용어: 분광기, 선 스펙트럼

단계별 서술형

4

표는 원소 A, B, C와 물질 (가)의 선 스펙트럼을 나타낸 것이다.

구분	불꽃 반응 색	선 스펙트럼
원소 A	노란색	
원소 B	주황색	
원소 C	보라색	
물질 (가)		

(1) 원소 A~C의 원소 이름을 각각 쓰시오.

(2) 물질 (가)에 포함된 원소의 이름을 모두 쓰고, 그 까닭을 서술하시오.

4 (2) 원소의 선 스펙트럼에 나타난 선이 물질 (가)의 선 스펙트럼에 모두 나타나는지 확인한다.
→ 필수 용어: 선의 위치, 개수, 색깔, 겹치다

02 원자와 분자

Ⓐ 원자

1. 물질을 이루는 *입자에 관한 생각

데모크리토스	돌턴(원자설)	현재
물질을 작게 계속 쪼개면 더 이상 쪼개지지 않는 작은 입자가 남는다.❶	물질은 더 이상 쪼갤 수 없는 입자인 원자로 이루어져 있다.	원자 내부에 더 작은 알갱이가 있다.

2. 원자   물질을 이루는 기본 입자 – 원소는 원자로 이루어져 있으며, 원소의 종류에 따라 원자의 종류가 다르다.

① 원자의 구조: 원자는 원자핵과 그 주위를 도는 전자로 이루어져 있다.❷

- 원자의 중심에 있다.
- (+)*전하를 띤다.
- 원자 전체 질량의 대부분을 차지한다.

원자핵

- 원자핵 주위를 움직이고 있다.
- (−)전하를 띤다.
- 원자핵에 비해 질량이 매우 작다.

전자

② 원자의 특징

원자마다 정해져 있다.

- 원자의 종류에 따라 원자핵의 (+)전하량이 다르고, 전자의 개수도 다르다.
- 한 원자에서 원자핵의 (+)전하량과 전자의 총 (−)전하량이 같다. ➡ 원자는 전기적으로 중성이다.
  └ 전자 1개는 −1의 전하를 띠므로 전자의 개수만큼의 총 (−)전하량을 갖는다.
  └ 원자 전체의 전하량은 0이다.

③ 원자 모형❸: 원자의 구조를 이해하기 쉽게 모형으로 나타낸 것

원자	수소	헬륨	탄소	산소
원자 모형	+1	+2	+6	+8
원자핵의 전하량	+1	+2	+6	+8
전자의 개수(개)	1	2	6	8
원자의 전하량	$(+1)+(-1)\times 1=0$	$(+2)+(-1)\times 2=0$	$(+6)+(-1)\times 6=0$	$(+8)+(-1)\times 8=0$

Ⓑ 분자

1. 분자   독립된 입자로 존재하여 물질의 성질을 나타내는 가장 작은 입자

예 산소 기체는 산소 분자로 이루어져 있고, 산소 분자는 산소 기체의 성질을 가진다.

2. 분자의 특징

① 분자는 원자가 결합하여 이루어진다.❹ – 분자가 원자로 나누어지면 물질의 성질을 잃는다.
② 물질의 종류에 따라 물질을 이루는 분자의 종류가 다르다.
③ 결합하는 원자의 종류와 개수에 따라 분자의 종류가 달라진다.
④ 결합하는 원자의 종류가 같아도 원자의 개수가 다르면 서로 다른 분자이다.

3. 몇 가지 분자의 모형   Beyond 특강 25쪽

(●: 산소 원자, ●: 수소 원자, ●: 탄소 원자)

분자의 종류	산소 분자	물 분자	일산화 탄소 분자	이산화 탄소 분자
모형				
분자를 이루는 원자의 종류와 개수	산소 원자 2개	산소 원자 1개 수소 원자 2개	탄소 원자 1개 산소 원자 1개	탄소 원자 1개 산소 원자 2개
	└ 같은 원자가 결합한 분자	└ 서로 다른 원자가 결합한 분자	└ 같은 종류의 원자가 결합한 서로 다른 분자	

개념 더하기

❶ 물질이 입자로 이루어져 있다는 증거
서로 다른 두 액체를 섞었을 때 전체 부피는 각각의 부피의 합보다 작다.

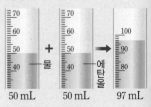

50 mL   50 mL   97 mL

➡ 큰 입자 사이로 작은 입자가 끼어 들어가기 때문에 전체 부피가 각 부피의 합보다 작아진다.

❷ 원자의 크기
- 원자의 크기는 매우 작아서 우리 눈에 보이지 않는다. 원자 중 크기가 가장 작은 수소 원자의 지름은 약 1억분의 1 cm이다. 즉, 수소 원자 1억 개를 한 줄로 늘어놓아야 1 cm가 된다.
- 원자의 크기 비유: 수소 원자를 방울토마토의 크기로 확대하고 같은 비율로 방울토마토를 확대하면 방울토마토는 지구 정도의 크기가 된다.
- 원자핵과 전자는 원자 전체에 비해 크기가 매우 작아 원자는 대부분 빈 공간이다.

❸ 원자 모형
원자는 크기가 매우 작아 눈에 보이지 않으므로 원자의 구조를 이해하기 쉽게 모형으로 나타낸다. 이때 원자 중심에 원자핵을 표시하고, 원자핵 주위에 전자를 배치한다.

❹ 원자 1개로 이루어진 분자
헬륨은 원자 1개가 헬륨 기체의 성질을 나타내므로 헬륨 원자 1개가 헬륨 분자이다. 이와 같이 원자 1개로 이루어진 분자에는 네온, 아르곤 등이 있다.

용어 사전

*입자(낟알 粒, 아들 子)
아주 작고 눈에 거의 보이지 않을 정도의 작은 알갱이
*전하(번개 電, 멜 荷)
전기 현상을 일으키는 원인으로 (+)전하와 (−)전하가 있음

1 그림은 원자의 구조를 나타낸 것이다. A, B를 각각 무엇이라고 하는지 쓰시오.

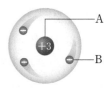

2 원자에 대한 설명으로 옳은 것은 ○, 옳지 않은 것은 ×로 표시하시오.

(1) 원자는 전기적으로 중성이다. ( )
(2) 전자는 원자의 중심에 위치한다. ( )
(3) 원자의 종류에 따라 원자핵의 (+)전하량이 다르다. ( )
(4) 전자의 개수는 원자의 종류에 관계없이 모두 같다. ( )
(5) 한 원자에서 원자핵의 (+)전하량과 전자의 총 (−)전하량은 같다. ( )

3 표는 몇 가지 원자의 원자핵의 전하량과 전자의 개수를 나타낸 것이다. ㉠~㉢에 알맞은 수를 쓰시오.

원자	헬륨	탄소	산소
원자 모형	(+2)	(+6)	(+8)
원자핵의 전하량	(㉠)	+6	(㉢)
전자의 개수(개)	2	(㉡)	8

4 분자에 대한 설명으로 옳은 것은 ○, 옳지 않은 것은 ×로 표시하시오.

(1) 물질의 성질을 나타내는 가장 작은 입자이다. ( )
(2) 물질의 종류가 다르면 분자의 종류가 다르다. ( )
(3) 분자가 원자로 나누어져도 물질의 성질은 그대로 유지된다. ( )
(4) 같은 종류의 원자로 이루어진 분자는 모두 같은 분자이다. ( )

5 표는 몇 가지 분자의 모형 및 분자를 이루는 원자의 종류와 개수를 나타낸 것이다. ㉠~㉣에 알맞은 내용을 쓰시오. (단, ●은 산소 원자, ●은 수소 원자, ●은 탄소 원자이다.)

분자	산소 분자	물 분자	(㉢) 분자
모형			
분자를 이루는 원자의 종류와 개수	(㉠) 원자 2개	산소 원자 1개 (㉡) 원자 2개	탄소 원자 (㉣)개 산소 원자 2개

C 물질의 표현

1. 원소 기호❶
원소의 종류에 따라 간단한 기호로 나타낸 것 ➡ 현재는 베르셀리우스가 제안한 알파벳 원소 기호를 사용하고 있다.

① 원소 기호를 나타내는 방법 – 알파벳 한 글자 또는 두 글자로 나타낸다.

❶ 라틴어나 영어로 된 원소 이름의 첫 글자를 알파벳의 대문자로 나타낸다.

수소　Hydrogen ➡ H
탄소　Carboneum ➡ C

└ 한 글자 ➡ 대문자

❷ 첫 글자가 같은 원소가 있을 경우, 중간 글자를 택하여 첫 글자 다음에 소문자로 나타낸다.

헬륨　Helium ➡ He
염소　Chlorum ➡ Cl

└ 두 글자 ➡ 대문자+소문자

② 여러 가지 원소의 원소 기호 `Beyond 특강` (24쪽)

	H 수소	He 헬륨	Li 리튬	C 탄소	N 질소	O 산소	F 플루오린
원소 기호 / 원소 이름	Na 나트륨(소듐)	Al 알루미늄	Si 규소	P 인	S 황	Cl 염소	Ar 아르곤
	Mg 마그네슘	K 칼륨(포타슘)	Ca 칼슘	Fe 철	Cu 구리	Ag 은	Au 금

└ 현재까지 알려진 118가지의 원소는 세계 공통으로 정해진 원소 기호로 나타낸다.

2. 분자식
분자의 종류에 따라 분자를 구성하는 원자의 종류와 개수를 원소 기호와 숫자로 표현한 식

① 분자식을 나타내는 방법

❶ 분자를 구성하는 원자의 종류를 원소 기호로 쓴다.
❷ 구성하는 원자의 개수를 원소 기호 오른쪽 아래에 작게 쓴다. 이때 1은 생략한다.
❸ 분자의 개수를 나타낼 때에는 분자식 앞에 숫자로 나타낸다.

예 물 분자의 분자식 – 물 분자는 산소 원자 1개와 수소 원자 2개가 결합한 분자이다.

물 분자　　　　　　H_2O
원자의 원소 기호 / 1은 생략 / 원자의 개수

물 분자 2개　　$2H_2O$
물 분자의 개수

② 여러 가지 분자의 분자식 ❷ `Beyond 특강` (25쪽)

분자식 / 분자 이름	H_2 수소	N_2 질소	O_2 산소	CO 일산화 탄소	CO_2 이산화 탄소
	CH_4 메테인	NH_3 암모니아	HCl 염화 수소	H_2O 물	H_2O_2 과산화 수소

③ 분자식을 통해 알 수 있는 것: 분자의 종류와 개수, 분자를 이루는 원자의 종류와 개수를 쉽게 알 수 있다.

---

❶ 원소 기호의 변천
- 중세*연금술사는 자신들만의 그림으로 원소를 기록하였다.
- 돌턴은 원 안에 그림이나 문자를 넣어 원소를 나타내었다.
- 베르셀리우스는 원소 이름의 알파벳으로 원소를 나타내었다.

원소 이름	연금술사	돌턴	베르셀리우스
금	☉	G	Au
은	☽	S	Ag
구리	♀	C	Cu

❷ 분자로 이루어지지 않은 물질
물질 중에는 분자로 이루어지지 않은 물질들도 있다. 이들은 분자를 이루는 원자의 개수를 정할 수 없으므로 분자식의 규칙을 적용할 수 없다.
- 구리: 구리 원자가 연속적으로 배열되어 있다. ➡ 구리의 원소 기호로 나타낸다.

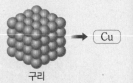

➡ Cu

구리

- 염화 나트륨: 나트륨과 염소가 1 : 1의 개수비로 규칙적으로 배열되어 있다. ➡ 각 원소 기호 옆에 각 원자의 개수비를 나타낸다. 단, 1은 생략한다.

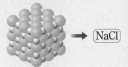

➡ NaCl

염화 나트륨

분자식과 분자로 이루어지지 않은 물질들을 표현한 식을 모두 포함하여 화학식이라고 한다.

`용어` 사전

*연금술(불릴 鍊, 쇠 金, 재주 術)
구리, 주석, 납 등을 금. 은 등의 금속으로 만들려고 한 화학 기술

핵심 Tip

- **원소 기호**: 원소를 간단한 기호로 나타낸 것
  예 탄소: C
  수소: H
  나트륨: Na
  철: Fe
- **분자식**: 분자를 구성하는 원자의 종류와 개수를 원소 기호를 이용하여 나타낸 것
  예 산소 분자: O_2
  물 분자: H_2O
  이산화 탄소 분자: CO_2

6 원소 기호에 대한 설명으로 옳은 것은 ○, 옳지 않은 것은 ×로 표시하시오.

(1) 현재는 돌턴이 제안한 원소 기호를 사용한다. (　　)
(2) 원소 기호는 항상 알파벳 두 글자로 나타낸다. (　　)
(3) 원소 이름의 첫 글자는 알파벳의 대문자로 나타낸다. (　　)
(4) 원소 이름의 첫 글자가 같을 때는 그 다음 글자를 소문자로 나타낸다. (　　)

7 다음 원소의 원소 기호를 각각 쓰시오.

원소 이름	리튬	질소	네온	구리
원소 기호	(㉠　　)	(㉡　　)	(㉢　　)	(㉣　　)

암기 Tip C-1

원소 기호가 비슷한 원소들

수소 H 헬륨 He	탄소 C 염소 Cl
플루오린 F 철 Fe	칼륨 K 칼슘 Ca

8 다음 원소 기호에 해당하는 원소 이름을 각각 쓰시오.

원소 기호	C	F	Mg	Ca
원소 이름	(㉠　　)	(㉡　　)	(㉢　　)	(㉣　　)

9 다음은 몇 가지 분자의 분자식을 나타낸 것이다. 아래의 분자에 해당하는 분자식을 각각 골라 쓰시오.

N_2　H_2O　HCl　CO_2　NH_3　CH_4

(1) 물: (　　)　(2) 질소: (　　)　(3) 메테인: (　　)
(4) 암모니아: (　　)　(5) 염화 수소: (　　)　(6) 이산화 탄소: (　　)

적용 Tip C-2

분자식으로 알 수 있는 것

$2CO_2$

- 분자의 종류: 이산화 탄소 분자
- 분자의 개수: 2개
- 분자를 구성하는 원자의 종류: 탄소, 산소
- 분자 1개를 구성하는 원자의 개수: 탄소 원자 1개, 산소 원자 2개
- 원자의 총 개수: 탄소 원자 2개+산소 원자 4개
  ➡ 총 6개

10 다음 분자식에 대한 설명으로 옳은 것은 ○, 옳지 않은 것은 ×로 표시하시오.

$2H_2O$

(1) 물 분자를 나타낸다. (　　)
(2) 분자의 개수는 2개이다. (　　)
(3) 분자를 구성하는 원자의 종류는 탄소와 산소이다. (　　)
(4) 분자 1개를 구성하는 원자는 수소 원자 4개, 산소 원자 2개이다. (　　)
(5) 원자의 총 개수는 2개이다. (　　)

[원자 번호 1~20번의 원소들]

현재까지 밝혀진 118가지 원소는 모두 고유의 번호가 있는데, 이를 원자 번호라고 한다. 그 중 1~20번 원소들은 중학교 과정에서 기본적으로 알고 있어야 할 원소들이므로 원소 이름과 원소 기호를 잘 익혀 두자.

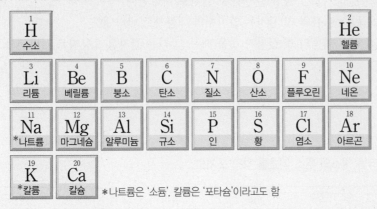

원소 118가지를 배열한 표를 주기 율표라고 해요. 그 중 1~20번의 원소를 위치와 함께 기억해 두면 과학 공부에 많은 도움이 될 거예요.

*나트륨은 '소듐', 칼륨은 '포타슘'이라고도 함

[그 외에 잘 나오는 원소들]

금속 원소	망가니즈	철	구리	아연	납	은	아이오딘	바륨	금	수은
원소 기호	Mn	Fe	Cu	Zn	Pb	Ag	I	Ba	Au	Hg

위에 제시된 원소와 원소 기호들을 아래와 같이 분류하여 반복해서 써 보면서 암기합시다.

1 원소의 이름에서 원소 기호를 유추할 수 있는 원소들

원소 이름	원소 기호	원소 이름	원소 기호	원소 이름	원소 기호
리튬	(㉠)	아르곤	Ar	마그네슘	(㉫)
베릴륨	Be	아이오딘	(㉣)	칼슘	Ca
네온	(㉡)	바륨	Ba	칼륨	(㉦)
나트륨	Na	플루오린	(㉤)	망가니즈	(㉧)
알루미늄	(㉢)	헬륨	He	브로민	Br

2 원소의 이름에서 원소 기호를 유추할 수 없는 원소들

원소 이름	수소	탄소	질소	산소	규소	인	황	염소
원소 기호	(㉠)	C	(㉡)	O	(㉢)	P	(㉣)	Cl
원소 이름	철	구리	아연	납	은	금	수은	백금
원소 기호	(㉤)	Cu	(㉥)	Pb	(㉦)	Au	(㉧)	Pt

3 원소 기호가 비슷한 원소들

H	He
수소	(㉠)

B	Be	Br
붕소	(㉡)	(㉢)

N	Na	Ne
질소	(㉣)	(㉤)

Mg	Mn
마그네슘	(㉫)

Al	Ar
알루미늄	(㉦)

C	Cl
탄소	(㉧)

K	Ca
칼륨(포타슘)	(㉨)

[분자]
• 독립된 입자로 존재하여 물질의 성질을 나타내는 가장 작은 입자를 분자라고 한다.
• 분자는 원자가 결합하여 이루어지며, 분자가 원자로 나누어지면 물질의 성질을 잃게 된다.

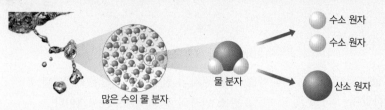

[분자식 나타내기]
❶ 분자를 이루는 원자의 원소 기호를 쓴다.
❷ 해당 원자의 개수를 각 원소 기호의 오른쪽에 작은 숫자로 쓴다. 단, 숫자 1은 생략한다.

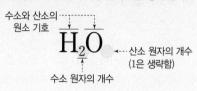

수소와 산소의 원소 기호 → H_2O ← 산소 원자의 개수 (1은 생략함)
수소 원자의 개수

1 여러 가지 분자의 모형과 분자식

분자	수소	질소	산소	오존	염화 수소
분자 모형	H H	N N	O O	O O O	H Cl
구성 원자의 종류와 개수	수소 원자 2개	질소 원자 2개	(ⓛ)	산소 원자 3개	(ⓔ)
분자식	H_2	(㉠)	O_2	(ⓒ)	HCl

분자	일산화 탄소	이산화 탄소	과산화 수소	암모니아	메테인
분자 모형	C O	O C O	H O O H	H N H H	H C H H H
구성 원자의 종류와 개수	탄소 원자 1개, 산소 원자 1개	(ⓑ)	산소 원자 2개, 수소 원자 2개	(◎)	탄소 원자 1개, 수소 원자 4개
분자식	(ⓜ)	CO_2	(ⓢ)	NH_3	(ⓩ)

[분자의 개수를 포함한 분자식]
분자의 개수를 나타낼 때는 분자식 앞에 분자의 개수를 나타내는 숫자를 붙인다.

물 분자의 개수
$2H_2O$

[분자식으로 알 수 있는 것]
• 분자의 종류: 물 분자
• 분자의 개수: 2개
• 분자 1개를 이루는 원자의 종류와 개수: H 원자 2개, O 원자 1개
• 원자의 총 개수: H 원자 4개(=2×2개), O 원자 2개(=2×1개)
➡ 총 개수 6개(=4개+2개)

2 분자식을 통해 알 수 있는 것

$3NH_3$
• 분자의 종류: 암모니아 분자
• 분자의 개수: 3개
• 분자 1개를 이루는 원자의 종류와 개수: N 원자 1개, (㉠   )
• 원자의 총 개수: N 원자 3개, (ⓛ   )
➡ 총 개수 (ⓒ   )

$5CH_4$
• 분자의 종류: (ⓔ   ) 분자
• 분자의 개수: (ⓜ   )
• 분자 1개를 이루는 원자의 종류와 개수: (ⓑ   )
• 원자의 총 개수: (ⓢ   )
➡ 총 개수 (◎   )

A 원자

【주관식】

01 다음은 물질을 이루는 기본 입자에 대한 내용이다. ㉠, ㉡에 알맞은 말을 쓰시오.

> • (㉠)은/는 물질을 계속 쪼개면 더 이상 쪼갤 수 없는 입자가 남는다고 주장하였다.
> • (㉡)은/는 물질은 더 이상 쪼갤 수 없는 입자인 원자로 이루어져 있다는 원자설을 주장하였다.
> • 이후 원자를 구성하는 더 작은 입자들이 있음이 밝혀졌다.

02 원자에 대한 설명으로 옳지 않은 것은?

① 전기적으로 중성이다.
② 원자핵과 전자로 구성된다.
③ 원자의 대부분은 빈 공간이다.
④ 모든 원자는 같은 개수의 전자를 가진다.
⑤ 원자핵과 전자는 서로 다른 종류의 전하를 띠고 있다.

중요

03 그림은 원자의 구조를 모형으로 나타낸 것이다. 이에 대한 설명으로 옳은 것을 〈보기〉에서 모두 고른 것은?

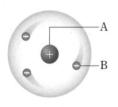

> 보기
> ㄱ. A는 원자핵, B는 전자이다.
> ㄴ. A는 (−)전하를, B는 (+)전하를 띤다.
> ㄷ. 원자의 종류에 따라 A의 전하량이 다르다.
> ㄹ. B는 A 주위에서 움직이지 않고 정지해 있다.

① ㄱ, ㄴ　　　② ㄱ, ㄷ　　　③ ㄴ, ㄹ
④ ㄱ, ㄷ, ㄹ　　⑤ ㄴ, ㄷ, ㄹ

중요

04 그림은 3가지 원자의 구조를 모형으로 나타낸 것이다.

리튬　　　　탄소　　　　산소

이에 대한 설명으로 옳은 것은?

① 리튬 원자의 원자핵 전하량은 +2이다.
② 탄소 원자의 전자의 개수는 6개이다.
③ 산소 원자의 전자의 총 전하량은 −6이다.
④ 전자 1개의 전하량은 원자의 종류에 따라 다르다.
⑤ 원자핵과 전자의 전하의 총합은 산소 원자가 가장 크다.

05 원자의 크기에 대한 설명으로 옳은 것을 모두 고르면? (2개)

① 원자 1개의 지름은 약 100분의 1 cm이다.
② 원자핵이 원자 크기의 대부분을 차지한다.
③ 전자가 원자 질량의 대부분을 차지한다.
④ 크기가 가장 작은 원자는 수소 원자이다.
⑤ 원자는 눈으로 볼 수 없으므로 원자 모형을 이용하여 설명한다.

06 표는 3가지 원자의 원자핵의 전하량과 전자의 개수를 나타낸 것이다.

원자	헬륨	질소	플루오린
원자핵의 전하량	+2	(㉠)	+9
전자의 개수(개)	(㉡)	7	(㉢)

㉠~㉢에 들어갈 수의 합으로 옳은 것은?

① 14　　　　② 17　　　　③ 18
④ 20　　　　⑤ 21

B 분자

07 분자에 대한 설명으로 옳지 <u>않은</u> 것은?

① 물질의 성질을 나타낸다.
② 분자가 쪼개지면 물질의 성질을 잃는다.
③ 서로 다른 종류의 원자가 결합하여 이루어진다.
④ 얼음, 물, 수증기는 모두 같은 종류의 분자로 이루어져 있다.
⑤ 결합하는 원자의 종류와 개수에 따라 분자의 종류가 다르다.

중요
08 그림은 암모니아 분자를 모형으로 나타낸 것이다. 이에 대한 설명으로 옳은 것을 〈보기〉에서 모두 고른 것은? (단, ●은 질소 원자, ●은 수소 원자이다.)

┌ 보기 ┐
ㄱ. 암모니아 분자는 4종류의 원소로 이루어져 있다.
ㄴ. 암모니아 분자 1개는 4개의 원자로 이루어져 있다.
ㄷ. 암모니아 분자 1개에는 수소 원자가 3개 있다.
└────┘

① ㄱ　　　② ㄴ　　　③ ㄱ, ㄷ
④ ㄴ, ㄷ　　　⑤ ㄱ, ㄴ, ㄷ

09 그림은 2가지 분자를 모형으로 나타낸 것이다.

(가)　　　　(나)

이에 대한 설명으로 옳지 <u>않은</u> 것은? (단, ●은 탄소 원자, ●은 산소 원자이다.)

① (가)는 일산화 탄소 분자, (나)는 이산화 탄소 분자이다.
② (가)는 탄소 원자 1개와 산소 원자 1개로 이루어져 있다.
③ (나)는 탄소 원자 1개와 산소 원자 2개로 이루어져 있다.
④ (가)와 (나)는 모두 탄소 원자와 산소 원자로 구성된다.
⑤ (가)와 (나)는 구성하는 원자의 종류가 같으므로 성질이 서로 같다.

C 물질의 표현

10 현재의 원소 기호에 대한 설명으로 옳은 것은?

① 돌턴이 제안한 원소 기호를 사용한다.
② 나라마다 다른 고유한 원소 기호를 사용한다.
③ 원소 기호는 대문자와 소문자를 구별하지 않는다.
④ 원소 기호는 알파벳 한 글자 또는 두 글자로 나타낸다.
⑤ 원소 이름의 알파벳 첫 글자가 같으면 원소 기호가 같다.

11 표는 원소 기호의 변천 과정을 나타낸 것이다.

원소	금	은	구리	황
(가)	☉	☾	♀	⟰
(나)	Ⓖ	Ⓢ	Ⓒ	⊕
베르셀리우스	㉠	Ag	㉡	S

이에 대한 설명으로 옳지 <u>않은</u> 것은?

① (가)는 '돌턴', (나)는 '연금술사'이다.
② ㉠은 'Au', ㉡은 'Cu'이다.
③ (가)는 자신만이 알아볼 수 있는 그림 형태로 원소를 나타내었다.
④ (나)는 원 안에 그림이나 문자를 넣어 원소를 나타내었다.
⑤ 다양한 원소를 알아보기에 가장 적합한 기호는 베르셀리우스가 제안한 기호이다.

중요
12 원소와 원소 기호를 옳게 짝 지은 것을 〈보기〉에서 모두 고른 것은?

┌ 보기 ┐
ㄱ. 플루오린 – F　　ㄴ. 염소 – Cl
ㄷ. 마그네슘 – Ma　　ㄹ. 칼륨 – Ca
ㅁ. 알루미늄 – Al　　ㅂ. 황 – Si
└────┘

① ㄱ, ㄴ, ㅁ　　　② ㄱ, ㄷ, ㄹ
③ ㄴ, ㄷ, ㅂ　　　④ ㄴ, ㄹ, ㅁ
⑤ ㄷ, ㄹ, ㅂ

13 표는 몇 가지 원소 이름과 원소 기호를 나타낸 것이다.

원소 이름	네온	ⓒ	망가니즈	ⓔ	납
원소 기호	⑤	Au	ⓓ	P	⑩

⑤~⑩에 들어갈 원소 이름 또는 원소 기호로 옳은 것은?

① ⑤ – Ar ② ⓒ – 은 ③ ⓓ – Mg
④ ⓔ – 인 ⑤ ⑩ – Zn

14 다음 설명에 해당하는 분자식을 옳게 나타낸 것은?

> • 분자를 이루는 원소는 수소와 황이다.
> • 분자 1개를 이루는 원자의 개수는 3개이다.
> • 분자를 이루는 수소 원자와 황 원자의 개수비는 2 : 1이다.

① H_2S ② H_2O ③ CH_4
④ SO_2 ⑤ SO_3

15 그림은 여러 가지 원자를 모형으로 나타낸 것이다.

수소 원자 / 산소 원자 / 탄소 원자 / 질소 원자 / 염소 원자

이 원자의 모형을 이용하여 나타낸 분자의 모형을 분자식으로 옳게 나타낸 것은?

①  – 2O

②  – 2HO

③  – OC₂

④  – HCl

⑤  – N_3H

16 다음 〈보기〉의 분자식 중 (가) 분자의 개수가 가장 많은 것과 (나) 원자의 총 개수가 가장 많은 것을 옳게 고른 것은?

> **보기**
> ㄱ. NH_3 ㄴ. CO_2 ㄷ. $3O_2$
> ㄹ. $5HCl$ ㅁ. $2H_2O_2$ ㅂ. $3CH_4$

	(가)	(나)		(가)	(나)
①	ㄱ	ㄷ	②	ㄴ	ㅁ
③	ㄹ	ㅂ	④	ㅁ	ㅂ
⑤	ㅂ	ㄴ			

중요
17 분자의 이름과 분자식을 옳게 짝 지은 것은?

① 수소 – O_2 ② 물 – H_2O_2
③ 암모니아 – NH_3 ④ 이산화 탄소 – CO
⑤ 메테인 – CH_3

18 분자식으로 알 수 있는 사실이 아닌 것은?

① 분자의 종류
② 분자의 개수
③ 분자의 모양
④ 분자를 이루는 원자의 종류
⑤ 분자를 이루는 원자의 개수

중요
19 다음 분자식에 대한 설명으로 옳지 않은 것은?

$$3CH_4$$

① 분자의 이름은 메테인이다.
② 성분 원소는 탄소와 수소이다.
③ 분자의 개수는 3개이다.
④ 원자의 총 개수는 15개이다.
⑤ 분자 1개를 이루는 원자의 개수는 3개이다.

서술형 문제

정답과 해설 6쪽

서술형 Tip

단어 제시형

1 모든 원자는 전기적으로 중성이다. 그 까닭을 다음 단어를 모두 사용하여 서술하시오.

> 원자핵   전자   (+)전하량   (-)전하량

1 전기적으로 중성이라는 것을 전하량과 관련지어 생각해 본다.

단계별 서술형

2 그림은 3가지 원자 모형의 일부를 나타낸 것이다.

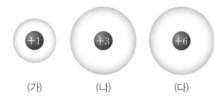

(가)   (나)   (다)

(1) 원자핵의 전하량을 바탕으로 하여 전자를 그려 원자 모형을 완성하시오. (단, 전자는 ⊖로 나타낸다.)

(2) (1)과 같이 답한 근거를 서술하시오.

2 (1) 전자의 개수를 정확히 그린다.
(2) 전자의 개수를 정한 근거를 전하량과 관련지어 서술한다.
→ 필수 용어: 중성, 전자의 총 전하량, 전자 1개의 전하량, 전자의 개수

서술형

3 다음에서 원소의 원소 기호가 잘못된 것을 모두 골라 옳게 고쳐 쓰시오.

> (가) 칼륨 - Ka   (나) 철 - Fe   (다) 바륨 - Ba
> (라) 마그네슘 - MG   (마) 플루오린 - Fl   (바) 아르곤 - Ar

3 원소 기호의 첫 글자는 대문자, 두 번째 글자는 소문자임을 기억하고, 원소 기호가 비슷한 원소들을 정리해 본다.

서술형

4 그림은 물 분자와 과산화 수소 분자를 모형으로 나타낸 것이다. 물 분자와 과산화 수소 분자를 이루는 원자의 종류는 같지만 물질의 성질이 다른 까닭을 서술하시오.

물 분자   과산화 수소 분자

4 물 분자와 과산화 수소 분자의 모형으로부터 차이점이 무엇인지 생각해 본다.
→ 필수 용어: 원자의 개수

Plus 문제 4-1

물 분자와 과산화 수소 분자의 분자식을 각각 쓰시오.

서술형

5 오른쪽 분자식을 통해 알 수 있는 사실을 3가지 이상 서술하시오.

$3CO_2$

5 분자식에 나타난 기호와 숫자의 의미를 서술한다.
→ 필수 용어: 분자의 종류, 분자의 개수, 원자의 개수 등

03 이온

A 이온

> 원자핵에서 멀리 떨어져 있는 전자는 원자에서 쉽게 떨어져 나와 다른 원자로 이동할 수 있다.

1. 이온❶ 중성인 원자가 <u>전자를 잃거나 얻어</u> 전하를 띠게 된 입자

2. 이온의 종류 및 형성 과정

구분	양이온	음이온
정의	원자가 전자를 잃어 (+)전하를 띠는 입자	원자가 전자를 얻어 (−)전하를 띠는 입자
형성 과정	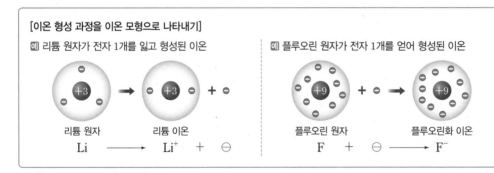 원자 → 양이온 원자핵의 (+)전하량 > 전자의 총 (−)전하량 (−)전하량이 상대적으로 적어짐	원자 → 음이온 원자핵의 (+)전하량 < 전자의 총 (−)전하량 (−)전하량이 상대적으로 많아짐
	원자가 이온이 되어도 원자핵의 (+)전하량은 변하지 않는다.	

3. 이온의 표현 방법❷

표현 방법	양이온	음이온
*이온식	원소 기호를 쓰고, 오른쪽 위에 잃은 전자의 개수와 + 기호로 나타낸다. 단, 1은 생략한다. Li^+ 원소 기호 / 전하의 종류 / 잃은 전자의 개수 (1은 생략함)	원소 기호를 쓰고, 오른쪽 위에 얻은 전자의 개수와 − 기호로 나타낸다. 단, 1은 생략한다. F^- 원소 기호 / 전하의 종류 / 얻은 전자의 개수 (1은 생략함)
이온의 이름	원소 이름 뒤에 '∼ 이온'을 붙인다. 예 (원소) 리튬 ➡ (이온) 리튬 이온 (원소) 마그네슘 ➡ (이온) 마그네슘 이온	원소 이름 뒤에 '∼화 이온'을 붙인다. 단, 원소 이름이 '소'로 끝날 때는 '소'를 뺀다. 예 (원소) 플루오린 ➡ (이온) 플루오린화 이온 (원소) 산소 ➡ (이온) 산화 이온

[이온 형성 과정을 이온 모형으로 나타내기]

예 리튬 원자가 전자 1개를 잃고 형성된 이온

$$Li \longrightarrow Li^+ + \ominus$$

예 플루오린 원자가 전자 1개를 얻어 형성된 이온

$$F + \ominus \longrightarrow F^-$$

4. 여러 가지 이온의 이온식과 이름

양이온				음이온			
이온식	이름	이온식	이름	이온식	이름	이온식	이름
H^+	수소 이온	Mg^{2+}	마그네슘 이온	F^-	플루오린화 이온	O^{2-}	산화 이온
Li^+	리튬 이온	Ca^{2+}	칼슘 이온	Cl^-	염화 이온	S^{2-}	황화 이온
Na^+	나트륨 이온	Ba^{2+}	바륨 이온	I^-	아이오딘화 이온	NO_3^-	질산 이온
K^+	칼륨 이온	Al^{3+}	알루미늄 이온	OH^-	수산화 이온	CO_3^{2-}	탄산 이온
Ag^+	은 이온	NH_4^+	암모늄 이온	MnO_4^-	과망가니즈산 이온	SO_4^{2-}	황산 이온

███ 다원자 이온❸

개념 더하기

❶ 이온의 이용
- 이온 음료에는 나트륨 이온, 염화 이온, 칼륨 이온 등이 녹아 있다.
- 휴대 전화에 리튬 이온 전지를 사용한다.
- 우리 몸속에 철분이 부족하면 빈혈이 생기는데, 이때 몸속에 존재하는 철 성분도 철 이온 형태로 존재한다.

❷ 이온식과 이름
예 마그네슘 원자가 전자 2개를 잃고 형성된 양이온

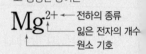
Mg^{2+} ← 전하의 종류 / 잃은 전자의 개수 / 원소 기호

마그네슘 이온

예 산소 원자가 전자 2개를 얻어 형성된 음이온

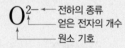
O^{2-} ← 전하의 종류 / 얻은 전자의 개수 / 원소 기호

산화 이온

❸ 다원자 이온
NH_4^+(암모늄 이온), OH^-(수산화 이온) 등과 같이 여러 개의 원자가 결합되어 있는 상태에서 전하를 띠는 이온을 다원자 이온이라고 한다.

용어 사전

*이온식
이온을 이루는 원자의 종류와 전하를 원소 기호를 이용하여 나타낸 것

1 그림은 이온 (가), (나)의 형성 과정을 모형으로 나타낸 것이다.

원자 → (가)   원자 → (나)

각 이온의 형성 과정에 대한 설명에서 ( ) 안에 알맞은 말을 고르시오.

(1) (가)는 원자가 전자를 ㉠(잃 , 얻)어 ㉡((+) , (−))전하를 띠는 ㉢(양이온 , 음이온)이다.
(2) (나)는 원자가 전자를 ㉠(잃 , 얻)어 ㉡((+) , (−))전하를 띠는 ㉢(양이온 , 음이온)이다.

2 이온에 대한 설명으로 옳은 것은 ○, 옳지 않은 것은 ×로 표시하시오.

(1) 원자가 전자를 얻으면 음이온이 형성된다. ( )
(2) 원자가 양이온으로 될 때 원자핵의 (+)전하량이 증가한다. ( )
(3) 이온의 이름은 항상 원소 이름 뒤에 '~ 이온'을 붙인다. ( )
(4) 이온식에는 잃거나 얻은 전자의 개수와 전하의 종류를 나타낸다. ( )

3 다음 이온의 이온식을 각각 쓰시오.

이온의 이름	나트륨 이온	마그네슘 이온	황화 이온	질산 이온
이온식	(㉠)	(㉡)	(㉢)	(㉣)

4 다음 이온식에 해당하는 이온의 이름을 각각 쓰시오.

이온식	K^+	NH_4^+	O^{2-}	CO_3^{2-}
이온의 이름	(㉠)	(㉡)	(㉢)	(㉣)

5 그림은 원자와 이온의 모형을 나타낸 것이다.

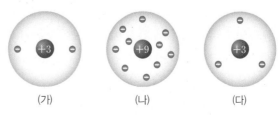

(가)   (나)   (다)

(가)~(다)를 원자, 양이온, 음이온으로 구분하시오.

개념 학습

03 이온

B 이온의 확인 탐구 34쪽

1. 이온의 전하 확인

이온이 들어 있는 수용액에 전류를 흘려 주면, (+)전하를 띠는 양이온은 (−)극으로, (−)전하를 띠는 음이온은 (+)극으로 이동한다.❶

[염화 나트륨 수용액에서 이온의 이동]❷

❶ 염화 나트륨 수용액에는 양이온인 나트륨 이온(Na^+)과 음이온인 염화 이온(Cl^-)이 존재한다.

❷ 이 수용액에 전류를 흘려 주면, 양이온인 Na^+은 (−)극으로 이동하고, 음이온인 Cl^-은 (+)극으로 이동한다.

➡ 양이온은 (+)전하를 띠고, 음이온은 (−)전하를 띠기 때문이다.

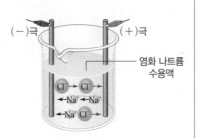

2. 앙금 생성 반응

두 종류의 수용액을 섞었을 때 특정한 양이온과 음이온이 반응하여 물에 녹지 않는 물질인 *앙금을 생성하는 반응┌ 앙금이 특정한 색을 나타내므로 수용액에 들어 있는 이온을 확인할 수 있다. 탐구 35쪽

[염화 나트륨 수용액과 질산 은 수용액의 반응]

염화 나트륨 수용액 속의 염화 이온(Cl^-)과 질산 은 수용액 속의 은 이온(Ag^+)이 반응하여 흰색 앙금인 염화 은($AgCl$)을 생성한다.

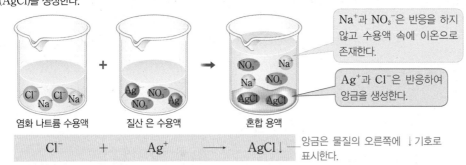

Na^+과 NO_3^-은 반응을 하지 않고 수용액 속에 이온으로 존재한다.

Ag^+과 Cl^-은 반응하여 앙금을 생성한다.

$$Cl^- + Ag^+ \longrightarrow AgCl\downarrow$$
앙금은 물질의 오른쪽에 ↓기호로 표시한다.

① 여러 가지 앙금 생성 반응❸ Beyond 특강 36쪽

이온으로 이루어진 물질은 분자가 아니므로 이들을 나타내는 식은 화학식이라고 한다.

양이온	음이온	앙금 생성 반응	앙금의 화학식 (이름)❹	앙금 색
Ag^+ (은 이온)	Cl^- (염화 이온)	$Ag^+ + Cl^- \longrightarrow AgCl\downarrow$	$AgCl$ (염화 은)	흰색
Ca^{2+} (칼슘 이온)	CO_3^{2-} (탄산 이온)	$Ca^{2+} + CO_3^{2-} \longrightarrow CaCO_3\downarrow$	$CaCO_3$ (탄산 칼슘)	흰색
Ba^{2+} (바륨 이온)	SO_4^{2-} (황산 이온)	$Ba^{2+} + SO_4^{2-} \longrightarrow BaSO_4\downarrow$	$BaSO_4$ (황산 바륨)	흰색
Pb^{2+} (납 이온)	I^- (아이오딘화 이온)	$Pb^{2+} + 2I^- \longrightarrow PbI_2\downarrow$	PbI_2 (아이오딘화 납)	노란색
Cu^{2+} (구리 이온)	S^{2-} (황화 이온)	$Cu^{2+} + S^{2-} \longrightarrow CuS\downarrow$	CuS (황화 구리)	검은색

② 앙금 생성 반응의 이용: 수용액 속에 특정 이온이 들어 있는지 확인할 수 있다.

• 공장 폐수에 들어 있는 납 이온(Pb^{2+}) 확인: 황화 이온(S^{2-})을 넣으면 검은색 앙금이 생성된다. ➡ $Pb^{2+} + S^{2-} \longrightarrow PbS$(검은색)

• 수돗물 속에 들어 있는 염화 이온(Cl^-) 확인: 은 이온(Ag^+)을 넣으면 흰색 앙금이 생성되어 뿌옇게 흐려진다. ➡ $Cl^- + Ag^+ \longrightarrow AgCl$(흰색)

개념 더하기

❶ 전하 사이에 작용하는 힘

• 서로 같은 종류의 전하를 띠는 물질 사이에는 밀어내는 힘이 작용한다.

• 서로 다른 종류의 전하를 띠는 물질 사이에는 끌어당기는 힘이 작용한다.

❷ 염화 나트륨 수용액과 설탕 수용액의 *전기 전도성

• 염화 나트륨은 물에 녹아 나트륨 이온과 염화 이온으로 나누어진다. ➡ 염화 나트륨 수용액은 전류가 흐른다.

• 설탕은 물에 녹아도 이온으로 나누어지지 않는다. ➡ 설탕 수용액은 전류가 흐르지 않는다.

▲ 염화 나트륨 수용액   ▲ 설탕 수용액

❸ 앙금을 생성하지 않는 이온
나트륨 이온(Na^+), 칼륨 이온(K^+), 질산 이온(NO_3^-), 암모늄 이온(NH_4^+) 등은 다른 이온과 반응하였을 때 앙금을 잘 생성하지 않는다.

❹ 이온으로 이루어진 물질의 이름
음이온의 이름을 먼저 읽고, 양이온의 이름을 나중에 읽는다.

$AgCl$ ➡ 염화 은
은 이온┘ └염화 이온

용어 사전

*앙금
물에 녹지 않고 아래로 가라앉는 물질

*전기 전도성
물질이 전기를 통하는 성질

6 그림과 같이 염화 나트륨 수용액에 전류를 흘려 줄 때, (+)극과 (−)극으로 각각 이동하는 이온의 이온식을 쓰시오.

(1) (+)극: (   )
(2) (−)극: (   )

7 그림은 염화 나트륨 수용액과 질산 은 수용액의 반응을 모형으로 나타낸 것이다.

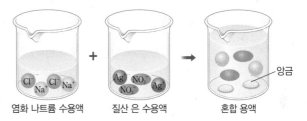

염화 나트륨 수용액   질산 은 수용액   혼합 용액   — 앙금

(1) 생성된 앙금의 화학식과 이름을 쓰시오.
(2) 생성된 앙금의 색깔을 쓰시오.
(3) 수용액 속에 이온으로 존재하는 이온의 이온식을 쓰시오.

8 다음은 앙금 생성 반응과 생성된 앙금의 색깔을 나타낸 것이다. ㉠~㉤에 알맞은 내용을 쓰시오.

• (㉠   ) $+ CO_3^{2-} \longrightarrow \underline{CaCO_3}\downarrow$
                           흰색

• $Ba^{2+} + ($㉡ $) \longrightarrow \underline{BaSO_4}\downarrow$
                           (㉢   )

• $Pb^{2+} + 2I^- \longrightarrow ($㉣ $)\downarrow$
                    (㉤   )

9 다음은 앙금 생성 반응을 이용하여 이온을 확인하는 예이다. 빈칸에 알맞은 이온의 이름을 쓰시오.

(1) 공장 폐수에 들어 있는 납 이온 확인: (   )을 넣으면 검은색 앙금이 생성된다.
(2) 수돗물 속에 들어 있는 염화 이온 확인: (   )을 넣으면 흰색 앙금이 생성되어 뿌옇게 흐려진다.

탐구하기 ● Ⓐ 이온의 전하 확인

목표 색깔을 띠는 이온의 이동을 관찰하여 이온이 전하를 띠고 있음을 확인한다.

과정

실험 Tip

질산 칼륨 수용액을 넣는 까닭
전류가 잘 흐르게 하기 위해
서이다.

**＋표시가 그려진 흰 종이 위
에서 실험하는 까닭**
용액이 이동한 방향을 좀 더
잘 관찰하기 위해서이다.

❶ 페트리 접시에 10 % 질산 칼륨 수용액을 접시의 절반 정도까지 넣는다.

❷ 과정 ❶의 페트리 접시를 ＋표시가 그려진 흰 종이 위에 올려놓고, 그림과 같이 전원 장치에 연결한다.

황산 구리(Ⅱ) 수용액

❸ 페트리 접시의 중앙에 파란색의 황산 구리(Ⅱ) 수용액을 2방울 떨어뜨린 후 변화를 관찰한다.

❹ 황산 구리(Ⅱ) 수용액 대신 보라색의 과망가니즈산 칼륨 수용액으로 과정 ❶∼❸을 반복한다.

결과 및 정리

• 황산 구리(Ⅱ) 수용액에는 황산 이온과 구리 이온이 존재하며, 수용액은 파란색을 띤다.

SO_4^{2-} Cu^{2+}

• 과망가니즈산 칼륨 수용액에는 과망가니즈산 이온과 칼륨 이온이 존재하며, 수용액은 보라색을 띤다.

MnO_4^- K^+

[과정 ❸: 황산 구리(Ⅱ) 수용액의 변화]
• 파란색이 (−)극 쪽으로 이동해 간다.
➡ 파란색 성분은 양이온인 Cu^{2+}이다.

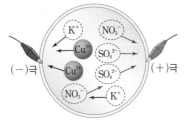

(−)극   (＋)극

• (＋)극으로 이동하는 이온: NO_3^-, SO_4^{2-}
• (−)극으로 이동하는 이온: K^+, Cu^{2+} 파란색
– 색을 띠고 있는 Cu^{2+}의 이동만 눈으로 관찰할 수 있다.

[과정 ❹: 과망가니즈산 칼륨 수용액의 변화]
• 보라색이 (＋)극 쪽으로 이동해 간다.
➡ 보라색 성분은 음이온인 MnO_4^-이다.

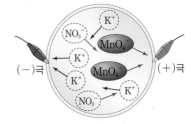

(−)극   (＋)극

• (＋)극으로 이동하는 이온: NO_3^-, MnO_4^- 보라색
• (−)극으로 이동하는 이온: K^+
– 색을 띠고 있는 MnO_4^-의 이동만 눈으로 관찰할 수 있다.

• 이온이 들어 있는 수용액에 전류를 흘려 주면 양이온은 (㉠   )극 쪽으로, 음이온은 (㉡   )극 쪽으로 이동한다.

• 이 실험을 통해 이온은 (㉢   )를 띠고 있음을 알 수 있다.

확인 문제

1 위 실험에 대한 설명으로 옳은 것은 ○, 옳지 않은 것은 ×로 표시하시오.

(1) 황산 구리(Ⅱ) 수용액의 파란색 성분은 양이온이다.
(　)

(2) 과망가니즈산 칼륨 수용액의 보라색 성분은 음이온이다.
(　)

(3) 황산 구리(Ⅱ) 수용액 속의 구리 이온은 (＋)극으로 이동한다.
(　)

(4) 과망가니즈산 칼륨 수용액 속의 과망가니즈산 이온은 (−)극으로 이동한다.
(　)

(5) 질산 칼륨 수용액 속의 이온은 이동하지 않는다.
(　)

실전 문제

2 그림은 질산 칼륨 수용액이 들어 있는 페트리 접시의 중앙에 파란색의 황산 구리(Ⅱ) 수용액을 떨어뜨렸을 때, 수용액 속에 들어 있는 이온 모형을 나타낸 것이다.

(−)극   (＋)극

여기에 전류를 흘려 줄 때 (−)극으로 이동하는 이온을 모두 나열한 것은?

① Cu^{2+}
② Cu^{2+}, K^+
③ Cu^{2+}, SO_4^{2-}
④ K^+, NO_3^-
⑤ NO_3^-, SO_4^{2-}

탐구하기 · ❸ 앙금 생성 반응

목표 앙금 생성 반응을 이용하여 수용액 속에 들어 있는 이온을 확인한다.

과정

❶ 반응판 위에 투명 필름을 올려놓는다.

❷ 반응판의 첫 번째 가로줄에 염화 나트륨 수용액, 염화 칼슘 수용액, 질산 나트륨 수용액, 질산 칼슘 수용액을 순서대로 각각 1~2방울씩 떨어뜨린다.

❸ 반응판의 두 번째 가로줄에 과정 ❷와 같이 4가지 수용액을 순서대로 떨어뜨린다.

❹ 과정 ❷의 가로줄 위에 질산 은 수용액을 각각 1~2방울씩 떨어뜨리고 변화를 관찰한다.

❺ 과정 ❸의 가로줄 위에 탄산 나트륨 수용액을 각각 1~2방울씩 떨어뜨리고 변화를 관찰한다.

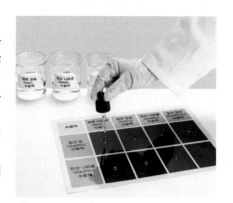

결과

수용액	염화 나트륨($NaCl$) 수용액	염화 칼슘($CaCl_2$) 수용액	질산 나트륨($NaNO_3$) 수용액	질산 칼슘($Ca(NO_3)_2$) 수용액
들어 있는 이온	Na^+, Cl^-	Ca^{2+}, Cl^-	Na^+, NO_3^-	Ca^{2+}, NO_3^-
질산 은($AgNO_3$) 수용액 Ag^+, NO_3^-	흰색 앙금($AgCl$) 생성	흰색 앙금($AgCl$) 생성	앙금 생성 안 함	앙금 생성 안 함
탄산 나트륨(Na_2CO_3) 수용액 Na^+, CO_3^{2-}	앙금 생성 안 함	흰색 앙금($CaCO_3$) 생성	앙금 생성 안 함	흰색 앙금($CaCO_3$) 생성

정리

• 질산 은 수용액과 반응하여 앙금을 생성하는 수용액에 공통으로 들어 있는 이온은 (㉠   )이다.

• 탄산 나트륨 수용액과 반응하여 앙금을 생성하는 수용액에 공통으로 들어 있는 이온은 (㉡   )이다.

• 나트륨 이온, 질산 이온은 다른 이온들과 앙금을 ㉢ (생성한다 , 생성하지 않는다).

확인 문제

1 위 실험에서 앙금이 생성되는 반응을 나타낸 식에서 빈칸에 알맞은 이온식 또는 화학식을 쓰시오.

(1) 질산 은 수용액＋염화 나트륨 수용액

➡ Ag^+＋(㉠   ) ⟶ (㉡   )

(2) 염화 칼슘 수용액＋탄산 나트륨 수용액

➡ (㉠   )＋CO_3^{2-} ⟶ (㉡   )

(3) 질산 은 수용액＋염화 칼슘 수용액

➡ (㉠   )＋Cl^- ⟶ (㉡   )

(4) 질산 칼슘 수용액＋탄산 나트륨 수용액

➡ Ca^{2+}＋(㉠   ) ⟶ (㉡   )

실전 문제

2 그림과 같이 유리판 위에서 몇 가지 물질의 수용액을 각각 반응시켰다.

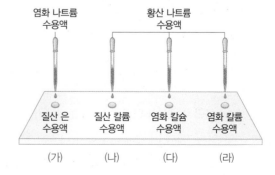

(가)~(라) 중 앙금이 생성되는 반응을 모두 고르시오.

[앙금 생성 반응의 모형]
❶ 반응하는 두 수용액 속에는 각각 양이온과 음이온이 존재한다.
❷ 앙금을 생성하는 이온은 혼합 용액 속에 이온이 아닌 앙금으로 존재한다.
❸ 앙금을 생성하지 않는 이온은 혼합 용액 속에 이온 상태로 존재한다.

[앙금 생성 반응을 식으로 나타내기]
❶ 앙금을 생성하는 양이온과 음이온을 화살표의 왼쪽에 +로 연결하여 쓴다.
❷ 결합하는 양이온과 음이온의 개수비를 각 이온식 앞에 숫자로 쓴다. 단, 1은 생략한다.
❸ 앙금의 화학식을 화살표의 오른쪽에 쓴다.

◉ 염화 나트륨($NaCl$) 수용액과 질산 은($AgNO_3$) 수용액의 반응

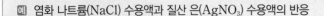

NaCl 수용액 속에는 Na^+과 Cl^-이 존재한다.

$AgNO_3$ 수용액 속에는 Ag^+과 NO_3^-이 존재한다.

Na^+과 NO_3^-은 혼합 용액 속에 이온 상태로 존재한다.

염화 나트륨 수용액 + 질산 은 수용액 → 혼합 용액

Ag^+과 Cl^-이 반응하여 AgCl의 흰색 앙금을 생성한다.

앙금은 전기적으로 중성이므로 전하의 합이 0이 되어야 해요.
➡ (양이온 전하)×(양이온 개수)
　+(음이온 전하)×(음이온 개수)=0

Ag^+ : Cl^-의 전하량 비=1 : 1이므로
Ag^+ : Cl^-의 개수비=1 : 1로 반응하여
AgCl의 흰색 앙금을 생성한다.

[앙금 생성 반응]
$$Ag^+ + Cl^- \longrightarrow AgCl\downarrow$$

---

1 그림은 질산 납($Pb(NO_3)_2$) 수용액과 아이오딘화 칼륨(KI) 수용액의 반응을 모형으로 나타낸 것이다.
❶~❺에 해당하는 이온의 이온식과 앙금 생성 반응의 식을 쓰시오.

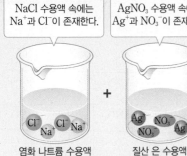

질산 납 수용액 + 아이오딘화 칼륨 수용액 → 혼합 용액

해결 단계

❶ $Pb(NO_3)_2$ 수용액 속에 존재하는 이온: _____
❷ KI 수용액 속에 존재하는 이온: _____
❸ 혼합 용액 속에 이온 상태로 존재하는 이온: _____
❹ 앙금을 생성하는 이온: _____
❺ 앙금 생성 반응: _____
　└Pb^{2+}과 I^-은 1 : 2의 개수비로 반응한다.

---

2 그림은 염화 칼슘($CaCl_2$) 수용액과 탄산 나트륨(Na_2CO_3) 수용액의 반응을 모형으로 나타낸 것이다.
❶~❺에 해당하는 이온의 이온식과 앙금 생성 반응의 식을 쓰시오.

염화 칼슘 수용액 + 탄산 나트륨 수용액 → 혼합 용액

해결 단계

❶ $CaCl_2$ 수용액 속에 존재하는 이온: _____
❷ Na_2CO_3 수용액 속에 존재하는 이온: _____
❸ 혼합 용액 속에 이온 상태로 존재하는 이온: _____
❹ 앙금을 생성하는 이온: _____
❺ 앙금 생성 반응: _____
　└Ca^{2+}과 CO_3^{2-}은 1 : 1의 개수비로 반응한다.

---

3 다음은 두 종류의 수용액이 앙금을 생성하는 반응을 나타낸 것이다. 앙금 생성 반응을 식으로 나타내시오.

(1) 질산 바륨($Ba(NO_3)_2$) 수용액＋황산 나트륨(Na_2SO_4) 수용액
(2) 염화 구리($CuCl_2$) 수용액＋황화 나트륨(Na_2S) 수용액
(3) 질산 납($Pb(NO_3)_2$) 수용액＋황화 나트륨(Na_2S) 수용액

A 이온

01 이온에 대한 설명으로 옳은 것은?

① 원자가 전자를 잃으면 음이온이 형성된다.
② 원자가 전자를 얻으면 양이온이 형성된다.
③ 이온은 전기적으로 중성이다.
④ 원자가 이온으로 될 때 전자의 총 (−)전하량이 변한다.
⑤ 원자가 이온으로 될 때 원자핵의 (+)전하량이 변한다.

중요
02 그림은 A 원자가 A 이온으로 되는 과정을 모형으로 나타낸 것이다.

A 원자   A 이온

이에 대한 설명으로 옳지 <u>않은</u> 것은?

① A 원자가 전자를 잃는다.
② A 이온은 양이온이다.
③ A 이온은 (+)전하를 띤다.
④ A 이온의 이름은 A의 원소 이름에 '~ 이온'을 붙인다.
⑤ 황 원자가 이온으로 되는 과정이 이에 해당된다.

03 그림은 원자 또는 이온의 모형을 나타낸 것이다.

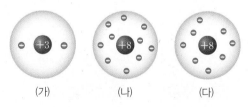

(가)   (나)   (다)

이에 대한 설명으로 옳은 것을 〈보기〉에서 모두 고른 것은?

┌─ 보기 ┐
ㄱ. (가)는 양이온이다.
ㄴ. (나)는 전기적으로 중성이다.
ㄷ. (다)는 원자가 전자를 2개 얻어 형성된다.
ㄹ. (나)와 (다)는 원자핵의 전하량이 같다.
└─────────┘

① ㄱ, ㄷ   ② ㄱ, ㄹ   ③ ㄴ, ㄹ
④ ㄱ, ㄴ, ㄷ   ⑤ ㄴ, ㄷ, ㄹ

04 표는 몇 가지 원자 또는 이온에 대한 자료이다.

원자 또는 이온	(가)	(나)	(다)	(라)
원자핵의 전하량	+8	+9	+9	+11
전자의 개수(개)	10	9	10	10

양이온과 음이온을 옳게 고른 것은?

	양이온	음이온
①	(가)	(다), (라)
②	(라)	(가), (다)
③	(가), (나)	(다)
④	(나), (다)	(라)
⑤	(다), (라)	(가), (나)

중요
05 다음은 어떤 이온의 이온식을 나타낸 것이다.

$$O^{2-}$$

이 이온에 대한 설명으로 옳지 <u>않은</u> 것은? (단, O 원자의 원자핵의 전하량은 +8이다.)

① 음이온이다.
② 이온의 이름은 산소화 이온이다.
③ 원자가 전자 2개를 얻어서 형성된다.
④ 전자의 개수는 10개이다.
⑤ (+)전하량보다 (−)전하량이 더 크다.

06 다음은 원자가 이온을 형성하는 과정을 식으로 나타낸 것이다.

$$A \longrightarrow A^{3+} + 3\ominus$$

이와 같은 과정으로 이온을 형성하는 원자는?

① O   ② Mg   ③ K
④ F   ⑤ Al

중요 【주관식】

07 이온식과 이온의 이름을 옳게 짝 지은 것을 〈보기〉에서 모두 고르시오.

보기
ㄱ. Ca^{2+} – 칼슘 이온
ㄴ. H^+ – 수소화 이온
ㄷ. Cl^- – 염화 이온
ㄹ. Mg^+ – 마그네슘 이온
ㅁ. F^- – 플루오린 이온
ㅂ. Ag^+ – 은 이온

08 여러 개의 원자가 결합되어 있는 상태에서 전하를 띤 이온을 다원자 이온이라고 한다. 다원자 이온의 이름과 이온식을 짝 지은 것으로 옳지 <u>않은</u> 것을 모두 고르면? (2개)

① 수산화 이온 – OH^-
② 질산 이온 – NO_3^-
③ 탄산 이온 – CO_3^-
④ 암모늄 이온 – NH_4^+
⑤ 과망가니즈산 이온 – MnO_4^+

B 이온의 확인

09 그림은 염화 나트륨 수용액에 전류를 흘려 줄 때 이온의 이동을 모형으로 나타낸 것이다.

이에 대한 설명으로 옳지 <u>않은</u> 것은?

① ●은 양이온이다.
② ●은 음이온이다.
③ ●은 Na^+이다.
④ ●은 Cl^-이다.
⑤ (−)극과 (+)극의 방향을 서로 바꿔도 현재와 같이 ●은 왼쪽, ●은 오른쪽으로 이동한다.

중요

탐구 34쪽

10 그림과 같이 질산 칼륨 수용액이 들어 있는 페트리 접시에 파란색의 황산 구리(Ⅱ) 수용액과 보라색의 과망가니즈산 칼륨 수용액을 몇 방울 떨어뜨리고 전류를 흘려 주었다.

이에 대한 설명으로 옳은 것은?

① 파란색이 (+)극 쪽으로 이동한다.
② 파란색을 띠는 입자는 구리 이온이다.
③ 보라색이 (−)극 쪽으로 이동한다.
④ 보라색을 띠는 입자는 칼륨 이온이다.
⑤ 질산 이온과 황산 이온은 이동하지 않는다.

중요

11 그림은 두 수용액의 반응을 모형으로 나타낸 것이다.

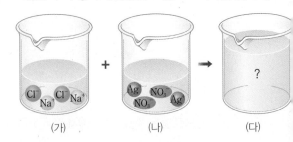

이에 대한 설명으로 옳지 <u>않은</u> 것은?

① (다)에서 흰색 앙금이 생성된다.
② (가)~(다) 용액 모두 전류가 흐른다.
③ (다) 용액을 불꽃 반응시키면 노란색이 나타난다.
④ (다) 용액에는 Cl^-과 Ag^+이 이온 상태로 존재한다.
⑤ (나) 용액과 (다) 용액에 들어 있는 NO_3^-의 개수는 같다.

중요

12 앙금 생성 반응이 <u>아닌</u> 것은?

① $Cu^{2+}+S^{2-} \longrightarrow CuS$
② $Ag^{+}+Cl^{-} \longrightarrow AgCl$
③ $2K^{+}+CO_3^{2-} \longrightarrow K_2CO_3$
④ $Ba^{2+}+SO_4^{2-} \longrightarrow BaSO_4$
⑤ $Ca^{2+}+SO_4^{2-} \longrightarrow CaSO_4$

탐구 35쪽

[13~14] 그림과 같이 장치하고 반응판 위에서 두 종류의 수용액을 각각 반응시켰다. 표는 반응판 위에 떨어뜨린 용액들이다.

수용액	염화 나트륨	염화 칼슘	질산 나트륨	질산 칼슘
질산 은	A	B	C	D
탄산 나트륨	E	F	G	H

【주관식】

13 A~D 중 앙금이 생성되는 곳을 모두 고르고, 공통적으로 생성되는 앙금의 이름을 쓰시오.

【주관식】

14 E~H 중 앙금이 생성되는 곳을 모두 고르고, 공통적으로 생성되는 앙금의 이름을 쓰시오.

15 염화 칼슘 수용액과 질산 나트륨 수용액을 구별할 수 있는 방법을 모두 고르면? (2개)

① 두 수용액의 색깔을 관찰한다.
② 두 수용액의 불꽃 반응 색을 관찰한다.
③ 두 수용액에 전류가 흐르는지 조사한다.
④ 두 수용액에 질산 은 수용액을 떨어뜨린다.
⑤ 두 수용액에 질산 칼륨 수용액을 떨어뜨린다.

16 공장 폐수에 납 이온(Pb^{2+})이 들어 있는지 확인하기 위해 넣어 주어야 할 이온과 이때 생성되는 앙금의 색깔을 옳게 짝 지은 것은?

① K^{+} – 흰색 앙금
② Ca^{2+} – 검은색 앙금
③ NO_3^{-} – 흰색 앙금
④ S^{2-} – 검은색 앙금
⑤ I^{-} – 검은색 앙금

중요

17 다음은 미지의 수용액에 녹아 있는 물질을 확인하기 위해 실시한 실험의 결과이다.

- 염화 칼슘($CaCl_2$) 수용액을 가했더니 흰색 앙금이 생겨 뿌옇게 흐려졌다.
- 불꽃 반응 실험을 하였더니 노란색이 나타났다.

이 실험 결과로 보아 다음 중 미지의 수용액에 녹아 있을 것으로 예상되는 물질은?

① $NaCl$ ② Na_2CO_3 ③ KCl
④ K_2SO_4 ⑤ $Ca(NO_3)_2$

18 그림은 세 가지 금속 이온이 들어 있는 수용액에서 각각의 금속 이온을 확인하기 위한 과정을 나타낸 것이다.

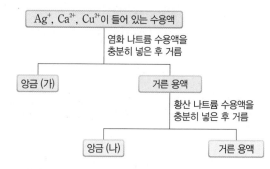

앙금 (가)와 앙금 (나)의 이름을 옳게 짝 지은 것은?

	앙금 (가)	앙금 (나)
①	염화 은	황산 구리
②	염화 은	황산 칼슘
③	염화 구리	황산 칼슘
④	염화 칼슘	황화 은
⑤	염화 칼슘	황화 구리

서술형 문제

정답과 해설 8쪽

서술형 Tip

단어 제시형

1 그림은 리튬 원자가 리튬 이온으로 되는 과정을 모형으로 나타낸 것이다. 리튬 이온이 형성되는 과정을 다음의 단어를 모두 사용하여 서술하시오.

리튬 원자   리튬 이온   전자

전자   얻어/잃어   양이온/음이온   (+)전하/(−)전하

1 리튬 원자와 리튬 이온의 원자핵의 전하량 및 전자의 개수를 비교하고, 그로 인해 결과적으로 어떤 전하를 띠게 되는지 파악한다.

단계별 서술형

2 표는 3가지 입자의 원자핵의 전하량과 전자의 개수를 나타낸 것이다.

(1) (가)~(다) 중 양이온과 음이온을 각각 고르시오.

구분	(가)	(나)	(다)
원자핵의 전하량	+3	+9	+11
전자의 개수(개)	3	10	10

(2) (1)과 같이 답한 까닭을 서술하시오.

2 (2) (+)전하량과 (−)전하량을 비교하여 입자가 띠는 전하를 서술한다.
→ 필수 용어: (+)전하량, (−)전하량

단계별 서술형

3 다음은 전하를 띠는 것을 확인하기 위한 실험이다.

> 질산 칼륨 수용액을 적신 거름종이의 중앙에 황산 구리(Ⅱ) 수용액(파란색)과 과망가니즈산 칼륨 수용액(보라색)을 떨어뜨렸다. ➡ 파란색은 (−)극 쪽으로, 보라색은 (+)극 쪽으로 이동하였다.

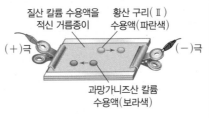

질산 칼륨 수용액을 적신 거름종이

황산 구리(Ⅱ) 수용액(파란색)

(+)극

(−)극

과망가니즈산 칼륨 수용액(보라색)

(1) 파란색 성분과 보라색 성분은 각각 어떤 이온인지 이름을 쓰시오.

(2) 각 성분이 이동하는 까닭을 서술하시오.

3 (+)전하를 띤 입자는 (−)극으로, (−)전하를 띤 입자는 (+)극으로 이동한다는 것을 알고 있어야 한다.

Plus 문제 3-1
(+)극과 (−)극의 방향을 서로 바꿔 줄 때 실험 결과는 어떻게 될지 서술하시오.

서술형

4 염소 소독을 마친 수영장 물에 염화 이온이 남아 있는지를 앙금 생성 반응으로 확인하려고 한다. 이때 넣어 주어야 하는 이온의 이온식과, 앙금이 생성되는 과정을 식으로 나타내시오.

4 염화 이온(Cl⁻)과 앙금을 생성하는 이온이 무엇인지 파악한다.

이 단원에서 학습한 내용을 확실히 이해했나요?
다음 내용을 잘 알고 있는지 확인해 보세요.

1 원소

- 아리스토텔레스: 물질은 물, 불, 흙, 공기의 4가지 원소로 이루어져 있다고 주장하였다.
- ❶□□□□□: 물이 수소와 산소로 분해되는 실험을 통해 물이 원소가 아님을 밝혔다.
- ❷□□: 더 이상 다른 물질로 분해되지 않으면서 물질의 기본이 되는 성분
- 현재까지 밝혀진 원소는 모두 118가지이며, 원소의 종류에 따라 성질이 다르다.
- ❸□: 매우 단단하여 건물이나 다리의 철근 등에 이용되는 원소이다.
- ❹□□: 숯, 다이아몬드의 성분 원소이다.

2 원소의 구별

- ❶□□ □□: 금속 원소가 포함된 물질을 겉불꽃에 넣었을 때 금속 원소의 종류에 따라 독특한 불꽃 반응 색이 나타나는 반응
- 여러 가지 불꽃 반응 색
  - 나트륨: 노란색
  - 리튬: ❷□□□
  - ❸□□: 보라색
  - 구리: ❹□□□
- ❺□ □□□□: 금속 원소의 불꽃 반응에서 나타나는 불꽃을 분광기로 관찰했을 때 선으로 밝게 나타나는 띠
  ➡ 원소의 종류에 따라 선의 색깔, 위치, 개수, 굵기 등이 다르다.

3 원자와 분자

- 원자: 물질을 이루는 기본 입자
- 원자의 구조
  - ❶□□□: 원자의 중심에 있으며, (+)전하를 띤다.
  - ❷□□: 원자핵 주위를 움직이고 있으며, (−)전하를 띤다.
- ❸□□: 독립된 입자로 존재하여 물질의 성질을 나타내는 가장 작은 입자
- 산소 분자: 산소 원자 2개가 결합한 분자이다.
- 물 분자: 산소 원자 ❹□개와 수소 원자 ❺□개가 결합한 분자이다.

4 물질의 표현

- 원소 기호: 원소의 종류에 따라 간단한 기호로 나타낸 것
- 여러 가지 원소의 이름과 원소 기호

수소	❶□□	플루오린	❸□□□	구리
H	O	❷□	Na	Cu

- 분자식: 분자의 종류에 따라 분자를 구성하는 원자의 종류와 개수를 원소 기호와 숫자로 표현한 식
- 여러 가지 분자의 이름과 분자식

산소	❹□□□□□	물	암모니아
O_2	CO_2	H_2O	❺□

5 이온

- 이온: 원자가 전자를 잃거나 얻어 전하를 띠는 입자
- ❶□□□: 원자가 전자를 잃어 (+)전하를 띠는 입자
- ❷□□□: 원자가 전자를 얻어 (−)전하를 띠는 입자
- 여러 가지 이온의 이름과 이온식

나트륨 이온	칼륨 이온	❹□□ 이온
❸□	K^+	Ca^{2+}
산화 이온	❺□□ 이온	염화 이온
O^{2-}	S^{2-}	❻□

6 이온의 확인

- 이온의 전하 확인: 염화 나트륨 수용액에 전류를 흘려 주면 나트륨 이온은 ❶□극, 염화 이온은 ❷□극으로 이동한다.
- ❸□□ 생성 반응: 서로 다른 두 수용액을 섞었을 때 양이온과 음이온이 반응하여 물에 녹지 않는 ❸□□을 생성하는 반응
- 여러 가지 앙금 생성 반응
  - $Ag^+ + Cl^- \longrightarrow$ ❹□□↓ (흰색)
  - ❺□□ $+ CO_3^{2-} \longrightarrow CaCO_3 \downarrow$ (흰색)
  - $Pb^{2+} + 2I^- \longrightarrow PbI_2 \downarrow$ (❻□□□)

상**중**하

01 다음은 라부아지에의 실험 내용이다.

긴 주철관을 뜨겁게 가열하면서 주철관 안으로 물을 통과시키는 실험을 하였다. 그 결과 ㉠주철관 안에 녹이 슬고 수소 기체가 발생하였다.

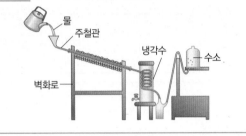

이 실험을 통해 알아낸 사실로 옳은 것을 〈보기〉에서 모두 고른 것은?

보기
ㄱ. 물은 철, 산소, 수소로 이루어져 있다.
ㄴ. 물은 물질을 이루는 기본 원소이다.
ㄷ. ㉠을 통해 물이 분해되어 산소가 발생했음을 알 수 있다.

① ㄱ   ② ㄴ   ③ ㄷ
④ ㄱ, ㄴ   ⑤ ㄱ, ㄷ

상**중**하

02 원소 기호와 그 원소가 이용되는 예가 옳게 연결된 것은?

① H – 생물의 호흡이나 물질의 연소에 이용된다.
② Au – 전기가 잘 통하므로 전선으로 주로 이용된다.
③ Fe – 물, 산소와 반응하지 않으므로 장신구로 이용된다.
④ O – 가볍고 안전하므로 비행선이나 광고용 풍선에 이용된다.
⑤ N – 다른 물질과 잘 반응하지 않으므로 과자 봉지의 충전 기체로 이용된다.

【주관식】 상중**하**

03 다음에서 설명하는 물질을 〈보기〉에서 모두 고르시오.

• 더 이상 분해되지 않는다.
• 물질을 이루는 기본 성분이다.

보기
ㄱ. 수소   ㄴ. 암모니아   ㄷ. 이산화 탄소
ㄹ. 공기   ㅁ. 물   ㅂ. 구리
ㅅ. 수은   ㅇ. 소금   ㅈ. 설탕

상**중**하

04 그림은 불꽃 반응 실험 과정을 나타낸 것이다.

이 실험으로 구별하기 어려운 물질끼리 짝 지은 것은?

① 염화 칼슘, 염화 칼륨
② 탄산 바륨, 탄산 칼슘
③ 염화 나트륨, 질산 리튬
④ 질산 나트륨, 황산 구리
⑤ 염화 리튬, 질산 스트론튬

상중**하**

05 물질과 불꽃 반응 색을 짝 지은 것으로 옳지 않은 것은?

	물질	불꽃 반응 색
①	질산 칼륨	주황색
②	염화 구리	청록색
③	질산 리튬	빨간색
④	염화 바륨	황록색
⑤	염화 스트론튬	빨간색

06 그림은 물질 (가)~(다)와 원소 A, B의 선 스펙트럼을 나타낸 것이다.

이에 대한 설명으로 옳은 것을 〈보기〉에서 모두 고른 것은?

┌─ 보기 ─────────────────────────
ㄱ. 물질 (가)에는 원소 A가 포함되어 있다.
ㄴ. 물질 (나)에는 원소 B가 포함되어 있다.
ㄷ. 물질 (다)에는 원소 A와 B가 모두 포함되어 있다.
ㄹ. 물질 (가)~(다)에 모두 포함된 원소는 A이다.
└───────────────────────────────

① ㄱ, ㄷ   ② ㄱ, ㄹ   ③ ㄴ, ㄹ
④ ㄱ, ㄴ, ㄷ   ⑤ ㄴ, ㄷ, ㄹ

자료 분석 | 정답과 해설 9쪽

07 그림은 어떤 원자를 원자 모형으로 나타낸 것이다.

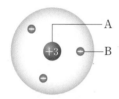

이에 대한 설명으로 옳은 것은?

① 수소 원자의 원자 모형이다.
② A는 전자, B는 원자핵이다.
③ A는 원자 크기의 대부분을 차지한다.
④ 모든 원자는 A의 전하량이 같다.
⑤ 원자의 총 전하량은 0이다.

【주관식】

08 원소 이름과 원소 기호를 옳게 짝 지은 것을 〈보기〉에서 모두 고르시오.

┌─ 보기 ─────────────────────────
ㄱ. 철 – F   ㄴ. 네온 – Ne
ㄷ. 칼슘 – K   ㄹ. 규소 – Si
ㅁ. 망가니즈 – Ma   ㅂ. 금 – Ag
└───────────────────────────────

【주관식】

09 다음 내용의 ㉠~㉢에 알맞은 말을 아래의 용어에서 각각 골라 쓰시오.

┌───────────────────────────────
• 얼음, 물, 수증기는 모두 같은 (㉠   )(으)로 이루어져 있으므로 같은 물질이다.
• 이산화 탄소는 탄소와 산소로 이루어져 있으므로 (㉡   )이/가 아니다.
• 산소 (㉠   )은/는 산소 (㉢   ) 2개로 이루어져 있다.
└───────────────────────────────

┌───────────────────────────────
        원소   원자   분자   이온
└───────────────────────────────

10 다음 분자식을 분석한 내용으로 옳은 것은?

┌───────────────────────────────
                $3H_2O$
└───────────────────────────────

① 분자의 개수 – 9개
② 분자를 이루는 성분 원소의 가짓수 – 3종류
③ 분자를 이루는 수소 원자의 총 개수 – 2개
④ 분자를 이루는 산소 원자의 총 개수 – 3개
⑤ 분자 1개를 이루는 원자의 개수 – 5개

11 그림은 두 가지 분자를 모형으로 나타낸 것이다.

(가)   (나)

이에 대한 설명으로 옳은 것을 〈보기〉에서 모두 고른 것은?

┌─ 보기 ─────────────────────────
ㄱ. (가)는 물, (나)는 과산화 수소이다.
ㄴ. (가)의 분자식은 H_2O, (나)의 분자식은 H_2O_2이다.
ㄷ. (가)와 (나)는 성분 원소가 같으므로 같은 물질이다.
└───────────────────────────────

① ㄱ   ② ㄷ   ③ ㄱ, ㄴ
④ ㄴ, ㄷ   ⑤ ㄱ, ㄴ, ㄷ

12 상중**하** 다음의 세 가지 물질에 대한 설명으로 옳지 <u>않은</u> 것은?

> (가) H_2O (나) Cu   (다) NaCl

① (가)는 수소와 산소 두 종류의 원소로 이루어진다.
② (나)는 구리 원자가 규칙적으로 배열되어 있다.
③ (다)는 나트륨 원자 1개와 염소 원자 1개가 모여 이루어진 분자이다.
④ (나)는 원소 기호가 화학식이 된다.
⑤ (다)는 염화 나트륨이라고 읽는다.

13 상**중**하 그림은 원자가 이온으로 되는 과정을 모형으로 나타낸 것이다.

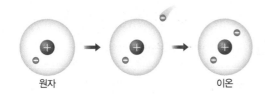

원자   이온

이에 대한 설명으로 옳은 것을 〈보기〉에서 모두 고른 것은?

> **보기**
> ㄱ. 원자가 전자 1개를 잃고 양이온이 되었다.
> ㄴ. 형성된 이온은 (−)전하를 띤다.
> ㄷ. 형성된 이온이 원자보다 (+)전하량이 작다.

① ㄱ   ② ㄴ   ③ ㄷ
④ ㄱ, ㄴ   ⑤ ㄴ, ㄷ

14 상**중**하 그림은 원자 또는 이온을 모형으로 나타낸 것이다.

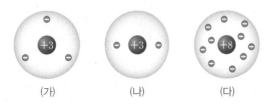

(가)   (나)   (다)

이에 대한 설명으로 옳은 것은?

① (가)는 음이온이다.
② (나)는 총 전하량이 0이다.
③ (다)는 양이온이다.
④ (나)는 원자가 전자 1개를 잃고 형성된 이온이다.
⑤ (다)는 원자에서 원자핵의 전하량이 감소하여 형성된 이온이다.

15 상중**하** 원자가 전자를 가장 많이 얻어서 형성된 이온은?

① K^+ ② Mg^{2+} ③ Al^{3+}
④ Cl^- ⑤ O^{2-}

16 상**중**하 표는 입자 (가)~(라)의 원자핵의 전하량과 전자의 개수를 나타낸 것이다.

입자	(가)	(나)	(다)	(라)
원자핵의 전하량	+9	+11	+12	+12
전자의 개수(개)	10	10	10	12

이에 대한 설명으로 옳은 것은?

① (가)는 (나)의 음이온이다.
② (다)는 (라)의 양이온이다.
③ (가)는 (+)전하량이 (−)전하량보다 크다.
④ (나), (다)는 원자가 전자를 얻어 형성된 입자이다.
⑤ (가), (나), (다)는 모두 같은 원소이다.

자료 분석 | 정답과 해설 10쪽

17 상**중하** 그림과 같이 질산 칼륨 수용액이 들어 있는 페트리 접시에 보라색의 과망가니즈산 칼륨 수용액과 파란색의 황산 구리(Ⅱ) 수용액을 떨어뜨린 후 전류를 흘려 주었다.

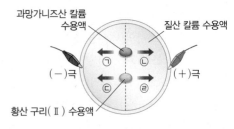

과망가니즈산 칼륨 수용액   질산 칼륨 수용액
(−)극   ㉠   ㉡   (+)극
㉢   ㉣
황산 구리(Ⅱ) 수용액

두 수용액에서 색을 띠는 이온과 각각의 이동 방향을 모두 옳게 나타낸 것은?

	보라색	−	이동 방향	파란색	−	이동 방향
①	K^+	−	㉡	Cu^{2+}	−	㉣
②	MnO_4^-	−	㉡	SO_4^{2-}	−	㉣
③	K^+	−	㉠	Cu^{2+}	−	㉢
④	MnO_4^-	−	㉠	SO_4^{2-}	−	㉢
⑤	MnO_4^-	−	㉡	Cu^{2+}	−	㉢

18 그림은 탄산 나트륨 수용액과 염화 칼슘 수용액의 반응을 모형으로 나타낸 것이다.

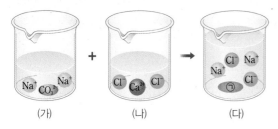

(가)　　　　(나)　　　　(다)

이에 대한 설명으로 옳은 것을 〈보기〉에서 모두 고른 것은?

> **보기**
>
> ㄱ. ㉠은 흰색 앙금인 탄산 칼슘이다.
> ㄴ. Na^+과 Cl^-은 앙금을 생성하지 않는다.
> ㄷ. (가) 수용액과 (나) 수용액의 불꽃 반응 색은 같다.

① ㄱ　　　　② ㄴ　　　　③ ㄷ
④ ㄱ, ㄴ　　　⑤ ㄱ, ㄷ

19 다음 두 수용액을 반응시킬 때 앙금이 생성되지 <u>않는</u> 경우는?

① 염화 나트륨 수용액＋질산 은 수용액
② 질산 나트륨 수용액＋염화 칼슘 수용액
③ 염화 바륨 수용액＋황산 나트륨 수용액
④ 질산 칼슘 수용액＋탄산 나트륨 수용액
⑤ 질산 납 수용액＋아이오딘화 칼륨 수용액

20 다음은 물질 X를 확인하기 위해 실험한 내용이다.

> (가) 물질 X를 에탄올 수용액에 녹여 불꽃 반응 실험을 하였더니 보라색이 나타났다.
> (나) 물질 X를 물에 녹인 수용액에 질산 납 수용액을 떨어뜨렸더니 노란색 앙금이 생성되었다.

다음 중 물질 X로 예상되는 것은?

① 염화 칼륨　　② 염화 리튬　　③ 질산 칼슘
④ 질산 바륨　　⑤ 아이오딘화 칼륨

21 그림은 물 분자를 모형으로 나타낸 것이다.

(1) 위 모형을 분자식으로 나타내시오.

(2) (1)의 분자식으로부터 알 수 있는 사실을 아래의 내용이 포함되도록 서술하시오.

> • 분자의 종류 및 개수
> • 분자를 이루는 원자의 종류
> • 분자 1개를 이루는 원자의 개수
> • 원자의 총 개수

22 그림은 마그네슘 원자(Mg)와 마그네슘 이온(Mg^{2+})을 모형으로 나타낸 것이다.

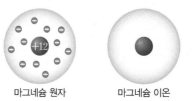

마그네슘 원자　　　　마그네슘 이온

(1) 마그네슘 이온의 모형을 완성하시오.

(2) 마그네슘 원자가 마그네슘 이온으로 되는 과정을 식으로 나타내시오. (단, 전자는 ⊖로 표시한다.)

23 그림은 물질 (가)를 녹인 수용액과 탄산 나트륨 수용액의 반응을 모형으로 나타낸 것이다.

(가)의 수용액　　탄산 나트륨 수용액　　혼합 용액

물질 (가)의 화학식을 쓰고, 근거를 서술하시오.

자료 분석 | 정답과 해설 11쪽

II

전기와 자기

제목으로 미리보기

기억하기 ● 이 단원을 학습하기 전에, 이전에 배운 내용 중 꼭 알아야 할 개념들을 그림과 함께 떠올려 봅시다.

1 │ 나침반 바늘의 방향 찾기 ━━━━━━━━━━━━━━━━ >>> 초등 3학년 자석의 이용

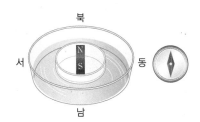

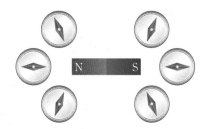

• 물에 띄운 막대자석과 나침반 바늘의 N극이 가리키는 방향은 (❶   )이고, S극이 가리키는 방향은 (❷   )이다.

• 자석은 (❸   ) 극끼리는 서로 밀어내고, (❹   ) 극끼리는 서로 끌어당기므로, 막대자석과 나침반 바늘도 서로 끌어당기거나 밀어낸다.

2 │ 전지와 전구의 연결 방법에 따른 밝기 비교 ━━━━━ >>> 초등 6학년 전기의 이용

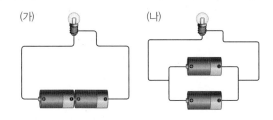

(가)   (나)

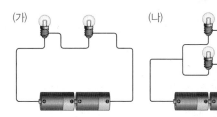

(가)   (가)   (나)

• (가)는 전지 2개를 서로 다른 극끼리 나란히 연결하였으므로 (❺   )연결이고, (나)는 전지 2개를 서로 같은 극끼리 연결하였으므로 (❻   )연결이다.
• (가)의 전구가 (나)의 전구보다 밝다.

• (가)는 전구 2개를 한 줄로 연결하였으므로 (❼   )연결이고, (나)는 전구 2개를 여러 개의 줄에 나누어 한 개씩 연결하였으므로 (❽   )연결이다.
• (나)의 전구가 (가)의 전구보다 밝다.

3 │ 전자석의 성질 ━━━━━━━━━━━━━━━━━━━━━ >>> 초등 6학년 전기의 이용

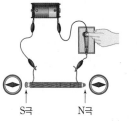

S극   N극

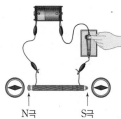

N극   S극

• 전류가 흐르는 전선 주위에 (❾   )의 성질이 나타나므로 전선 주위에 놓은 나침반 바늘이 움직인다.
• 전지의 극을 반대로 하여 전류가 흐르는 방향을 바꾸면 나침반 바늘의 방향도 반대가 된다.

• (❿   )은 전류가 흐르는 전선 주위에 자석의 성질이 나타나는 것을 이용하여 만든 자석으로, 전류가 흐르지 않으면 자석의 성질이 나타나지 않는다.
• (⓫   )의 방향이 바뀌면 전자석의 극도 바뀐다.

개념 학습

01 전기의 발생

Ⓐ 마찰 전기

1. 원자의 구조와 전기의 발생

① 원자❶: 모든 물질은 원자로 이루어져 있고, 원자는 원자핵과 전자로 이루어져 있다.

▲ 원자의 구조

• 원자핵: (+)*전하를 띠고, 원자 질량의 대부분을 차지하며, 마찰 과정에서 이동하지 않는다.─ 원자핵의 (+)전하의 양은 원자의 종류마다 다르다.

• 전자: (−)전하를 띤 가장 작은 알갱이로, 매우 가벼워 마찰이나 충격에 의해 쉽게 이동할 수 있다.

② 전기의 발생: 원자의 외곽을 돌고 있는 가벼운 전자들이 마찰과 같은 충돌에 의해 이동하게 되어 한 원자 안에서 원자핵의 (+)전하의 양과 전자의 (−)전하의 양이 달라지면 물체가 전하를 띤다.─ 일반적으로 원자는 원자핵의 (+)전하의 양과 전자의 (−)전하의 양이 같아 전하를 띠지 않는 중성 상태이다.

2. 마찰 전기

서로 다른 두 물체를 마찰하면 *정전기❷가 발생하여 두 물체가 서로 다른 전하를 띠게 되는데, 이를 마찰 전기라고 한다. ❸

① 마찰 전기가 생기는 까닭: 마찰 과정에서 한 물체에서 다른 물체로 전자가 이동하기 때문에 마찰 전기가 생긴다. ─ 전자가 이동하면 물체가 가지는 (+)전하의 양과 (−)전하의 양의 균형이 깨져 전하를 띠게 된다.

| 전자를 잃은 물체 | (−)전하의 양<(+)전하의 양 ➡ (+)전하를 띤다. |
| 전자를 얻은 물체 | (−)전하의 양>(+)전하의 양 ➡ (−)전하를 띤다. |

② 대전과 대전체: 물체가 전기를 띠는 현상을 대전이라 하고, 전기를 띤 물체를 대전체라고 한다. ❹─ 대전체가 전기적 성질을 잃는 현상을 방전이라고 하며, 이는 공기 분자와 대전체 사이에서 자연스럽게 전자의 이동이 일어나 전기적 균형을 이루는 과정이다.

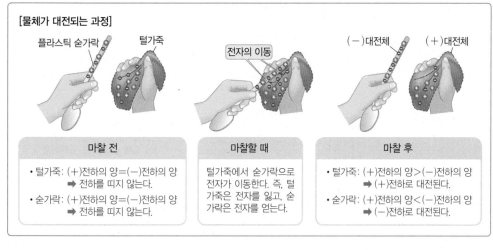

[물체가 대전되는 과정]

마찰 전	마찰할 때	마찰 후
• 털가죽: (+)전하의 양=(−)전하의 양 ➡ 전하를 띠지 않는다. • 숟가락: (+)전하의 양=(−)전하의 양 ➡ 전하를 띠지 않는다.	털가죽에서 숟가락으로 전자가 이동한다. 즉, 털가죽은 전자를 잃고, 숟가락은 전자를 얻는다.	• 털가죽: (+)전하의 양>(−)전하의 양 ➡ (+)전하로 대전된다. • 숟가락: (+)전하의 양<(−)전하의 양 ➡ (−)전하로 대전된다.

3. 전기력 대전체 사이에 작용하는 힘

① 전기력의 방향: 대전체가 띠는 전하의 종류에 따라 서로 밀어내거나 당긴다.

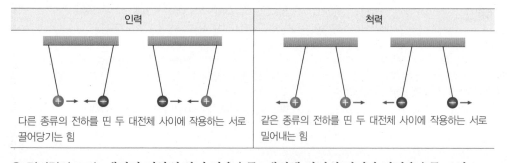

인력	척력
다른 종류의 전하를 띤 두 대전체 사이에 작용하는 서로 끌어당기는 힘	같은 종류의 전하를 띤 두 대전체 사이에 작용하는 서로 밀어내는 힘

② 전기력의 크기: 대전된 전하의 양이 많을수록, 대전체 사이의 거리가 가까울수록 크다.

---

❶ 원자
원자는 물질을 이루는 가장 작은 입자로, 모든 물질은 원자로 되어 있다. 원자는 가운데에 (+)전하를 띠는 무거운 원자핵이 있고, (−)전하를 띠는 전자가 원자핵 주위를 돌고 있다.

❷ 정전기
마찰에 의해 발생된 전기는 다른 곳으로 흐르지 않고 발생된 자리에 그대로 머물러 있는데, 이러한 전기를 정전기라고 한다.

❸ 마찰 전기에 의한 현상
• 머리를 빗을 때 머리카락이 빗에 달라붙는다.
• 마찰시킨 먼지떨이에 먼지가 잘 달라붙는다.
• 문의 손잡이를 잡다가 '찌릿'한 느낌을 받는다.

❹ 물체가 대전되는 순서
물체가 대전되는 전하의 종류는 마찰하는 물체의 종류에 따라 달라진다. 이를 실험하여 순서대로 나열하면 다음과 같다.

(+) 털가죽─유리─명주─고무─플라스틱 (−)

(+) 쪽에 가까운 물체는 전자를 잃기 쉽고, (−) 쪽에 가까운 물체는 전자를 얻기 쉽다.
예 털가죽과 명주를 마찰하면 털가죽은 (+)전하, 명주는 (−)전하를 띤다. 명주와 플라스틱을 마찰하면 명주는 (+)전하, 플라스틱은 (−)전하를 띤다.

용어 사전
*전하(전기 電, 멜 荷)
물질에서 전기 현상을 일으키는 원인으로, (+)전하와 (−)전하가 있다.
*정전기(움직이지 않을 靜, 전기 電, 기운 氣)
쉽게 움직이지 않고 한곳에 머물러 있는 전기

핵심 Tip

• **원자**: 모든 물질은 원자로 이루어져 있고, 원자는 원자핵과 전자로 이루어져 있다.
• **마찰 전기**: 서로 다른 물체 사이의 마찰로 발생한 전기
• **대전과 대전체**: 물체가 전기를 띠는 현상을 **대전**, 대전된 물체를 **대전체**라고 한다.
• **전기력**: 대전체 사이에 작용하는 힘으로, 서로 끌어당기는 인력과 서로 밀어내는 척력이 있다.

1 그림은 원자의 구조를 나타낸 것이다. ( ) 안에 알맞은 말을 고르시오.

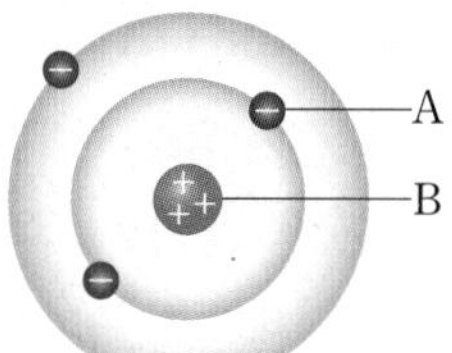

(1) A는 ㉠ (원자핵 , 전자)이고, B는 ㉡ (원자핵 , 전자)이다.

(2) 이 원자는 ((+)전하를 띤다 , (−)전하를 띤다 , 중성이다).

(3) 이 물체가 대전되었다면 (A , B)의 이동에 의한 것이다.

2 마찰 전기에 대한 설명으로 옳은 것은 ○, 옳지 않은 것은 ×로 표시하시오.

(1) 같은 종류의 두 물체를 마찰할 때 마찰 전기가 발생한다. ( )

(2) 서로 다른 두 물체를 마찰하면 두 물체는 같은 종류의 전하를 띤다. ( )

(3) 서로 다른 두 물체를 마찰할 때 전자를 얻은 물체는 (−)전하를 띤다. ( )

암기 Tip A-2

• 물체가 전자를 잃으면 → 물체는 (+)전하로 대전
• 물체가 전자를 얻으면 → 물체는 (−)전하로 대전

3 그림과 같이 두 물체 A, B를 마찰했더니 A는 (−)전하를 띠고, B는 (+)전하를 띠었다. 빈칸에 알맞은 말을 쓰시오.

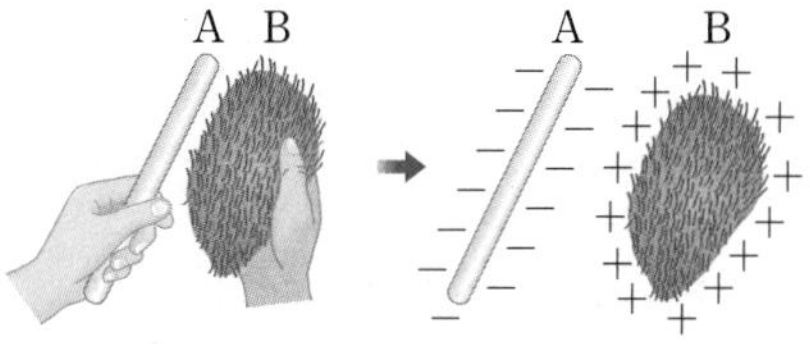

(1) 전자를 잃은 물체는 (㉠)이고, 전자를 얻은 물체는 (㉡)이다.

(2) 마찰 후 A에는 (㉠)전하가 더 많고, B에는 (㉡)전하가 더 많다.

(3) 마찰 후 A와 B 사이에는 서로 ( )는 힘이 작용한다.

원리 Tip A-2

마찰 전기가 생기는 까닭

전자를 얻어 (−)전하를 띤다.

전자를 잃어 (+)전하를 띤다.

서로 다른 두 물체는 전자를 잃거나 얻으려는 정도가 다르므로 마찰하면 두 물체 사이에 전자가 이동하게 된다. 즉, 마찰 전기는 한 물체에서 다른 물체로 전자가 이동하기 때문에 발생한다.

4 일상생활에서 마찰 전기에 의한 현상으로 옳은 것은 ○, 옳지 않은 것은 ×로 표시하시오.

(1) 병따개가 냉장고 문에 달라붙는다. ( )

(2) 마찰시킨 먼지떨이에 먼지가 더 잘 달라붙는다. ( )

(3) 겨울철 자동차 문에 손을 대는 순간 따끔한 느낌을 받는다. ( )

5 그림과 같이 전하를 띤 두 물체 사이에 작용하는 전기력의 종류를 쓰시오.

암기 Tip A-3

• 다른 종류의 전하를 띠면 끌어당기고 → 인력 작용
• 같은 종류의 전하를 띠면 밀어내고 → 척력 작용

(1) 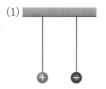 (2)   (3)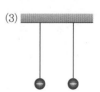

B 정전기 유도 Beyond 특강 53쪽

1. 정전기 유도 대전되지 않은 금속에 대전체를 가까이 할 때 금속이 전하를 띠는 현상❶
① 대전체와 가까운 쪽: 대전체와 다른 종류의 전하로 대전된다. ─ 금속과 대전체 사이에는 인력이 작용한다.
② 대전체와 먼 쪽: 대전체와 같은 종류의 전하로 대전된다.

2. 정전기 유도의 원인 대전체와의 전기력에 의해 금속 내부의 (*자유) 전자가 이동하기 때문이다.

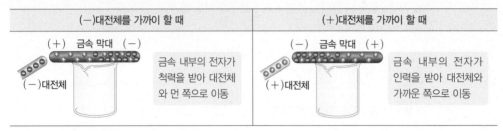

(─)대전체를 가까이 할 때	(+)대전체를 가까이 할 때
금속 내부의 전자가 척력을 받아 대전체와 먼 쪽으로 이동	금속 내부의 전자가 인력을 받아 대전체와 가까운 쪽으로 이동

[알루미늄 캔이 막대를 따라 움직이는 까닭]

(─)전하로 대전된 막대를 알루미늄 캔 근처에서 천천히 이동시키면 캔이 막대를 따라 움직인다.
➡ 막대와 가까운 쪽의 캔은 (+)전하, 먼 쪽의 캔은 (─)전하로 대전되어 막대와 캔 사이에 전기력(인력)이 작용하기 때문이다.
─ 막대와 캔 사이에 작용하는 인력이 막대와 캔 사이에 작용하는 척력보다 커서 캔이 막대를 따라 끌려오는 것이다.

C 검전기 탐구 52쪽 Beyond 특강 54쪽

1. *검전기 정전기 유도를 이용하여 물체의 대전 여부를 알아보는 기구
① 구조: 금속판과 두 장의 금속박이 금속 막대로 연결되어 있다.
② 원리: 금속판에 대전체를 가까이 하면 정전기 유도에 의해 금속판과 금속박이 전하를 띠면서 금속박이 벌어진다.

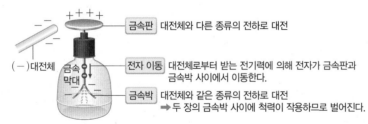

금속판 ─ 대전체와 다른 종류의 전하로 대전
전자 이동 ─ 대전체로부터 받는 전기력에 의해 전자가 금속판과 금속박 사이에서 이동한다.
금속박 ─ 대전체와 같은 종류의 전하로 대전
➡ 두 장의 금속박 사이에 척력이 작용하므로 벌어진다.

2. 검전기로 알 수 있는 사실

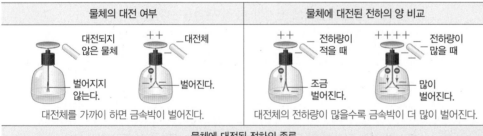

물체의 대전 여부	물체에 대전된 전하의 양 비교
대전되지 않은 물체 / 대전체 / 벌어지지 않는다. / 벌어진다.	전하량이 적을 때 / 전하량이 많을 때 / 조금 벌어진다. / 많이 벌어진다.
대전체를 가까이 하면 금속박이 벌어진다.	대전체의 전하량이 많을수록 금속박이 더 많이 벌어진다.

물체에 대전된 전하의 종류		
검전기와 다른 종류의 전하를 띤 대전체를 가까이 하면 금속박이 오므라든다.	다른 종류의 전하를 띤 대전체 ← 대전된 검전기❷ → 같은 종류의 전하를 띤 대전체	검전기와 같은 종류의 전하를 띤 대전체를 가까이 하면 금속박이 더 벌어진다.
오므라든다.		더 벌어진다.

---

❶ 정전기 유도에 의한 현상
• 대전체에 끌려오는 종잇조각: 대전된 고무풍선을 종잇조각에 가까이 가져가면 종잇조각에 전하가 유도되어 고무풍선에 달라붙는다.
• 번개: 구름의 대전된 아랫부분에 의해 지표면에 전하가 유도되다가 어느 순간 전자가 이동하며 구름이 방전되는데, 이것이 번개이다.
• 먼지떨이: 솔을 문질러 먼지떨이를 대전시키면 주변의 먼지에 정전기 유도가 일어나 먼지가 솔에 달라붙는다.

❷ 중성 상태인 검전기를 대전시키는 방법
• (─)전하로 대전시키는 방법: (+)대전체를 금속판에 가까이 한 상태에서 금속판에 손가락을 접촉시켰다가 대전체와 손을 동시에 치운다.

전자가 손가락을 통해 금속박으로 이동한다.
• (+)전하로 대전시키는 방법: (─)대전체를 금속판에 가까이 한 상태에서 금속판에 손가락을 접촉시켰다가 대전체와 손을 동시에 치운다.

전자가 금속박에서 손가락으로 이동한다.

용어 사전

*자유 전자(스스로 自, 말미암을 由, 전기 電, 아들 子)
금속 내부를 비교적 자유롭게 이동할 수 있는 전자
*검전기(검사할 檢, 전기 電, 그릇 器)
정전기 유도를 이용하여 물체의 대전 여부를 알아보는 기기

6 다음은 정전기 유도에 대한 설명이다. 빈칸에 알맞은 말을 쓰시오.

(1) 정전기 유도는 금속 내부의 ( )가 전기력에 의해 이동하기 때문에 일어난다.

(2) 대전되지 않은 금속 막대에 대전체를 가까이 하면 대전체와 가까운 쪽은 대전체와 (㉠) 종류의 전하를 띠고, 대전체와 먼 쪽은 대전체와 (㉡) 종류의 전하를 띤다.

7 그림과 같이 대전되지 않은 금속 막대의 A 부분에 (−)대전체를 가까이 하였을 때에 대한 설명으로 옳은 것은 ○, 옳지 않은 것은 ×로 표시하시오.

(1) A 부분과 B 부분 모두 (+)전하를 띤다. ( )

(2) 대전체와 금속 막대 사이에는 인력이 작용한다. ( )

(3) 금속 막대 내부에서 전자는 B 부분에서 A 부분으로 이동한다. ( )

8 다음은 검전기에 대전체를 가까이 하는 모습을 나타낸 것이다. ( ) 안에 알맞은 말을 고르시오.

(1) 대전되지 않은 검전기에 (−)대전체를 가까이 할 때: 전자는 ㉠ (A → B , B → A) 방향으로 이동하고, 금속박이 ㉡ (벌어진다 , 오므라든다).

(2) 대전되지 않은 검전기에 (+)대전체를 가까이 할 때: 전자는 ㉠ (A → B , B → A) 방향으로 이동하고, 금속박이 ㉡ (벌어진다 , 오므라든다).

(3) (+)전하로 대전된 검전기에 (−)대전체를 가까이 할 때: 전자는 ㉠ (A → B , B → A) 방향으로 이동하고, 금속박이 ㉡ (더 벌어진다 , 오므라든다).

(4) (−)전하로 대전된 검전기에 (−)대전체를 가까이 할 때: 전자는 ㉠ (A → B , B → A) 방향으로 이동하고, 금속박이 ㉡ (더 벌어진다 , 오므라든다).

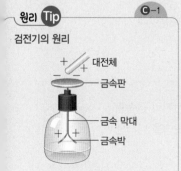
9 검전기로 알 수 있는 사실을 〈보기〉에서 모두 고르시오.

┌─ 보기 ─────────────────────────────────┐
ㄱ. 물체의 대전 여부   ㄴ. 물체에 대전된 전하의 종류
ㄷ. 물체에 대전된 전하의 양 비교   ㄹ. 물체에 대전된 전자의 개수
└──────────────────────────────────────┘

과학적 사고로!

탐구하기 ● **Ⓐ 마찰 전기를 이용한 정전기 유도 관찰**

목표 대전된 물체를 검전기에 가까이 하였을 때 일어나는 정전기 유도 현상을 관찰하고, 그 과정을 확인한다.

과정

[유의점]
검전기의 금속박은 매우 얇아서 떨어지기 쉬우므로 검전기는 조심히 다루어야 한다.

실험 Tip

대전되지 않은 검전기 준비하기

검전기의 금속판에 손가락을 살짝 접촉하였다가 뗀다.

대전되지 않은 플라스틱 막대 / 금속판 / 금속박

❶ 마찰하지 않은 플라스틱 막대를 대전되지 않은 검전기의 금속판에 가까이 한 후 금속박을 관찰한다.

마찰한 플라스틱 막대 / 금속판 / 금속박

❷ 털가죽으로 3~4번 문지른 플라스틱 막대를 대전되지 않은 검전기의 금속판에 가까이 한 후 금속박을 관찰한다.

마찰한 털가죽

❸ 과정 ❷에서 마찰한 털가죽을 대전되지 않은 검전기의 금속판에 가까이 한 후 금속박을 관찰한다.

❹ 털가죽으로 10번 이상 문지른 플라스틱 막대를 대전되지 않은 검전기의 금속판에 가까이 한 후 금속박을 관찰한다.

결과

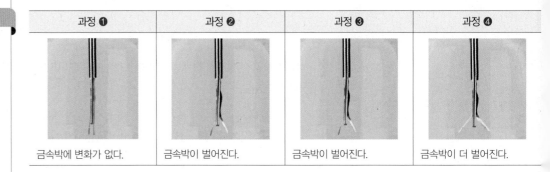

과정 ❶	과정 ❷	과정 ❸	과정 ❹
금속박에 변화가 없다.	금속박이 벌어진다.	금속박이 벌어진다.	금속박이 더 벌어진다.

정리

• 대전되지 않은 플라스틱 막대를 검전기에 가까이 하면 금속박에 아무런 변화가 없다. ➡ (㉠   ) 현상이 나타나지 않는다.
• 마찰하여 대전된 플라스틱 막대나 털가죽을 검전기에 가까이 하면 금속박이 (㉡   ). ➡ 정전기 유도에 의해 검전기 내부의 전자가 이동하여 두 장의 금속박이 같은 종류의 전하로 대전되기 때문이다.
• 털가죽으로 더 많이 문지른 플라스틱 막대를 검전기에 가까이 하면 금속박이 (㉢   ). ➡ 검전기 내부의 전자가 더 많이 이동하여 금속박에 대전된 전하의 양이 많기 때문이다.

확인 문제

1 위 실험에 대한 설명으로 옳은 것은 ○, 옳지 않은 것은 ×로 표시하시오.

(1) 털가죽으로 플라스틱 막대를 문질렀을 때 털가죽이 (+)전하를 띠면 플라스틱 막대는 (−)전하를 띤다.
( )

(2) 대전된 플라스틱 막대를 검전기의 금속판에 가까이 가져가면 검전기의 전자가 플라스틱 막대로부터 전기력을 받아 이동한다. ( )

(3) 금속박이 벌어지는 것은 두 장의 금속박 사이에 인력이 작용하기 때문이다. ( )

실전 문제

2 그림은 대전되지 않은 검전기의 금속판에 (−)대전체를 가까이 한 모습을 나타낸 것이다.

(1) 검전기에서 전자의 이동 방향을 쓰시오.

(2) (1)번과 같이 답한 까닭을 서술하시오.

[금속에서 정전기 유도가 일어나는 과정]

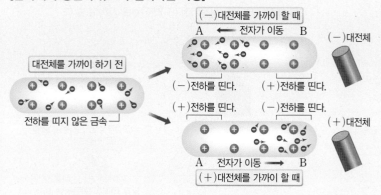

(−)대전체를 가까이 할 때
① 전자의 이동: 척력을 받아 전자가 B 부분에서 A 부분으로 이동한다.
② 금속 막대의 대전: A 부분은 (−)전하로 대전되고, B 부분은 (+)전하로 대전된다.

(+)대전체를 가까이 할 때
① 전자의 이동: 인력을 받아 전자가 A 부분에서 B 부분으로 이동한다.
② 금속 막대의 대전: A 부분은 (+)전하로 대전되고, B 부분은 (−)전하로 대전된다.

1 정전기 유도 현상을 나타낸 모형으로 옳은 것은?

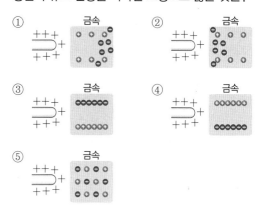

2 그림과 같이 대전되지 않은 금속 막대에 (+)전하를 띤 대전체를 가까이 하였다. 이때 금속 막대의 대전 상태를 옳게 나타낸 것은?

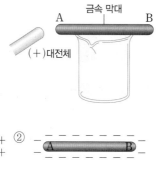

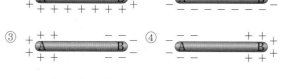

[접촉한 두 금속구를 대전시키는 방법]

① 2개의 금속구를 접촉시켜 놓는다.
② (−)대전체를 왼쪽 금속구에 가까이 하면 두 금속구에는 정전기 유도가 일어나 왼쪽 구는 (+)전하를, 오른쪽 구는 (−)전하를 띤다.
③ 대전체를 가까이 한 상태에서 두 금속구를 떼어놓는다.
④ 대전체를 멀리 치우면 왼쪽 금속구는 (+)전하로, 오른쪽 금속구는 (−)전하로 대전된다.

3 그림과 같이 전기적으로 중성인 금속 막대 A, B를 붙여 놓고 (+)전하로 대전된 유리 막대를 B에 가까이 하였다.

이 상태에서 금속 막대를 떼어놓고 유리 막대를 치웠을

때 금속 막대 A, B의 대전 상태를 옳게 나타낸 것은?

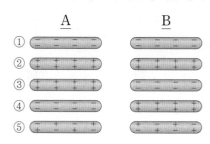

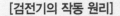
[검전기의 작동 원리]

❶ 대전되지 않은 검전기에 (-)대전체를 가까이 할 때

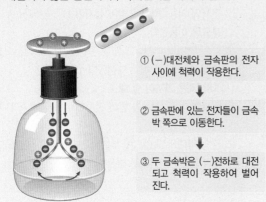

① (-)대전체와 금속판의 전자 사이에 척력이 작용한다.

↓

② 금속판에 있는 전자들이 금속박 쪽으로 이동한다.

↓

③ 두 금속박은 (-)전하로 대전되고 척력이 작용하여 벌어진다.

❷ 대전되지 않은 검전기에 (+)대전체를 가까이 할 때

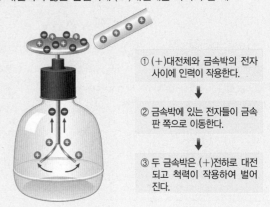

① (+)대전체와 금속박의 전자 사이에 인력이 작용한다.

↓

② 금속박에 있는 전자들이 금속판 쪽으로 이동한다.

↓

③ 두 금속박은 (+)전하로 대전되고 척력이 작용하여 벌어진다.

[1~2] 그림과 같이 대전되지 않은 검전기의 금속판에 (+)전하로 대전된 대전체를 가까이 하였다.

1 금속판과 금속박이 띠는 전하의 종류를 각각 쓰시오.

2 이 검전기에서 전자의 이동 방향과 금속박의 변화를 옳게 짝 지은 것은?

	전자의 이동 방향	금속박의 변화
①	A	벌어진다.
②	A	오므라든다.
③	B	벌어진다.
④	B	오므라든다.
⑤	이동하지 않는다.	변함없다.

[검전기를 대전시키는 방법]

❶ 검전기를 (+)전하로 대전시키는 방법

① (-)대전체를 가까이 가져간다.
② 금속판에 손을 접촉시키면 금속박에 있던 전자가 빠져나가면서 금속박이 중성이 되어 오므라들고 금속판에 (+)전하만 남는다.
③ 대전체와 손을 동시에 치우면 검전기가 전체적으로 (+)전하를 띠게 되므로 금속박이 (+)전하로 대전되어 벌어진다.

❷ 검전기를 (-)전하로 대전시키는 방법

① (+)대전체를 가까이 가져간다.
② 금속판에 손을 접촉시키면 손에서 전자가 이동하여 (+)전하로 대전되어 있던 금속박을 중성으로 만들어 오므라들게 한다.
③ 대전체와 손을 동시에 치우면 검전기가 전체적으로 (-)전하를 띠게 되므로 금속박이 (-)전하로 대전되어 벌어진다.

[3~5] 그림과 같이 (-)대전체를 검전기에 가까이 한 상태에서 손가락을 금속판에 접촉시켰다가 (-)대전체와 동시에 치웠다.

(가)   (나)   (다)

3 (가)에서 금속박의 변화를 쓰시오.

4 (나)에서 손가락을 통해 이동하는 것은 무엇인지 쓰시오.

5 (다)에서 검전기 전체가 대전된 전하의 종류를 쓰시오.

A 마찰 전기

01 그림은 전기적으로 중성인 원자의 구조를 나타낸 것이다. 이에 대한 설명으로 옳지 <u>않은</u> 것은?

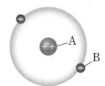

① A와 B의 전하의 양이 같다.
② 이 원자는 전하를 띠지 않는다.
③ B는 (−)전하를 띠며, A보다 가볍다.
④ 마찰 과정에서 A를 얻으면 (+)전하를 띤다.
⑤ 마찰 과정에서 B를 얻으면 (−)전하를 띤다.

중요
02 마찰 전기에 대한 설명으로 옳지 <u>않은</u> 것은?

① 서로 다른 물체를 마찰할 때 발생한다.
② 마찰 과정에서 (+)전하는 이동하지 않는다.
③ 마찰할 때 같은 물체는 항상 같은 종류의 전하를 띤다.
④ 마찰 과정에서 전자를 잃으면 (+)전하, 전자를 얻으면 (−)전하를 띤다.
⑤ 마찰 전기는 쉽게 다른 곳으로 이동하지 않고 한 곳에 머물러 있기 때문에 정전기라고도 한다.

03 그림과 같이 털가죽과 고무풍선을 서로 문질렀더니 털가죽은 (+)전하, 고무풍선은 (−)전하를 띠었다.

　고무풍선　　　털가죽

이에 대한 설명으로 옳은 것은?

① 털가죽은 (+)전하를 얻었다.
② 털가죽에는 전자가 하나도 없다.
③ 고무풍선에는 (+)전하가 하나도 없다.
④ 전자가 털가죽에서 고무풍선으로 이동하였다.
⑤ 원자핵이 고무풍선에서 털가죽으로 이동하였다.

[04~05] 그림은 두 물체 A와 B를 서로 마찰한 전후의 전하 배치를 나타낸 것이다.

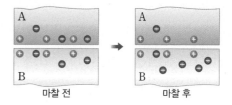

04 A와 B를 마찰했을 때 일어나는 현상에 대한 설명으로 옳은 것을 〈보기〉에서 모두 고른 것은?

> **보기**
> ㄱ. 마찰 과정에서 전자가 A에서 B로 이동한다.
> ㄴ. 마찰 후 A는 (−)전하의 양이 더 많고, B는 (+)전하의 양이 더 많다.
> ㄷ. 마찰 전후 A와 B의 전하량의 합은 변하지 않는다.

① ㄱ　　　　② ㄴ　　　　③ ㄷ
④ ㄱ, ㄷ　　　⑤ ㄴ, ㄷ

중요
05 마찰 후 A와 B 사이에 작용하는 힘과 그 힘이 작용하는 까닭을 옳게 짝 지은 것은?

	힘	힘이 작용하는 까닭
①	척력	A, B 모두 (+)전하를 띠기 때문
②	척력	A, B 모두 (−)전하를 띠기 때문
③	인력	A는 (+)전하, B는 (−)전하를 띠기 때문
④	인력	A는 (−)전하, B는 (+)전하를 띠기 때문
⑤	작용 안함	A, B 모두 전하를 띠지 않기 때문

06 마찰 전기에 의한 현상이 <u>아닌</u> 것은?

① 자석 근처에 둔 못이 자석에 달라붙는다.
② 머리를 빗을 때 머리카락이 빗에 달라붙는다.
③ 스웨터를 벗을 때 따닥 소리를 내며 달라붙는다.
④ 스타킹을 신고 걸으면 치마가 다리에 달라붙는다.
⑤ 털가죽으로 문지른 고무풍선과 털가죽이 서로 끌어당긴다.

[07~08] 다음은 여러 가지 물질이 대전되는 정도를 나타낸 것이다.

> (+) 털가죽－유리－명주－고무－플라스틱 (－)

07 이에 대한 설명으로 옳은 것은?

① 명주는 (+)전하를 띨 수 없다.
② 가장 전자를 잃기 쉬운 물체는 플라스틱이다.
③ 가장 원자핵을 얻기 쉬운 물체는 털가죽이다.
④ 명주와 고무를 마찰하면 명주는 (−)전하를 띤다.
⑤ 유리는 (+)전하를 띨 수도 있고, (−)전하를 띨 수도 있다.

중요

08 그림과 같이 고무풍선 A는 털가죽으로 문지르고, 고무풍선 B는 플라스틱 자로 문지른 후 A와 B를 가까이 하였다. 이때 두 고무풍선의 모습을 옳게 나타낸 것은?

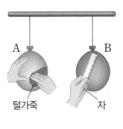

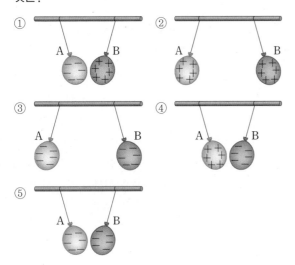

【주관식】

09 그림은 대전된 가벼운 금속구를 천장에 실로 매달았을 때의 모습을 나타낸 것이다. A가 (+)전하로 대전되어 있다고 할 때 B, C에 대전된 전하의 종류를 쓰시오.

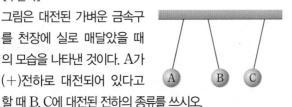

B 정전기 유도

【주관식】

10 정전기 유도에 대한 설명으로 옳은 것을 〈보기〉에서 모두 고르시오.

> **보기**
> ㄱ. 금속을 대전체로 마찰할 때 발생한다.
> ㄴ. 대전체와의 전기력에 의해 금속 내부의 전자가 이동하여 생긴다.
> ㄷ. 대전체와 가까운 쪽은 대전체와 같은 종류의 전하가 유도된다.

중요

11 그림은 대전되지 않은 금속 막대에 (−)대전체를 가까이 한 모습을 나타낸 것이다. A, B 부분이 띠는 전하의 종류와 전자의 이동 방향을 옳게 짝 지은 것은?

	A	B	전자의 이동 방향
①	(+)전하	(−)전하	A → B
②	(+)전하	(−)전하	B → A
③	(−)전하	(+)전하	A → B
④	(−)전하	(+)전하	B → A
⑤	(−)전하	(+)전하	이동하지 않음

12 그림과 같이 (+)전하로 대전된 금속 막대를 대전되지 않은 알루미늄 캔 근처에 가까이 하였더니 알루미늄 캔이 금속 막대에 끌려왔다. (−)전하로 대전된 금속 막대를 가까이 했을 때 알루미늄 캔의 움직임으로 옳은 것은?

① 금속 막대에서 멀어진다.
② 금속 막대 쪽으로 끌려온다.
③ 움직이지 않고 계속 정지해 있다.
④ 금속 막대에서 멀어지다가 끌려온다.
⑤ 금속 막대 쪽으로 끌려왔다가 멀어진다.

【주관식】

13 정전기 유도에 의한 현상을 〈보기〉에서 모두 고르시오.

> 보기
> ㄱ. 나침반 바늘의 N극이 북쪽을 가리킨다.
> ㄴ. 털가죽에 문지른 플라스틱 자를 물줄기에 가까이 하면 물줄기가 휜다.
> ㄷ. 먼지떨이의 술을 문지른 후 먼지에 가까이 하였더니 먼지가 먼지떨이에 달라붙었다.

중요

14 그림과 같이 대전되지 않은 가벼운 금속구에 (+)대전체를 가까이 하였다. 이때 금속구의 움직임과 대전 상태를 가장 잘 나타낸 것은?

① 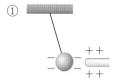 ②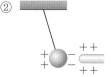

③ 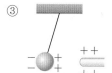 ④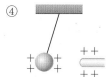

⑤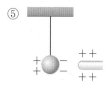

15 그림과 같이 (−)전하로 대전된 유리 막대를 금속 막대에 가까이 하고 그 반대쪽에 (−)전하로 대전된 고무풍선을 가까이 두었다.

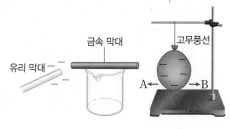

이때 (가) 고무풍선의 이동 방향과 (나) 금속 막대와 고무풍선 사이에 작용하는 힘을 옳게 짝 지은 것은?

	(가)	(나)
①	A	인력
②	A	척력
③	B	인력
④	B	척력
⑤	움직이지 않음	작용하지 않음

16 그림 (가)는 실에 매달린 채 정지해 있는 두 금속구 A, B에 (+)전하로 대전된 대전체를 가까이 가져간 것을 나타낸 것이고, (나)는 이 상태에서 A, B를 떨어뜨려 놓고 대전체를 치운 직후의 모습을 나타낸 것이다.

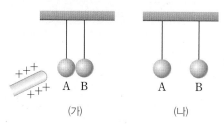

(나)에서 A, B가 띠는 전하의 종류와 모습을 옳게 나타낸 것은?

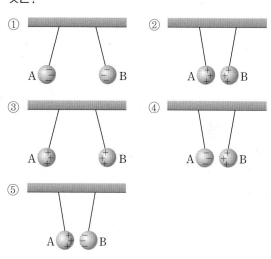

C 검전기

중요

17 그림과 같이 대전되지 않은 검전기의 금속판에 (−)대전체를 가까이 가져갔다. 이때 검전기의 대전 상태를 옳게 나타낸 것은?

①  ② ③

④ ⑤

[주관식]

18 그림과 같이 (＋)전하로 대전된 유리 막대를 대전되지 않은 금속 막대에 가까이 가져갔더니 대전되지 않은 검전기의 금속박이 벌어졌다.

이때 A~D 중 (＋)전하를 띠는 부분을 모두 쓰시오.

중요

19 그림과 같이 (＋)전하로 대전된 검전기에 (＋)전하로 대전된 유리 막대를 가까이 가져갔다. 이때 금속박의 변화로 옳은 것은?

탐구 52쪽

① 변함없다.
② 오므라든다.
③ 더 벌어진다.
④ 오므라들다가 벌어진다.
⑤ 두 금속박이 서로 붙는다.

20 그림과 같이 (＋)전하로 대전된 검전기에 어떤 대전체를 가까이 하였더니 금속박이 오므라들었다. 이때 이 대전체가 띠는 전하의 종류와 검전기에서의 전자의 이동 방향을 옳게 짝 지은 것은?

	전하의 종류	전자의 이동 방향
①	(＋)전하	A
②	(＋)전하	B
③	(－)전하	A
④	(－)전하	B
⑤	중성	이동하지 않음

[21~22] 다음은 대전된 유리 막대와 대전되지 않은 검전기를 이용한 실험이다.

[실험 과정]
(1) 그림 (가)와 같이 대전되지 않은 검전기의 금속판에 (－)전하로 대전된 유리 막대를 가까이 한다.
(2) 그림 (나)와 같이 유리 막대를 금속판에 가까이 한 상태에서 금속판에 손가락을 접촉한다.
(3) 그림 (다)와 같이 금속판에서 손가락과 유리 막대를 동시에 멀리 치운다.

(가)　　　　　(나)　　　　　(다)

중요

21 이 실험에 대한 설명으로 옳은 것을 〈보기〉에서 모두 고른 것은?

보기
ㄱ. 과정 (1)에서 금속박은 (＋)전하를 띤다.
ㄴ. 과정 (2)에서 전자가 손가락을 통해 빠져나간다.
ㄷ. 과정 (3)에서 금속박은 오므라든다.

① ㄱ　　　　② ㄴ　　　　③ ㄷ
④ ㄱ, ㄷ　　　⑤ ㄴ, ㄷ

22 그림 (다)의 검전기의 상태를 옳게 나타낸 것은?

① 　　②

③ 　　④

⑤

서술형 문제

정답과 해설 14쪽

단어 제시형

1
서로 다른 두 물체를 마찰한 후 두 물체를 가까이 하면 두 물체 사이에 끌어당기는 힘이 작용한다. 끌어당기는 힘이 작용하는 까닭을 다음 단어를 모두 포함하여 서술하시오.

> 전자, 이동, 대전

1 두 물체가 마찰 전기를 띠게 되는 과정을 이용하여 서술한다.

서술형

2
그림은 대전된 고무풍선 A, B, C를 각각 2개씩 가까이 하였을 때의 모습을 나타낸 것이다. A와 C를 가까이 하였을 때의 모습을 A, C에 대전된 전하의 종류를 이용하여 서술하시오.

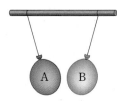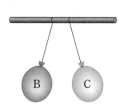

2 대전체 사이에 작용하는 전기력으로 대전체가 띠는 전하를 구분한다.
→ 필수 용어: 끌어당기는 힘, 밀어내는 힘

단계별 서술형

3
그림은 (−)전하로 대전된 플라스틱 막대를 알루미늄 캔 근처에 가까이 한 모습을 나타낸 것이다.

(1) 이때 알루미늄 캔의 움직임을 쓰시오.

(2) (1)과 같은 현상이 일어나는 까닭을 서술하시오.

3 (1) 대전체와 금속 물체 사이에 정전기 유도가 일어남을 생각한다.
(2) 정전기 유도가 일어날 때 대전체와 금속 물체 사이에 작용하는 전기력의 원인을 파악한다.
→ 필수 용어: 정전기 유도, 전기력

서술형

4
그림과 같이 (−)전하로 대전된 검전기에 물체 A를 가까이 했더니 금속박이 오므라들었다. A가 띠는 전하의 종류를 쓰고, 금속박이 오므라든 까닭을 서술하시오.

4 검전기에서 전자의 이동 방향을 표시해 본다.
→ 필수 용어: 전자

Plus 문제 **4-1**

A 대신 물체 B를 가까이 하였을 때 금속박이 더 벌어졌다. B가 띠는 전하의 종류를 쓰시오.

02 전류, 전압, 저항

Ⓐ 전류와 전압

1. *전류 전하의 흐름

① *전기 회로의 도선 속에서 전자의 흐름

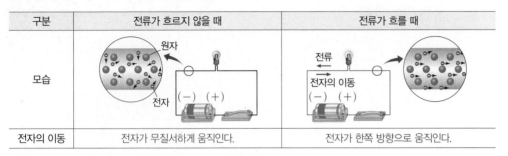

구분	전류가 흐르지 않을 때	전류가 흐를 때
모습	원자 / 전자 / (−) (+)	전류 / 전자의 이동 / (−) (+)
전자의 이동	전자가 무질서하게 움직인다.	전자가 한쪽 방향으로 움직인다.

② 전류의 방향과 전자의 이동 방향: 서로 반대이다.❶

- 전자의 이동 방향: 전지의 (−)극에서 나와 (+)극 쪽으로 이동한다.
- 전류의 방향: 전지의 (+)극 쪽에서 (−)극 쪽으로 흐른다.

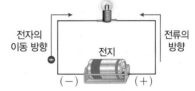

③ 전류의 세기: 1초 동안 도선의 한 단면을 통과하는 전하의 양 [단위: A(암페어), mA(밀리암페어)]❷ — $1\,A = 1000\,mA$, $1\,mA = \frac{1}{1000}\,A$

2. 전지와 전압

① 전지: 전기 회로에서 전압을 계속 유지하는 역할을 한다.

② 전압: 전기 회로에서 전류를 흐르게 하는 능력 [단위: V(볼트)]

➡ 물의 높이 차가 있을 때 물이 흐르듯이 전압이 있으면 전류가 흐른다.

[물의 흐름과 전기 회로의 비교]

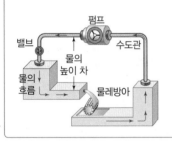

물의 흐름 모형	전기 회로
물의 흐름	전류
펌프	전지
물레방아	전구
수도관	도선
밸브	스위치
물의 높이 차	전압

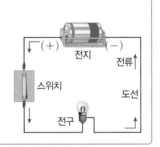

3. 전류계와 전압계

전류계와 전압계의 연결 방법	전류계와 전압계를 연결한 전기 회로
① 영점 조절: 회로에 연결하기 전 영점 조절 나사로 바늘이 0을 가리키도록 조절한다. ② 회로 연결 • 전류계는 회로에 직렬로 연결하고, 전압계는 회로에 병렬로 연결한다. • 전압계와 전류계의 (+)단자는 전지의 (+)극 쪽에 연결하고, (−)단자는 전지의 (−)극 쪽에 연결한다. • 측정값을 예상할 수 없는 경우 (−)단자 중 최댓값이 가장 큰 단자에 연결한다. ③ 눈금 읽기: 전기 회로에 연결된 (−)단자에 해당하는 눈금을 읽는다.	저항이나 전구 없이 전류계와 전지만으로 직렬연결하면 센 전류가 흘러 전류계가 고장 날 수 있다.

(−)단자	측정값
50 mA	30 mA
500 mA	300 mA
5 A	3 A

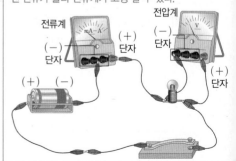

❶ 전류의 방향과 전자의 이동 방향이 반대인 까닭

전류가 처음 발견되었을 때는 전자의 존재를 알지 못했다. 과학자들은 전류를 전지의 (+)극에서 (−)극으로 이동하는 것으로 약속하였고, 이후 전자가 발견되어 이동 방향이 반대라는 것을 알게 되었지만 전류의 방향은 그대로 사용하기로 하였다.

❷ 1 A의 크기
1초 동안 도선의 단면을 6.25×10^{18}개의 전자가 통과할 때의 전류의 세기이다.

용어 사전

*전류(전기 電, 흐를 流)
전하가 연속적으로 이동하는 현상
*전기 회로(전기 電, 기운 氣, 돌 回, 길 路)
전류가 지나는 길을 그린 것

핵심 Tip

• **전류**: 전하의 흐름
• **전류의 방향**: 전지의 (+)극 → (−)극 쪽
• **전자의 이동 방향**: 전지의 (−)극 → (+)극 쪽
• **전압**: 전기 회로에서 전류를 흐르게 하는 능력
• 전기 회로에 전류계는 직렬로 연결하고, 전압계는 병렬로 연결한다.

1 다음은 전류에 대한 설명이다. ( ) 안에 알맞은 말을 고르시오.

(1) 전류는 (원자 , 전하)의 흐름이다.

(2) 전류는 전지의 ㉠ ((+)극 , (−)극) 쪽에서 ㉡ ((+)극 , (−)극) 쪽으로 흐른다.

(3) 전자의 이동 방향은 전류의 방향과 (같다 , 반대이다).

(4) 전류가 흐르지 않을 때 도선 속의 전자는 (한쪽 방향으로, 무질서하게) 움직인다.

2 그림 (가), (나)는 전류가 흐르는 도선 속의 모습을 나타낸 것이다. 빈칸에 알맞은 말을 쓰시오.

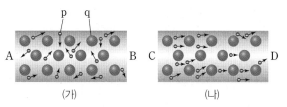

(가)   (나)

(1) p와 q 중 전자를 나타낸 것은 ( )이다.

(2) 전류가 흐르는 도선은 (㉠)이고, 이때 전류는 (㉡)에서 (㉢) 방향으로 흐른다.

(3) 전지의 (+)극과 연결된 쪽은 (㉠)이고, (−)극과 연결된 쪽은 (㉡)이다.

암기 Tip   A-1

• **전류의 흐름**: (+)전하의 이동이므로 전지의 (+)극 → (−)극 쪽
• **전자의 이동**: (−)전하의 이동이므로 전지의 (−)극 → (+)극 쪽

3 그림과 같이 물의 흐름과 전기 회로를 비교할 때 서로 관련이 있는 것끼리 옳게 연결하시오.

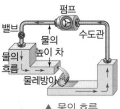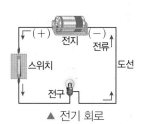

▲ 물의 흐름   ▲ 전기 회로

(1) 펌프 •   • ㉠ 전압
(2) 물레방아 •   • ㉡ 전구
(3) 수도관 •   • ㉢ 전지
(4) 물의 높이 차 •   • ㉣ 도선

원리 Tip   A-2

전지를 펌프에 비유하는 까닭

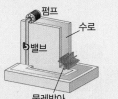

펌프가 작동하여 물을 끌어 올려야 수압이 생겨 물이 흐르는 것처럼 전지에 의해 전압이 유지되어야 전자가 계속 이동하여 전류가 흐르기 때문이다.

4 전류계와 전압계에 대한 설명으로 옳은 것은 ○, 옳지 않은 것은 ×로 표시하시오.

(1) 전류계와 전압계 모두 회로에 연결하기 전 영점을 조절한다. ( )

(2) 전류계와 전압계 모두 회로에 직렬로 연결하여 사용한다. ( )

(3) 전압계의 (+)단자는 전지의 (+)극 쪽에, (−)단자는 전지의 (−)극 쪽에 연결한다. ( )

(4) 전류계의 눈금은 회로에 연결된 (+)단자에 해당하는 눈금을 읽는다. ( )

02 전류, 전압, 저항

B 전기 저항

1. *전기 저항 전기 회로에서 전류의 흐름을 방해하는 정도 [단위: *Ω(옴)] ― 간단히 저항이라고도 한다.
• 1Ω은 1V의 전압을 걸었을 때 흐르는 전류의 세기가 1A인 도선의 저항이다.

[저항이 발생하는 까닭]
그림 (가)와 같이 여러 개의 못이 박혀 있는 빗면에 구슬이 굴러갈 때 구슬이 못과 충돌하여 운동에 방해를 받는 것처럼 (나)와 같이 전류가 흐르는 도선에서 전자의 움직임은 원자의 방해를 받기 때문에 전기 저항이 생긴다.

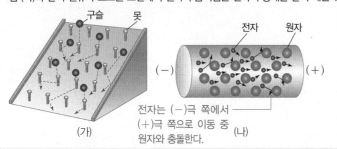

전자는 (−)극 쪽에서 (+)극 쪽으로 이동 중 원자와 충돌한다.

구슬의 운동	전자의 운동
못의 배열	원자의 배열
못과 구슬의 충돌	원자와 전자의 충돌
빗면의 길이와 폭	도선의 길이와 굵기
빗면의 기울기	전지의 전압

2. 전기 저항을 변화시키는 요인

① **물질의 종류:** 물질마다 원자의 배열 상태가 달라 원자와 전자가 충돌하는 정도가 다르기 때문에 전기 저항이 달라진다. ❶

② **도선의 길이와 굵기:** 전기 저항은 도선의 길이에 비례하고, 도선의 굵기에 반비례한다. ❷

도선의 길이에 따른 저항의 크기	도선의 굵기에 따른 저항의 크기
길어지면	굵어지면
도선의 길이가 길수록 전자가 도선을 지날 때 원자와의 충돌 횟수가 많아지므로 전류가 흐르기 어려워진다. ➡ 도선의 길이가 길수록 저항이 크다.	도선의 굵기가 굵을수록 도선을 지날 때 원자와의 충돌 횟수가 적어지므로 전류가 잘 흐를 수 있다. ➡ 도선의 굵기가 굵을수록 저항이 작다.

C 전압, 전류, 저항의 관계

1. 전압, 전류, 저항의 관계 탐구 66쪽 Beyond 특강 67쪽

① **전압과 전류의 관계:** 니크롬선에 걸리는 전압이 클수록 니크롬선에 흐르는 전류의 세기도 크다. ➡ 전류의 세기는 전압에 비례한다.

② **전류와 저항의 관계:** 니크롬선에 걸리는 전압이 같을 때 니크롬선의 저항이 클수록 전류의 세기가 작다. ➡ 전류의 세기는 저항에 반비례한다.

③ **전압과 저항의 관계:** 니크롬선에 흐르는 전류의 세기가 같을 때 니크롬선의 저항이 클수록 니크롬선에 걸리는 전압이 크다. ➡ 전압은 저항에 비례한다.

전압과 전류의 관계	전류와 저항의 관계	전압과 저항의 관계
전류 / 저항: 일정 / 기울기 $=\dfrac{1}{저항}$ / O 전압	전류 / 전압: 일정 / O 저항	전압 / 전류: 일정 / O 저항

2. 옴의 법칙 전류의 세기(I)는 전압(V)에 비례하고, 저항(R)에 반비례한다.

$$\text{전류의 세기(A)} = \frac{전압(V)}{저항(\Omega)}, \ I = \frac{V}{R} \ \Rightarrow \ V = IR, \ R = \frac{V}{I}$$

개념 더하기

❶ **물질의 종류에 따른 전기 저항**
물질의 길이와 굵기가 같더라도 물질의 종류가 다르면 전기 저항이 다르다.
• 도체: 전기 저항이 작아서 전류가 잘 흐르는 물질 ➡ 금, 은, 구리 등의 금속
• 절연체: 전기 저항이 커서 전류가 잘 흐르지 않는 물질 ➡ 유리, 플라스틱, 종이 등

❷ **도선을 균일하게 잡아당겨 늘릴 때의 전기 저항**

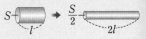

도선의 부피는 일정하므로 도선을 균일하게 잡아당겨 길이를 2배로 늘리면 도선의 굵기는 $\dfrac{1}{2}$배가 된다.
따라서 도선의 전기 저항은 $\dfrac{2}{\frac{1}{2}} = 4$배가 된다.

용어 사전

*전기 저항(전기 電, 기운 氣, 막을 抵, 막을 沆)
물체에 전기가 흐르기 어려운 정도를 나타낸 양

*Ω(옴)
저항을 표시하는 단위로, 전류와 전압 사이의 관계를 알아낸 과학자 옴(Ohm)의 이름에서 따온 것이다.

5 전기 저항에 대한 설명으로 옳은 것은 ○, 옳지 않은 것은 ×로 표시하시오.

(1) 저항의 단위로는 Ω(옴)을 사용한다. ( )
(2) 저항은 도선에서 전자가 움직일 때 원자의 방해를 받기 때문에 생긴다.
( )
(3) 물질의 종류에 따라 원자의 크기가 달라 전자의 충돌 정도가 다르므로 전기 저항이 다르다. ( )

6 전기 저항에 영향을 주는 요인을 〈보기〉에서 모두 고르시오.

┌─ 보기 ─────────────────────────────────────┐
ㄱ. 도선의 길이   ㄴ. 도선의 굵기
ㄷ. 도선에 흐르는 전류의 세기   ㄹ. 도선을 이루는 물질의 종류
└──┘

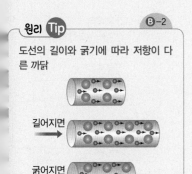
7 전압, 전류, 저항의 관계에 대한 설명이다. ( ) 안에 알맞은 말을 고르시오.

(1) 저항의 크기가 일정할 때 전류의 세기는 전압에 (비례 , 반비례)한다.
(2) 전압의 크기가 일정할 때 전류의 세기는 저항에 (비례 , 반비례)한다.
(3) 전류의 세기가 일정할 때 전압의 크기는 저항에 (비례 , 반비례)한다.

8 다음 물음에 답하시오

(1) 전기 저항이 1Ω인 도선에 흐르는 전류의 세기가 2 A일 때 도선에 걸리는 전압은 몇 V인지 구하시오.
(2) 전기 저항이 10Ω인 도선에 20 V의 전압을 걸어 줄 때 도선에 흐르는 전류의 세기는 몇 A인지 구하시오.
(3) 어떤 도선에 흐르는 전류의 세기가 2 A이고 걸리는 전압이 20 V일 때 이 도선의 저항은 몇 Ω인지 구하시오.

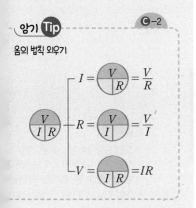
9 그림은 어떤 도선에 흐르는 전류와 전압의 관계를 나타낸 것이다.

(1) 이 도선의 저항은 몇 Ω인지 구하시오.
(2) 도선에 걸린 전압이 9 V일 때 도선에 흐르는 전류의 세기는 몇 A인지 구하시오.

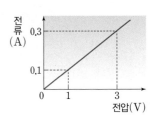

쉽고 정확하게!

개념 학습

02 전류, 전압, 저항

D 저항의 연결

1. 저항의 *직렬연결과 *병렬연결❶

구분	저항의 직렬연결	저항의 병렬연결
전기 회로도❷❸	(회로도)	(회로도)
전압	전체 전압이 각 저항에 나뉘어 걸리며, 각 저항에 걸리는 전압은 저항의 크기에 비례한다. $V_1=IR_1$, $V=V_1+V_2$ $V_2=IR_2$	저항이 전지에 각각 연결되므로 각 저항에 걸리는 전압은 전체 전압과 같다. $V=V_1=V_2$
전류	전류가 하나의 경로로 흐르므로, 각 저항에 흐르는 전류의 세기는 전체 전류와 같다. $I=I_1=I_2$	전체 전류가 각 저항에 나뉘어 흐르며, 각 저항에 흐르는 전류의 세기는 저항의 크기에 반비례한다. $I=I_1+I_2$ $I_1=\dfrac{V}{R_1}, I_2=\dfrac{V}{R_2}$
저항	• 저항을 많이 연결할수록 전체 저항이 커진다. 따라서 전체 전류는 감소한다. • 하나의 저항에 전류가 흐르지 않으면, 다른 저항에도 전류가 흐르지 않는다.	• 저항을 많이 연결할수록 전체 저항이 작아진다. 따라서 전체 전류는 증가한다. • 하나의 저항에 전류가 흐르지 않아도 다른 저항에는 전류가 흐른다.
효과	저항의 길이가 길어지는 효과가 있으므로 전체 저항이 커진다. (그림)	저항의 굵기가 굵어지는 효과가 있으므로 전체 저항이 작아진다. (그림)

2. 직렬연결과 병렬연결의 쓰임새

① **직렬연결을 사용하는 예** — 저항을 직렬로 연결하면 짧은 전선으로도 간단히 회로를 만들 수 있다.

퓨즈	장식용 전구	화재경보기
(사진)	(사진)	(그림)
일정한 세기 이상의 전류가 흐르면 퓨즈가 녹아서 끊어지므로, 회로에 과도한 전류가 흐르는 경우 전류를 차단할 수 있다.	동시에 반짝이는 장식용 전구들에는 같은 세기의 전류가 흐르며, 함께 꺼지고 켜진다.	화재 감지 장치 속의 두 금속이 열을 받아 휘어져 회로가 닫히면 경보 장치가 작동된다. 화재 감지 장치와 경보 장치는 직렬로 연결되어 있다.

② **병렬연결을 사용하는 예**❹

멀티탭	건물의 전기 배선	가로등
(사진)	(그림) 전등 냉장고 세탁기	(사진)
전기 기구들을 독립적으로 켜거나 끌 수 있다. 그러나 많은 전기 기구를 동시에 사용하면 전체 저항이 작아지므로 과전류가 흘러 위험하다.		가로등 하나가 고장이 나더라도 다른 가로등에 영향을 미치지 않는다.

개념 더하기

❶ 저항의 연결 방법
• 저항의 직렬연결: 여러 개의 저항을 한 줄로 연결한다.
• 저항의 병렬연결: 각 저항의 양 끝을 이어서 연결한다.

❷ 여러 가지 전기 기구의 기호

이름	전지	저항	전구
기호	—┤├— (−)(+)	—ⵡ—	—◯—
이름	스위치	전류계	전압계
기호	—•⟋•—	—Ⓐ—	—Ⓥ—

❸ 전기 회로도
전기 기호를 사용하여 전기 회로를 나타낸 것을 전기 회로도라고 한다.

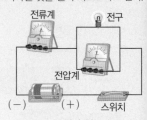

▲ 전기 회로

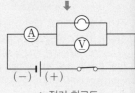

▲ 전기 회로도

❹ 병렬연결의 특징
저항이 병렬로 연결되면 저항의 개수에 관계없이 각 저항에 같은 전압이 걸리며, 하나의 저항을 제거하여도 다른 저항에 걸리는 전압에는 변화가 없다.

용어 사전

*직렬(곧을 直, 줄지을 列)연결
저항을 연속적으로 줄지어 놓은 연결

*병렬(나란할 並, 줄지을 列)연결
저항을 나란하게 줄지어 놓은 연결

10 그림과 같이 3 Ω과 6 Ω의 저항을 직렬로 연결하여 6 V의 전압을 걸어 주었더니 회로에 흐르는 전체 전류의 세기가 $\frac{2}{3}$ A이었다.

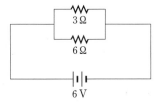

(1) 3 Ω과 6 Ω에 흐르는 전류의 세기는 각각 몇 A인지 구하시오.
(2) 3 Ω에 걸리는 전압의 크기는 몇 V인지 구하시오.
(3) 3 Ω과 6 Ω에 걸리는 전압의 비(3 Ω : 6 Ω)를 구하시오.

11 그림과 같이 3 Ω과 6 Ω의 저항을 병렬로 연결하여 6 V의 전압을 걸어 주었다.

(1) 3 Ω과 6 Ω에 걸리는 전압은 각각 몇 V인지 구하시오.
(2) 3 Ω에 흐르는 전류의 세기는 몇 A인지 구하시오.
(3) 3 Ω과 6 Ω에 흐르는 전류의 비(3 Ω : 6 Ω)를 구하시오.

12 저항의 연결에 대한 설명이다. ( ) 안에 알맞은 말을 고르시오.
(1) 저항이 직렬로 연결된 회로에서는 ㉠ (전류 , 전압)(이)가 일정하고, 저항이 병렬로 연결된 회로에서는 ㉡ (전류 , 전압)(이)가 일정하다.
(2) 저항을 직렬연결하면 저항의 ㉠ (길이가 길어지는 , 굵기가 굵어지는) 효과가 있어 전체 저항이 ㉡ (커진다 , 작아진다).
(3) 저항을 병렬연결하면 저항의 ㉠ (길이가 길어지는 , 굵기가 굵어지는) 효과가 있어 전체 저항이 ㉡ (커진다 , 작아진다).

13 전기 회로에서 직렬연결과 관련된 것에는 '직렬', 병렬연결과 관련된 것에는 '병렬'이라고 쓰시오.
(1) 연결된 각 전기 기구에 걸리는 전압이 같다. (   )
(2) 다른 전기 기구의 영향을 받지 않고 사용할 수 있다. (   )
(3) 모든 전기 기구에 같은 세기의 전류가 흐른다. (   )
(4) 전기 기구를 많이 연결할수록 회로 전체에 흐르는 전류의 세기가 커진다. (   )
(5) 전기 기구가 1개만 고장나도 나머지 전기 기구가 작동하지 않는다. (   )

탐구하기 · A 전압, 전류, 저항 사이의 관계

목표 전기 회로에서 전압, 전류, 저항 사이의 관계를 실험을 통해 확인한다.

과정

[유의점]
• 니크롬선에 전류가 흐르면 열이 발생하므로 스위치를 오랫동안 누르고 있지 않는다.
• 뜨거워진 니크롬선은 손에 닿지 않게 한다.

❶ 그림과 같이 긴 니크롬선, 전류계, 전압계, 직류 전원 장치, 스위치를 연결한다.

❷ 전원 장치를 조절하여 긴 니크롬선에 걸린 전압을 1.5 V씩 높이면서 긴 니크롬선에 흐르는 전류의 세기를 측정한다.

❸ 긴 니크롬선을 짧은 니크롬선으로 교체한 후 과정 ❷를 반복한다.

❹ 과정 ❷, ❸에서 측정한 전압과 전류의 세기를 하나의 그래프에 나타낸다.

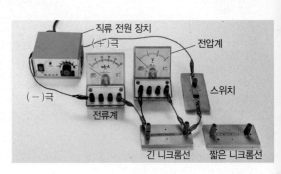

결과

실험 Tip

전류의 세기
전류의 세기를 나타내는 1 A는 1000 mA이다. 따라서 mA 단위로 측정한 전류의 세기는 A 단위로 환산하여 표에 기록한다.

[긴 니크롬선]

전압(V)	1.5	3.0	4.5	6.0
전류의 세기(A)	0.1	0.2	0.3	0.4

[짧은 니크롬선]

전압(V)	1.5	3.0	4.5	6.0
전류의 세기(A)	0.2	0.4	0.6	0.8

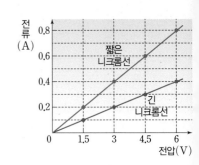

정리

• 니크롬선에 걸리는 전압이 2배, 3배, 4배가 되면 니크롬선에 흐르는 전류의 세기도 2배, 3배, 4배가 된다. 즉, 니크롬선에 흐르는 전류의 세기는 니크롬선에 걸리는 전압에 (㉠   )한다.

• 같은 전압을 걸어 줄 때 긴 니크롬선에 흐르는 전류의 세기가 더 작다. 즉, 니크롬선의 길이가 길수록 저항이 크므로 전류의 세기는 저항에 (㉡   )한다.

• 전류의 세기는 전압에 비례하고, 저항에 반비례한다.

확인 문제

1 위 실험에 대한 설명으로 옳은 것은 ○, 옳지 않은 것은 ×로 표시하시오.

(1) 니크롬선에 걸리는 전압은 전압계로, 흐르는 전류는 전류계로 측정한다. (   )

(2) 전압이 같을 때 긴 니크롬선과 짧은 니크롬선에 흐르는 전류의 세기가 다른 까닭은 두 니크롬선의 저항이 다르기 때문이다. (   )

(3) 가로축이 전압, 세로축이 전류인 그래프의 기울기가 클수록 저항이 크다. (   )

(4) 긴 니크롬선의 저항은 짧은 니크롬선의 저항의 $\frac{1}{2}$배이다. (   )

실전 문제

2 그림은 니크롬선에 연결된 전류계와 전압계의 눈금판을 나타낸 것이다. 전류계의 (−)단자는 500 mA, 전압계의 (−)단자는 30 V에 연결되어 있다.

(1) 니크롬선에 흐르는 전류의 세기는 몇 A인지 구하시오.

(2) 니크롬선에 걸리는 전압은 몇 V인지 구하시오.

(3) 니크롬선의 저항은 몇 Ω인지 구하시오.

[그래프를 해석하여 저항의 크기 비교하기]

전류─전압 그래프	전압─전류 그래프
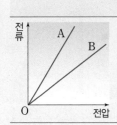 기울기=$\dfrac{전류}{전압}$=$\dfrac{1}{저항}$이므로 기울기가 클수록 저항이 작다. ➡ 기울기는 A가 B보다 크므로 저항은 B가 A보다 크다.	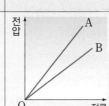 기울기=$\dfrac{전압}{전류}$=저항이므로 기울기가 클수록 저항이 크다. ➡ 기울기는 A가 B보다 크므로 저항은 A가 B보다 크다.

[재질이 같은 물질의 길이와 굵기에 따른 저항 비교하기]

저항은 물질의 길이에 비례하고, 물질의 굵기에 반비례한다.

➡ 길이가 같다면 저항이 클수록 굵기가 가늘다.

➡ 굵기가 같다면 저항이 클수록 길이가 길다.

가로축이 전압인 경우

1 그림은 저항 A와 B에 걸리는 전압과 전류의 관계를 나타낸 것이다. A와 B의 재질과 굵기가 같다고 할 때, A와 B의 길이를 비교하시오.

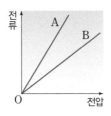

해결 단계

❶ 그래프의 가로축이 전압, 세로축이 전류이다.

➡ 그래프의 기울기: _____

❷ 기울기=$\dfrac{전류}{전압}$=$\dfrac{1}{저항}$이므로 기울기가 클수록 저항이 작다.

➡ 저항의 크기 비교: _____

❸ 재질과 굵기가 같을 때 저항은 길이가 길수록 크다.

➡ 저항의 길이 비교: _____

가로축이 전류인 경우

2 그림은 저항 A와 B에 걸리는 전압과 전류의 관계를 나타낸 것이다. A와 B의 재질과 길이가 같다고 할 때, A와 B의 굵기를 비교하시오.

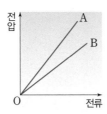

해결 단계

❶ 그래프의 가로축이 전류, 세로축이 전압이다.

➡ 그래프의 기울기: _____

❷ 기울기=$\dfrac{전압}{전류}$=저항이므로 기울기가 클수록 저항이 크다.

➡ 저항의 크기 비교: _____

❸ 재질과 길이가 같을 때 저항은 굵기가 작을수록 크다.

➡ 저항의 굵기: _____

3 그림은 재질이 같은 두 니크롬선 A, B에 걸어 준 전압에 따른 전류의 세기를 나타낸 것이다.

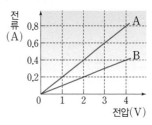

A와 B의 굵기가 같을 때, A와 B의 길이의 비(A : B)를 구하시오.

해결 단계

❶ 가로축이 전압, 세로축이 전류이다.

➡ 그래프의 기울기=$\dfrac{전류}{전압}$=$\dfrac{1}{저항}$이므로 기울기가 클수록 저항이 _____.

❷ 그래프의 가로 눈금과 세로 눈금이 만나는 곳에 점을 찍어 전류와 전압을 읽는다.

• 니크롬선 A에 걸리는 전압이 4 V일 때 흐르는 전류는 ㉠_____이다.

• 니크롬선 B에 걸리는 전압이 4 V일 때 흐르는 전류는 ㉡_____이다.

❸ 옴의 법칙으로 저항을 구한다.

• 니크롬선 A의 저항은 $\dfrac{전압}{전류}$=$\dfrac{4\ V}{0.8\ A}$=5 Ω이다.

• 니크롬선 B의 저항은 $\dfrac{전압}{전류}$=$\dfrac{4\ V}{㉠\ \ \ }$=㉡_____이다.

➡ 저항은 기울기의 역수와 같다.

❹ 재질과 굵기가 같을 때 저항은 길이에 비례하므로 저항의 비는 길이의 비와 같다.

➡ A와 B의 길이의 비는 _____이다.

Ⓐ 전류와 전압

중요

01 전지를 연결한 도선에 전류가 흐를 때, 도선 속의 모습을 옳게 나타낸 것은? (단, ●는 원자, ◦는 전자이다.)

① (−) ← → (+) ② (−) ← → (+)

③ (−) ← → (+) ④ (−) → → (+)

⑤ (−) → ← (+)

중요

02 그림은 전기 회로에 전류가 흘러 전구에 불이 켜진 모습을 나타낸 것이다.

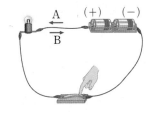

이에 대한 설명으로 옳은 것은?

① 전류는 B 방향으로 흐른다.
② 전자는 A 방향으로 이동한다.
③ 원자는 A 방향으로 이동한다.
④ 전류의 방향과 전자의 이동 방향이 반대이다.
⑤ 도선 속에서 전자는 무질서하게 움직이고 있다.

03 전류에 대한 설명으로 옳은 것을 〈보기〉에서 모두 고른 것은?

보기
ㄱ. 단위로는 A(암페어)를 사용한다.
ㄴ. 전자가 원자와 충돌하기 때문에 발생한다.
ㄷ. 전기 회로에 전압을 계속 유지하는 역할을 한다.
ㄹ. 도선을 따라 전자가 이동하면서 전하가 흐르는 것을 전류라고 한다.

① ㄱ ② ㄱ, ㄹ ③ ㄴ, ㄷ
④ ㄴ, ㄷ, ㄹ ⑤ ㄱ, ㄴ, ㄷ, ㄹ

【주관식】

04 그림 (가), (나)는 전기 회로와 물의 흐름을 각각 나타낸 것이다.

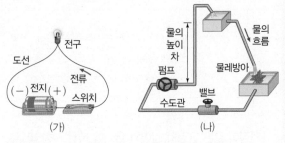

(가)의 전기 회로를 (나)의 물의 흐름에 비유할 때 ㉠~㉢에 알맞은 말을 쓰시오.

(가)	전류	전지	전구	스위치
(나)	물의 흐름	㉠	㉡	㉢

중요

05 그림은 전류계의 (−)단자를 500 mA에 연결하였을 때 전류계의 눈금을 나타낸 것이다.

회로에 흐르는 전류의 세기는?

① 1.5 mA ② 15 mA ③ 150 mA
④ 1.5 A ⑤ 15 A

중요

06 그림은 전기 회로에 연결된 전압계의 모습을 나타낸 것이다. 이에 대한 설명으로 옳지 <u>않은</u> 것은?

① 전압을 측정하는 장치이다.
② 회로에 병렬연결되어 있다.
③ 이 회로에 걸린 전압은 2.5 V이다.
④ (+)단자는 전지의 (−)극 쪽에 연결되어 있다.
⑤ 전기 회로에 연결된 (−)단자에 해당하는 눈금을 읽어야 한다.

B 전기 저항

07 전기 저항에 대한 설명으로 옳은 것을 〈보기〉에서 모두 고른 것은?

보기
ㄱ. 전기 저항이 클수록 전류가 잘 흐른다.
ㄴ. 전자가 원자와 충돌하기 때문에 발생한다.
ㄷ. 같은 물질로 된 도선의 전기 저항은 항상 같다.
ㄹ. 전기 저항의 크기는 도선이 굵고 짧을수록 작아진다.

① ㄱ, ㄴ   ② ㄱ, ㄷ   ③ ㄴ, ㄷ
④ ㄴ, ㄹ   ⑤ ㄷ, ㄹ

중요 【주관식】
08 그림은 같은 물질로 된 도선 A, B를 나타낸 것이다.

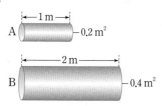

A의 저항이 2 Ω일 때 B의 저항은 몇 Ω인지 구하시오.

C 전압, 전류, 저항의 관계

09 저항이 일정한 니크롬선에 걸리는 전압과 전류의 관계를 나타낸 그래프로 옳은 것은?

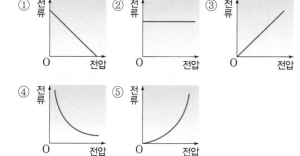

중요
10 그림은 니크롬선 A, B, C에 흐르는 전류와 전압의 관계를 나타낸 것이다.

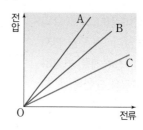

A, B, C의 저항의 크기 R_A, R_B, R_C를 옳게 비교한 것은?

① $R_A > R_B > R_C$ ② $R_A > R_C > R_B$
③ $R_B > R_A > R_C$ ④ $R_C > R_A > R_B$
⑤ $R_C > R_B > R_A$

[11~12] 표는 니크롬선 A, B에 걸리는 전압에 따른 전류의 세기를 나타낸 것이다.

전압(V)	전류의 세기(A)	
	니크롬선 A	니크롬선 B
1	0.1	0.2
2	0.2	0.4
3	0.3	(가)

11 (가)에 알맞은 값은?

① 0.5   ② 0.6   ③ 0.8
④ 0.9   ⑤ 1.0

12 B의 저항은 A의 저항의 몇 배인가?

① $\frac{1}{2}$배   ② 1배   ③ $\frac{3}{2}$배
④ 2배   ⑤ 3배

D 저항의 연결

13 그림과 같이 10 Ω과 5 Ω의 저항에 전압이 1.5 V인 전지와 전압계, 전류계를 연결하였다. 스위치를 닫았을 때 전류계에 0.1 A의 전류가 흘렀다면 10 Ω의 저항에 흐르는 전류와 전압계에서 측정되는 전압을 옳게 짝 지은 것은?

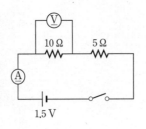

	전류	전압		전류	전압
①	0.1 A	0.5 V	②	0.1 A	1.0 V
③	0.1 A	1.5 V	④	0.2 A	1.0 V
⑤	0.2 A	2.0 V			

중요 【주관식】

14 그림과 같이 20 Ω과 30 Ω의 저항을 전지와 전류계 (가), (나)와 연결하였다. 스위치를 닫았을 때 (가)에 0.3 A의 전류가 흐른다면 (나)에 흐르는 전류의 세기는 몇 A인지 구하시오.

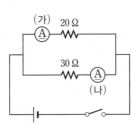

15 그림은 동일한 저항 R를 병렬로 연결한 전기 회로를 나타낸 것이다. 이 회로에 저항 R를 1개 더 병렬로 연결할 때에 대한 설명으로 옳은 것은?

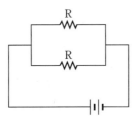

① 전체 전압은 커진다.
② 전체 저항은 작아진다.
③ 전체 전류는 작아진다.
④ 각 저항에 걸리는 전압은 작아진다.
⑤ 각 저항에 흐르는 전류의 세기는 커진다.

중요

16 그림과 같이 저항 R와 6 Ω의 저항을 병렬로 연결한 전기 회로에서 전류계 (가), (나)의 측정값이 각각 1 A, 3, A이었다.

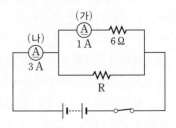

이에 대한 설명으로 옳은 것을 〈보기〉에서 모두 고른 것은?

보기
ㄱ. R에 걸리는 전압은 6 V이다.
ㄴ. R에 흐르는 전류는 2 A이다.
ㄷ. R의 크기는 3 Ω이다.
ㄹ. 6 Ω에 걸리는 전압은 R에 걸리는 전압의 2배이다.

① ㄱ, ㄴ　　　② ㄱ, ㄹ　　　③ ㄷ, ㄹ
④ ㄱ, ㄴ, ㄷ　　⑤ ㄴ, ㄷ, ㄹ

17 그림은 가정에서 사용하는 전기 기구들이 연결된 모습을 나타낸 것이다.

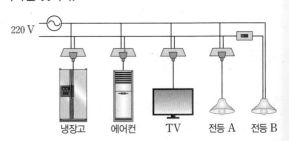

이 전기 기구들의 연결 방법과 관련이 있는 것을 모두 고르면? (2개)

① 퓨즈의 연결 방법과 같다.
② 에어컨을 꺼도 냉장고는 꺼지지 않는다.
③ 각 전기 기구에 같은 크기의 전압이 걸린다.
④ 각 전기 기구에 같은 세기의 전류가 흐른다.
⑤ 연결하는 전기 기구가 많아질수록 전체 전류는 작아진다.

서술형 **Tip**

단어 제시형

1 전류가 흐르는 도선에 전기 저항이 생기는 까닭을 다음 단어를 모두 포함하여 서술하시오.

> 전자, 원자

단계별 서술형

2 그림은 같은 물질로 되어 있으나 굵기와 길이가 다른 필라멘트가 들어 있는 전구 A, B, C를 나타낸 것이다.

A 굵고 짧은 필라멘트   B 가늘고 짧은 필라멘트   C 가늘고 긴 필라멘트

(1) 3개의 전구를 모두 병렬로 연결했을 때 각 전구에 걸리는 전압을 비교하시오.

(2) 3개의 전구를 모두 병렬로 연결했을 때 각 전구에 흐르는 전류의 세기를 필라멘트의 저항과 관련지어 서술하시오.

2 (1) 전구를 병렬로 연결할 때 각 전구에 걸리는 전압을 생각한다.
(2) 필라멘트의 저항에 영향을 미치는 요인을 생각하고 옴의 법칙을 떠올린다.
→ 필수 용어: 저항의 크기, 옴의 법칙

서술형

3 그림은 굵기가 같은 니크롬선 A, B, C에 걸리는 전압과 전류의 관계를 나타낸 것이다. 이 그래프에서 기울기가 의미하는 것이 무엇인지 쓰고, 저항과 전류의 관계를 그래프를 이용하여 서술하시오.

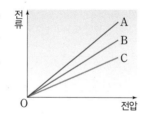

3 그래프의 기울기로부터 저항의 크기를 비교한다.
→ 필수 용어: 저항의 역수, 반비례

서술형

4 그림과 같이 가정용 전원 장치에 사용하는 멀티탭의 각 단자는 모두 병렬로 연결되어 있다. 만약 멀티탭의 단자들이 모두 직렬로 연결되어 있다면 사용할 때 어떤 문제점이 생기는지 2가지를 서술하시오.

4 병렬연결과 직렬연결의 특징을 떠올린다.

Plus 문제 **4-1**

전기 기구를 병렬로 연결할 때의 특징을 서술하시오.

03 전류의 자기 작용

Ⓐ 전류에 의한 자기장

1. 자석 주위의 자기장

① **자기력**: 자석과 자석 사이에 작용하는 힘 — 자석의 다른 극 사이에는 서로 끌어당기는 인력이 작용하고, 자석의 같은 극 사이에는 서로 밀어내는 척력이 작용한다.

② **자기장**: 자석 주위와 같이 자기력이 작용하는 공간

• 방향: 자석 주위에 놓은 나침반 자침의 N극이 가리키는 방향이다.

• 세기: 자석의 양 극에 가까울수록 세다.

③ **자기력선**: 자기장의 모양을 선으로 나타낸 것❶

• N극에서 나와서 S극으로 들어간다.

• 중간에 끊어지거나 서로 교차하지 않는다.

• 자기력선의 간격이 촘촘할수록 자기장의 세기가 세다.

▲ 자석 주위의 자기력선

2. 전류에 의한 자기장   전류가 흐르는 도선 주위에는 자기장이 생긴다. `Beyond 특강 78쪽`

① 직선 도선 주위의 자기장

자기장의 모양	전류가 흐르는 직선 도선을 중심으로 한 *동심원 모양	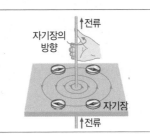
자기장의 방향	오른손의 엄지손가락을 전류의 방향과 일치시키고 네 손가락으로 도선을 감아쥘 때 네 손가락이 가리키는 방향	
지기장의 세기	• 도선에 흐르는 전류의 세기가 셀수록 세다. • 도선에 가까울수록 세다.	

② 원형 도선 주위의 자기장❷

자기장의 모양	원형 도선 중심에서는 직선 모양, 도선과 가까운 곳에서는 원 모양	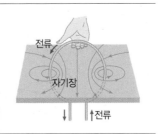
자기장의 방향	오른손의 엄지손가락을 전류의 방향과 일치시키고 네 손가락으로 도선을 감아쥘 때 네 손가락이 가리키는 방향	
자기장의 세기	• 도선에 흐르는 전류의 세기가 셀수록 세다. • 원형 도선 중심에서 자기장의 세기는 원형 도선의 반지름이 작을수록 세다.	

③ *코일 주위의 자기장 `탐구 76쪽`

자기장의 모양	내부에서는 직선 모양, 외부에서는 막대자석 주위의 자기장과 비슷한 모양	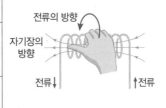
자기장의 방향	오른손의 네 손가락을 전류의 방향으로 감아쥘 때 엄지손가락이 가리키는 방향 ➡ 엄지손가락이 가리키는 쪽이 N극이 된다.	
자기장의 세기	• 도선에 흐르는 전류의 세기가 셀수록 세다. • 코일을 촘촘히 감을수록 세다.	

3. 전자석   전류가 흐르는 코일 속에 철심을 넣어 만든 것❸

① **특징**

• 전류가 흐를 때만 자석이 된다.

• 코일에 흐르는 전류의 방향과 세기를 조절하여 자석의 극과 세기를 조절할 수 있다.

② **전자석의 세기**: 코일에 흐르는 전류의 세기가 셀수록, 코일을 촘촘히 감을수록 세다.

③ **전자석의 이용**: 스피커, 전자석 기중기, 자기 부상 열차, 자기 공명 영상 장치 등

---

❶ 두 극 사이의 자기력선

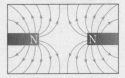

▲ 같은 극 사이의 자기력선

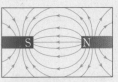

▲ 다른 극 사이의 자기력선

❷ 원형 도선 주위의 자기장
원형 도선의 각 부분을 직선 도선으로 생각할 때 각 직선 도선에 의해 생긴 자기장을 합한 것과 같다.

❸ 코일과 전자석의 자기력선
속이 빈 코일과 철심을 넣은 코일의 자기력선을 비교하면, 철심을 넣은 코일의 자기력선이 훨씬 더 많은 것을 알 수 있다. 이는 코일 속에 철심을 넣으면 자기장의 세기가 세지기 때문이다.

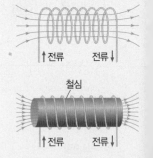

용어 사전

***동심원**(같을 同, 중심 心, 둥글 圓)
중심이 같으며 반지름이 다른 둘 이상의 원

***코일**(coil)
나사 모양이나 원통 모양으로 도선을 여러 번 감은 것

1 다음은 자기장에 대한 설명이다. 빈칸에 알맞은 말을 쓰시오.

(1) 자석과 자석 사이에 작용하는 힘을 (   )이라고 한다.

(2) 자기장이 작용하는 공간에 나침반을 놓았을 때 나침반 자침의 (   )이 가리키는 방향이 자기장의 방향이다.

(3) 자기장의 모양을 나타내는 선을 (㉠   )이라고 하며, 이 선은 자석의 (㉡   )에서 나와 (㉢   )으로 들어간다.

(4) 자기력선의 간격이 (   )할수록 자기장의 세기가 세다.

2 직선 도선 주위의 자기장에 대한 설명으로 옳은 것은 ○, 옳지 않은 것은 ×로 표시하시오.

(1) 전류가 흐르는 직선 도선 주위에는 도선의 모양과 같은 자기장이 생긴다.

(   )

(2) 도선에 흐르는 전류의 방향이 반대가 되면 자기장의 방향도 반대가 된다.

(   )

(3) 직선 도선에 흐르는 전류의 세기는 자기장의 세기와 관계가 없다. (   )

(4) 직선 도선 주위에 생기는 자기장의 세기는 도선에 가까울수록 세다. (   )

3 그림과 같이 화살표 방향으로 전류가 흐르는 원형 도선의 중심 부분에 나침반을 놓았을 때, 나침반이 있는 곳에 생긴 자기장의 방향을 찾기 위한 손의 모양으로 옳은 것을 〈보기〉에서 고르시오.

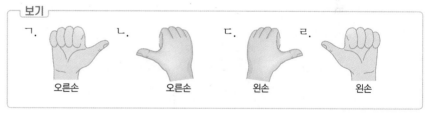

보기

ㄱ. 오른손   ㄴ. 오른손   ㄷ. 왼손   ㄹ. 왼손

4 그림과 같이 화살표 방향으로 전류가 흐르는 코일 주위의 (가)~(다) 지점에 나침반을 각각 놓았을 때 나침반 자침의 N극이 가리키는 방향을 쓰시오.

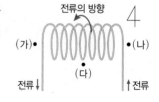

(가): (   ) (나): (   ) (다): (   )

5 다음은 전자석에 대한 설명이다. (   ) 안에 알맞은 말을 고르시오.

(1) 전자석은 코일에 전류가 흐르지 않으면 자석의 성질을 (갖는다 , 갖지 않는다).

(2) 전자석의 세기는 코일에 흐르는 전류의 세기가 (셀 , 약할)수록 세다.

(3) 코일에 흐르는 전류의 방향을 반대로 하면 코일 내부의 자기장의 방향은 (그대로이다 , 반대가 된다).

개념 더하기

B 자기장에서 전류가 받는 힘

1. 자기장에서 전류가 받는 힘(*자기력) 자석 사이에 있는 도선에 전류가 흐르면 도선은 자기력을 받는다. **❶** 탐구 77쪽

① **자기장에서 도선이 받는 힘의 방향**: 전류와 자기장의 방향에 모두 수직이다. **❷**

[오른손을 이용하여 자기장 속에서 도선이 받는 힘의 방향 찾기]
❶ 오른손을 펴서 엄지손가락이 전류의 방향, 나머지 네 손가락이 자기장의 방향으로 향하게 한다.
❷ 이때 손바닥이 향하는 방향이 도선이 받는 힘의 방향이다.
전류의 방향: (+)극 → (−)극
자기장의 방향: N극 → S극

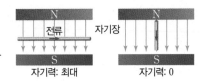

② **자기장에서 도선이 받는 힘의 크기**

• 전류의 세기가 셀수록, 자기장의 세기가 셀수록 크다.
• 전류의 방향과 자기장의 방향이 수직일 때 가장 크고, 나란할 때는 힘이 작용하지 않는다.

자기력: 최대   자기력: 0

2. *전동기

① **전동기**: 자기장 속에서 코일이 받는 힘을 이용하여 코일을 회전시키는 장치

• 구조: 영구 자석, 코일, 코일에 흐르는 전류의 방향을 바꾸어 주는 정류자, 브러시 등으로 구성되어 있다.

② **전동기의 작동 원리**: 코일에 전류가 흐르면 코일의 왼쪽 부분과 오른쪽 부분에 흐르는 전류의 방향이 반대가 되므로 코일이 받는 힘의 방향도 반대가 되어 회전한다.

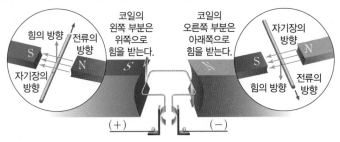

[코일의 회전 방향]

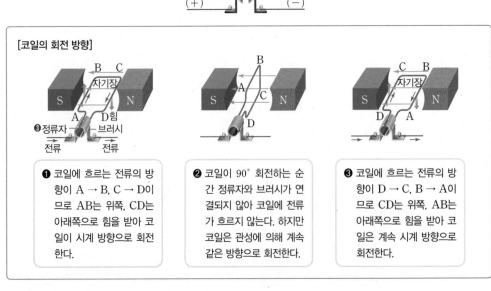

❶ 코일에 흐르는 전류의 방향이 A → B, C → D이므로 AB는 위쪽, CD는 아래쪽으로 힘을 받아 코일이 시계 방향으로 회전한다.

❷ 코일이 90° 회전하는 순간 정류자와 브러시가 연결되지 않아 코일에 전류가 흐르지 않는다. 하지만 코일은 관성에 의해 계속 같은 방향으로 회전한다.

❸ 코일에 흐르는 전류의 방향이 D → C, B → A이므로 CD는 위쪽, AB는 아래쪽으로 힘을 받아 코일은 계속 시계 방향으로 회전한다.

③ **전동기의 이용**: 선풍기, 세탁기, 엘리베이터, 전기차, 에스컬레이터 등

❶ 자기장에서 전류가 흐르는 도선이 힘을 받는 까닭
도선에 전류가 흐르면 도선 주위에는 자기장이 생기는데, 이 전류에 의한 자기장과 자석의 자기장이 상호 작용하여 도선이 힘(자기력)을 받게 되는 것이다.

❷ 도선이 받는 힘의 방향
• 전류의 방향이 바뀌거나 자기장의 방향이 바뀌면 도선이 받는 힘의 방향도 바뀐다.
• 전류의 방향과 자기장의 방향이 모두 바뀌면 도선이 받는 힘의 방향은 바뀌지 않는다.

❸ 정류자의 역할

정류자는 코일에 흐르는 전류를 순간적으로 차단시켜 코일이 반 바퀴 회전할 때마다 코일에 흐르는 전류의 방향을 바꾸어 주는 역할을 한다.

용어 사전
*자기력(자석 磁, 기운 氣, 힘 力)
자기장 속에서 전류가 흐르는 도선이 받는 힘
*전동기(전기 電, 움직일 動, 틀 機)
자기장에서 전류가 흐르는 도선이 받는 힘인 자기력을 이용하여 전기 에너지를 역학적 에너지로 바꾸는 장치

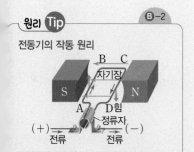
6 다음 글의 ㉠~㉢에 알맞은 말을 쓰시오.

> 자기장 속에서 전류가 흐르는 도선은 힘을 받는데, 도선이 받는 힘의 방향은 그림과 같이 오른손을 이용하여 알아볼 수 있다. 그림에서 A는 (㉠   )의 방향을, B는 (㉡   )의 방향을, C는 (㉢   )의 방향을 나타낸다.

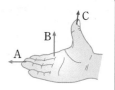

7 자기장에서 도선이 받는 힘에 대한 설명으로 옳은 것은 ○, 옳지 않은 것은 ×로 표시하시오.

(1) 자기장의 세기가 셀수록 힘의 크기도 크다.   (   )
(2) 전류의 방향이 반대가 되면 힘의 방향도 반대가 된다.   (   )
(3) 전류의 방향과 자기장의 방향이 나란할 때 힘의 크기가 가장 크다. (   )
(4) 전류의 방향과 자기장의 방향이 모두 반대가 되면 힘의 방향도 반대가 된다.
                                                              (   )

8 그림 (가)~(다)에서 같은 세기의 전류가 흐르는 도선이 받는 힘의 크기를 등호나 부등호로 비교하시오.

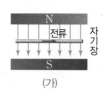 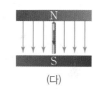

(가)   (나)   (다)

9 그림은 전동기의 구조를 나타낸 것으로, 화살표 방향으로 전류가 흐를 때 코일이 자기장에 나란하게 놓여 있다.

(1) 코일의 AB 부분이 받는 힘의 방향을 쓰시오.
(2) 코일의 BC 부분이 받는 힘의 방향을 쓰시오.
(3) 코일의 CD 부분이 받는 힘의 방향을 쓰시오.

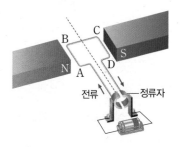

10 일상생활에서 사용하는 여러 기구 중 전동기를 이용하는 것을 〈보기〉에서 모두 고르시오.

> 보기
> ㄱ. 선풍기   ㄴ. 세탁기   ㄷ. 전자석
> ㄹ. 전기 자동차   ㅁ. 손전등   ㅂ. 엘리베이터

과학적 사고로!

탐구하기 ● Ⓐ 전류가 흐르는 코일 주위의 자기장

목표 전류가 흐르는 코일 주위에 생기는 자기장의 모습을 관찰한다.

과정

[유의점]
실험하는 동안 코일을 만지지 않는다.

❶ 그림과 같이 코일 실험 장치, 직류 전원 장치, 저항, 스위치를 도선으로 연결한다.

❷ 나침반 8개를 코일 실험 장치의 코일 주위에 놓고 스위치를 닫은 후 나침반 자침의 N극이 가리키는 방향을 관찰한다.

❸ 전류의 방향을 바꾼 후 과정 ❷를 반복한다.

❹ 막대자석 주위에 나침반 8개를 놓고 나침반 자침의 N극이 가리키는 방향을 관찰한다.

❺ 막대자석의 방향을 바꾼 후 과정 ❹를 반복한다.

직류 전원 장치
스위치
저항
코일 실험 장치

결과

과정 ❷	과정 ❸

과정 ❹	과정 ❺

정리

• 전류가 흐르는 코일 주위에는 (㉠   )이 생긴다.

• 전류의 방향이 반대가 되면 코일 주위에 생기는 자기장의 방향이 (㉡   )로 바뀐다.

• 코일 주위에 생기는 자기장의 모양은 (㉢   ) 주위에 생기는 자기장의 모양과 비슷하다.

확인 문제

1 위 실험에 대한 설명으로 옳은 것은 ○, 옳지 않은 것은 ×로 표시하시오.

(1) 코일에 전류가 흐르면 코일 주위에는 자기장이 생긴다.
(   )

(2) 과정 ❷에서 코일 주위에는 한쪽 끝에서 나와 다른 쪽 끝으로 들어가는 자기장이 생긴다. (   )

(3) 과정 ❷와 ❸에서 코일 내부에 생기는 자기장의 방향은 같다. (   )

(4) 코일 주위에 생긴 자기장의 모양은 원형 자석에 의한 자기장의 모양과 같다. (   )

실전 문제

2 코일에 화살표 방향으로 전류가 흐를 때 A 쪽에서 자기장이 나오는 경우만을 〈보기〉에서 모두 고르시오.

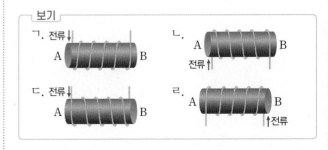

보기

ㄱ. 전류↓
A   B

ㄴ.
A   B
전류↑

ㄷ. 전류↓
A   B

ㄹ.
A   B
↑전류

과학적 사고로! **탐구하기** ● **B 자기장에서 전류가 흐르는 코일이 받는 힘**

목표 자기장에서 전류가 흐르는 코일이 받는 힘의 방향을 관찰하고, 힘의 방향에 영향을 미치는 요인을 확인한다.

과정

❶ 그림과 같이 전기 그네의 양쪽 단자를 전원 장치에 연결한다.

❷ 전원 장치를 켜고 전기 그네가 어느 쪽으로 움직이는지 관찰한다.

❸ 과정 ❷에서 전원 장치의 (+)극과 (−)극을 바꾸어 연결하고 전기 그네의 움직임을 관찰한다.

❹ 과정 ❷에서 말굽자석의 N극과 S극의 위치를 바꾼 후 전기 그네의 움직임을 관찰한다.

❺ 과정 ❷에서 전원 장치의 (+)극과 (−)극을, 말굽자석의 N극과 S극의 위치를 바꾼 후 전기 그네의 움직임을 관찰한다.

직류 전원 장치
스위치
전기 그네 실험 장치

결과

과정 ❷	과정 ❸	과정 ❹	과정 ❺
안쪽으로 움직인다.	바깥쪽으로 움직인다.	바깥쪽으로 움직인다.	안쪽으로 움직인다.

Plus 탐구

[과정]

❶ 그림과 같이 알루미늄 박이 말굽자석의 두 극 사이에 위치하게 하고, 전류를 흐르게 하여 알루미늄 박의 움직임을 관찰한다.

❷ 과정 ❶에서 자기장의 방향을 반대로 하여 실험을 반복한다.

❸ 과정 ❶에서 전류와 자기장의 방향을 반대로 하여 실험을 반복한다.

전지
말굽자석
알루미늄 박

[결과]

과정 ❶	과정 ❷	과정 ❸
아래로 움직인다.	위로 움직인다.	아래로 움직인다.

정리

• 자기장 속에 놓인 코일에 전류가 흐르면 코일은 (㉠   )을 받는다.

• 전류의 방향이나 자기장의 방향이 반대가 되면 자기장에서 코일이 받는 힘의 방향이 (㉡   )가 된다.

확인 문제

1 위 실험에 대한 설명으로 옳은 것은 ○, 옳지 않은 것은 × 로 표시하시오.

(1) 자기장 속에서 전기 그네에 전류가 흐르면 전기 그네는 힘을 받는다. ( )

(2) 과정 ❷에서 전원 장치의 전압을 높이면 전기 그네가 움직이는 방향이 바뀐다. ( )

(3) 과정 ❷에서 전류의 방향과 자기장의 방향을 모두 반대로 하면 전기 그네가 움직이는 방향이 바뀐다. ( )

실전 문제

2 그림과 같이 자석 사이에 화살표 방향으로 전류가 흐르는 직선 도선이 있을 때, 이 도선이 받는 힘의 방향으로 옳은 것은?

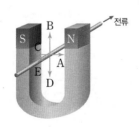

전류
B
S   C   N
E   A
D

① A   ② B
③ C   ④ D
⑤ E

[직선 도선 주위에 생기는 자기장의 방향]

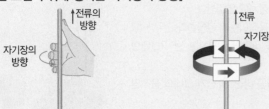

❶ 오른손의 엄지손가락으로 전류의 방향을 향하고 네 손가락으로 도선을 감아쥔다.

❷ 네 손가락이 감긴 방향으로 동심원 화살표를 그릴 때 화살촉 방향이 자기장의 방향이다.

[원형 도선 주위에 생기는 자기장의 방향]

원형 도선 각 부분을 직선 도선이라고 생각하고 자기장의 방향을 찾은 후 각 부분에 생긴 자기장을 합친 것이 원형 도선 주위에 생긴 자기장의 방향이다.

1 그림과 같이 직선 도선에 화살표 방향으로 전류가 흐를 때 나침반 자침이 가리키는 방향을 옳게 나타낸 것은?

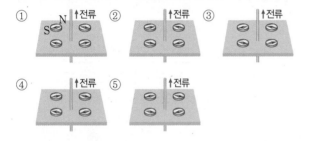

2 원형 도선에 화살표 방향으로 전류가 흐를 때 전류에 의한 자기장의 모습을 자기력선으로 옳게 나타낸 것은?

[코일 주위에 생기는 자기장의 방향]

❶ 코일이 감긴 부분의 바깥쪽에 흐르는 전류의 방향이 위쪽일 때: 오른손의 네 손가락을 바깥쪽 코일에 흐르는 전류의 방향을 향하게 한 후 코일을 감아쥔다. 이때 엄지손가락이 가리키는 왼쪽 방향이 자기장의 방향이다.

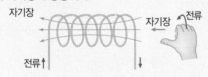

❷ 코일이 감긴 부분의 바깥쪽에 흐르는 전류의 방향이 아래쪽일 때: 오른손의 네 손가락을 바깥쪽 코일에 흐르는 전류의 방향을 향하게 한 후 코일을 감아쥔다. 이때 엄지손가락이 가리키는 오른쪽 방향이 자기장의 방향이다.

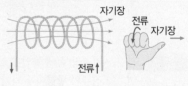

3 그림과 같이 화살표 방향으로 전류가 흐르는 코일의 안쪽에 놓은 나침반 A, B의 모양을 옳게 짝 지은 것은? (단, N ◆ S이다.)

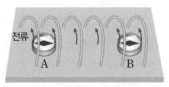

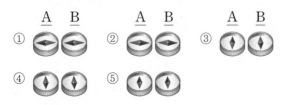

4 그림은 코일 주위에 놓은 나침반의 모습을 나타낸 것이다

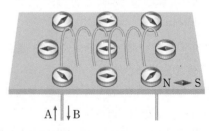

A, B 중 코일에 흐르는 전류의 방향을 고르시오.

Ⓐ 전류에 의한 자기장

01 자기력선에 대한 설명으로 옳지 <u>않은</u> 것은?

① 서로 교차하지 않는다.
② S극에서 나와서 N극으로 들어간다.
③ 도중에 끊어지거나 새로 생기지 않는다.
④ 자기장의 모양을 선으로 나타낸 것이다.
⑤ 자기력선이 촘촘할수록 자기장의 세기가 세다.

02 그림은 자석의 두 극 사이에서 자기장의 방향을 나타낸 것이다. 두 극 A, B의 종류와 두 극 사이에 작용하는 힘을 옳게 짝 지은 것은?

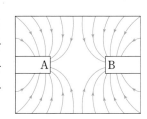

	A	B	힘
①	N극	S극	인력
②	N극	N극	척력
③	S극	N극	인력
④	S극	N극	척력
⑤	S극	S극	척력

중요 【주관식】

03 그림은 전류가 흐르는 직선 도선 주위에 나침반을 5개 놓은 모습을 나타낸 것이다.

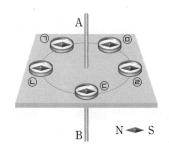

A에서 B 방향으로 전류가 흐를 때 나침반 자침의 변화가 거의 없는 것을 ㉠~㉥ 중에서 고르시오. (단 지구 자기장은 무시한다.)

중요

04 그림과 같이 전류가 흐르지 않는 도선 아래에 놓인 나침반 자침의 N극이 북쪽을 가리키고 있다. 이 도선에 전류가 위에서 아래로 흐를 때 나침반 자침의 N극이 가리키는 방향은? (단, 지구 자기장은 무시한다.)

① 동쪽　　　② 서쪽　　　③ 남쪽
④ 북쪽　　　⑤ 계속 회전한다.

05 그림은 직선 도선에 화살표 방향으로 전류가 흐르는 모습을 나타낸 것이다.

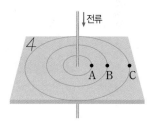

이때 직선 도선 주위의 세 점 A, B, C에서 자기장의 세기를 옳게 비교한 것은?

① A>B>C　　② A>C>B　　③ B>C>A
④ C>A>B　　⑤ C>B>A

06 그림은 전류가 흐르지 않는 원형 도선 주위에 놓은 나침반의 모습을 나타낸 것이다.

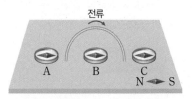

원형 도선에 화살표 방향으로 전류가 흐를 때, 나침반 자침의 N극이 가리키는 방향이 같은 것을 모두 고른 것은? (단, 지구 자기장은 무시한다.)

① A, B　　　② A, C　　　③ B, C
④ A, B, C　　⑤ 모두 다르다.

07 전류가 흐르는 코일 주위에 생기는 자기장에 대한 설명으로 옳은 것을 〈보기〉에서 모두 고른 것은?

┌ 보기 ┐
ㄱ. 전류의 세기가 셀수록 자기장의 세기가 세다.
ㄴ. 전류의 방향을 바꾸면 자기장의 방향도 바뀐다.
ㄷ. 코일 속에 철심을 넣으면 자기장이 더 세진다.
ㄹ. 막대자석 주위에 생기는 자기장과 비슷하나 코일 내부에는 자기장이 생기지 않는다.

① ㄱ, ㄴ   ② ㄱ, ㄷ   ③ ㄷ, ㄹ
④ ㄱ, ㄴ, ㄷ   ⑤ ㄴ, ㄷ, ㄹ

08 그림은 코일 왼쪽에 나침반을 놓은 모습을 나타낸 것이다.

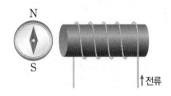

코일에 화살표 방향으로 전류가 흐를 때 나침반 자침이 가리키는 방향을 옳게 나타낸 것은?

①   ②   ③

④   ⑤

09 전류가 화살표 방향으로 흐를 때 전자석 주위에 생기는 자기력선의 모습으로 옳은 것은?

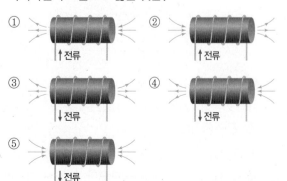

B 자기장에서 전류가 받는 힘

10 자기장 속에서 전류가 흐르는 도선이 받는 힘의 방향과 전류의 방향, 자기장의 방향을 옳게 나타낸 것은?

11 그림과 같이 전원 장치에 연결하여 전류가 흐르는 직선 도선을 자석 사이에 두었다.

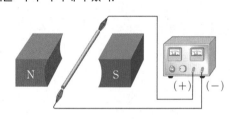

도선이 받는 힘의 종류와 힘의 방향을 옳게 짝 지은 것은?

	힘의 종류	힘의 방향
①	자기력	위쪽
②	자기력	아래쪽
③	자기력	왼쪽
④	전기력	위쪽
⑤	전기력	아래쪽

12 그림과 같이 자석 사이에 놓인 도선에 각각 1 A, 2 A의 전류가 화살표 방향으로 흐를 때, 도선이 받는 힘의 크기가 가장 큰 것은?

① 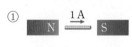   ②

③   ④

⑤

[13~14] 그림과 같이 나란히 놓인 금속 막대 사이에 말굽자석을 놓고 알루미늄 막대를 금속 막대 위에 올려놓았다.

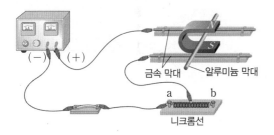

13 스위치를 닫았을 때 알루미늄 막대가 움직이는 방향은?

① 왼쪽　　　　② 오른쪽　　　　③ 위쪽
④ 아래쪽　　　⑤ 움직이지 않는다.

중요 【주관식】
14 알루미늄 막대가 움직이는 방향이 바뀌지 <u>않는</u> 경우만을 〈보기〉에서 모두 고르시오.

> **보기**
> ㄱ. 자석을 더 센 것으로 바꾼다.
> ㄴ. 자석의 N극과 S극의 위치를 바꾼다.
> ㄷ. 니크롬선의 집게를 b 쪽으로 옮겨 연결한다.
> ㄹ. 전원 장치의 (+)단자와 (−)단자를 바꾸어 연결한다.

15 그림은 말굽자석 사이에 있는 도선에 전류가 흐르는 방향을 나타낸 것이다.

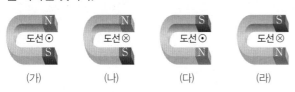

⊙: 전류가 종이면에서 수직으로 나오는 방향
⊗: 전류가 종이면에 수직으로 들어가는 방향

이때 도선이 받는 힘의 방향이 같은 것끼리 옳게 짝 지은 것은?

① (가), (나)　　② (가), (다)　　③ (나), (다)
④ (나), (라)　　⑤ (다), (라)

탐구 77쪽

【주관식】
16 그림과 같이 알루미늄 박의 양 끝을 회로에 연결하고 말굽자석 사이를 통과하도록 장치하였다.

전류가 흐를 때 알루미늄 박이 움직이는 방향을 쓰시오.

[17~18] 그림과 같이 회로에 연결되어 화살표 방향으로 전류가 흐르는 코일이 자석 사이에 놓여 있다.

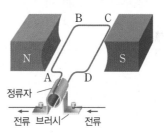

중요
17 이에 대한 설명으로 옳은 것은?

① AB 부분은 아래쪽으로 힘을 받는다.
② BC 부분이 가장 큰 힘을 받는다.
③ 코일은 시계 반대 방향으로 회전한다.
④ 정류자가 없으면 코일은 한 방향으로 계속 회전할 수 없다.
⑤ 코일이 90° 회전하여 자기장의 방향과 수직이 되면 전류가 흐르지 않아 코일은 회전을 멈춘다.

18 코일을 더 빠르게 회전시키는 방법으로 옳은 것을 〈보기〉에서 모두 고른 것은?

> **보기**
> ㄱ. 전류의 방향을 바꾼다.
> ㄴ. 코일에 흐르는 전류의 세기를 세게 한다.
> ㄷ. 코일 양쪽에 있는 자석을 더 센 것으로 교체한다.

① ㄱ　　　　② ㄷ　　　　③ ㄱ, ㄴ
④ ㄴ, ㄷ　　⑤ ㄱ, ㄴ, ㄷ

서술형 Tip

단어 제시형

1 그림과 같이 전류가 흐르는 직선 도선 위에 나침반을 놓았더니 자침의 N극이 오른쪽을 향했다. 이 도선에 흐르는 전류의 방향을 찾는 방법을 다음 단어를 모두 포함하여 서술하시오.

> 네 손가락, 엄지손가락

1 오른손을 이용하여 전류의 방향과 자기장의 방향을 찾는 방법을 서술한다.

Plus 문제 **1-1**
나침반을 직선 도선 아래에 두었을 때 자침의 N극이 가리키는 방향을 쓰시오.

서술형

2 그림 (가)~(다)는 감은 수가 다르거나 코일에 흐르는 전류의 세기가 다른 코일을 나타낸 것이다. 코일 주위에 생기는 자기장의 세기가 큰 순서대로 나열하고, 그 까닭을 서술하시오. (단, 코일의 감은 수는 (다)가 가장 많고, (가)와 (나)는 같다.)

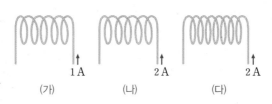

2 각 코일의 감은 수와 코일에 흐르는 전류의 세기를 파악한다.
→ 필수 용어: 코일의 감은 수, 전류의 세기

단계별 서술형

3 그림은 전자석 위에 나침반을 두었을 때 나침반 자침의 모습을 나타낸 것이다.

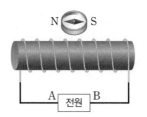

(1) A와 B 중 전원의 (+)극을 쓰고, 전자석의 자기장 방향에 대해 서술하시오.

(2) 나침반 자침의 방향을 반대로 바꾸는 방법을 서술하시오.

3 (1) 오른손을 이용하여 자기장의 방향을 정확하게 찾는다.
(2) 자기장의 방향이 반대가 되는 경우를 떠올린다.

서술형

4 그림과 같이 사각 도선을 말굽자석 사이에 장치하고, 스위치를 닫으면 도선은 힘을 받아 움직인다. 이때 도선이 받는 힘을 크게 할 수 있는 방법 3가지를 서술하시오.

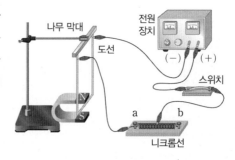

4 도선이 받는 힘의 크기에 영향을 주는 요인을 생각해 본다.
→ 필수 용어: 전원 장치, 니크롬선, 말굽자석

이 단원에서 학습한 내용을 확실히 이해했나요?
다음 내용을 잘 알고 있는지 확인해 보세요.

1 마찰 전기

• ❶□□ □□: 마찰에 의해 물체가 띠는 전기
 – 전자를 잃은 물체: ❷□전하로 대전
 – 전자를 얻은 물체: ❸□전하로 대전
• 물체가 전기를 띠는 현상을 ❹□□이라 하고, 전기를 띠는 물체를 ❺□□□라고 한다.
• ❻□□□: 대전체 사이에 작용하는 힘
 – ❼□□: 다른 종류의 전하를 띤 두 대전체 사이에 서로 끌어당기는 힘
 – ❽□□: 같은 종류의 전하를 띤 두 대전체 사이에 서로 밀어내는 힘

2 정전기 유도

• ❶□□□ □□: 대전되지 않은 금속에 대전체를 가까이 할 때 금속이 전하를 띠는 현상
 – 대전체와 가까운 쪽: 대전체와 ❷□□ 종류의 전하로 대전된다.
 – 대전체와 먼 쪽: 대전체와 ❸□□ 종류의 전하로 대전된다.
• ❹□□□: 정전기 유도를 이용하여 물체의 대전 여부를 알아보는 기구
 – 금속판은 대전체와 ❺□□ 종류의 전하로 대전되고, 금속박은 대전체와 ❻□□ 종류의 전하로 대전된다.

3 전류와 전압

• 전류: ❶□□의 흐름
 – 전류의 방향: 전지의 ❷□극 → ❸□극 쪽
 – 전자의 이동 방향: 전지의 ❹□극 → ❺□극 쪽
• 전류의 세기: 1초 동안 도선의 한 단면을 통과하는 전하의 양 [단위: A(암페어)]
• ❻□□□: 전류의 세기를 측정하는 기구
• ❼□□□: 전압의 크기를 측정하는 기구
• 전류계는 전기 회로에 ❽□□로, 전압계는 ❾□□로 연결한다.

4 전기 저항과 옴의 법칙

• ❶□□ □□: 전기 회로에서 전류의 흐름을 방해하는 정도 [단위: Ω]
• 전기 저항은 도선의 ❷□□에 비례하고, 도선의 ❸□□에 반비례한다.
• 옴의 법칙: 전류의 세기는 전압에 비례하고, 저항에 반비례한다. ➡ 전류의 세기= $\dfrac{전압}{저항}$

5 저항의 연결

• 저항이 직렬로 연결되어 있을 때 각 저항에 흐르는 ❶□□의 세기는 일정하다.
 – 저항을 직렬연결하면 저항의 길이가 ❷□□지는 효과가 있으므로 전체 저항이 커진다.
• 저항이 병렬로 연결되어 있을 때 각 저항에 걸리는 ❸□□의 크기는 일정하다.
 – 저항을 병렬연결하면 저항의 굵기가 ❹□□지는 효과가 있으므로 전체 저항이 작아진다.

6 전류에 의한 자기장

• ❶□□□: 자석 주위와 같이 자기력이 작용하는 공간
• 직선 도선 주위의 자기장의 방향은 전류의 방향으로 오른손의 ❷□□□□□을 향하게 할 때 ❸□□ □□□이 향하는 방향이다.
• 코일 주위의 자기장의 방향은 전류의 방향으로 오른손의 ❹□□ □□□을 향하게 할 때 ❺□□ □□□이 향하는 방향이다.
• ❻□□□: 전류가 흐르는 코일 속에 철심을 넣어 만든 것

7 자기장에서 전류가 받는 힘

• 자기장에서 도선이 받는 힘의 방향
 – 오른손의 ❶□□□□□: 전류의 방향
 – 오른손의 네 손가락: ❷□□□의 방향
 – 손바닥이 향하는 방향: ❸□□의 방향
• ❹□□□: 자기장 속에서 코일이 받는 힘을 이용하여 코일을 회전시키는 장치

상 **중** 하

01 마찰 전기에 대한 설명으로 옳지 <u>않은</u> 것은?

① 한 곳에 머물러 있어 정전기라고도 한다.

② 서로 같은 두 물체를 마찰할 때 발생한다.

③ 마찰 과정에서 두 물체 사이에 전자가 이동하여 발생한다.

④ 마찰 과정에서 전자를 잃은 물체는 (+)전하로 대전된다.

⑤ 마찰 과정에서 전자를 얻은 물체는 (−)전하로 대전된다.

[02~03] 다음은 여러 가지 물체의 대전되는 순서를 나타낸 것이다.

> (+) 털가죽−유리−명주−고무−플라스틱 (−)

【주관식】 상 **중** 하

02 그림은 마찰 전기가 발생하는 과정을 모형으로 나타낸 것이다.

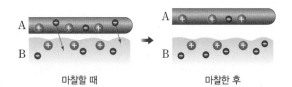

마찰할 때   마찰한 후

물체 A를 유리라고 할 때 물체가 대전되는 순서에 있는 물체 중에서 물체 B로 볼 수 있는 것을 모두 쓰시오.

상 **중** 하

03 마찰에 의해 띠게 되는 전하의 종류가 나머지와 <u>다른</u> 하나는?

① 털가죽으로 문지른 유리 막대

② 명주 헝겊으로 문지른 고무풍선

③ 털가죽으로 문지른 플라스틱 막대

④ 플라스틱 막대로 문지른 고무풍선

⑤ 명주 헝겊으로 문지른 플라스틱 막대

상 **중** 하

04 그림 (가)와 같이 대전되지 않은 금속 막대 2개를 붙여 놓고 (+)전하로 대전된 막대를 가까이 한 상태에서 (나)와 같이 (+)전하로 대전된 막대를 치우면서 두 금속 막대를 떼어놓았다.

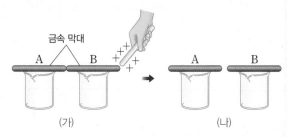

(가)   (나)

이에 대한 설명으로 옳은 것을 〈보기〉에서 모두 고른 것은?

> **보기**
> ㄱ. (가)에서 A에 있던 전자가 B로 이동한다.
> ㄴ. (나)에서 A는 (+)전하로, B는 (−)전하로 대전된다.
> ㄷ. (나)에서 두 금속 막대 사이에는 척력이 작용한다.

① ㄱ   ② ㄴ   ③ ㄷ

④ ㄱ, ㄴ   ⑤ ㄴ, ㄷ

【주관식】 상 **중** 하

05 그림 (가)는 대전되지 않은 검전기의 금속판에 (−)전하로 대전된 유리 막대를 가까이 하는 모습을 나타낸 것이고, (나)는 대전되지 않은 검전기의 금속판에 (−)전하로 대전된 유리 막대를 접촉한 모습을 나타낸 것이다.

(가)   (나)

(가)와 (나)에서 금속판과 금속박이 띠는 전하의 종류를 각각 쓰시오.

[주관식] 상 **중** 하

06 표는 대전되지 않은 물체 A~D를 서로 마찰하였을 때 물체가 띠는 전하를 나타낸 것이다. 전자를 잃기 쉬운 물체부터 차례로 쓰시오.

마찰한 물체	(−)전하를 띤 물체	(+)전하를 띤 물체
A와 B	B	A
A와 C	A	C
B와 C	B	C
C와 D	C	D

자료 분석 | 정답과 해설 21쪽

상 중 **하**

07 그림은 어느 순간 도선 속에서 전자가 움직이는 모습을 나타낸 것이다. 이에 대한 설명으로 옳은 것은?

전자 원자

① 전류의 방향은 A → B이다.
② 전자의 이동 방향은 무질서하다.
③ A 쪽에 전지의 (−)극이 연결되어 있다.
④ 원자는 전자와 반대 방향으로 이동한다.
⑤ 전류가 흐르지 않을 때의 모형을 나타낸다.

[주관식] 상 중 **하**

08 그림 (가)와 같이 전기 기구의 단자를 연결하였더니 눈금이 (나)와 같았다.

(가)

(나)

이 전기 기구에 대한 설명으로 옳은 것을 〈보기〉에서 모두 고르시오.

┌─ **보기** ┐
ㄱ. 측정된 값은 30 mA이다.
ㄴ. 회로에 직렬로 연결해야 한다.
ㄷ. (+)단자는 전지의 (+)극 쪽에 연결하고, (−)단자는 전지의 (−)극 쪽에 연결한다.
└────────┘

상 **중** 하

09 전기 저항이 가장 작은 것은? (단, 각 도선의 재질은 모두 같다.)

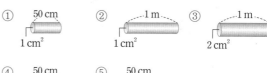

① 50 cm 1 cm²
② 1 m 1 cm²
③ 1 m 2 cm²
④ 50 cm 2 cm²
⑤ 50 cm 4 cm²

상 **중** 하

10 그림은 같은 물질로 만든 도선 A, B에 걸린 전압과 전류의 관계를 나타낸 것이다.

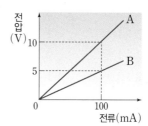

이에 대한 설명으로 옳은 것을 〈보기〉에서 모두 고른 것은?

┌─ **보기** ┐
ㄱ. A의 저항이 B의 저항보다 크다.
ㄴ. 그래프의 기울기는 도선의 저항과 같다.
ㄷ. 굵기가 같다면 A의 길이는 B의 2배이다.
ㄹ. 같은 크기의 전압을 걸어 주면 B보다 A에 더 센 전류가 흐른다.
└────────┘

① ㄱ ② ㄷ ③ ㄴ, ㄹ
④ ㄱ, ㄴ, ㄷ ⑤ ㄴ, ㄷ, ㄹ

상 **중** 하

11 그림은 니크롬선에 연결된 전압계와 전류계의 눈금판을 나타낸 것이다. 전류계의 (−)단자는 500 mA에 연결되어 있고, 전압계의 (−)단자는 3 V에 연결되어 있다.

이 니크롬선의 저항의 크기는?

① 6 Ω ② 8 Ω ③ 12 Ω
④ 15 Ω ⑤ 30 Ω

12 상**중**하

그림은 2 Ω, 4 Ω, 6 Ω의 세 저항이 연결되어 있는 회로의 모습을 나타낸 것이다.

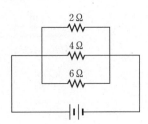

세 저항에 흐르는 전류의 비(2 Ω : 4 Ω : 6 Ω)와 세 저항에 걸리는 전압의 비(2 Ω : 4 Ω : 6 Ω)를 옳게 짝 지은 것은?

	전류의 비	전압의 비
①	1 : 2 : 3	1 : 1 : 1
②	1 : 2 : 3	3 : 2 : 1
③	3 : 2 : 1	1 : 2 : 3
④	3 : 2 : 1	2 : 3 : 6
⑤	6 : 3 : 2	1 : 1 : 1

13 상**중**하

그림은 가정에서 사용하는 전기 기구를 모두 직렬로 연결한 것을 나타낸 것이다.

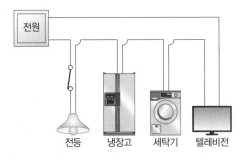

이에 대한 설명으로 옳은 것을 모두 고르면? (2개)

① 전등을 끄면 다른 전기 기구도 모두 꺼진다.
② 전등을 꺼도 각 전기 기구에 흐르는 전류의 세기는 같다.
③ 전등을 꺼도 각 전기 기구에 걸리는 전압에는 변화가 없다.
④ 각 전기 기구에 걸리는 전압이 다르므로 제대로 작동하지 않는다.
⑤ 모든 전기 기구를 사용하면 회로에 흐르는 전류의 세기가 세져 위험하다.

14 상중**하**

그림과 같이 화살표 방향으로 전류가 흐르는 직선 도선 주위에 나침반 A, B를 두었다. 두 나침반 자침의 모양을 옳게 짝 지은 것은? (단, 지구 자기장은 무시한다.)

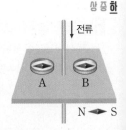

자료 분석 | 정답과 해설 22쪽

15 상**중**하

그림과 같이 나란한 두 도선에 같은 세기의 전류가 흐르고 있을 때 두 도선의 가운데에 있는 나침반 자침의 N극이 남쪽을 가리켰다.

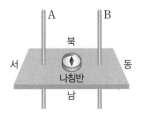

도선 A, B에 흐르는 전류의 방향을 옳게 짝 지은 것은? (단, 지구 자기장의 영향은 무시한다.)

	A	B			A	B
①	위쪽	위쪽		②	위쪽	아래쪽
③	아래쪽	위쪽		④	아래쪽	아래쪽

⑤ 전류의 방향을 알 수 없다.

16 상**중**하

그림과 같이 못에 코일을 감아 만든 전자석에 대한 설명으로 옳지 않은 것은?

① 못의 머리는 N극이 된다.
② 전류가 흐를 때만 자석이 된다.
③ 전류의 세기가 셀수록 센 전자석이 된다.
④ 코일의 내부에는 자기장이 생기지 않는다.
⑤ 전류의 방향을 반대로 하면 전자석의 극도 반대가 된다.

17 그림과 같이 화살표 방향으로 전류가 흐르는 사각형 코일이 말굽자석 사이에 놓여 있다. 이때 코일의 움직임에 대한 설명으로 옳은 것은?

상**중**하

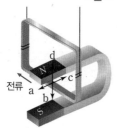

① 움직이지 않는다.
② a 쪽으로 나온다.
③ b 쪽으로 내려온다.
④ c 쪽으로 들어간다.
⑤ d 쪽으로 올라간다.

상중하

18 그림은 전류가 흐르는 코일 옆에 화살표 방향으로 전류가 흐르는 직선 도선이 놓인 모습을 나타낸 것이다.

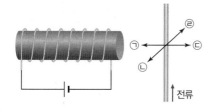

직선 도선이 받는 힘의 방향은?

① ㉠   ② ㉡   ③ ㉢
④ ㉣   ⑤ 힘을 받지 않음

상중하

19 그림은 전동기의 구조를 나타낸 것이다.

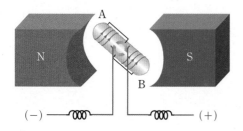

이 순간 전자석의 A 쪽과 B 쪽에 형성되는 극과 전자석의 회전 방향을 옳게 짝 지은 것은?

	A	B	회전 방향
①	N극	S극	시계 방향
②	N극	S극	시계 반대 방향
③	S극	N극	시계 방향
④	S극	N극	시계 반대 방향
⑤	없다.	없다.	정지한다.

자료 분석 | 정답과 해설 22쪽

서술형 문제

상**중**하

20 그림은 명주 헝겊으로 마찰한 유리 막대를 금속 막대의 A 쪽에 가까이 한 다음, (+)전하로 대전된 고무풍선을 B 쪽에 가까이 한 모습을 나타낸 것이다.

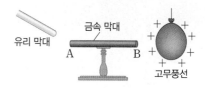

다음은 여러 가지 물체의 대전되는 순서를 나타낸 것이다.

> (+) 털가죽−유리−명주−고무−플라스틱 (−)

(1) 유리 막대가 띠는 전하의 종류를 쓰고, 그 까닭을 여러 가지 물체의 대전되는 순서와 관련지어 서술하시오.

_____

_____

(2) 위와 같은 상황에서 고무풍선이 받는 힘의 방향을 A, B 부분이 띠는 전하의 종류를 이용하여 서술하시오.

_____

_____

상**중**하

21 그림은 전동기의 구조를 나타낸 것이다.

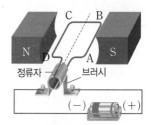

(1) AB, BC, CD 구간 중 전동기의 코일이 회전할 때 힘을 받지 않는 구간을 쓰고, 그 까닭을 서술하시오.

_____

_____

(2) 전동기에서 정류자의 역할을 전류의 흐름과 관련지어 간단하게 서술하시오.

_____

_____

Ⅲ 태양계

제목으로 미리보기

01 지구의 크기와 운동

지구의 크기는 누가, 어떻게 측정하게 되었을까요? 지구는 스스로 도는 자전 운동을 하고, 태양 주위를 도는 공전 운동을 하죠. 이 단원에서는 지구의 크기를 측정하는 방법과 지구의 자전과 공전에 의해 나타나는 현상들에 대해 알아본답니다.

02 달의 크기와 운동

지구에서 멀리 떨어져 있는 달의 크기는 어떻게 구할 수 있을까요? 달도 지구처럼 스스로 자전 운동을 하고, 지구 주위를 도는 공전 운동을 해요. 이 단원에서는 달의 크기를 측정하는 방법과 달의 모양 변화, 일식과 월식에 대해 알아본답니다.

03 태양계의 구성

태양계의 중심에는 태양이 있고, 태양 주위를 8개의 행성들이 공전하고 있어요. 이 단원에서는 행성의 특징을 살펴보고, 행성을 특징에 따라 분류해 보며, 태양의 표면과 대기의 특징 및 태양 활동이 지구에 미치는 영향 등에 대해 알아본답니다.

1 | 지구의 자전과 공전

>>> 초등학교 6학년 지구와 달의 운동

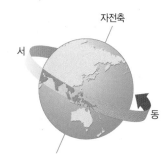

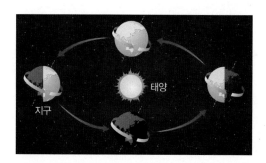

- 지구의 자전: 지구가 자전축을 중심으로 하루에 한 바퀴씩 (❶   )에서 (❷   )으로 회전하는 것

- 지구의 공전: 지구가 태양을 중심으로 1년에 한 바퀴씩 (❸   )에서 (❹   )으로 회전하는 것

2 | 여러 날 동안 달의 모양 변화

>>> 초등학교 6학년 지구와 달의 운동

- 달의 모양 변화 주기: 약 (❺   )일
- 달의 모양 변화: 초승달 → (❻   ) → 보름달 → (❼   ) → 그믐달

3 | 태양계 구성원

>>> 초등학교 5학년 태양계와 별

- (❽   ): 태양과 태양의 영향을 받는 천체들 및 이들을 포함한 공간
- (❾   ): 태양계의 중심에 있으면서 스스로 빛을 내는 천체
- (❿   ): 지구처럼 태양 주위를 도는 둥근 천체

정답 ❶ 서쪽 ❷ 동쪽 ❸ 서쪽 ❹ 동쪽 ❺ 30 ❻ 상현달 ❼ 하현달 ❽ 태양계 ❾ 태양 ❿ 행성

01 지구의 크기와 운동

개념 더하기

A 지구의 크기 탐구 94쪽 Beyond 특강 96쪽

1. 에라토스테네스의 지구 크기 측정 에라토스테네스는 하짓날 정오에 시에네에서는 햇빛이 우물 속을 수직으로 비추지만, 알렉산드리아에서는 수직으로 세운 막대에 그림자가 생긴다는 사실을 알고, 이를 이용해 지구의 크기를 측정하였다.

① 가정
- 지구는 완전한 구형이다.
- 햇빛은 지구에 평행하게 들어온다.

② 원리
- 원에서 호의 길이는 중심각의 크기에 비례한다.❶
- 평행한 두 직선에서 *엇각의 크기는 서로 같다.❷

③ 측정 과정과 결과

측정해야 하는 값	• 알렉산드리아와 시에네 사이의 중심각의 크기: 약 7.2° − 엇각으로 같은 알렉산드리아에 세운 막대와 그림자 끝이 이루는 각(7.2°)을 측정한다. • 알렉산드리아와 시에네 사이의 거리: 약 925 km − 호의 길이에 해당한다.
비례식	360° : 지구의 둘레($2\pi R$)=7.2° : 925 km
지구의 크기	$2\pi R = \dfrac{360° \times 925\ km}{7.2°} = 46250\ km$ $R(지구의\ 반지름) = \dfrac{46250\ km}{2\pi} ≒ 7365\ km$

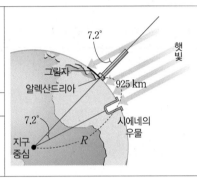

2. 에라토스테네스가 측정한 지구의 크기와 실제 지구의 크기❸가 다른 까닭
① 지구는 완전한 구형이 아니기 때문이다. − 실제 지구는 적도 반지름이 극반지름보다 약간 큰 타원체이다.
② 알렉산드리아와 시에네 사이의 거리 측정값이 정확하지 않았기 때문이다.

B 지구의 자전

1. 지구의 자전 지구가 자전축을 중심으로 하루에 한 바퀴씩 도는 운동

자전 방향	서쪽 → 동쪽(시계 반대 방향)
자전 속도	1시간에 15° $\dfrac{360°}{24시간} = \dfrac{15°}{1시간}$

2. 지구의 자전에 의해 나타나는 현상
① 낮과 밤이 반복된다.
② 동쪽으로 갈수록 해가 뜨는 시각이 빨라진다.
③ 천체의 *일주 운동: 태양, 달, 별 등의 천체가 하루에 한 바퀴씩 원을 그리며 도는 겉보기 운동 Beyond 특강 97쪽

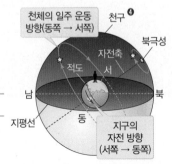

▲ 지구의 자전과 천체의 일주 운동

일주 운동의 원인	지구의 자전
일주 운동 방향	동쪽 → 서쪽(지구 자전 방향과 반대 방향) − 북쪽 하늘의 별들은 북극성을 중심으로 시계 반대 방향으로 원을 그리면서 돈다.
일주 운동 속도	1시간에 15° − 지구 자전 속도와 같다.

---

❶ 원의 성질

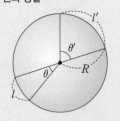

$$\theta : l = \theta' : l' = 360° : 2\pi R$$

원에서 호의 길이는 대응하는 중심각의 크기에 비례한다.

❷ 엇각의 원리

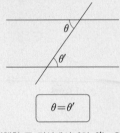

$$\theta = \theta'$$

평행한 두 직선에서 θ와 θ'는 엇각으로 크기가 같다.

❸ 실제 지구의 크기
실제 지구의 둘레는 약 40000 km이고, 지구의 반지름은 약 6400 km이다. 에라토스테네스가 측정한 지구의 크기는 실제보다 약 15 % 크다.

❹ 천구
하늘에 별들이 고정되어 있는 것처럼 보이는 무한히 넓은 가상의 구

용어 사전

*엇각(엇, 뿔 角)
두 직선이 다른 한 직선과 만나서 생긴 각 중 반대쪽에 있는 각
*일주 운동(날 日, 돌 週, 돌 運, 운직일 動)
천체가 하루에 한 바퀴씩 회전하는 겉보기 운동

1 에라토스테네스의 지구 크기 측정에 대한 설명으로 옳은 것은 ○, 옳지 않은 것은 ×로 표시하시오.

(1) 에라토스테네스는 지구의 크기를 최초로 측정하였다. 　　　　　　　（　　）
(2) 지구는 완전한 구형이라고 가정하였다. 　　　　　　　　　　　　　　（　　）
(3) 알렉산드리아와 시에네 사이의 중심각의 크기를 직접 측정하였다. 　（　　）
(4) 알렉산드리아에 세운 막대 그림자의 길이를 측정하였다. 　　　　　　（　　）
(5) 에라토스테네스가 구한 지구의 둘레는 실제 지구의 둘레보다 크게 측정되었다.
　　　　　　　　　　　　　　　　　　　　　　　　　　　　　　　　（　　）

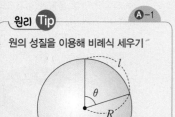

원리 Tip　Ⓐ-1

원의 성질을 이용해 비례식 세우기

이 원에서 세울 수 있는 비례식은 다음과 같다.

$$\theta : 360° = l : 2\pi R$$
$$360° : \theta = 2\pi R : l$$
$$l : \theta = 2\pi R : 360°$$
$$\theta : l = 360° : 2\pi R$$
$$2\pi R : l = 360° : \theta$$
$$l : 2\pi R = \theta : 360°$$

2 그림은 에라토스테네스가 지구의 크기를 측정한 방법을 나타낸 것이다. 지구의 크기를 구하기 위한 비례식에서 빈칸에 알맞은 값을 쓰시오.

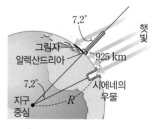

$$360° : 2\pi R = (\text{㉠}\qquad) : (\text{㉡}\qquad)$$

3 다음은 지구의 자전에 대한 설명이다. （　　） 안에 알맞은 말을 고르시오.

지구는 ㉠(동쪽 , 서쪽)에서 ㉡(동쪽 , 서쪽)으로 ㉢(1일 , 1년)을 주기로 자전한다.

4 천체의 일주 운동에 대한 설명으로 옳은 것은 ○, 옳지 않은 것은 ×로 표시하시오.

(1) 태양이 동쪽에서 서쪽으로 하루에 한 바퀴 회전하는 것처럼 보이는 운동이다.
　　　　　　　　　　　　　　　　　　　　　　　　　　　　　　　　（　　）
(2) 달이 지구 주위를 하루에 한 바퀴 돌기 때문에 달의 일주 운동이 나타난다.
　　　　　　　　　　　　　　　　　　　　　　　　　　　　　　　　（　　）
(3) 북쪽 하늘의 별들은 북극성을 중심으로 하루에 한 바퀴씩 시계 방향으로 일주 운동을 한다. 　　　　　　　　　　　　　　　　　　　　　　　　　（　　）
(4) 별의 일주 운동 모습은 관측하는 방향에 따라 다르게 나타난다. 　　（　　）

[우리나라에서 관측한 별의 일주 운동]
관측자가 바라보는 방향에 따라 별의 일주 운동의 모습이 다르다.

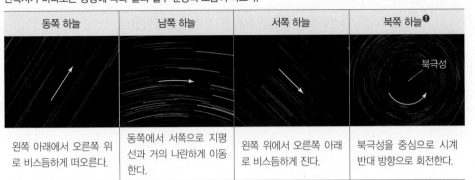

동쪽 하늘	남쪽 하늘	서쪽 하늘	북쪽 하늘❶
왼쪽 아래에서 오른쪽 위로 비스듬하게 떠오른다.	동쪽에서 서쪽으로 지평선과 거의 나란하게 이동한다.	왼쪽 위에서 오른쪽 아래로 비스듬하게 진다.	북극성을 중심으로 시계 반대 방향으로 회전한다.

❶ 북쪽 하늘의 일주 운동

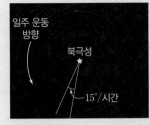

북쪽 하늘에서 별들은 북극성을 중심으로 1시간에 15°씩 시계 반대 방향으로 일주 운동한다.

ⓒ 지구의 공전

1. 지구의 *공전 지구가 태양을 중심으로 1년에 한 바퀴씩 서쪽에서 동쪽으로 도는 운동

공전 방향	서쪽 → 동쪽(시계 반대 방향)
공전 속도	하루에 약 1° $\frac{360°}{1년} ≒ \frac{1°}{1일}$

2. 지구의 공전에 의해 나타나는 현상 태양을 기준으로 할 때 별자리의 이동 방향과 별자리를 기준으로 할 때 태양의 이동 방향은 서로 반대이다.

① 태양의 *연주 운동: 태양이 별자리를 배경으로 하루에 약 1°씩 서쪽에서 동쪽으로 이동하여 1년 후 제자리로 돌아오는 것처럼 보이는 겉보기 운동❷ 탐구 95쪽

연주 운동의 원인	지구의 공전
연주 운동 방향	서쪽 → 동쪽(시계 반대 방향)
연주 운동 속도	하루에 약 1° $\frac{360°}{1년} ≒ \frac{1°}{1일}$

② 계절에 따른 별자리의 변화❸: 지구의 공전으로 태양이 보이는 위치가 달라지면서 계절에 따라 밤하늘에 보이는 별자리가 달라진다.
 • 황도: 태양이 연주 운동을 하면서 별자리 사이를 지나가는 길
 • 황도 12궁: 황도 주변에 위치한 대표적인 12개의 별자리

❷ 태양의 연주 운동과 별자리의 관측

지구가 1 → 2 → 3 → 4로 이동할 때, 지구의 관측자가 보는 태양의 위치는 1′ → 2′ → 3′ → 4′로 움직이는 것처럼 보인다.

❸ 별의 연주 운동(별자리의 위치 변화)
매일 같은 시각에 관측한 별자리의 위치가 하루에 약 1°씩 동쪽에서 서쪽으로 이동하여 1년 후 제자리로 되돌아온다.

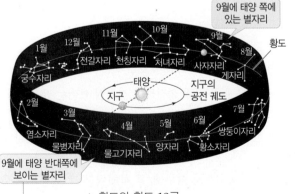

9월에 태양 쪽에 있는 별자리

9월에 태양 반대쪽에 보이는 별자리

▲ 황도와 황도 12궁

시기	태양이 지나는 별자리	한밤중에 남쪽 하늘에서 보이는 별자리
3월	물병자리	사자자리
6월	황소자리	전갈자리
9월	사자자리	물병자리
12월	전갈자리	황소자리

우리나라에서는 한밤중에 태양 반대쪽에 있는 별자리를 남쪽 하늘에서 볼 수 있다.

용어 사전
*공전(공평할 公, 구를 轉)
천체가 다른 천체 주위를 도는 운동
*연주 운동(해 年, 돌 週, 돌 運, 움직일 動)
천체가 1년에 한 바퀴씩 회전하는 겉보기 운동

5 그림은 우리나라에서 관측한 별의 일주 운동 모습을 나타낸 것이다. 관측 방향을 쓰시오.

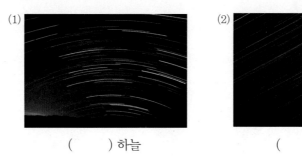

(1) (　　　) 하늘　　　　(2) (　　　) 하늘

6 그림은 우리나라에서 2시간 동안 관측한 북쪽 하늘의 일주 운동을 나타낸 것이다.

(1) 별 P의 이름을 쓰시오.
(2) 별이 2시간 동안 이동한 각도 θ를 쓰시오.
(3) A, B 중 별의 일주 운동 방향을 고르시오.

7 지구의 자전에 의해 나타나는 현상은 '자', 공전에 의해 나타나는 현상은 '공'이라고 쓰시오.

(1) 별이 북극성을 중심으로 시계 반대 방향으로 하루에 한 바퀴씩 회전한다.

(　　　)

(2) 태양이 별자리 사이를 서쪽에서 동쪽으로 이동하여 1년 후 제자리로 되돌아온다.　　(　　　)
(3) 낮과 밤이 반복되어 나타난다.　　(　　　)
(4) 계절에 따라 밤하늘에 보이는 별자리가 달라진다.　　(　　　)

8 다음 빈칸에 알맞은 말을 쓰시오.

태양이 연주 운동을 하면서 별자리 사이를 지나가는 길을 (㉠　　　)(이)라 하고, 그 주변에 위치한 대표적인 12개의 별자리를 (㉡　　　)(이)라고 한다.

탐구하기 · ④ 지구 모형의 크기 측정

목표 에라토스테네스의 원리를 이용하여 지구 모형의 크기를 측정해 본다.

과정

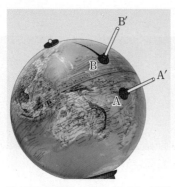
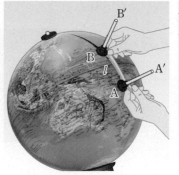

[유의점]
막대 BB′의 그림자가 지구 모형 밖으로 벗어나지 않도록 한다.

❶ 지구 모형을 햇빛이 잘 드는 곳에 놓고, 경도가 같고 위도가 다른 두 지점에 막대 AA′와 BB′를 각각 표면에 수직으로 세운다. 이때 막대 AA′는 그림자가 생기지 않도록 한다.

❷ 막대 AA′와 BB′ 사이의 거리(l)를 줄자로 측정한다.

❸ 막대 BB′의 끝과 그림자 끝 C를 실로 연결하고 ∠BB′C의 크기를 측정한다.

└ A와 B 지점 사이의 중심각의 크기와 엇각으로 같다.

결과

· A, B 사이의 거리(l): 10 cm
· ∠BB′C: 36°
· 측정값을 이용해 비례식을 세워 지구 모형의 반지름(R)을 구하면 다음과 같다.

$$10\ cm : 2\pi R = 36° : 360° \Rightarrow R = \frac{360° \times 10\ cm}{2\pi \times 36°} ≒ 15.9\ cm$$

정리

· 지구 모형은 완전한 (㉠   )이고, 햇빛은 지구 모형에 나란하게 들어온다고 가정한다.
· 원에서 중심각의 크기는 호의 길이에 비례한다는 원리를 이용하여 지구 모형의 반지름을 구한다.
· 지구 모형의 크기를 구하기 위해 직접 측정해야 하는 값은 (㉡   )와 (㉢   )이다.
· θ와 θ'는 엇각으로 서로 같다.
· 지구 모형의 반지름(R)을 구하는 식: $R = \dfrac{360° \times l}{2\pi\theta}$

확인 문제

1 위 탐구에 대한 설명으로 옳은 것은 ○, 옳지 않은 것은 ×로 표시하시오.

(1) 막대 AA′와 BB′는 같은 경도에 세운다. (   )
(2) 막대 AA′와 BB′는 같은 위도에 세운다. (   )
(3) 막대 AA′와 BB′는 모두 그림자가 생기지 않게 조정한다. (   )
(4) 원의 성질을 이용하여 지구 모형의 크기를 구한다. (   )
(5) 중심각의 크기는 직접 측정할 수 없으므로 엇각으로 같은 ∠BB′C를 측정한다. (   )

실전 문제

2 그림은 지구 모형의 크기를 측정하는 실험을 나타낸 것이다. 지구 모형의 크기를 구할 때 이 실험에서 직접 측정해야 하는 값을 모두 고르면? (2개)

① ∠AOB
② ∠BB′C
③ 호 AB의 길이
④ 호 BC의 길이
⑤ 막대 AA′의 길이

목표 관측 자료를 이용하여 지구의 공전에 의한 태양과 별자리의 위치 변화를 살펴본다.

과정

그림은 해가 질 무렵 서쪽 지평선 부근에 보이는 별자리를 15일 간격으로 관측하여 나타낸 것이다.

(가) 4월 1일

(나) 4월 16일

(다) 5월 1일

❶ 투명 필름을 (가) 위에 놓고 별자리와 태양의 위치를 유성 펜으로 그린다.

❷ 과정 ❶에서 그린 필름을 (나) 위에 놓고 별자리가 서로 겹치도록 한 후 태양의 위치를 그린다.

❸ 과정 ❷에서 그린 필름을 (다) 위에 놓고 별자리가 서로 겹치도록 한 후 태양의 위치를 그린다.

❹ 새로운 투명 필름을 (가) 위에 놓고 별자리와 태양의 위치를 유성 펜으로 그린 다음, 태양이 서로 겹치도록 한 후 (나), (다)의 별자리의 위치를 그린다.

결과 및 정리

▲ 별자리를 기준으로 할 때 태양의 위치 변화

▲ 태양을 기준으로 할 때 별자리의 위치 변화

• 별자리를 기준으로 할 때 태양은 (㉠   )쪽에서 (㉡   )쪽으로 이동한다.

• 태양을 기준으로 할 때 별자리는 (㉢   )쪽에서 (㉣   )쪽으로 이동한다.

확인 문제

1 위 탐구에 대한 설명으로 옳은 것은 ○, 옳지 않은 것은 ×로 표시하시오.

(1) 매일 같은 시각에 별자리를 관측하면 별자리의 위치는 점차 동쪽으로 이동한다. (   )

(2) 별자리를 기준으로 할 때 태양은 서쪽에서 동쪽으로 이동한다. (   )

(3) 태양과 별자리의 연주 운동 방향은 같다. (   )

(4) 태양과 별자리의 연주 운동은 지구가 자전하기 때문에 나타나는 현상이다. (   )

실전 문제

2 그림은 15일 간격으로 태양이 진 직후에 서쪽 하늘을 관측한 모습을 순서 없이 나타낸 것이다.

(가)

(나)

(다)

먼저 관측한 것부터 순서대로 기호를 쓰시오.

원의 성질을 이용하여 지구의 크기를 구할 때는 두 지점 사이의 거리와 두 지점 사이의 중심각 크기를 알아야 한다. 중심각의 크기는 에라토스테네스와 같이 엇각을 이용하는 방법 외에도 위도 차를 이용하여 구할 수도 있다.

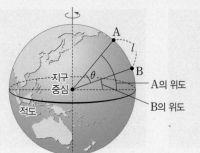

• 위도는 지구상의 위치를 나타내기 위해 적도에서 그 지점까지의 각도를 나타낸 것이다. 따라서 같은 경도에 있는 두 지점에서 위도의 차이는 두 지점이 이루는 중심각의 크기(θ)와 같다.

$$\theta = \text{A의 위도} - \text{B의 위도}$$

• 에라토스테네스의 방법과 같이 원의 성질을 이용하여 지구의 크기를 구한다.

$$\theta : l = 360° : 2\pi R$$

1 그림은 같은 경도에 위치한 서울과 우도의 위도와 두 지점 사이의 거리를 나타낸 것이다.

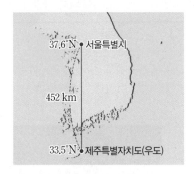

지구의 반지름(R)을 구하시오.

해결 단계

❶ 두 지점 사이의 중심각에 해당하는 두 지점의 위도 차를 구한다.

서울과 우도의 위도 차: _____

❷ 원에서 호의 길이에 해당하는 두 지점 사이의 거리를 확인한다.

서울과 우도 사이의 거리: _____

❸ 원의 성질을 이용하여 비례식을 세운다.

비례식: _____

❹ 비례식을 이용하여 지구의 둘레($2\pi R$)를 구한다. (단, 소수 첫째 자리에서 반올림하시오.)

지구의 둘레: _____

❺ 지구의 반지름(R)을 구한다. (단, $\pi = 3$으로 계산하고, 소수 첫째 자리에서 반올림하시오.)

지구의 반지름: _____

2 그림은 지구 모형에 경도가 같은 두 지점 A와 B의 위도와 두 지점 사이의 거리를 나타낸 것이다.

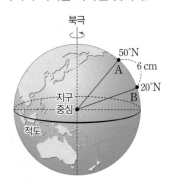

지구 모형의 반지름(R)을 구하시오.

해결 단계

❶ 두 지점 사이의 중심각에 해당하는 두 지점의 위도 차를 구한다.

A 지점과 B 지점의 위도 차: _____

❷ 원에서 호의 길이에 해당하는 두 지점 사이의 거리를 확인한다.

A 지점과 B 지점 사이의 거리: _____

❸ 원의 성질을 이용하여 비례식을 세운다.

비례식: _____

❹ 비례식을 이용하여 지구의 둘레($2\pi R$)를 구한다.

지구의 둘레: _____

❺ 지구의 반지름(R)을 구한다. (단, $\pi = 3$으로 계산한다.)

지구의 반지름: _____

[우리나라에서 관측 방향에 따른 별의 일주 운동 모습 이해하기]

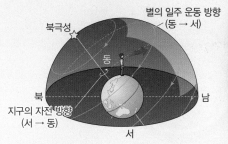

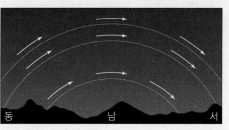

▲ 남쪽 하늘의 일주 운동

관측자가 남쪽 하늘을 바라볼 때 별들은 동쪽에서 남쪽 하늘을 지나 서쪽으로 이동한다.

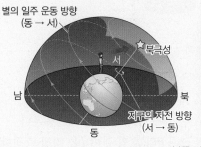

▲ 북쪽 하늘의 일주 운동

동쪽에서 떠서 서쪽으로 지므로, 관측자가 북쪽 하늘을 바라볼 때 별들은 북극성을 중심으로 동심원을 그리면서 시계 반대 방향으로 회전한다.

[북쪽 하늘에서 별의 일주 운동 이해하기]

그림은 3시간 간격으로 북쪽 하늘을 관측한 것이다.

 3시간 후 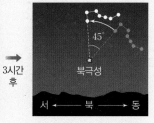 3시간 후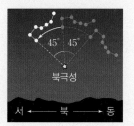

· 일주 운동의 중심에 있는 별: 북극성
· 북두칠성의 이동 방향: 시계 반대 방향
· 북두칠성이 회전한 각도: 3시간에 45° ➡ 1시간에 15°

1 그림은 우리나라에서 관측한 별의 일주 운동 모습을 나타낸 것이다.

관측 방향을 쓰고, 별의 이동 방향을 화살표로 나타내시오.

2 우리나라에서 북극성을 향해 사진기를 5시간 동안 노출시켜 사진을 찍었을 때 북극성을 중심으로 나타나는 (가)호의 중심각의 크기와 (나)별의 이동 방향을 옳게 짝 지은 것은?

	(가)	(나)
①	5°	시계 방향
②	50°	시계 방향
③	50°	시계 반대 방향
④	75°	시계 방향
⑤	75°	시계 반대 방향

탐구 94쪽

A 지구의 크기

[01~02] 그림은 에라토스테네스가 지구의 크기를 측정한 방법을 나타낸 것이다.

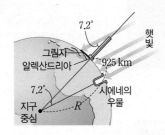

중요

01 에라토스테네스가 지구의 크기를 측정하기 위해 세운 가정을 〈보기〉에서 모두 고른 것은?

┌─ 보기 ─────────────────────────────┐
ㄱ. 지구는 완전한 구형이다.
ㄴ. 지구로 들어오는 햇빛은 평행하다.
ㄷ. 지구는 하루에 한 바퀴씩 자전한다.
ㄹ. 시에네와 알렉산드리아는 같은 위도에 위치한다.
└────────────────────────────────┘

① ㄱ, ㄴ   ② ㄱ, ㄷ   ③ ㄷ, ㄹ
④ ㄱ, ㄴ, ㄷ   ⑤ ㄴ, ㄷ, ㄹ

02 에라토스테네스의 지구 크기 측정 방법에 대한 설명으로 옳지 않은 것은?

① 시에네와 알렉산드리아는 같은 위도상에 있다.
② 시에네의 우물에는 햇빛이 수직으로 비추었다.
③ 시에네와 알렉산드리아 사이의 거리를 측정하였다.
④ 시에네와 알렉산드리아에 입사하는 햇빛은 평행하다.
⑤ 시에네와 알렉산드리아 사이의 중심각을 측정하는 데 엇각을 이용하였다.

【주관식】

03 표는 A~E 지역의 위도와 경도를 나타낸 것이다.

지역	A	B	C	D	E
위도	10°N	10°N	35°N	35°S	38°N
경도	50°E	132°E	132°E	50°W	132°W

에라토스테네스의 지구 크기 측정 방법을 이용하여 지구의 크기를 구하기에 가장 적당한 두 지역을 고르시오.

[04~06] 그림은 지구 모형의 크기를 측정하는 실험 장치를 나타낸 것이다.

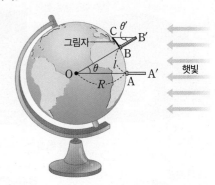

중요

04 위 실험에 대한 설명으로 옳지 않은 것은?

① 지구 모형은 완전한 구형으로 가정한다.
② 막대 AA′와 BB′는 같은 경도상에 세운다.
③ 막대 AA′는 지구 모형에 수직으로 세운다.
④ 중심각의 크기 θ와 호의 길이 l을 직접 측정한다.
⑤ 막대 BB′의 그림자는 지구 모형을 벗어나지 않도록 한다.

05 위 실험을 이용해 지구 모형의 반지름(R)을 구하기 위한 비례식으로 옳은 것은?

① $\theta : 360° = \pi R^2 : l$ ② $\theta : l = 360° : 2\pi R$
③ $\theta : l = 2\pi R : 360°$ ④ $\theta : l = 360° : \pi R^2$
⑤ $\theta : 2\pi R = 360° : l$

06 다음은 위 실험의 측정값을 나열한 것이다.

┌────────────────────────────┐
• 막대 AA′의 길이: 5 cm
• 막대 BB′의 길이: 5 cm
• 호 AB의 길이: 10 cm
• 호 BC의 길이: 7 cm
• ∠BB′C의 크기: 30°
• ∠BCB′의 크기: 20°
└────────────────────────────┘

지구 모형의 반지름(R)을 옳게 구한 것은? (단, $\pi=3$으로 계산한다.)

① 10 cm   ② 14 cm   ③ 20 cm
④ 21 cm   ⑤ 30 cm

ⓑ 지구의 자전

07 지구의 자전에 대한 설명으로 옳은 것을 〈보기〉에서 모두 고른 것은?

> **보기**
> ㄱ. 지구는 하루에 한 바퀴 자전한다.
> ㄴ. 지구의 자전 방향은 시계 방향이다.
> ㄷ. 지구가 자전축을 중심으로 스스로 회전하는 현상 이다.
> ㄹ. 지구가 자전하기 때문에 태양이 하루에 약 1°씩 서쪽에서 동쪽으로 이동한다.

① ㄱ, ㄴ ② ㄱ, ㄷ ③ ㄷ, ㄹ
④ ㄱ, ㄴ, ㄷ ⑤ ㄴ, ㄷ, ㄹ

08 지구의 자전으로 나타나는 현상이 <u>아닌</u> 것은?

① 낮과 밤이 생긴다.
② 달의 모양이 매일 달라진다.
③ 동쪽으로 갈수록 해 뜨는 시각이 빨라진다.
④ 하루 동안 태양이 동쪽에서 떠서 서쪽으로 진다.
⑤ 북쪽 하늘의 별들이 북극성을 중심으로 시계 반대 방향으로 회전한다.

중요
09 지구의 자전 방향과 별의 일주 운동 방향을 옳게 짝 지은 것은?

	지구의 자전 방향	별의 일주 운동 방향
①	동쪽 → 서쪽	동쪽 → 서쪽
②	동쪽 → 서쪽	서쪽 → 동쪽
③	서쪽 → 동쪽	동쪽 → 서쪽
④	서쪽 → 동쪽	서쪽 → 동쪽
⑤	남쪽 → 북쪽	북쪽 → 남쪽

중요
10 우리나라의 동쪽 하늘에서 관측할 수 있는 별의 일주 운동 모습으로 옳은 것은?

① 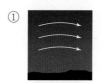 ②

③   ④

⑤

【주관식】
11 그림은 어느 날 밤 10시에 남쪽 하늘에서 관측한 별의 위치를 나타낸 것이다.

새벽 2시에 이 별은 어느 방향의 하늘에서 관측되겠는지 쓰시오.

12 그림은 우리나라에서 밤 9시부터 북두칠성의 일주 운동을 관측하여 나타낸 것이다.

이에 대한 설명으로 옳지 <u>않은</u> 것은?

① P는 북극성이다.
② 북쪽 하늘의 일주 운동 모습이다.
③ 북두칠성을 관측한 시간은 45분이다.
④ 북두칠성은 A에서 B 방향으로 이동하였다.
⑤ 지구가 자전하기 때문에 나타나는 겉보기 운동 이다.

C 지구의 공전

13 지구의 공전에 대한 설명으로 옳지 <u>않은</u> 것은?

① 공전 주기는 1년이다.
② 지구의 공전 방향은 자전 방향과 같다.
③ 지구가 태양을 중심으로 한 바퀴 도는 운동이다.
④ 지구의 공전으로 계절에 따라 보이는 별자리가 달라진다.
⑤ 지구의 공전으로 태양이 하루에 한 바퀴씩 동쪽에서 서쪽으로 이동하는 겉보기 운동을 한다.

중요
14 지구의 공전 방향과 공전 속도를 옳게 짝 지은 것은?

	공전 방향	공전 속도
①	동쪽 → 서쪽	약 1°/일
②	동쪽 → 서쪽	약 15°/일
③	서쪽 → 동쪽	약 1°/일
④	서쪽 → 동쪽	약 15°/일
⑤	서쪽 → 동쪽	약 15°/시간

탐구 95쪽

15 그림은 해가 진 직후 15일 간격으로 서쪽 하늘에서 쌍둥이자리를 관측한 모습을 순서 없이 나타낸 것이다.

(가)　　　　(나)　　　　(다)

이에 대한 설명으로 옳은 것을 〈보기〉에서 모두 고른 것은?

┌ 보기 ┐
ㄱ. 가장 먼저 관측한 것은 (나)이다.
ㄴ. 쌍둥이자리는 태양을 기준으로 동쪽에서 서쪽으로 이동하였다.
ㄷ. 태양은 쌍둥이자리를 기준으로 서쪽에서 동쪽으로 이동하였다.
└─────┘

① ㄱ　　　　② ㄷ　　　　③ ㄱ, ㄴ
④ ㄱ, ㄷ　　　⑤ ㄴ, ㄷ

16 태양의 연주 운동에 대한 설명으로 옳지 <u>않은</u> 것은?

① 지구가 공전하기 때문에 나타나는 겉보기 운동이다.
② 태양의 연주 운동 속도는 지구의 공전 속도와 같다.
③ 태양의 연주 운동 방향은 지구의 공전 방향과 반대이다.
④ 태양이 별자리 사이를 이동하여 1년 후 제자리로 되돌아오는 운동이다.
⑤ 태양이 연주 운동을 하면서 별자리 사이를 지나가는 길을 황도라고 한다.

[17~18] 그림은 지구의 공전 궤도와 태양이 지나는 길에 위치한 별자리를 나타낸 것이다.

중요
17 이에 대한 설명으로 옳지 <u>않은</u> 것은?

① 5월에 태양은 양자리 방향에 위치한다.
② 하늘에서 태양이 지나는 길을 황도라고 한다.
③ 지구는 태양 주위를 시계 반대 방향으로 공전한다.
④ 12월에는 한밤중에 남쪽 하늘에서 전갈자리를 볼 수 있다.
⑤ 계절에 따라 볼 수 있는 별자리가 달라지는 이유는 지구가 태양 주위를 공전하기 때문이다.

【주관식】
18 태양이 물병자리를 지날 때의 시기(월)와 이날 한밤중에 남쪽 하늘에서 볼 수 있는 별자리를 각각 쓰시오.

단계별 서술형

1 그림은 에라토스테네스가 지구의 크기를 측정한 방법을 나타낸 것이다.

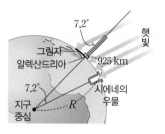

(1) 에라토스테네스가 지구의 크기를 구할 때 이용한 원리를 2가지 서술하시오.

_____

(2) 지구의 반지름을 구하는 식을 쓰고, 반지름을 구하시오. (단, $\pi=3$으로 계산하고, 소수 첫째 자리에서 반올림하시오.)

_____

(3) 오늘날 정밀하게 측정한 실제 지구의 반지름은 약 6400 km이다. 에라토스테네스가 구한 지구의 크기가 실제 지구의 크기와 차이 나는 까닭을 2가지 서술하시오.

_____

단어 제시형

2 그림은 우리나라에서 북극성을 향해 사진기를 2시간 동안 노출시켜 북극성 주변에 있는 별들의 일주 운동을 찍은 사진이다.

북쪽 하늘에서 이와 같은 모습으로 별의 일주 운동이 나타나는 까닭을 다음 단어를 모두 포함하여 서술하시오.

> 북극성, 자전, 1시간

_____

_____

서술형

3 매일 같은 시각에 관측한 별자리가 이동하는 까닭과 태양을 기준으로 할 때 별자리의 이동 방향을 서술하시오.

_____

_____

서술형 Tip

1 (1) 에라토스테네스가 지구의 크기를 구할 때 세운 가정과 연관지어 생각한다.
(2) (1)의 원리를 이용하여 비례식을 세운다.
(3) 당시의 측정 기술은 지금처럼 발달하지 않았다는 것을 생각한다.
→ 필수 용어: 구형, 거리

Plus 문제 1-1

에라토스테네스가 지구의 크기를 구하기 위해 세운 가정 2가지를 서술하시오.

_____

2 별의 일주 운동은 별이 실제로 움직이는 것이 아니라 지구의 운동에 따른 겉보기 현상임을 떠올린다.

3 별자리의 연주 운동은 지구의 운동에 따른 겉보기 현상임을 떠올린다.
→ 필수 용어: 공전, 동쪽, 서쪽

02 달의 크기와 운동

개념 더하기

Ⓐ 달의 크기 ❶

1. 삼각형의 닮음비를 이용한 달의 크기 측정 `탐구` 106쪽

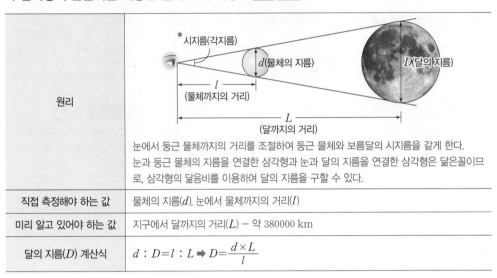

원리	
	눈에서 둥근 물체까지의 거리를 조절하여 둥근 물체와 보름달의 시지름을 같게 한다. 눈과 둥근 물체의 지름을 연결한 삼각형과 눈과 달의 지름을 연결한 삼각형은 닮은꼴이므로, 삼각형의 닮음비를 이용하여 달의 지름을 구할 수 있다.
직접 측정해야 하는 값	물체의 지름(d), 눈에서 물체까지의 거리(l)
미리 알고 있어야 하는 값	지구에서 달까지의 거리(L) – 약 380000 km
달의 지름(D) 계산식	$d : D = l : L \Rightarrow D = \dfrac{d \times L}{l}$

2. 달의 실제 크기
달의 반지름은 약 1700 km로, 지구 반지름의 약 $\dfrac{1}{4}$이다.
└ 약 6400 km

Ⓑ 달의 공전

1. 달의 공전
달이 지구를 중심으로 약 한 달에 한 바퀴씩 서쪽에서 동쪽으로 도는 운동

공전 방향	서쪽 → 동쪽(시계 반대 방향)
공전 속도	하루에 약 13°

2. 달의 공전으로 나타나는 현상

① 달의 *위상 변화: 태양, 지구, 달의 상대적인 위치 관계에 따라 달이 햇빛을 반사하는 부분이 달라지기 때문에 지구에서 보이는 달의 위상이 약 한 달을 주기로 변한다.

- 위상 변화의 순서: 삭 → 초승달 → 상현달 → 망(보름달) → 하현달 → 그믐달 → 삭
- 달의 표면 무늬❷: 달의 위상이 변하는 동안 지구에서는 항상 달의 같은 면만 볼 수 있다.
  ➡ 달의 자전 주기와 공전 주기가 같기 때문이다. ❸

`Beyond 특강` 107쪽

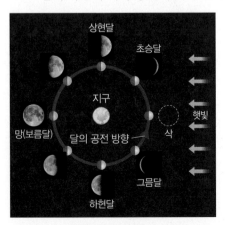

▲ 달의 위상 변화

위상	음력 날짜	태양, 지구, 달의 위치 관계	밝게 보이는 부분
삭	1일경	태양 – 달 – 지구 순으로 일직선	보이지 않는다.
상현달	7~8일경	태양 – 지구 – 달이 직각	오른쪽 절반
망 (보름달)	15일경	태양 – 지구 – 달 순으로 일직선	지구를 향하는 면 전체
하현달	22~23일경	태양 – 지구 – 달이 직각	왼쪽 절반

삭과 상현달 사이에 오른쪽 일부가 밝게 보이는 것은 초승달이고, 하현달과 삭 사이에 왼쪽 일부가 밝게 보이는 것은 그믐달이다.

---

❶ 원의 성질을 이용한 달의 크기 측정 방법

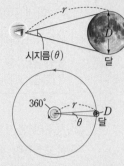

원에서 중심각의 크기는 호의 길이에 비례하므로, 달의 시지름을 알면 달의 지름을 구할 수 있다.
- 직접 측정해야 하는 값: 달의 시지름(θ)
- 미리 알고 있어야 하는 값: 지구에서 달까지의 거리(r)
- 계산식:
  $\theta : D = 360° : 2\pi r$
  $\Rightarrow D = \dfrac{2\pi r \times \theta}{360°}$

지구에서 달까지의 거리는 약 380000 km이고, 달의 시지름은 약 0.5°이므로, 달의 지름은 약 3314 km이다.

❷ 달의 표면 무늬

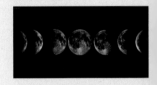

❸ 달의 자전과 공전

달은 자전 방향과 공전 방향이 같고, 자전 주기와 공전 주기가 같다.

`용어` **사전**

*시지름(볼 視, 지름)
천체를 지구에서 보았을 때 겉보기 지름

*위상(자리 位, 서로 相)
위치와 보이는 모양

정답과 해설 26쪽

핵심 Tip

- 달의 크기 측정: 삼각형의 닮음비를 이용한다.
- 달의 크기를 구할 때 직접 측정해야 하는 값: 눈과 물체 사이의 거리, 둥근 물체의 지름
- 달의 공전 방향: 서쪽 → 동쪽
- 달의 공전 주기: 약 한 달(음력)
- 달의 모양 변화 순서: 삭 → 초승달 → 상현달 → 망(보름달) → 하현달 → 그믐달 → 삭

1 달의 크기 측정에 대한 설명으로 옳은 것은 ○, 옳지 않은 것은 ×로 표시하시오.

(1) 서로 닮은꼴인 삼각형에서 대응각의 크기는 같다는 원리를 이용하여 달의 크기를 구한다. ( )

(2) 동전을 이용하면 달의 크기를 구할 수 있다. ( )

(3) 물체의 시지름과 달의 시지름이 같을 때 삼각형의 닮음비를 이용하여 달의 크기를 구할 수 있다. ( )

2 그림은 달의 크기를 구하는 방법을 나타낸 것이다.

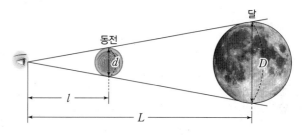

달의 크기를 구하기 위한 비례식에서 빈칸에 알맞은 값을 쓰시오.

$$d : (\text{㉠} \qquad) = (\text{㉡} \qquad) : L$$

원리 Tip Ⓐ-1

삼각형의 닮음비

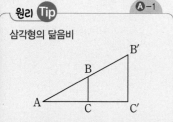

$\overline{AB} : \overline{AB'} = \overline{BC} : \overline{B'C'} = \overline{AC} : \overline{AC'}$

서로 닮은꼴의 두 삼각형에서 대응변의 길이의 비는 같다.

3 달의 공전에 대한 설명으로 옳은 것은 ○, 옳지 않은 것은 ×로 표시하시오.

(1) 달은 지구 주위를 하루에 한 바퀴 공전한다. ( )

(2) 달의 공전 방향은 지구의 공전 방향과 같다. ( )

(3) 달이 지구 주위를 공전하기 때문에 달의 모양이 변한다. ( )

4 그림은 달의 공전 궤도를 나타낸 것이다.

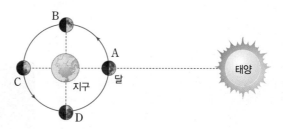

A~D에 위치할 때 달의 위상을 쓰시오.

(1) A: ( ) (2) B: ( )

(3) C: ( ) (4) D: ( )

개념 학습

02 달의 크기와 운동

② 달의 위치와 모양 변화: 매일 해가 진 직후 같은 시각에 달은 서쪽에서 동쪽으로 약 13° 이동한 곳에서 관측된다.❶ – 매일 달 뜨는 시각이 조금씩 늦어진다.

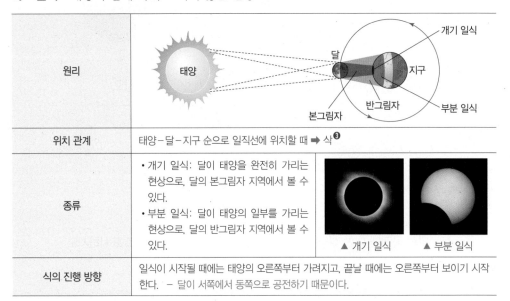

▲ 해가 진 직후 달의 위치와 모양

날짜(음력)	달의 모양	관측 방향(초저녁)
1일경	보이지 않음	–
2일경	초승달	서쪽 하늘
7~8일경	상현달	남쪽 하늘
15일경	보름달	동쪽 하늘

❸ 일식과 월식❷

1. *일식 태양이 달에 가려 보이지 않는 현상

원리	(그림: 태양, 달, 지구, 개기 일식, 본그림자, 반그림자, 부분 일식)
위치 관계	태양−달−지구 순으로 일직선에 위치할 때 ➡ 삭❸
종류	• 개기 일식: 달이 태양을 완전히 가리는 현상으로, 달의 본그림자 지역에서 볼 수 있다. • 부분 일식: 달이 태양의 일부를 가리는 현상으로, 달의 반그림자 지역에서 볼 수 있다. ▲ 개기 일식 ▲ 부분 일식
식의 진행 방향	일식이 시작될 때에는 태양의 오른쪽부터 가려지고, 끝날 때에는 오른쪽부터 보이기 시작한다. – 달이 서쪽에서 동쪽으로 공전하기 때문이다.

2. *월식 달이 지구의 그림자 속에 들어가 보이지 않는 현상

원리	(그림: 태양, 지구, 달, 부분 월식, 개기 월식, 본그림자, 반그림자)
위치 관계	태양−지구−달 순으로 일직선에 위치할 때 ➡ 망
종류	• 개기 월식: 달 전체가 지구의 본그림자 속으로 들어가 가려지는 현상이다. 이때 달은 완전히 보이지 않는 것이 아니라 붉은색으로 희미하게 보인다. • 부분 월식: 달의 일부가 지구의 본그림자 속으로 들어가 가려지는 현상이다. ▲ 개기 월식 ▲ 부분 월식
식의 진행 방향	월식이 시작될 때에는 달의 왼쪽부터 가려지고, 끝날 때에는 달의 왼쪽부터 보이기 시작한다. – 달이 서쪽에서 동쪽으로 공전하기 때문이다.

개념 더하기

❶ 매일 달 뜨는 시각이 늦어지는 까닭
지구가 자전하는 동안 달도 지구 주위를 같은 방향으로 공전하기 때문에 달이 뜨는 시각은 매일 약 50분씩 늦어진다.

❷ 일식과 월식의 관측 가능 지역과 관측 시간
일식은 달의 본그림자나 반그림자 지역에서만 관측할 수 있지만, 월식은 밤인 지역 어느 곳에서나 관측할 수 있다.

❸ 일식과 월식이 매달 일어나지 않는 까닭
달의 공전 궤도면과 지구의 공전 궤도면이 같은 평면상에 있지 않기 때문이다.

❹ 일식보다 월식의 지속 시간이 더 긴 까닭
일식 때 지상에 생긴 달의 그림자보다 월식 때 달을 덮는 지구의 그림자가 훨씬 크기 때문이다.

용어 사전

*일식(해 日, 좀먹을 蝕)
태양이 달에 의해 가려지는 현상
*월식(달 月, 좀먹을 蝕)
달이 지구의 그림자 속으로 들어가 가려지는 현상

정답과 해설 **26쪽** 》》》

핵심 Tip

- 매일 같은 시각에 관측한 달의 위치: 서쪽에서 동쪽으로 이동한다.
- **일식**: 달이 태양을 가리는 현상으로, 달의 본그림자 지역에서는 개기 일식을, 반그림자 지역에서는 부분 일식을 볼 수 있다.
- **월식**: 달이 지구의 본그림자 속으로 들어가 가려지는 현상
- 일식은 삭, 월식은 망일 때 일어난다.

5 초저녁에 관측되는 달의 위상과 관측 방향을 옳게 연결하시오.

(1) 초승달 •　　　　　　　　• ㉠ 동쪽 하늘

(2) 상현달 •　　　　　　　　• ㉡ 남쪽 하늘

(3) 보름달 •　　　　　　　　• ㉢ 서쪽 하늘

6 다음 빈칸에 알맞은 말을 쓰시오.

> 매일 해가 진 직후 같은 시각에 달을 관측해 보면, 달은 (㉠　　　　)쪽에서
> (㉡　　　　)쪽으로 조금씩 이동한 곳에서 관측된다.

원리 Tip B-2

달의 관측 방향과 관측 시간

- **초승달**: 초저녁에 서쪽 하늘에서 잠깐 동안 볼 수 있다.
- **상현달**: 초저녁에 남쪽 하늘에서 보이기 시작하여 자정 무렵에 서쪽 하늘로 진다.
- **보름달**: 초저녁에 동쪽 하늘에서 보이기 시작하여 해 뜰 무렵 서쪽 하늘로 진다.
- **하현달**: 자정 무렵에 동쪽 하늘에서 떠올라 해 뜰 무렵 남쪽 하늘에서 볼 수 있다.
- **그믐달**: 해 뜨기 전에 동쪽 하늘에서 잠깐 동안 볼 수 있다.

7 일식과 월식에 대한 설명으로 옳은 것은 ○, 옳지 않은 것은 ×로 표시하시오.

(1) 일식은 태양이 달의 그림자 속으로 들어가서 보이지 않게 되는 현상이다.

（　　　）

(2) 개기 일식 때 태양과 달의 시지름은 거의 일치한다. （　　　）

(3) 일식은 태양－달－지구 순으로 일직선에 위치할 때, 월식은 달－태양－지구 순으로 일직선에 위치할 때 일어난다. （　　　）

(4) 달 전체가 지구의 반그림자 속에 들어가면 부분 월식이 일어난다. （　　　）

(5) 일식과 월식은 매달 일어나지 않는다. （　　　）

적용 Tip B-2

[그림: 지구를 중심으로 A, B, C, D 위치의 달과 태양]

- A의 위상은 삭으로, 보이지 않는다.
- B의 위상은 상현달로, 오른쪽 절반이 밝게 보인다.
- C의 위상은 망으로, 둥근 보름달로 보인다.
- D의 위상은 하현달로, 왼쪽 절반이 밝게 보인다.

8 그림은 태양, 지구, 달의 위치 관계를 나타낸 것이다.

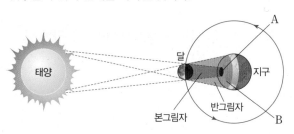

A, B 지역에서 관측할 수 있는 일식이나 월식의 종류를 각각 쓰시오.

과학적 사고로!

탐구하기 ● Ⓐ 달의 크기 측정

목표 삼각형의 닮음비를 이용하여 달의 크기를 측정하는 방법을 알아본다.

과정

❶ 두꺼운 종이에 구멍을 뚫고, 구멍의 지름을 측정한다.
❷ 두꺼운 종이의 아래쪽에 홈을 내어 자를 끼운다.
❸ 벽에서 약 3 m 떨어진 곳에서 구멍을 통해 벽에 붙인 보름달 사진을 본다.
❹ 종이를 앞뒤로 움직이면서 보름달이 구멍에 꽉 차게 보일 때 <u>눈과 종이 사이의 거리</u>를 측정한다.

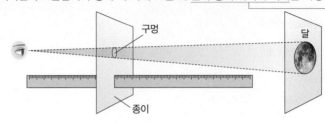

구멍의 지름이 작을수록 눈과 종이 사이의 거리는 가까워진다.

결과

• 구멍의 지름: 5 mm(＝0.5 cm)
• 눈에서 보름달 사진까지의 거리: 3 m(＝300 cm)
• 눈에서 종이까지의 거리: 15 cm
• 삼각형의 닮음비를 이용하여 비례식을 세우고, 달의 크기를 계산하면 다음과 같다.

> 구멍의 지름 : 보름달 사진의 지름 ＝눈에서 종이까지의 거리 : 눈에서 보름달 사진까지의 거리
> 0.5 cm 15 cm 300 cm

➡ 보름달 사진의 지름＝$\dfrac{0.5 \text{ cm} \times 300 \text{ cm}}{15 \text{ cm}}$＝10 cm

정리

• 달의 크기를 구할 때 직접 측정해야 하는 값: 구멍의 (㉠   ), 눈과 종이 사이의 (㉡   )
• 달의 크기를 구할 때 미리 알고 있어야 하는 값: 지구에서 달까지의 거리
• 종이 구멍의 지름을 d, 달의 지름을 D, 눈에서 종이까지의 거리를 l, 지구에서 달까지의 거리를 L이라고 할 때, 삼각형의 닮음비를 이용하여 비례식을 세우면 $d : D = ($㉢ $) : ($㉣ $)$이다.

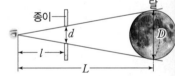

확인 문제

1 위 실험에 대한 설명으로 옳은 것은 ○, 옳지 않은 것은 ×로 표시하시오.

(1) 삼각형의 닮음비를 이용하여 달의 크기를 구한다.
(　　)

(2) 위 실험에서 직접 측정해야 하는 값은 종이에서 달 사진까지의 거리이다. (　　)

(3) 위 실험과 같은 방법으로 실제 달의 크기를 구할 때 미리 알고 있어야 하는 값은 눈에서 종이까지의 거리이다. (　　)

(4) 종이에 뚫은 구멍의 크기가 클수록 눈과 종이 사이의 거리가 멀어진다. (　　)

실전 문제

2 그림은 동전을 이용하여 달의 크기를 구하는 방법을 나타낸 것이다.

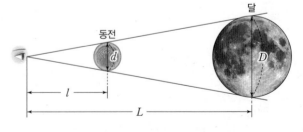

달의 지름(D)을 구하는 식으로 옳은 것은?

① $D=\dfrac{d \times l}{L}$ ② $D=\dfrac{d \times L}{l}$ ③ $D=\dfrac{l \times L}{d}$

④ $D=\dfrac{l}{d \times L}$ ⑤ $D=\dfrac{d}{l \times L}$

달은 스스로 빛을 내지 못하고 태양 빛을 반사하여 밝게 보이는데, 지구 주위를 공전하면서 공전 궤도상의 위치에 따라 지구에서 볼 때 밝게 보이는 부분이 달라지고, 볼 수 있는 시간도 달라지게 된다.

[삭]

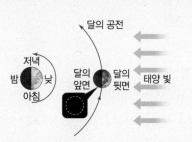

- 달의 앞면에 태양 빛이 닿지 않으므로 달을 볼 수 없다.

[초승달]

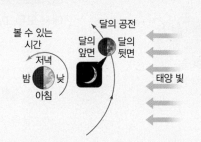

- 달의 앞면 오른쪽 일부에 태양 빛이 비추므로 오른쪽 일부가 얇게 보인다.
- 오전 9시쯤 떠서 밤 9시쯤 지므로 해가 진 후에 3시간 정도 볼 수 있다.

[상현달]

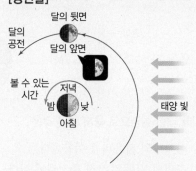

- 달의 앞면 오른쪽 절반에 태양 빛이 비추므로 오른쪽 절반이 밝게 보인다.
- 낮 12시쯤 떠서 밤 12시쯤 지므로 해가 진 후에 6시간 정도 볼 수 있다.

[망]

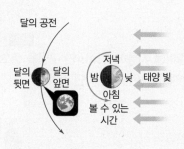

- 달의 앞면 전체를 태양 빛이 비추므로 둥글게 보인다.
- 저녁 6시쯤 떠서 아침 6시쯤 지므로 밤새도록 볼 수 있다.

[하현달]

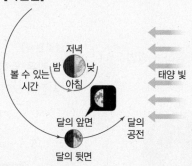

- 달의 앞면 왼쪽 절반에 태양 빛이 비추므로 왼쪽 절반이 밝게 보인다.
- 밤 12시쯤 떠서 낮 12시쯤 지므로 해 뜨기 전까지 6시간 정도 볼 수 있다.

[그믐달]

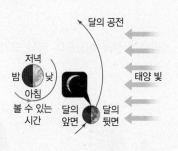

- 달의 앞면 왼쪽 일부에 태양 빛이 비추므로 왼쪽 일부가 밝게 보인다.
- 새벽 3시쯤 떠서 낮 3시쯤 지므로 해 뜨기 전에 3시간 정도 볼 수 있다.

[1~3] 그림은 태양, 지구, 달의 위치 관계를 나타낸 것이다.

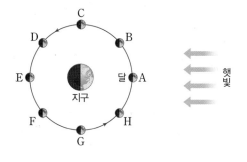

1 A의 위치에 있을 때 달의 위상을 쓰시오.

2 C의 위치에 있을 때 달의 모양으로 옳은 것은?

①   ②   ③

④   ⑤

3 A~H에서 하루 중 가장 오랜 시간 동안 볼 수 있는 달의 위치와 위상을 쓰시오.

A 달의 크기

01 그림은 달의 크기를 측정하는 방법을 나타낸 것이다.

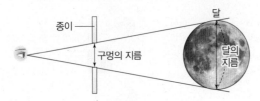

이에 대한 설명으로 옳지 않은 것은?

① 삼각형의 닮음비를 이용한다.
② 구멍의 지름은 직접 측정해야 한다.
③ 구멍의 지름과 달의 지름은 비례 관계이다.
④ 눈에서 종이까지의 거리는 미리 알고 있어야 한다.
⑤ 종이의 구멍과 구멍으로 보이는 달을 일치시켜야 한다.

[02~03] 그림은 동전을 이용하여 달의 크기를 측정하는 방법을 나타낸 것이다.

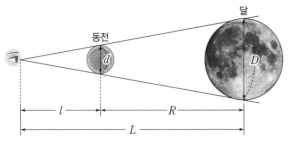

중요

02 달의 크기를 구하려고 할 때 직접 측정해야 하는 것을 모두 고르면? (2개)

① 달의 지름(D)
② 동전의 지름(d)
③ 눈과 동전 사이의 거리(l)
④ 동전에서 달까지의 거리(R)
⑤ 지구에서 달까지의 거리(L)

03 달의 지름(D)을 구하기 위한 비례식으로 옳은 것은?

① $d : D = l : R$
② $d : l = L : D$
③ $l : d = L : D$
④ $l : L = D : d$
⑤ $R : L = d : D$

04 그림은 달의 시지름을 이용하여 달의 크기를 구하는 방법을 나타낸 것이다. 이에 대한 설명으로 옳은 것을 〈보기〉에서 모두 고른 것은?

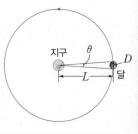

보기
ㄱ. θ는 시지름이다.
ㄴ. 삼각형의 닮음비를 이용한다.
ㄷ. 달의 지름을 구하는 식은 $D = \dfrac{\theta}{360°} \times 2\pi L$이다.
ㄹ. 달과 지구 사이의 거리는 미리 알고 있어야 하는 값이다.

① ㄱ, ㄴ
② ㄱ, ㄷ
③ ㄷ, ㄹ
④ ㄱ, ㄷ, ㄹ
⑤ ㄴ, ㄷ, ㄹ

[주관식] 탐구 106쪽

05 그림은 두꺼운 종이에 지름이 6 mm인 구멍을 뚫고 달 사진의 크기를 측정하는 방법을 나타낸 것이다.

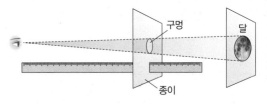

달 사진이 구멍에 꽉 차게 보일 때, 눈과 종이 사이의 거리는 30 cm로 측정되었다. 관측자로부터 달 사진까지의 거리가 5 m일 때 달 사진의 지름을 구하시오.

B 달의 공전

06 달의 공전 방향과 공전 속도를 옳게 짝 지은 것은?

	공전 방향	공전 속도
①	동쪽 → 서쪽	약 1°/일
②	동쪽 → 서쪽	약 13°/일
③	서쪽 → 동쪽	약 1°/일
④	서쪽 → 동쪽	약 13°/일
⑤	서쪽 → 동쪽	약 15°/일

07 달의 모양이 약 한 달을 주기로 변하는 원인으로 옳은 것은?

① 달이 스스로 자전하기 때문이다.
② 달이 일주 운동을 하기 때문이다.
③ 달이 지구 주위를 공전하기 때문이다.
④ 달이 스스로 빛을 내지 못하기 때문이다.
⑤ 달과 지구 사이의 거리가 변하기 때문이다.

08 달의 위상 변화를 순서대로 옳게 나열한 것은?

① 삭 → 초승달 → 그믐달 → 상현달 → 하현달 → 망
② 삭 → 초승달 → 상현달 → 하현달 → 그믐달 → 망
③ 삭 → 초승달 → 상현달 → 망 → 하현달 → 그믐달
④ 망 → 하현달 → 그믐달 → 초승달 → 상현달 → 삭
⑤ 그믐달 → 하현달 → 망 → 상현달 → 초승달 → 삭

[09~10] 그림은 태양, 지구, 달의 위치 관계를 나타낸 것이다.

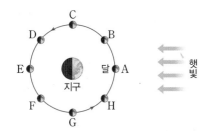

중요

09 각 위치에서 달의 위상과 모양을 옳게 짝 지은 것은?

위치	위상	모양
①	B	초승달	
②	C	상현달	
③	E	삭	
④	G	상현달	
⑤	H	그믐달	

[주관식]

10 산이는 해가 진 후에 동쪽 지평선 부근에서 달을 보았다. 이 달의 위치를 A~H 중 골라 기호를 쓰시오.

11 그림은 지구 주위를 공전하는 달의 위치를 나타낸 것이다.

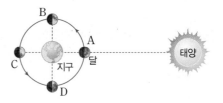

이에 대한 설명으로 옳지 <u>않은</u> 것은?

① A 위치에서 달의 위상은 삭이다.
② B 위치에서 달은 오른쪽이 둥근 반달로 보인다.
③ C 위치의 달은 음력 15일경에 볼 수 있다.
④ A에서 C까지의 위상 변화는 약 15일이 걸린다.
⑤ D 위치의 달은 초저녁에 남쪽 하늘에서 볼 수 있다.

중요

12 그림은 매일 같은 시각에 관측한 달의 모습을 나타낸 것이다.

이에 대한 설명으로 옳지 <u>않은</u> 것은?

① 해가 진 후 초저녁에 관측한 것이다.
② 가장 오래 볼 수 있는 달은 15일경의 달이다.
③ 달의 위치는 매일 동쪽으로 조금씩 이동한다.
④ 16일경에는 같은 시각에 서쪽 하늘에서 달을 관측할 수 있다.
⑤ 매일 달의 위치가 이동하는 것은 달이 지구 주위를 하루에 약 13°씩 공전하기 때문이다.

[주관식]

13 그림은 강이와 친구들이 달을 보면서 나눈 대화이다.

옳게 말한 사람을 고르시오.

ⓒ 일식과 월식

14 일식에 대한 설명으로 옳은 것을 〈보기〉에서 모두 고른 것은?

> **보기**
> ㄱ. 달이 태양을 가리는 현상이다.
> ㄴ. 태양─지구─달 순으로 위치할 때 일어난다.
> ㄷ. 일식이 일어나는 날 밤에는 보름달을 볼 수 있다.

① ㄱ   ② ㄷ   ③ ㄱ, ㄴ
④ ㄱ, ㄷ   ⑤ ㄴ, ㄷ

【주관식】
15 그림 (가)는 태양, 지구, 달의 위치를 나타낸 것이고, (나)는 어느 날 서울에서 관측한 일식의 모습을 나타낸 것이다.

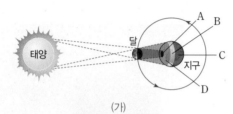

(가)

(나)

(나)와 같은 현상을 볼 수 있는 지역을 (가)에서 고르시오.

16 그림은 지구 주위를 공전하는 달의 위치를 나타낸 것이다.

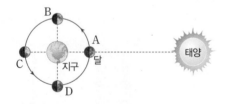

일식과 월식이 일어날 수 있는 달의 위치를 옳게 짝 지은 것은?

	일식	월식		일식	월식
①	A	C	②	B	D
③	C	A	④	C	C
⑤	D	B			

17 일식과 월식이 일어나는 원리를 알아보기 위해 그림과 같이 어두운 방에서 전등을 켠 후 스타이로폼 공을 막대에 꽂아 들고 시계 반대 방향으로 천천히 회전하면서 스타이로폼 공의 모습을 관찰하였다.

이에 대한 설명으로 옳은 것을 〈보기〉에서 모두 고른 것은?

> **보기**
> ㄱ. 전등은 태양, 스타이로폼 공은 달, 사람은 지구를 나타낸다.
> ㄴ. 이와 같은 위치에서는 월식이 일어나는 원리를 알 수 있다.
> ㄷ. 시계 반대 방향으로 회전하는 것은 지구의 자전 방향을 의미한다.

① ㄱ   ② ㄷ   ③ ㄱ, ㄴ
④ ㄱ, ㄷ   ⑤ ㄴ, ㄷ

중요
18 그림은 월식의 원리를 나타낸 것이다.

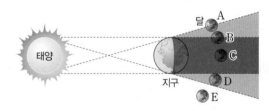

A~E 중 부분 월식이 일어나는 달의 위치는?

① A   ② B   ③ C
④ D   ⑤ E

19 일식과 월식이 매달 삭과 망일 때마다 일어나지 <u>않는</u> 까닭은?

① 달의 자전 주기와 공전 주기가 같기 때문이다.
② 달이 공전하는 동안 지구가 자전하기 때문이다.
③ 달이 공전하는 동안 지구도 공전하기 때문이다.
④ 지구와 달 사이의 거리가 계속 변하기 때문이다.
⑤ 지구의 공전 궤도면과 달의 공전 궤도면이 같은 평면에 있지 않기 때문이다.

서술형 Tip

1 **단계별 서술형**

그림은 달의 크기를 측정하는 방법을 나타낸 것이고, 각 측정값은 다음과 같다.

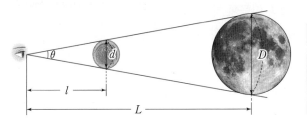

- $\theta = 0.5°$
- $d = 8$ mm
- $l = 88$ cm
- $L = 380000$ km

(1) 삼각형의 닮음비를 이용하여 달의 크기를 구할 때 필요한 값을 모두 기호로 쓰시오.

_____

(2) 원의 성질을 이용하여 달의 크기를 구할 때 필요한 값을 모두 기호로 쓰시오.

_____

(3) (1)을 이용하여 비례식을 세우고 달의 크기를 구하시오. (단, $\pi = 3.14$이며, 소수 첫째 자리에서 반올림하고, 풀이 과정을 함께 쓰시오.)

_____

2 **단어 제시형**

그림은 약 한 달 동안 일어나는 달의 위상 변화를 나타낸 것이다.

달의 위상이 위와 같이 변하는 까닭을 다음 용어를 모두 포함하여 서술하시오.

> 햇빛, 반사, 위치

_____

_____

3 **서술형**

그림은 월식이 진행되는 모습을 나타낸 것이다.

A, B 중 월식의 진행 방향을 고르고, 그 까닭을 서술하시오.

_____

_____

1 (1) 닮은꼴 삼각형에서 서로 대응하는 변을 찾아본다.
(2) 원에서 중심각에 해당하는 것과 호의 길이에 해당하는 것을 찾아본다.

2 달은 스스로 빛을 내지 못한다는 것을 떠올린다.

Plus 문제 **2-1**

한 달 동안 달의 모양이 변해도 달 표면 무늬는 변하지 않는 까닭을 서술하시오.

_____

_____

3 월식이 일어나는 동안에도 달은 계속 공전하고 있다는 것을 기억하도록 한다.
→ 필수 용어: 동쪽, 서쪽, 공전

03 태양계의 구성

Ⓐ 태양계 행성의 특징

1. **태양계** 태양을 비롯하여 태양 주위를 공전하는 모든 천체들과 이들이 차지하는 공간❶
① 행성: 태양계 주위를 공전하는 8개의 둥근 천체 **예** 수성, 금성, 지구, 화성, 목성, 토성, 천왕성, 해왕성 – 행성들의 공전 방향은 모두 시계 반대 방향으로 같다.
② 위성: 행성 주위를 공전하는 천체 – 수성과 금성을 제외한 모든 행성은 위성을 가지고 있다.

2. 행성의 특징

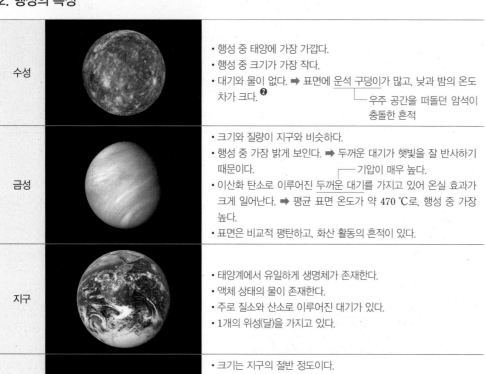

수성		• 행성 중 태양에 가장 가깝다. • 행성 중 크기가 가장 작다. • 대기와 물이 없다. ➡ 표면에 운석 구덩이가 많고, 낮과 밤의 온도 차가 크다.❷ 　└ 우주 공간을 떠돌던 암석이 충돌한 흔적
금성		• 크기와 질량이 지구와 비슷하다. • 행성 중 가장 밝게 보인다. ➡ 두꺼운 대기가 햇빛을 잘 반사하기 때문이다. 　┌ 기압이 매우 높다. • 이산화 탄소로 이루어진 두꺼운 대기를 가지고 있어 온실 효과가 크게 일어난다. ➡ 평균 표면 온도가 약 470 ℃로, 행성 중 가장 높다. • 표면은 비교적 평탄하고, 화산 활동의 흔적이 있다.
지구		• 태양계에서 유일하게 생명체가 존재한다. • 액체 상태의 물이 존재한다. • 주로 질소와 산소로 이루어진 대기가 있다. • 1개의 위성(달)을 가지고 있다.
화성		• 크기는 지구의 절반 정도이다. • 대기는 주로 이산화 탄소로 이루어져 있으며, 매우 희박하다. • 표면은 *산화 철 성분으로 이루어진 토양과 암석으로 덮여 있어 붉게 보인다. • 극지방에 얼음과 드라이아이스로 이루어진 극관❸이 있다. • 태양계에서 가장 큰 화산(올림퍼스 화산)과 대협곡이 존재한다. • 표면에 물이 흘렀던 흔적이 있다. • 지구와 같이 계절 변화가 나타난다. • 2개의 위성을 가지고 있다.
목성		• 행성 중 크기가 가장 크다. – 지구 반지름의 약 11배, 질량의 약 318배 • 주로 수소와 헬륨으로 이루어져 있고, 단단한 지각이 없다. • 매우 빠르게 자전하기 때문에 표면에는 적도와 나란하게 가로줄 무늬가 나타난다. • 대기의 소용돌이로 인한 거대한 붉은 점(대적점)이 나타난다. • 희미한 고리가 있고, 많은 위성❹을 가지고 있다. • 극지방에 *오로라가 나타나기도 한다. （대적점）
토성		• 행성 중 두 번째로 크기가 크다. • 행성 중 밀도가 가장 작다. 　└ 밀도가 작고, 자전 속도가 매우 빨라 행성 중 가장 납작한 모양을 하고 있다. • 주로 수소와 헬륨으로 이루어져 있으며, 단단한 지각이 없다. • 암석 조각과 얼음으로 이루어진 뚜렷한 고리가 적도와 나란하게 분포한다. • 매우 빠르게 자전하기 때문에 표면에는 적도와 나란하게 가로줄 무늬가 나타난다. • 많은 위성을 가지고 있다. **예** 타이탄(토성의 위성 중 가장 큰 위성) 　└ 질소 대기가 있어 생명체 존재 가능성을 연구하고 있다.

개념 더하기

❶ **태양계의 구성**
태양, 행성, 왜소 행성, 소행성, 혜성, 유성체, 위성 등으로 이루어져 있다.

❷ **수성과 달의 공통점**
대기와 물이 없어 풍화·침식 작용이 일어나지 않아 표면에 운석 구덩이가 많고, 낮과 밤의 온도 차가 크다.

▲ 수성 표면　　▲ 달 표면

❸ **극관의 크기 변화**
화성에는 계절 변화가 나타나기 때문에 극지방에 있는 극관은 겨울철에는 커지고 여름철에는 작아진다.

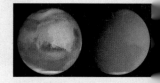
▲ 겨울철　　▲ 여름철

❹ **갈릴레이 위성**
목성의 위성 중 갈릴레이가 발견한 이오, 유로파, 가니메데, 칼리스토를 갈릴레이 위성이라고 한다.

용어 사전

*산화 철(초 酸, 될 化, 쇠 鐵)
철이 산소와 결합하여 이루어진 물질
*오로라(aurora)
태양에서 날아오는 전기를 띤 입자가 상층 대기에서 대기 입자와 충돌하여 빛을 내는 현상

1 태양계에 대한 설명으로 옳은 것은 ○, 옳지 않은 것은 ×로 표시하시오.

(1) 태양계의 중심에는 지구가 있다. ( )
(2) 태양을 비롯하여 태양 주위를 공전하는 천체와 이들이 차지하는 공간을 태양계라고 한다. ( )
(3) 태양 주변을 공전하는 행성은 8개이다. ( )
(4) 태양계의 모든 천체는 태양 주위를 돈다. ( )

2 태양계를 구성하는 행성이 <u>아닌</u> 것은?

① 수성 ② 지구 ③ 목성
④ 타이탄 ⑤ 해왕성

3 그림 (가)~(다)는 태양계 행성의 모습을 나타낸 것이다. 각 행성의 이름을 쓰시오.

 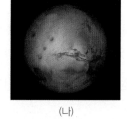 

(가)   (나)   (다)

4 다음과 같은 특징을 가진 태양계 행성의 이름을 쓰시오.

(1) 크기가 가장 크다. ( )
(2) 물과 대기가 없어 표면이 달 표면 모습과 비슷하다. ( )
(3) 과거에 물이 흘렀던 흔적이 있다. ( )
(4) 표면에 대기의 소용돌이로 생긴 대적점이 나타난다. ( )
(5) 얼음과 암석 조각으로 이루어진 두꺼운 고리를 가지고 있다. ( )
(6) 화산 활동의 흔적이 있으며, 평균 표면 온도가 가장 높다. ( )
(7) 물과 산소가 있으며, 생명체가 존재한다. ( )
(8) 양극 지방에 얼음과 드라이아이스로 이루어진 극관이 있다. ( )

천왕성	· 주로 수소로 이루어져 있으며, 헬륨과 메테인을 포함하고 있다. · 메테인 성분이 태양 빛 중 붉은색을 흡수하기 때문에 청록색으로 보인다. · 자전축이 공전 궤도면과 거의 나란하다. ― 누워 있는 형태로 공전한다. · 희미한 고리❶와 많은 위성을 가지고 있다.
해왕성	· 태양계에서 가장 바깥쪽에 위치한 행성이다. · 천왕성과 비슷한 성분으로 이루어져 있다. · 천왕성보다 약간 작으며, 파란색으로 보인다. · 표면에 대기의 소용돌이로 인한 *대흑점이 나타난다. · 희미한 고리와 많은 위성을 가지고 있다.

(해왕성 이미지: 대흑점)

❶ 행성의 고리

▲ 목성 고리

▲ 토성 고리　▲ 천왕성 고리

[행성 표면의 특징]

금성	화성		목성
금성의 표면	극관	올림퍼스 화산	물 흐른 흔적	대적점

❷ 흑점의 이동
흑점의 이동 모습을 통해 태양이 자전한다는 것과 태양 표면의 상태를 알 수 있다.

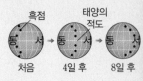

흑점　태양의 적도
동 서　동 서　동 서
처음　4일 후　8일 후

ⓑ 행성의 분류

1. 내행성과 외행성　지구의 공전 궤도를 기준으로 분류한다.

구분	정의	행성
내행성!	지구의 공전 궤도보다 안쪽에서 태양 주위를 공전하는 행성	수성, 금성
외행성	지구의 공전 궤도보다 바깥쪽에서 태양 주위를 공전하는 행성	화성, 목성, 토성, 천왕성, 해왕성

2. 지구형 행성과 목성형 행성　행성의 물리적 특성을 기준으로 분류한다. 탐구 118쪽

구분	반지름, 질량	평균 밀도	위성 수	고리	자전 주기	단단한 표면	행성
지구형 행성	작다.	크다.	없거나 적다.	없다.	길다. 자전 속도가 느리다.	있다.	수성, 금성, 지구, 화성
목성형 행성	크다.	지구 1개, 화성 2개 작다.	많다.	있다.	짧다.	없다.	목성, 토성, 천왕성, 해왕성

자전 속도가 빠르다.

❸ 쌀알 무늬의 생성
고온의 물질이 상승하는 곳은 밝게, 저온의 물질이 하강하는 곳은 어둡게 보인다.

쌀알 무늬
하강 기체　　상승 기체

용어 사전
*대흑점(클 大, 검을 黑, 점 點)
대기의 소용돌이로 나타나는 거대한 검은 반점
*태양(클 太, 별 陽)
태양계에서 유일하게 빛을 내는 천체

ⓒ 태양의 특징

1. *태양의 표면(광구)　밝고 둥글게 보이는 태양의 겉 부분
└ 광구의 평균 온도는 약 6000 ℃이다.

흑점 적도 쪽으로 갈수록 이동 속도가 빠르다.	· 광구에서 주위보다 온도가 약 2000 ℃ 낮아 검게 보이는 부분 · 크기와 모양이 불규칙하다. ― 수명은 약 1일~수개월이다. · 지구에서 볼 때 동쪽에서 서쪽으로 이동한다.❷ ➡ 태양이 자전하기 때문이다. ― 태양의 자전 방향: · 위도에 따라 이동 속도가 다르다. ➡ 태양 표면이 고체 상태가 아니기 때문이다. 서쪽 → 동쪽 · 약 11년을 주기로 개수가 많아졌다 적어졌다 한다.
쌀알 무늬	· 광구 전체에 쌀알을 뿌려 놓은 것 같은 무늬 · 광구 아래에서 일어나는 대류 현상에 의해 생성된다.❸

광구
흑점
쌀알 무늬

핵심 Tip

• **천왕성**: 메테인 성분으로 인해 **청록색**으로 보이며, 자전축이 공전 궤도면과 거의 나란하다.
• **해왕성**: 파란색으로 보이며, **대흑점**이 나타난다.
• **지구형 행성**: 크기와 질량이 작고, 평균 밀도가 크다.
• **목성형 행성**: 크기와 질량이 크고, 위성 수가 많으며, 고리가 있다.
• **광구**: 태양의 표면으로, 흑점과 쌀알 무늬가 나타난다.
• **흑점**: 주위보다 온도가 낮아 검게 보인다.
• **쌀알 무늬**: 광구 아래의 대류 현상에 의해 생성된다.

5 다음 ( ) 안에 알맞은 말을 고르시오.

> 태양계 행성은 공전 궤도에 따라 ㉠(내행성과 외행성 , 지구형 행성과 목성형 행성)으로 구분하고, 물리적 특성에 따라 ㉡(내행성과 외행성 , 지구형 행성과 목성형 행성)으로 구분한다.

6 물리적 특성 중 지구형 행성이 목성형 행성보다 큰 값을 갖는 것은 '지구', 목성형 행성이 지구형 행성보다 큰 값을 갖는 것은 '목성'이라고 쓰시오.

(1) 질량　　　　　(　　　)　　　(2) 반지름　　　　(　　　)
(3) 평균 밀도　　（ 　　　 ）　　　(4) 위성 수　　　（ 　　　 ）
(5) 자전 속도　　（ 　　　 ）

적용 Tip B-2

지구형 행성과 목성형 행성의 물리량 비교

• 목성형 행성이 지구형 행성보다 큰 물리량: 질량, 반지름, 자전 속도, 위성 수
• 지구형 행성이 목성형 행성보다 큰 물리량: 평균 밀도, 자전 주기

7 지구형 행성에 해당하는 행성은 '지구', 목성형 행성에 해당하는 행성은 '목성'이라고 쓰시오.

(1) 지구　　　　　(　　　)　　　(2) 수성　　　　　(　　　)
(3) 천왕성　　　　(　　　)　　　(4) 토성　　　　　(　　　)
(5) 화성　　　　　(　　　)　　　(6) 해왕성　　　　(　　　)

8 태양의 표면에서 볼 수 있는 것은?

① 홍염　　　　　　② 코로나　　　　　　③ 대적점
④ 플레어　　　　　⑤ 쌀알 무늬

암기 Tip C-1

흑점의 이동 방향
태양은 동쪽에서 떠서 남쪽 하늘을 지나 서쪽 하늘로 진다. 우리가 태양을 바라볼 때 왼쪽이 동쪽이고, 오른쪽이 서쪽인 것이다. 따라서 지구에서 볼 때 흑점은 태양의 표면에서 왼쪽에서 오른쪽, 즉 동쪽에서 서쪽으로 이동한다.

9 흑점에 대한 설명으로 옳은 것은 ○, 옳지 않은 것은 ×로 표시하시오.

(1) 주위보다 온도가 높다. 　　　　　　　　　　　　　　　　(　　　)
(2) 개수가 많아지는 시기에는 태양 활동이 활발하다. 　　　　(　　　)
(3) 지구에서 보았을 때 동쪽에서 서쪽으로 이동한다. 　　　　(　　　)
(4) 광구 아래의 대류 현상에 의해 나타난다. 　　　　　　　　(　　　)
(5) 한 번 생성되면 약 11년 동안 없어지지 않는다. 　　　　　(　　　)

개념 학습

03 태양계의 구성

2. 태양의 대기 개기 일식이 일어났을 때 관측할 수 있다. — 평소에는 광구가 너무 밝기 때문이다.

대기			대기에서 나타나는 현상
			└ 흑점 수가 많은 시기에 자주 발생한다.
채층	(이미지)	• 광구 바로 위에 붉은 색으로 보이는 얇은 하부 대기층 • 코로나보다 온도가 낮다.	홍염	• 광구에서 고온의 기체 물질이 솟아오르는 현상 • 고리 모양이나 불꽃 모양으로 나타난다.
코로나	(이미지)	• 채층 위로 넓게 뻗어 있는 청백색의 희박한 상부 대기층 • 온도는 100만 ℃ 이상으로 매우 높다. • 태양의 활동에 따라 크기가 변한다. ❶	플레어	• 흑점 부근에서 일어나는 강한 폭발 현상 • 매우 짧은 시간 동안 급격하게 밝아지면서 많은 물질과 에너지가 방출된다.

3. 태양의 활동과 영향

태양 활동이 활발할 때 태양에서 나타나는 현상	태양 활동이 활발할 때 지구에 미치는 영향
• *태양풍이 강해진다. • 흑점 수가 많아진다. ❷ • 코로나의 크기가 커진다. • 홍염과 플레어가 자주 발생한다.	• *자기 폭풍이 발생한다. • 장거리 무선 통신 장애가 나타난다. └ 델린저 현상 • 오로라가 자주 발생하며, 관측할 수 있는 지역이 넓어진다. • GPS(위성 위치 확인 시스템) 수신 장애가 나타난다. • 인공위성이나 송전 시설이 고장 난다.

---

❶ 코로나의 크기
태양의 활동이 활발한 흑점 수의 극대기에는 코로나가 매우 크게 확장되며, 흑점 수의 극소기에는 코로나의 크기가 작아진다.

❷ 흑점 수와 태양 활동
흑점 수는 약 11년을 주기로 증감하며, 흑점 수가 많아지는 시기에는 태양 활동이 활발하고, 흑점 수가 적은 시기에는 태양 활동이 약하다.
• 극대기: 흑점 수가 가장 많은 시기
• 극소기: 흑점 수가 가장 적은 시기

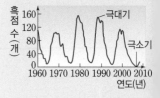

Ⓓ 천체 망원경

1. 천체 망원경의 구조와 기능

시야가 넓어서 관측하고자 하는 천체를 찾을 때 사용하는 소형 망원경이다. **[보조 망원경 (파인더)]**

대물렌즈로 맺은 상을 확대하는 역할을 한다. **[접안렌즈]**

접안렌즈를 움직여 초점을 맞춘다. **[초점 조절 나사]**

경통과 가대를 흔들리지 않게 고정해 주는 역할을 한다. **[삼각대]**

[대물렌즈] 천체에서 오는 빛을 모아 상을 맺는 역할을 한다.

[경통] 대물렌즈와 접안렌즈를 연결하는 통이다.

[가대] 경통과 삼각대를 연결하며, 경통을 원하는 방향으로 움직이게 해준다.

[균형추] 망원경의 균형을 잡아 준다.

❸ 시야 맞추기(파인더 정렬)
주망원경의 중앙에 위치한 물체가 보조 망원경(파인더)의 십자선 중앙에 오도록 조정하여 파인더를 정렬한다.

▲ 보조 망원경의 시야   ▲ 접안렌즈의 시야

2. 천체 망원경의 조립과 사용법

① 망원경의 조립 순서: 삼각대 세우기 → 가대 올리기 → 균형추 달기 → 경통 끼우기 → 보조 망원경과 접안렌즈 연결하기 → 망원경의 균형 맞추기 → 주망원경과 보조 망원경(파인더)의 시야 맞추기 ❸

② 망원경을 이용한 천체 관측 ❹ **[탐구 119쪽]**
• 관측하고자 하는 천체를 향해 경통을 움직인다.
• 보조 망원경으로 관측할 대상 천체를 찾아 시야의 중앙에 오도록 조정한다.
• 물체의 상이 접안렌즈의 정중앙에 오도록 한 후 초점을 맞춘다.
• 배율이 낮은 상태에서 먼저 관측하고, 배율을 높이면서 관측한다.

❹ 천체 망원경의 설치 장소
지형이 편평한 곳, 주변에 불빛이 없는 곳, 시야가 탁 트인 곳이 좋다.

[용어 사전]
*태양풍(클 太, 볕 陽, 바람 風)
태양에서 우주 공간으로 방출된 전기를 띤 입자들의 흐름
*자기 폭풍(자석 磁, 기운 氣, 사나울 暴, 바람 風)
태양풍이 강해져서 지구 자기장이 갑자기 불규칙하게 변하는 현상

10 태양의 표면에서 볼 수 있는 현상은 '표', 태양의 대기는 '대', 대기에서 볼 수 있는 현상은 '기'로 쓰시오.

(1) 흑점 　　(　　) 　　(2) 홍염 　　(　　)

(3) 채층 　　(　　) 　　(4) 코로나 　　(　　)

(5) 플레어 　　(　　) 　　(6) 쌀알 무늬 　　(　　)

11 태양의 대기에 대한 설명으로 옳은 것은 ○, 옳지 않은 것은 ×로 표시하시오.

(1) 평소에는 너무 밝기 때문에 개기 일식 때나 부분 일식 때 볼 수 있다. 　　(　　)

(2) 광구 바로 위에서 나타나는 붉은색 대기층을 채층이라고 한다. 　　(　　)

(3) 코로나는 채층 위로 멀리까지 뻗어 있으며, 희박하여 온도가 매우 낮다. 　　(　　)

(4) 흑점 주위에서 일어나는 에너지 폭발 현상을 홍염이라고 한다. 　　(　　)

(5) 플레어는 흑점 수가 많아지는 시기에 자주 발생한다. 　　(　　)

12 태양의 활동이 활발할 때 증가하는 것이 <u>아닌</u> 것은?

① 흑점 수 　　　　　　② 채층의 두께

③ 코로나의 크기 　　　④ 홍염의 발생 횟수

⑤ 지구의 고위도에서 볼 수 있는 오로라의 발생 횟수

13 그림은 천체 망원경의 구조를 나타낸 것이다. A~G의 명칭을 각각 쓰시오.

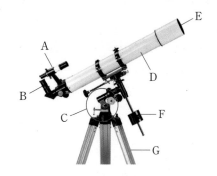

과학적 사고로!

탐구하기 · Ⓐ 태양계 행성의 분류

목표 행성을 물리적 특성에 따라 두 집단으로 분류한다.

과정

표는 태양계 행성의 물리적 특성을 나타낸 것이다.

구분	수성	금성	지구	화성	목성	토성	천왕성	해왕성
질량(지구=1)	0.06	0.82	1.00	0.11	317.92	95.14	14.54	17.09
반지름(지구=1)	0.38	0.95	1.00	0.53	11.21	9.45	4.01	3.88
평균 밀도(g/cm³)	5.43	5.24	5.51	3.93	1.33	0.69	1.27	1.64
위성 수(개)	0	0	1	2	69	62	27	14
고리	없음	없음	없음	없음	있음	있음	있음	있음
단단한 표면	있음	있음	있음	있음	없음	없음	없음	없음

❶ 태양계 행성의 질량, 반지름, 평균 밀도를 그래프로 그려 본다.
❷ 태양계 행성들을 위성 수, 고리의 유무, 단단한 표면의 유무에 따라 두 집단으로 구분해 본다.

결과

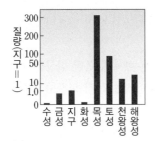
• 행성의 질량

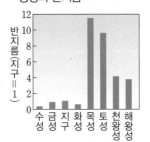
• 행성의 반지름

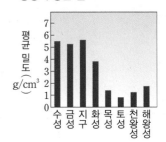
• 행성의 평균 밀도

• 위성 수, 고리의 유무, 단단한 표면의 유무에 따른 분류

구분	수성, 금성, 지구, 화성	목성, 토성, 천왕성, 해왕성
위성 수	0~2개	14개 이상
고리	없음	있음
단단한 표면	있음	없음

정리

• 수성, 금성, 지구, 화성은 질량과 반지름이 작고, 평균 밀도가 크며, 위성이 없거나 개수가 적고, 고리를 가지고 있지 않으며, 단단한 표면이 있다. ➡ (㉠   )형 행성
• 목성, 토성, 천왕성, 해왕성은 질량과 반지름이 크고, 평균 밀도가 작으며, 위성 수가 많고, 고리를 가지고 있으며, 단단한 표면이 없다. ➡ (㉡   )형 행성

확인 문제

1 위 탐구에 대한 설명으로 옳은 것은 ○, 옳지 않은 것은 ×로 표시하시오.

(1) 반지름이 가장 작은 행성은 수성, 가장 큰 행성은 목성이다. ( )
(2) 지구형 행성은 위성이 없고, 목성형 행성은 위성을 많이 가지고 있다. ( )
(3) 화성은 지구형 행성이다. ( )
(4) 금성은 단단한 표면이 없다. ( )

실전 문제

2 그림은 태양계를 이루는 행성을 반지름과 질량에 따라 두 집단으로 구분한 것이다.

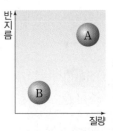

(1) A 집단에 속하는 행성의 이름을 모두 쓰시오.

(2) A, B 중 고리를 가지고 있는 행성 집단의 기호를 쓰시오.

과학적 사고로!

탐구하기 ● ⑬ 망원경을 이용한 천체 관측

정답과 해설 **29**쪽

목표 천체 망원경을 이용하여 태양의 흑점, 달, 행성을 관측해 본다.

과정

[탐구 1] 태양의 흑점 관측

태양 광선 차단판
투영판
흰 종이
태양의 상

❶ 망원경에 흰 종이를 붙인 투영판을 설치하고, 접안렌즈를 끼운다.
❷ 태양을 향해 경통을 조절하고, 경통의 뚜껑을 열어 태양의 상이 투영판 가운데에 오도록 조절한다.
❸ 투영판을 앞뒤로 움직여 선명한 태양의 상을 찾고, 태양의 상에서 나타나는 특징을 흰 종이에 그린다.
　　└─ 천체 망원경의 대물렌즈와 접안렌즈에 의해 맺혀진 태양의 상을 흰 종이에 투영하여 볼 때 활용되는 기구이다.

[유의점]
• 접안렌즈로 직접 태양을 보지 않도록 한다.
• 보조 망원경은 사용하지 않으므로 뚜껑을 닫아 놓는다.
• 달빛이 너무 밝을 때는 필터를 사용하여 관측하거나 대물렌즈 앞을 종이로 약간 가려 빛의 양을 줄인다.

[탐구 2] 달과 행성 관측

❶ 관측하고자 하는 달과 행성의 위치와 시각을 미리 확인해 두고, 편평한 지면 위에 망원경을 설치한다.
❷ 경통이 천체를 향하게 한 후, 보조 망원경의 십자선 중앙에 천체가 오도록 조절한다.
　─ 대부분의 천체 망원경에서는 관측 대상의 상하좌우가 바뀌어 보이므로, 대상을 시야에서 십자선 중앙으로 오게 하려면 움직이고자 하는 방향의 반대 방향으로 조정해야 한다.
❸ 접안렌즈로 천체를 보면서 초점을 맞춘 다음, 관측된 달이나 행성의 모습을 그리고 특징을 기록한다.
❹ 저배율에서 고배율로 배율을 올려 관측한다.
　─ 저배율일 때 상이 작게 보이고, 고배율일 때 상이 크게 보인다.

결과 및 정리

• 투영판에 나타난 태양의 상은 둥근 표면과 함께 군데군데 (㉠　　　)이 나타나 있다.
• 달의 표면에는 많은 (㉡　　　　)가 보인다.
• 금성은 달처럼 위상 변화가 나타난다.
• 화성은 붉은색으로 보이고, 극 쪽에 흰색의 (㉢　　　)이 보인다.
• 목성 주위에 위성들이 보이며, 표면에 줄무늬와 (㉣　　　)이 보인다.
• 토성은 적도 둘레에 (㉤　　　)가 보인다.

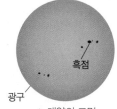

흑점
광구
▲ 태양의 표면

확인 문제

1 위 탐구에 대한 설명으로 옳은 것은 ○, 옳지 않은 것은 ×로 표시하시오.

(1) 태양은 너무 밝으므로 태양 관측 시 대물렌즈 대신 보조 망원경으로 관측한다. (　　)
(2) 태양의 상에 나타난 검은 점은 흑점이다. (　　)
(3) 달의 표면에 물이 흐른 흔적이 관측된다. (　　)
(4) 붉은색으로 보이는 행성은 화성이다. (　　)
(5) 망원경으로 토성의 고리를 관측할 수 있다. (　　)
(6) 천왕성은 너무 멀리 있어 망원경으로 관측할 수 없다.
　　(　　)

실전 문제

2 다음은 천체 망원경으로 태양을 관측하는 과정을 순서대로 나열한 것이다. (가)~(마) 과정 중 옳지 <u>않은</u> 것은?

(가) 망원경에 태양 투영판을 설치한다.
(나) 접안렌즈를 끼운 다음 태양을 향하여 경통을 조절한다.
(다) 경통의 뚜껑을 열어 태양의 상이 투영판 가운데에 오도록 조정한다.
(라) 투영판을 앞뒤로 움직여 선명한 태양의 상을 찾는다.
(마) 접안렌즈를 들여다보면서 태양의 상에서 나타나는 특징을 자세히 기록한다.

A 태양계 행성의 특징

01 태양계에 대한 설명으로 옳지 <u>않은</u> 것은?

① 행성은 모두 같은 방향으로 공전한다.
② 8개의 행성이 태양 주위를 공전하고 있다.
③ 태양은 태양계에서 유일하게 빛을 내는 천체이다.
④ 달과 같이 행성 주위를 공전하는 천체를 소행성이라고 한다.
⑤ 지구의 공전 궤도보다 안쪽에서 공전하는 행성에는 수성과 금성이 있다.

02 그림은 어느 행성의 표면 모습을 나타낸 것이다.

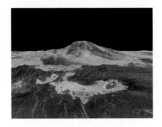

이 행성에 대한 설명으로 옳은 것은?

① 계절 변화가 나타난다.
② 물이 흐른 흔적이 나타난다.
③ 행성 중 표면 온도가 가장 높다.
④ 태양에서 가장 가까운 행성이다.
⑤ 희박한 이산화 탄소의 대기가 있다.

【주관식】

03 다음은 태양계 행성의 특징을 설명한 것이다.

> (가) 적도 둘레에 두꺼운 고리가 있다.
> (나) 표면에 검은색의 대흑점이 나타난다.
> (다) 극지방에 얼음과 드라이아이스로 이루어진 극관이 존재한다.
> (라) 표면에 가로줄 무늬와 대기의 소용돌이 현상인 붉은 점이 나타난다.

(가)～(라) 행성을 태양에서 가까운 행성부터 순서대로 나열하시오.

중요

04 화성에서 볼 수 있는 특징이 <u>아닌</u> 것은?

①  ②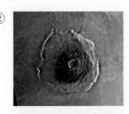

③  ④

⑤

[05~06] 그림은 태양계 행성들을 나타낸 것이다.

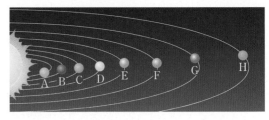

【주관식】

05 A~H 중 다음과 같은 특징을 가진 행성을 골라 기호와 이름을 쓰시오.

> • 물보다 밀도가 작다.
> • 태양계 행성 중 두 번째로 크다.
> • 많은 위성을 가지고 있다.
> • 표면에 가로줄 무늬가 나타난다.
> • 크고 아름다운 고리를 가지고 있다.

중요

06 각 행성의 특징을 옳게 짝 지은 것은?

① A－짙은 이산화 탄소 대기를 가지고 있다.
② B－물이 흐른 흔적이 있다.
③ D－태양계에서 가장 큰 화산이 있다.
④ E－메테인 성분에 의해 청록색으로 보인다.
⑤ H－대기의 소용돌이로 표면에 대적점이 나타난다

정답과 해설 30쪽 >>>

07 그림은 어느 행성의 고리를 나타낸 것이다.

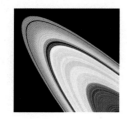

이 고리를 이루고 있는 주요 구성 물질을 모두 고르면? (2개)

① 수소   ② 헬륨   ③ 암석
④ 얼음   ⑤ 메테인

08 그림은 어느 행성의 모습을 나타낸 것이다.

이 행성의 표면에 가로줄 무늬가 나타나는 까닭을 옳게 설명한 것은?

① 빠르게 자전하기 때문이다.
② 계절 변화가 나타나기 때문이다.
③ 화산 활동이 활발하기 때문이다.
④ 메테인 성분을 포함하고 있기 때문이다.
⑤ 산화 철 성분을 포함하고 있기 때문이다.

ⓑ 행성의 분류

중요

09 지구형 행성과 목성형 행성의 특징을 비교한 것으로 옳은 것은?

	물리량	지구형 행성	목성형 행성
①	질량	작다.	크다.
②	고리	있다.	없다.
③	반지름	크다.	작다.
④	평균 밀도	작다.	크다.
⑤	위성 수	많다.	없거나 적다.

10 그림은 태양계 행성들을 물리적 특성에 따라 두 집단으로 분류한 것이다.

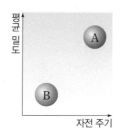

A 집단에 속하는 행성을 모두 고르면? (2개)

① 수성   ② 토성   ③ 목성
④ 화성   ⑤ 천왕성

11 표는 태양계를 구성하는 행성을 특징에 따라 두 집단으로 분류한 것이다.

(가)	(나)
수성, 금성	화성, 목성, 토성, 천왕성, 해왕성

행성을 (가), (나) 집단으로 분류한 기준으로 옳은 것은?

① 행성의 크기   ② 행성의 구성 물질
③ 지구의 공전 궤도   ④ 행성의 물리적 특성
⑤ 태양으로부터의 거리

탐구 118쪽

12 표는 금성, 화성, 목성의 물리적 특성을 A, B, C로 순서 없이 나타낸 것이다.

행성	A	B	C
반지름(지구=1)	0.53	11.21	0.95
질량(지구=1)	0.11	317.92	0.82
평균 밀도(g/cm³)	3.93	1.33	5.24

이에 대한 설명으로 옳은 것을 〈보기〉에서 모두 고른 것은?

┌─ 보기 ─
ㄱ. A 행성은 희미한 고리가 있다.
ㄴ. B 행성은 많은 위성을 가지고 있다.
ㄷ. C 행성은 이산화 탄소로 이루어진 두꺼운 대기를 가지고 있다.
ㄹ. 단단한 표면을 가지고 있는 행성은 A와 C이다.
└

① ㄱ, ㄴ   ② ㄱ, ㄷ   ③ ㄷ, ㄹ
④ ㄱ, ㄴ, ㄷ   ⑤ ㄴ, ㄷ, ㄹ

13 다음에 나열한 행성들의 공통점으로 옳은 것은?

> 목성, 토성, 천왕성, 해왕성

① 청록색을 띤다.
② 평균 밀도가 크다.
③ 자전 속도가 느리다.
④ 고리를 가지고 있다.
⑤ 단단한 지각을 가지고 있다.

【주관식】
14 그림은 태양계의 행성들을 분류하여 나타낸 것이다.

A에 속하는 행성의 이름을 쓰시오.

ⓒ 태양의 특징

15 그림은 승철이네 반 학생들이 태양에 대해 나눈 대화이다.

옳게 설명한 학생끼리 짝 지은 것은?

① 승철, 유리
② 승철, 세호
③ 승철, 은아
④ 유리, 은아
⑤ 세호, 은아

16 태양의 흑점에 대한 설명으로 옳지 않은 것은?

① 광구에서 나타나는 현상이다.
② 평균 온도는 약 4000 ℃이다.
③ 태양의 활동과 밀접한 관련이 있다.
④ 지구에서 볼 때 동쪽에서 서쪽으로 이동한다.
⑤ 약 11년을 주기로 크기가 커졌다가 작아졌다 한다.

중요
17 그림은 태양의 표면에서 관측되는 현상을 나타낸 것이다.

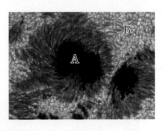

이에 대한 설명으로 옳은 것은?

① A는 대적점이다.
② B는 플레어이다.
③ A는 주위보다 온도가 높다.
④ A는 한번 생성되면 없어지지 않는다.
⑤ B의 아래에서는 대류 현상이 일어난다.

중요
18 그림은 태양에서 관측되는 현상을 나타낸 것이다.

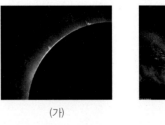 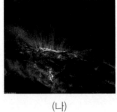

(가)   (나)

이에 대한 설명으로 옳은 것을 〈보기〉에서 모두 고른 것은?

> 보기
> ㄱ. (가)는 채층, (나)는 홍염이다.
> ㄴ. (가)는 개기 일식 때 볼 수 있다.
> ㄷ. (나)는 광구에서 일어나는 현상이다.
> ㄹ. 흑점 수가 많아지면 (나)의 현상이 활발해진다.

① ㄱ, ㄷ
② ㄱ, ㄹ
③ ㄴ, ㄹ
④ ㄱ, ㄴ, ㄷ
⑤ ㄴ, ㄷ, ㄹ

19 그림은 태양의 흑점 수 변화를 나타낸 것이다.

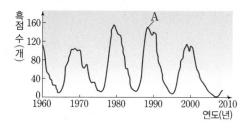

이에 대한 설명으로 옳지 <u>않은</u> 것은?

① A 시기는 흑점 수의 극대기이다.

② 흑점 수는 약 11년을 주기로 증감한다.

③ A 시기에는 태양의 활동이 활발해진다.

④ A 시기에 태양에서는 쌀알 무늬가 더욱 뚜렷하게 나타난다.

⑤ A 시기에 지구에서는 지구의 자기장이 교란되는 자기 폭풍이 일어난다.

20 다음은 어느 날 국가기상위성센터에서 발표한 우주 기상 특보의 일부이다.

> －우주 기상 특보－
> • 2014년 10월 25일에 태양 흑점에서 태양 복사 폭풍이 발생하였으나, 현재는 태양 복사 폭풍이 일반 수준을 유지함에 따라 주의보를 해제합니다.
> • 태양 흑점이 향후 약 5일 간 지구가 바라보는 태양면에 위치하게 되어 ㉠추가 폭발이 발생할 경우 영향을 받을 가능성이 있으므로 지속적인 관심이 필요합니다.

㉠의 경우 지구에서 일어날 수 있는 현상으로 옳지 <u>않은</u> 것은?

① 인공위성이 오작동한다.

② 무선 통신 장애 현상이 발생한다.

③ 오로라를 볼 수 있는 지역이 넓어진다.

④ GPS(위성 위치 확인 시스템)의 수신 장애가 발생한다.

⑤ 지진과 화산 활동이 활발해지고, 태풍 발생이 잦아진다.

D 천체 망원경

중요

21 그림은 천체 망원경의 구조를 나타낸 것이다. A~E 각 부분에 대한 설명으로 옳은 것은?

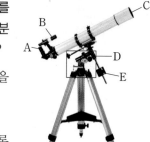

① A는 천체에서 오는 빛을 모은다.

② B는 상을 확대한다.

③ C는 천체를 쉽게 찾도록 도와준다.

④ D는 경통과 삼각대를 연결해 준다.

⑤ E는 망원경이 흔들리지 않게 고정해 준다.

탐구 119쪽

22 그림은 태양을 관측하는 방법을 나타낸 것이다.

이와 같은 장치를 이용하여 관측할 수 있는 것은?

① 채층　　② 홍염　　③ 흑점

④ 코로나　　⑤ 쌀알 무늬

23 망원경을 이용해 천체를 관측하는 방법에 대한 설명으로 옳지 <u>않은</u> 것은?

① 편평하고 시야가 넓은 곳에 설치한다.

② 저배율에서 고배율로 배율을 올려가면서 관측한다.

③ 행성을 관측할 때 행성이 위치한 주변 별자리를 알아둔다.

④ 태양을 관측할 때 접안렌즈를 통해 짧은 시간 동안 관측한다.

⑤ 보름달이 너무 밝을 때는 필터를 사용하거나 대물렌즈 앞을 종이로 가리고 관측한다.

서술형 문제

정답과 해설 31쪽

서술형

1 금성은 수성보다 태양에서 멀리 떨어져 있지만, 표면 온도는 훨씬 높다. 그 까닭을 서술하시오.

_____

_____

1 수성은 대기가 없고, 금성은 두꺼운 이산화 탄소 대기를 가지고 있다.
→ 필수 용어: 이산화 탄소, 온실 효과

단어 제시형

2 표는 태양계 행성의 물리량을 나타낸 것이다.

구분	수성	금성	화성	토성	천왕성
주요 대기 성분	없음	이산화 탄소	이산화 탄소	수소, 헬륨	수소, 헬륨, 메테인
물	없음	없음	흔적 있음	없음	없음
단단한 표면	있음	있음	있음	없음	없음

위 자료로 보아 표면에 운석 구덩이가 가장 많이 남아 있을 것으로 예상되는 행성을 쓰고, 그 까닭을 다음 용어를 모두 포함하여 서술하시오.

> 표면, 풍화, 침식

_____

_____

2 운석 구덩이는 우주 공간을 떠돌던 유성체가 충돌한 흔적이다. 지구에 운석 구덩이가 많지 않은 까닭을 풍화, 침식 작용과 관련지어 생각해본다.

단계별 서술형

3 그림은 태양의 흑점을 4일 간격으로 관측한 것이다.

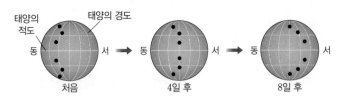

(1) 지구에서 관측할 때 흑점의 이동 방향을 쓰고, 이와 같이 흑점의 위치가 변하는 까닭을 서술하시오.

_____

(2) 흑점의 이동 속도가 위도에 따라 어떻게 다른지 비교하고, 이를 통해 알 수 있는 사실을 서술하시오.

3 (1) 흑점은 광구에 고정되어 있는 것임을 떠올린다.
→ 필수 용어: 동쪽, 서쪽, 자전
(2) 표면이 고체 상태인 지구는 위도에 따라 자전 속도가 일정하다는 것을 떠올린다.
→ 필수 용어: 고위도, 저위도, 표면, 상태

Plus 문제 3-1

흑점이 검게 보이는 까닭을 서술하시오.

_____

_____

이 단원에서 학습한 내용을 확실히 이해했나요?
다음 내용을 잘 알고 있는지 확인해 보세요.

1 지구의 크기 측정

- 가정: 지구는 완전한 ❶ ☐☐☐이며, 햇빛은 지구에 ❷ ☐☐하게 들어온다.
- 원리: 원에서 호의 길이(l)는 ❸ ☐☐☐의 크기(θ)에 비례한다. ➡ 지구 반지름(R) $= \dfrac{360°}{2\pi\theta} \times$ ❹ ☐

2 지구의 자전과 공전

- 천체의 ❶ ☐☐ ☐☐: 지구의 자전으로 태양, 달, 별 등의 천체가 하루에 한 바퀴씩 동쪽에서 서쪽으로 도는 겉보기 운동
- 태양의 ❷ ☐☐ ☐☐: 지구의 공전으로 태양이 별자리 사이를 서쪽에서 동쪽으로 이동하여 1년 후 제자리로 되돌아오는 겉보기 운동
- 계절에 따른 별자리의 변화: 지구가 태양 주위를 ❸ ☐☐하기 때문에 계절에 따라 한밤중에 남쪽 하늘에서 보이는 별자리가 달라진다.

3 달의 크기 측정

- 원리: 삼각형의 ❶ ☐☐☐☐를 이용한다.
- 직접 측정해야 하는 값: 둥근 물체의 ❷ ☐☐, 눈과 물체 사이의 거리
- 알고 있어야 하는 값: 지구에서 ❸ ☐까지의 거리

4 달의 위상 변화

- 달의 위상 변화: 삭 → 초승달 → 상현달 → ❶ ☐ → 하현달 → 그믐달 → 삭
- 달의 모양과 위치 변화: 달이 지구 주위를 하루에 약 13°씩 서쪽에서 동쪽으로 공전하기 때문에 달은 점차 ❷ ☐쪽으로 이동한 곳에서 관측되며, 매일 모양이 변한다.

5 일식과 월식

- 일식: 태양─❶ ☐☐─❷ ☐☐ 순으로 일직선에 위치할 때 달이 태양을 가리는 현상
- 월식: 태양─❸ ☐☐─❹ ☐ 순으로 일직선에 위치할 때 달이 지구의 그림자 속으로 들어가서 가려지는 현상

6 태양계 행성의 특징

- ❶ ☐☐: 행성 중 크기가 가장 작고, 물과 대기가 없다.
- ❷ ☐☐: 두꺼운 이산화 탄소 대기를 가지고 있으며, 행성 중 표면 온도가 가장 높다.
- ❸ ☐☐: 물이 흐른 흔적이 있고, 붉은색으로 보이며, 극관이 있다.
- ❹ ☐☐: 행성 중 크기가 가장 크고, 표면에 가로줄 무늬와 대적점이 나타난다.
- ❺ ☐☐: 행성 중 밀도가 가장 작고, 많은 위성과 두꺼운 고리를 가지고 있다.
- ❻ ☐☐☐: 대기에 포함되어 있는 메테인 성분으로 인해 청록색으로 보인다.
- ❼ ☐☐☐: 파란색으로 보이며, 표면에 대흑점이 나타난다.

7 지구형 행성과 목성형 행성

- ❶ ☐☐☐ ☐☐: 질량과 크기가 작고, 평균 밀도가 크며, 위성이 없거나 적고, 단단한 표면이 있다.
- ❷ ☐☐☐ ☐☐: 질량과 크기가 크고, 자전 속도가 빠르며, 많은 위성을 가지고 있고, 단단한 표면이 없다.

8 태양

- ❶ ☐☐: 태양의 표면으로, 흑점과 쌀알 무늬가 나타난다.
- 대기: 광구 바로 위의 ❷ ☐☐과 채층 밖으로 넓게 퍼진 ❸ ☐☐☐가 있다.
- 대기에서 나타나는 현상: 고온의 물질이 분출하는 현상인 ❹ ☐☐과 흑점 부근의 폭발 현상인 ❺ ☐☐가 나타난다.
- 태양 활동이 활발할 때 태양에서 나타나는 현상: ❻ ☐☐ 수 증가, 코로나 크기 확장, 홍염과 플레어 발생 증가
- 태양 활동이 활발할 때 지구에서 나타나는 현상: 오로라 발생 횟수와 범위 증가, ❼ ☐☐ 폭풍 발생, 무선 전파 통신 장애, 인공위성 고장 등

[01~02] 그림은 에라토스테네스가 지구의 크기를 측정한 방법을 나타낸 것이다.

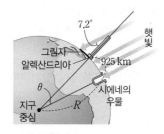

01 에라토스테네스의 지구 크기 측정 방법에 대한 설명으로 옳지 <u>않은</u> 것은? 〈상 **중** 하〉

① θ는 7.2°이다.

② 삼각형의 닮음비를 이용한다.

③ 지구는 완전한 구형이라는 가정이 필요하다.

④ 햇빛은 지구에 평행하게 들어온다는 가정이 필요하다.

⑤ 지구의 크기를 구하는 데 필요한 값은 알렉산드리아와 시에네 사이의 거리와 알렉산드리아와 시에네 사이의 중심각의 크기이다.

【주관식】 〈상 **중** 하〉

02 에라토스테네스가 지구 둘레를 구하기 위해 세운 비례식을 쓰시오.

03 그림은 지구 모형의 크기를 측정하는 실험 장치를 나타낸 것이다. 지구 모형의 반지름을 구하기 위해 실제로 측정해야 하는 값을 모두 고르면? (2개) 〈상 중 **하**〉

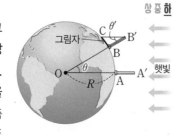

① θ

② θ'

③ 호 AB의 길이

④ 호 BC의 길이

⑤ 햇빛의 각도

04 그림은 어느 날 밤에 북극성과 북두칠성을 2시간 간격으로 관측하여 순서 없이 나타낸 것이다. 〈상 **중** 하〉

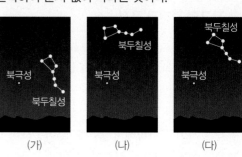

(가)   (나)   (다)

이에 대한 설명으로 옳은 것을 〈보기〉에서 모두 고른 것은?

┌─ 보기 ┐

ㄱ. 관측 순서는 (가) → (나) → (다)이다.

ㄴ. 지구가 자전하기 때문에 나타나는 현상이다.

ㄷ. 북두칠성은 북극성을 중심으로 시계 반대 방향으로 회전한다.

└──────┘

① ㄱ   ② ㄷ   ③ ㄱ, ㄴ

④ ㄴ, ㄷ   ⑤ ㄱ, ㄴ, ㄷ

05 지구의 공전으로 나타나는 현상으로 옳은 것을 〈보기〉에서 모두 고른 것은? 〈상 중 **하**〉

┌─ 보기 ┐

ㄱ. 달의 모양 변화   ㄴ. 태양의 일주 운동

ㄷ. 계절별 별자리의 변화

└──────┘

① ㄱ   ② ㄴ   ③ ㄷ

④ ㄱ, ㄴ   ⑤ ㄴ, ㄷ

【주관식】 〈상 중 **하**〉

06 그림은 태양이 황도를 따라 연주 운동하는 동안 태양이 지나는 길목에 있는 별자리를 나타낸 것이다.

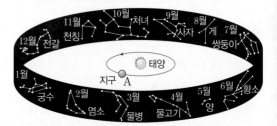

지구가 A의 위치에 있을 때 한밤중에 남쪽 하늘에서 볼 수 있는 별자리를 쓰시오.

07 그림은 달의 크기를 측정하는 방법을 나타낸 것이다.

상 **중** 하

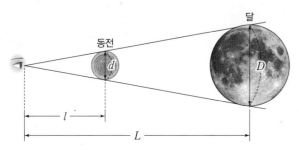

이에 대한 설명으로 옳은 것을 〈보기〉에서 모두 고른 것은?

보기

ㄱ. 달의 크기를 구하기 위한 식은 $D = \dfrac{d \times l}{L}$ 이다.

ㄴ. 동전의 크기가 작을수록 눈과 동전 사이의 거리는 멀어진다.

ㄷ. 동전의 지름과 눈과 동전 사이의 거리는 직접 측정해야 한다.

① ㄱ   ② ㄴ   ③ ㄷ

④ ㄱ, ㄴ   ⑤ ㄴ, ㄷ

08 그림은 승아가 약 15일 동안 해가 진 직후에 달의 위치를 관측하여 나타낸 것이다.

상 **중** 하

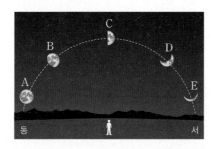

A~E 중 밤 12시경에 남쪽 하늘에서 관측할 수 있는 달은?

① A   ② B   ③ C

④ D   ⑤ E

09 달의 운동에 대한 설명으로 옳지 <u>않은</u> 것은?

상 **중** 하

① 달 뜨는 시각은 매일 약 50분씩 늦어진다.

② 지구에서 달을 보면 항상 한쪽 면만 보인다.

③ 달이 뜨는 위치는 점차 서쪽에서 동쪽으로 이동한다.

④ 달은 지구 주위를 하루에 약 15°씩 서쪽에서 동쪽으로 공전한다.

⑤ 달의 모양은 초승달 → 상현달 → 보름달 → 하현달 순으로 변해 간다.

[10~11] 그림은 지구 주위를 공전하는 달의 위치를 나타낸 것이다.

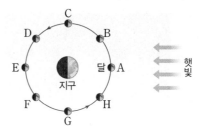

10 달이 C와 G의 위치에 있을 때 달의 위상을 옳게 짝 지은 것은?

상 중 **하**

자료 분석 | 정답과 해설 33쪽

11 그림은 어느 날 낮에 태양의 모습을 관측한 것이다. 이날은 달이 A~H 중 어느 위치에 있을 때인가?

상 **중** 하

① A   ② B

③ E   ④ G

⑤ H

[주관식]

상 **중** 하

12 다음은 2018년 7월에 있었던 개기 월식에 관한 기사의 일부이다.

28일 03시 24분에 지구 본그림자 속으로 들어가는 부분 월식이 시작된다. 완전히 가려지는 개기 월식은 04시 30분에 시작해서 06시 14분에 종료된다.

—중략—

이날 달의 위상과 개기 월식을 관측할 수 있는 하늘의 방향을 쓰시오.

13 그림은 태양계 행성 중 하나를 나타낸 것이다. 상**중**하

이 행성의 특징으로 옳은 것을 〈보기〉에서 모두 고른 것은?

┌ 보기 ┐
ㄱ. 물보다 밀도가 작다.
ㄴ. 표면에 많은 운석 구덩이가 남아 있다.
ㄷ. 갈릴레이가 망원경으로 발견한 4개의 위성을 가지고 있다.

① ㄱ ② ㄴ ③ ㄷ
④ ㄱ, ㄴ ⑤ ㄴ, ㄷ

14 그림은 수성과 달의 표면 모습을 나타낸 것이다. 상**중**하

수성 표면 달 표면

수성과 달의 표면 모습으로부터 유추할 수 있는 두 천체의 공통점을 모두 고르면? (2개)

① 대기와 물이 없다.
② 표면 온도가 높다.
③ 계절 변화가 나타난다.
④ 매우 빠르게 자전한다.
⑤ 낮과 밤의 온도 차가 크다.

15 그림은 태양계 행성들을 특징에 따라 분류한 것이다. A에 해당하는 행성의 특징으로 옳은 것은? 상**중**하

① 화산과 계곡이 있다.
② 행성 중 크기가 가장 크다.
③ 자전 속도가 매우 빠르다.
④ 행성 중 표면 온도가 가장 높다.
⑤ 두꺼운 이산화 탄소 대기로 이루어져 있다.

자료 분석 | 정답과 해설 33쪽

16 그림은 지구형 행성과 목성형 행성을 물리적 특성에 따라 분류하여 나타낸 것이다. 상**중**하

 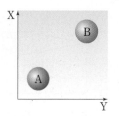

이에 대한 설명으로 옳은 것을 〈보기〉에서 모두 고른 것은?

┌ 보기 ┐
ㄱ. A에 속한 행성들은 위성을 가지고 있다.
ㄴ. 자전 속도는 A보다 B에 속한 행성들이 빠르다.
ㄷ. X에 반지름, Y에 위성 수가 들어갈 수 있다.

① ㄱ ② ㄴ ③ ㄷ
④ ㄱ, ㄴ ⑤ ㄴ, ㄷ

자료 분석 | 정답과 해설 33쪽

17 태양에 대한 설명으로 옳지 않은 것은? 상**중**하

① 채층과 코로나는 태양의 대기이다.
② 흑점은 주변보다 온도가 낮아서 검게 보인다.
③ 흑점 수가 많아지는 시기에는 홍염과 플레어가 자주 발생한다.
④ 흑점과 쌀알 무늬는 개기 일식이 일어났을 때 관측할 수 있다.
⑤ 쌀알 무늬는 광구 아래에서 일어나는 대류 현상으로 형성된다.

18 그림은 태양에서 관측되는 현상을 나타낸 것이다. 상중**하**

 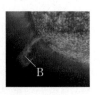

A~C의 이름을 옳게 짝 지은 것은?

	A	B	C
①	채층	플레어	흑점
②	채층	홍염	쌀알 무늬
③	코로나	플레어	흑점
④	코로나	홍염	흑점
⑤	플레어	코로나	쌀알 무늬

19 그림은 4일 간격으로 태양 표면의 흑점을 관측한 결과를 나타낸 것이다.

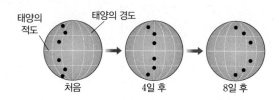

처음　　4일 후　　8일 후

이로부터 알 수 있는 사실이 <u>아닌</u> 것은?

① 태양은 자전한다.
② 광구에서 대류 운동이 일어난다.
③ 태양의 표면은 고체 상태가 아니다.
④ 흑점의 이동 속도는 적도에 가까울수록 빠르다.
⑤ 흑점은 지구에서 볼 때 동쪽에서 서쪽으로 이동한다.

20 그림 (가)와 (나)는 연도별 흑점 수와 자기 폭풍 발생 일수를 나타낸 것이다.

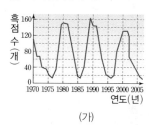
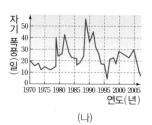

(가)　　　　　(나)

이에 대한 설명으로 옳은 것을 〈보기〉에서 모두 고른 것은?

보기
ㄱ. 흑점 수가 많아지면 자기 폭풍이 자주 발생한다.
ㄴ. 1989년경에는 인공위성이 고장 나는 사례가 잦았다.
ㄷ. 1996년경에는 개기 일식 때 코로나를 볼 수 없었다.

① ㄱ　　　　② ㄴ　　　　③ ㄷ
④ ㄱ, ㄴ　　　⑤ ㄴ, ㄷ

【주관식】
21 그림은 천체 망원경의 구조를 나타낸 것이다. ㉠ 빛을 모으는 역할을 하는 것과 ㉡ 상을 확대하는 역할을 하는 것의 기호를 각각 쓰시오.

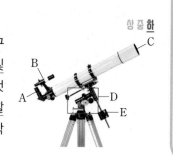

22 승아는 햇빛이 없는 실험실에서 지구 모형의 크기를 구하기 위해 그림과 같이 장치하고 필요한 가정을 적어 보았다.

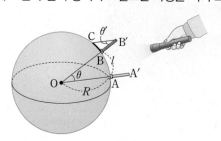

• 지구 모형은 완전한 구형이다.
• 전등 빛은 지구에 평행하게 들어온다.

에라토스테네스의 방법으로 지구 모형의 크기를 구했으나 정확한 값을 구할 수가 없었다. 그 까닭을 실험 장치와 가정에서 찾아 서술하시오.

_____

23 그림 (가)와 (나)는 각각 목성과 해왕성의 표면에서 볼 수 있는 특징을 나타낸 것이다.

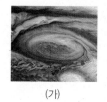

(가)　　　　　(나)

(1) (가), (나)의 이름을 각각 쓰시오.

_____

(2) (가)와 (나)의 공통점을 생성 과정으로 서술하시오.

_____

24 다음은 어느 해 지구에서 일어난 현상이다.

• 오로라를 볼 수 있는 지역이 많아졌다.
• 송전 시설이 고장 나서 정전이 자주 일어났다.
• 북극 항로 운항이 불가능해졌으며, 비행기 승객이 방사선에 노출되었다.

(1) 이와 같은 현상이 나타나는 주요 원인을 서술하시오.

_____

(2) 이 시기에 태양에서 나타나는 현상을 다음 용어를 포함하여 서술하시오.

흑점 수, 코로나, 홍염, 플레어

_____

IV

식물과 에너지

제목으로
미리보기

1 | 식물의 구조와 기능

>>> 초등학교 6학년 식물의 구조와 기능

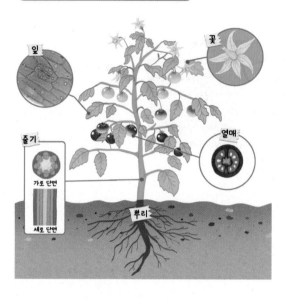

- 식물은 뿌리, 줄기, 잎으로 이루어져 있고, 한 식물마다 다양한 모양의 꽃을 피우고 열매를 맺는다.
- (❶   ): 식물이 빛과 이산화 탄소, 뿌리에서 흡수한 물을 이용하여 스스로 양분을 만드는 것 ➡ (❶   )은 주로 잎에서 일어난다.
- 잎이 하는 일
  - 잎은 광합성 과정을 통하여 (❷   )과 같은 양분을 만든다.
  - 잎에서 만든 양분은 줄기를 거쳐 뿌리, 줄기, 열매 등 필요한 부분으로 운반되어 사용되거나 저장된다.
  - 잎 모양이 대부분 납작한 까닭은 양분을 만들 때 필요한 (❸   )을 더 많이 받을 수 있기 때문이다.

2 | 지구 환경의 유지와 보전

>>> 중학교 1학년 생물의 다양성

- 울창한 숲은 대기의 (❹   )를 흡수하고, 생물에게 필요한 (❺   )를 공급하며, 동물에게 서식처를 제공하기도 한다.
- 버섯, 곰팡이, 세균 등은 죽은 동식물의 사체나 배설물을 분해하여 토양을 비옥하게 만든다.

개념 학습

01 광합성

ⓐ 광합성

1. 광합성 식물이 빛에너지를 이용하여 물과 이산화 탄소를 원료로 양분을 만드는 과정❶❷

$$이산화 탄소 + 물 \xrightarrow{빛에너지} 포도당 + 산소$$

2. 광합성이 일어나는 장소❸ 식물 세포에 들어 있는 엽록체
➡ 엽록체는 광합성이 일어나는 장소로, 초록색 색소인 엽록소가 들어 있어 빛을 흡수한다.
└─ 엽록소 때문에 식물의 잎이 초록색을 띤다.

3. 광합성이 일어나는 시기 빛이 있을 때(주로 낮) 광합성이 일어난다.

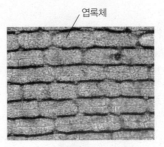
▲ 식물 잎 관찰 결과

4. 광합성에 필요한 요소와 광합성으로 생성되는 물질 탐구A 136쪽

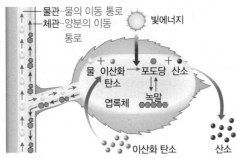

광합성에 필요한 요소		광합성으로 생성되는 물질	
빛에너지	엽록체에 들어 있는 엽록소에서 흡수한다.	포도당❹	광합성으로 만들어지는 양분 ➡ 포도당은 곧바로 녹말로 바뀌어 잎의 세포에 저장된다. 녹말은 물에 잘 녹지 않는다.
물	뿌리에서 흡수되어 물관을 통해 잎까지 이동한다.		
이산화 탄소	공기 중에서 잎의 기공을 통해 흡수한다.	산소	일부는 식물의 호흡에 사용되고, 나머지는 잎의 기공을 통해 공기 중으로 방출된다.

[광합성에 필요한 요소 확인 실험]

[과정] ① 증류수를 넣은 비커에 초록색 BTB 용액을 몇 방울 떨어뜨린 다음 용액의 색이 노란색으로 변할 때까지 빨대로 숨을 불어넣는다.
② 3개의 시험관 A~C에 노란색으로 변한 BTB 용액을 넣은 후 그림과 같이 장치하여 햇빛이 잘 비치는 곳에 두고 BTB 용액의 색깔 변화를 관찰한다.
[결과 및 정리]

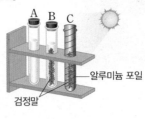

시험관	A	B	C
BTB 용액의 색깔 변화	노란색(변화 없다.)	파란색 ➡ 검정말이 광합성을 하여 이산화 탄소를 사용하였다.	노란색(변화 없다.) ➡ 빛이 차단되어 검정말이 광합성을 하지 않아 이산화 탄소를 사용하지 않았다.

• A와 B 비교: 광합성에는 이산화 탄소가 필요하다는 것을 알 수 있다.
• B와 C 비교: 광합성에는 빛이 필요하다는 것을 알 수 있다.

개념 더하기

❶ 식물이 먹이를 먹지 않아도 잘 자라는 까닭
식물은 엽록체가 있어 광합성을 하여 스스로 양분을 만들기 때문이다.

❷ 광합성의 의의
• 물과 이산화 탄소로부터 양분을 생성한다.
• 생물의 호흡에 필요한 산소를 생성한다.
• 태양의 빛에너지를 화학 에너지로 저장한다.

❸ 잎의 배치와 광합성
식물의 광합성은 주로 잎에서 일어나며, 햇빛을 잘 받는 것이 중요하다. 잎의 생김새는 식물의 종류에 따라 다양하지만, 잎의 배치는 대부분 햇빛을 잘 받아들일 수 있게 잎이 서로 겹치지 않도록 줄기에 달려 있다.

❹ 포도당과 녹말
포도당 여러 분자가 연결되어 녹말이 된다. 쌀, 감자, 고구마 등에 녹말이 많이 들어 있다.

[광합성 결과 발생되는 기체 확인 실험]

[과정] ① 그림과 같이 장치하여 햇빛이 잘 비치는 곳에 둔다.
② 2시간 후에 핀치 집게를 열어 고무관 끝에 향의 불씨를 가까이 대어 본다.
[결과 및 정리]

검정말 근처에 기포가 붙어 있는데, 이 기포는 산소이다.

• 향의 불꽃이 다시 타오른다.
➡ 검정말이 광합성을 하여 기체가 발생하고 기체가 고무관에 모이는데, 실험 결과로 보아 기체는 산소임을 알 수 있다.
• 광합성 결과 발생하는 기체는 산소이다.

정답과 해설 35쪽

핵심 Tip

- **광합성**: 식물이 빛에너지를 이용하여 물과 이산화 탄소를 원료로 양분을 만드는 과정
- 광합성이 일어나는 장소: 식물 세포에 들어 있는 엽록체
- 광합성이 일어나는 시기: 빛이 있을 때(주로 낮)
- 광합성에 필요한 요소: 빛에너지, 물, 이산화 탄소
- 광합성으로 생성되는 물질: 포도당, 산소

1 다음은 광합성 과정을 나타낸 것이다. ㉠, ㉡에 알맞은 말을 쓰시오.

$$(㉠ \qquad) + 물 \xrightarrow{\text{빛에너지}} (㉡ \qquad) + 산소$$

2 광합성에 대한 설명으로 옳은 것은 ○, 옳지 않은 것은 ×로 표시하시오.

(1) 광합성은 빛의 유무에 관계없이 항상 일어난다. ( )

(2) 광합성은 식물 세포에 들어 있는 엽록체에서 일어난다. ( )

(3) 광합성 결과 생성된 산소는 모두 식물의 호흡에 사용된다. ( )

(4) 엽록체에는 초록색 색소인 엽록소가 들어 있어 빛을 흡수한다. ( )

(5) 광합성에 필요한 물은 뿌리에서 흡수되어 체관을 통해 이동한다. ( )

암기 Tip
Ⓐ-4

광합성에는 빛물이 필요해.
에 산
너 화
지 탄
소

3 그림은 광합성 과정을 나타낸 것이다. A~C에 알맞은 말을 각각 쓰시오.

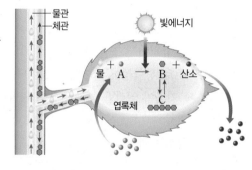

원리 Tip
Ⓐ-4

BTB 용액의 색깔 변화

산성	중성	염기성
노란색	초록색	파란색

많다. ←── 이산화 탄소 ──→ 적다.

BTB 용액에 숨을 불어넣으면 날숨 속의 이산화 탄소가 물에 녹아 산성을 띠고, 그 결과 BTB 용액의 색깔이 노란색으로 변한다.

4 3개의 시험관 A~C에 노란색 BTB 용액을 넣고 그림과 같이 장치하여 햇빛이 잘 비치는 곳에 2시간 정도 두었다.

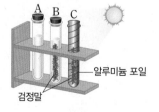

(1) A~C 중 BTB 용액의 색깔 변화가 나타난 시험관을 쓰시오.

(2) (1)에 해당하는 시험관에서 BTB 용액의 색깔 변화에 영향을 주는 기체는 무엇인지 쓰시오.

(3) 광합성에 빛이 필요하다는 것을 알기 위해 비교해야 할 시험관을 모두 쓰시오.

Ⓑ 광합성에 영향을 미치는 요인 [탐구 B] 137쪽

광합성에 영향을 미치는 요인 중 어느 하나라도 부족하면 광합성은 활발하게 일어나지 않는다.

빛의 세기와 광합성	이산화 탄소의 농도❶와 광합성	온도와 광합성
광합성량은 빛의 세기가 셀수록 증가하며, 빛이 일정 세기 이상이 되면 더 이상 증가하지 않는다.	광합성량은 이산화 탄소의 농도가 높을수록 증가하며, 이산화 탄소가 일정 농도 이상이 되면 더 이상 증가하지 않는다.	광합성량은 온도가 높을수록 증가하며, 일정 온도 이상에서는 급격하게 감소한다. — 30~40 ℃

Ⓒ 증산 작용

1. 증산 작용 식물체 속의 물이 수증기로 변하여 잎의 *기공을 통해 공기 중으로 빠져나가는 현상

기공❷	• 주로 잎의 뒷면 표피에 있는 작은 구멍 ➡ 2개의 공변세포로 이루어진다. • 기체가 출입하는 통로 역할을 한다.
공변세포	주로 잎의 뒷면에 분포하며, 주변에 있는 *표피 세포와 달리 엽록체가 있다.

2. 증산 작용의 조절❸ 공변세포의 모양에 따라 기공이 열리고 닫히면서 조절된다.

① 기공은 주로 광합성이 활발하게 일어나는 낮에 열린다. ➡ 기공이 열리면 증산 작용이 활발하게 일어난다.

② 기공이 열리는 과정

공변세포의 세포벽은 기공 쪽이 반대쪽보다 두꺼우므로 공변세포에 물이 들어와 팽창하면 바깥쪽으로 휘어진다.

> 공변세포에서 광합성이 일어남 → 포도당이 만들어져 세포 내 농도가 높아짐 → 주위 세포로부터 공변세포로 물이 들어옴 → 공변세포가 팽창하여 바깥쪽으로 휘어짐 → 기공 열림

3. 증산 작용과 광합성 기공이 많이 열려 증산 작용이 활발할 때 뿌리에서 흡수한 물이 잎까지 상승하고, 이산화 탄소가 많이 흡수되므로 광합성도 활발히 일어난다.

[식물의 증산 작용 관찰하기]

[과정] ① 눈금실린더 A~C에 같은 양의 물을 넣고, A와 B에는 잎이 달린 가지, C에는 잎을 모두 딴 가지를 넣었다.

물의 증발을 막기 위해서 식용유를 떨어뜨린다.

② B의 잎에만 비닐봉지를 씌우고, A~C를 햇빛이 잘 드는 곳에 두었다.

[결과 및 정리]

• 수면의 높이: C>B>A ➡ A의 물이 가장 많이 줄어들었다.

B는 습도가 높아져 A보다 증산 작용이 적게 일어났다.

A	B	C
증산 작용이 가장 활발하게 일어났다.	증산 작용이 일어났고, 비닐봉지 안에 물방울이 맺혔다. ➡ 증산 작용으로 잎에서 빠져나온 수증기가 액화되었다.	증산 작용이 일어나지 않았다.

➡ • 증산 작용은 식물의 잎에서 일어난다.
• 증산 작용은 습도가 낮을 때 활발하게 일어난다.

❶ **대기의 이산화 탄소 농도**
지구 대기의 이산화 탄소 농도는 약 0.03 %로 낮지만, 식물이 광합성을 하기에는 충분한 농도이다.

❷ **잎의 단면에서 기공과 공변세포의 위치**

앞면
물관
체관
잎맥
공변세포
뒷면
공기의 출입
기공

표피 세포는 엽록체가 없어 투명하고, 광합성이 일어나지 않는다. 기공과 공변세포는 주로 잎의 뒷면에 분포한다. ➡ 잎의 뒷면에서 증산 작용이 더 많이 일어난다.

빨래가 잘 마르는 조건과 비슷하다.

❸ **증산 작용이 잘 일어나는 조건**

요인	조건
빛	강할 때
온도	높을 때
바람	잘 불 때
습도	낮을 때

식물체 내 수분량이 많을 때에도 증산 작용이 잘 일어난다.

용어 사전

*기공(기운 氣, 구멍 孔)
식물의 잎이나 겉껍질에 있는 작은 구멍

*표피(겉 表, 가죽 皮)
잎의 가장 바깥 부분의 한 겹의 세포층

5 그림은 광합성에 영향을 미치는 요인에 따른 광합성량의 변화를 나타낸 것이다. A와 B에 알맞은 요인을 각각 쓰시오.

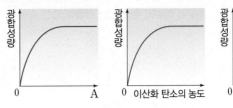

6 다음은 증산 작용에 대한 설명이다. ㉠~㉢에 알맞은 말을 쓰시오.

> 증산 작용은 식물체 속의 물이 수증기로 변하여 잎의 (㉠   )을/를 통해 공기 중으로 빠져나가는 현상이다. (㉠   )은/는 주로 잎의 (㉡   )면 표피에 있는 작은 구멍으로, 2개의 (㉢   )(으)로 이루어진다.

7 그림은 낮과 밤에 관찰된 식물 잎 표피의 일부를 순서 없이 나타낸 것이다.

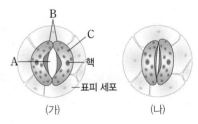

(1) A~C는 무엇인지 각각 쓰시오.

(2) (가)와 (나) 중 낮에 관찰된 식물 잎 표피를 쓰시오.

(3) 다음은 기공이 열리는 과정을 나타낸 것이다. (   ) 안에 알맞은 말을 고르시오.

> 공변세포에서 광합성이 일어남 → ㉠ (포도당 , 녹말)이 만들어져 세포 내 농도가 ㉡ (낮아짐 , 높아짐) → 주위 세포로부터 공변세포로 물이 들어옴 → 공변세포가 팽창하여 ㉢ (안쪽 , 바깥쪽)으로 휘어짐 → 기공 열림

8 3개의 눈금실린더에 같은 양의 물을 넣고, 그림과 같이 장치하여 햇빛이 잘 드는 곳에 두었다. 3시간 후 물의 양이 가장 많이 줄어든 눈금실린더의 기호를 쓰시오.

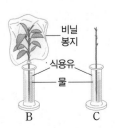

목표 광합성이 일어나는 장소를 알고, 광합성 결과 생성되는 양분을 알아본다.

과정

❶ [광합성 / 잎에 이미 만들어져 있던 양분 이동] 물이 들어 있는 비커 A와 B에 검정말을 각각 넣고, A는 햇빛을 충분히 비추어 주고, B는 햇빛이 없는 곳에 하루 동안 놓아둔다.

[유의점]
에탄올은 불이 붙기 쉬우므로 화재가 발생하지 않도록 주의한다.

아이오딘 반응
아이오딘-아이오딘화 칼륨 용액이 녹말과 반응하여 청람색으로 변하는 것이다.

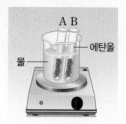

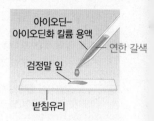

❷ [현미경 표본 만들기] 비커 A, B의 검정말 잎을 하나씩 떼어 현미경 표본을 만들고, 현미경으로 관찰하여 엽록체를 찾는다.

❸ [엽록소 제거] 에탄올이 들어 있는 시험관 2개를 준비하고, A와 B의 검정말을 각각 넣고 물중탕을 한 후 물에 헹군다. ➡ 엽록소를 제거하여 아이오딘 반응 결과를 확실히 관찰하기 위해서이다.

❹ [아이오딘 반응+현미경 표본 만들기] ❸의 검정말에서 잎을 하나씩 떼어 아이오딘-아이오딘화 칼륨 용액을 각각 떨어뜨린 후, 현미경 표본을 만들어 현미경으로 관찰한다.

결과

과정 ❷와 ❹의 현미경 표본을 관찰한 결과는 표와 같다.

과정 ❷ 관찰 결과		과정 ❹ 관찰 결과	
A	B	A	B
잎 세포에서 초록색 알갱이가 관찰된다.		초록색 알갱이가 청람색으로 관찰된다.— 녹말 있음	초록색 알갱이가 연한 갈색으로 관찰된다.— 녹말 없음

정리

• 과정 ❷의 검정말의 잎 세포에서 관찰되는 초록색 알갱이는 (㉠   )이다.
• 비커 A에서 얻은 검정말 잎은 아이오딘 반응이 일어났고, B에서 얻은 검정말 잎은 아이오딘 반응이 일어나지 않았으므로 광합성 결과 (㉡   )이 만들어짐을 알 수 있다.

확인 문제

1 위 실험에 대한 설명으로 옳은 것은 ○, 옳지 않은 것은 ×로 표시하시오.

(1) 과정 ❶에서 B를 햇빛이 없는 곳에 하루 동안 놓아둔 까닭은 이미 만들어진 양분을 다른 곳으로 옮기기 위해서이다.   (   )

(2) 광합성 결과 녹말이 만들어진다는 것을 알 수 있다.   (   )

(3) 광합성이 잎 세포의 엽록체에서 일어난다는 것을 알 수 있다.   (   )

(4) 포도당이 생성된 것을 확인하기 위해 아이오딘-아이오딘화 칼륨 용액을 이용한다.   (   )

실전 문제

2 그림과 같이 물이 들어 있는 비커 A와 B에 검정말을 넣어, A는 햇빛을 충분히 비추고, B는 어둠상자에 하루 동안 두었다. 이에 대한 설명으로 옳은 것을 〈보기〉에서 모두 고르시오.

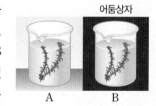

보기
ㄱ. A의 검정말 잎에서 광합성이 일어난다.
ㄴ. B를 어둠상자에 하루 동안 두는 까닭은 잎을 탈색시키기 위해서이다.
ㄷ. A와 B의 검정말 잎을 에탄올에 물중탕하고 아이오딘 반응을 하면 A와 B의 엽록체가 모두 청람색으로 변한다.

목표 빛의 세기가 광합성에 주는 영향을 실험을 통해 알아본다.

과정

❶ 시금치 잎을 암실에 두었다가 꺼내 잎맥이 없는 부위를 펀치로 찍어 둥근 잎 조각 20개를 만든다.

❷ 같은 양의 1 % 탄산수소 나트륨 용액이 들어 있는 2개의 주사기에 둥근 잎 조각을 각각 10개씩 넣고 가라앉힌다.

❸ 비커 A와 B에 탄산수소 나트륨 용액을 각각 50 mL씩 넣고 가라앉힌 잎 조각을 각각 10개씩 넣는다.

❹ 비커 A, B와 LED 전등 사이의 거리가 각각 10 cm, ─── 20 cm가 되게 빛을 비춘다.

❺ 수용액의 온도를 25 °C로 유지하면서 비커 A와 B에서 잎 조각이 모두 떠오르는 데 걸린 시간을 측정한다.
─── 비커와 전등 사이의 거리 외에 전등의 수로 빛의 세기를 달리 할 수도 있다.

탄산수소 나트륨 용액을 넣는 까닭
시금치 잎이 광합성을 하는 데 필요한 이산화 탄소를 공급하기 위해서이다.

결과

구분	비커 A			비커 B		
	1회	2회	3회	1회	2회	3회
잎 조각이 모두 떠오르는 데 걸린 시간(분)	10	14	8	40	47	39

정리

- 잎 조각이 모두 떠오르는 데 걸린 시간이 B보다 A가 짧은 것을 통해 비커와 LED 전등 사이의 거리가 B보다 A에서 가까워 빛의 (㉠   )가 강하므로 A의 시금치 잎에서 광합성이 더 활발하게 일어난다는 것을 알 수 있다.
- 잎 조각이 떠오른 까닭은 시금치 잎에서 광합성이 일어나 (㉡   )가 생성되었기 때문이다.

Plus 탐구

[과정]

❶ 표본병에 1 % 탄산수소 나트륨 용액과 검정말을 넣어 그림과 같이 장치한다.

❷ 밝기 조절이 되는 LED 전등을 표본병으로부터 10 cm 되는 거리에 설치하고 밝기에 따라 1분 동안 발생하는 기포 수를 센다.

[결과]

전등 빛이 밝아질수록 발생하는 기포 수는 많아지지만 일정 수준에 도달하면 발생하는 기포 수가 일정해진다.

확인 문제

1 위 실험에 대한 설명으로 옳은 것은 ○, 옳지 않은 것은 ×로 표시하시오.

(1) B보다 A에서 광합성이 더 활발하게 일어난다.
(   )

(2) 시금치의 잎 조각이 모두 떠오르는 데 걸리는 시간은 A보다 B에서 더 짧다.
(   )

(3) 비커와 전등 사이의 거리가 가까울수록 빛의 세기가 강해진다.
(   )

(4) 1 %의 탄산수소 나트륨 용액을 넣는 까닭은 시금치 잎의 광합성에 필요한 산소를 공급하기 위해서이다.
(   )

실전 문제

2 시금치 잎을 펀치로 찍어 둥근 잎 조각을 만들고, 1 % 탄산수소 나트륨 용액이 들어 있는 2개의 비커에 동일한 수의 잎 조각을 넣고 가라앉힌다. 탄산수소 나트륨 용액의 온도를 25 °C로 유지하면서 비커 A, B와 LED 전등 사이의 거리를 그림과 같이 장치한다.

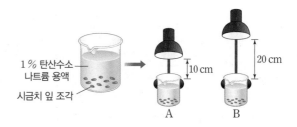

이 실험에서 시금치 잎 조각이 떠오르는 데 걸리는 시간에 영향을 미치는 요인을 쓰시오.

A 광합성

중요
01 광합성에 대한 설명으로 옳지 <u>않은</u> 것은?

① 식물이 빛에너지를 이용하는 과정이다.
② 주로 빛이 있는 낮에 활발하게 일어난다.
③ 식물 세포에 들어 있는 엽록체에서 일어난다.
④ 엽록체에 들어 있는 엽록소가 빛을 흡수한다.
⑤ 물과 산소를 원료로 하여 양분을 만드는 과정이다.

[주관식]
02 그림은 식물 잎을 구성하는 세포를 현미경으로 관찰한 결과를 나타낸 것이다. 식물 세포에 들어 있는 초록색 알갱이인 A는 무엇인지 쓰시오.

[03~04] 그림은 잎에서 일어나는 광합성 과정을 나타낸 것이다.

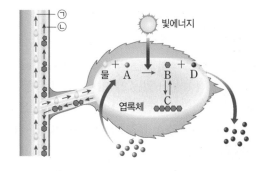

03 그림의 ㉠, ㉡, A, D에 해당하는 것을 옳게 짝 지은 것은?

	㉠	㉡	A	D
①	물관	체관	포도당	녹말
②	물관	체관	산소	이산화 탄소
③	물관	체관	이산화 탄소	산소
④	체관	물관	산소	이산화 탄소
⑤	체관	물관	이산화 탄소	산소

04 이에 대한 설명으로 옳은 것을 〈보기〉에서 모두 고른 것은?

> ┌ 보기 ┐
> ㄱ. 물은 뿌리에서 흡수되어 ㉠을 통해 잎까지 이동한다.
> ㄴ. 광합성으로 생성된 B는 곧바로 C로 바뀌어 잎의 세포에 저장된다.
> ㄷ. 광합성으로 생성된 D는 모두 잎의 기공을 통해 공기 중으로 방출된다.

① ㄱ   ② ㄷ   ③ ㄱ, ㄴ
④ ㄱ, ㄷ   ⑤ ㄴ, ㄷ

[05~06] 파란색 BTB 용액에 숨을 불어넣어 노란색 BTB 용액을 만들어 시험관 A∼C에 나누어 넣고, 그림과 같이 장치하여 햇빛이 잘 비치는 곳에 두고 BTB 용액의 색깔 변화를 관찰하였다.

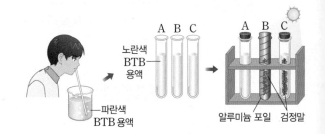

05 이 실험을 실시하는 목적으로 옳은 것은?

① 광합성이 일어나는 장소를 확인하는 실험이다.
② 광합성에 필요한 기체의 종류를 확인하는 실험이다.
③ 광합성량에 영향을 주는 빛의 세기를 알아보는 실험이다.
④ 광합성을 통해 발생하는 기체의 종류를 확인하는 실험이다.
⑤ 광합성을 통해 생성되는 양분의 종류를 확인하는 실험이다.

중요
06 이에 대한 설명으로 옳지 <u>않은</u> 것은?

① C에서 광합성이 일어났다.
② BTB 용액의 색깔 변화가 나타나는 시험관은 C이다.
③ 파란색 BTB 용액에 이산화 탄소가 많아지면 노란색으로 변한다.
④ A와 B를 비교하면 광합성에 이산화 탄소가 필요하다는 것을 알 수 있다.
⑤ B와 C를 비교하면 광합성에 빛이 필요하다는 것을 알 수 있다.

07 그림과 같이 장치하여 햇빛이 잘 비치는 곳에 둔 다음 2시간 후에 핀치 집게를 열어 고무관 끝에 향의 불씨를 가까이 대었다. 이에 대한 설명으로 옳지 <u>않은</u> 것은?

고무관
깔때기
1 % 탄산수소 나트륨 용액
검정말
핀치 집게

① 향의 불꽃이 다시 타오른다.
② 검정말에서 광합성이 일어난다.
③ 실험 결과와 관계있는 기체는 산소이다.
④ 검정말 근처에 붙어 있는 기체는 질소이다.
⑤ 1 % 탄산수소 나트륨 용액은 이산화 탄소를 공급한다.

[08~09] 그림은 광합성으로 생성되는 물질을 확인하는 실험 과정을 순서대로 나타낸 것이다. (단, 비커 A는 햇빛을 하루 정도 충분히 비추어 주고, B는 어둠상자에 하루 동안 둔다.)

어둠상자
A B
(가)

에탄올
물
(나)

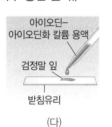
아이오딘-아이오딘화 칼륨 용액
검정말 잎
받침유리
(다)

중요

08 이에 대한 설명으로 옳은 것을 〈보기〉에서 모두 고른 것은?
[탐구 136쪽]

┌─ 보기 ──────────────────────────┐
│ ㄱ. (가)의 A에서 검정말이 광합성을 하며, B에서 검│
│   정말의 산소가 모두 제거된다.   │
│ ㄴ. (나)는 검정말 잎의 엽록소를 제거하는 과정이다.│
│ ㄷ. (다)를 통해 광합성 결과 녹말이 만들어진다는 것│
│   을 알 수 있다.   │
└──────────────────────────────┘

① ㄱ   ② ㄷ   ③ ㄱ, ㄴ
④ ㄱ, ㄷ   ⑤ ㄴ, ㄷ

【주관식】

09 (가)의 비커 A와 B의 검정말 잎으로 현미경 표본을 만들고 현미경으로 관찰하면 초록색 알갱이가 관찰된다. (다) 결과 ㉠ 아이오딘 반응이 일어난 비커의 검정말과 ㉡ 초록색 알갱이가 변화된 색깔을 각각 쓰시오.
[탐구 136쪽]

ⓑ 광합성에 영향을 미치는 요인

10 식물의 광합성에 영향을 미치는 요인과 광합성량과의 관계를 옳게 나타낸 것을 모두 고르면? (2개)

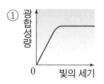
① 광합성량 / 빛의 세기

② 광합성량 / 빛의 세기

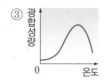
③ 광합성량 / 온도

④ 광합성량 / 온도

⑤ 광합성량 / 이산화 탄소의 농도

중요   [탐구 137쪽]

11 시금치 잎을 펀치로 찍어 둥근 잎 조각을 만들고, 1 % 탄산수소 나트륨 용액이 들어 있는 2개의 비커에 동일한 수의 잎 조각을 넣고 가라앉힌다. 탄산수소 나트륨 용액의 온도를 25 ℃로 유지하면서 비커 A, B와 LED 전등 사이의 거리를 그림과 같이 장치한다.

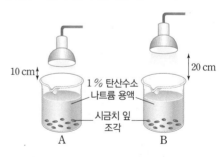
10 cm
20 cm
1 % 탄산수소 나트륨 용액
시금치 잎 조각
A   B

이에 대한 설명으로 옳지 <u>않은</u> 것은?

① B보다 A의 시금치 잎 조각이 떠오르는 데 걸리는 시간이 짧다.
② 시금치 잎 조각에서 발생하는 기체는 이산화 탄소이다.
③ 빛의 세기가 광합성에 미치는 영향을 알아보는 실험이다.
④ 비커와 LED 전등 사이의 거리가 가까울수록 빛의 세기가 강하다.
⑤ 1 % 탄산수소 나트륨 용액을 넣는 것은 숨을 불어 넣는 것과 같은 효과가 있다.

ⓒ 증산 작용

12 증산 작용에 대한 설명으로 옳지 <u>않은</u> 것은?

① 식물체 내부의 수분량을 조절한다.
② 식물의 체온을 조절하는 효과가 있다.
③ 빛이 없을 때 증산 작용이 더 잘 일어난다.
④ 뿌리에서 흡수된 물이 상승하는 원동력이 된다.
⑤ 식물체 속의 물이 수증기로 변하여 잎의 기공을 통해 공기 중으로 빠져나가는 현상이다.

중요

13 그림은 잎의 뒷면 표피 조직의 일부를 얇게 벗겨 내어 현미경으로 관찰한 결과를 나타낸 것이다. 이에 대한 설명으로 옳은 것을 모두 고르면? (2개)

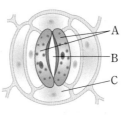

① A는 표피 세포, C는 공변세포이다.
② A에는 엽록체가 없어 광합성이 일어나지 않는다.
③ B는 주로 빛이 있는 낮에 열린다.
④ B는 기체가 출입하는 통로 역할을 한다.
⑤ C에는 엽록체가 있어 광합성이 일어난다.

14 그림은 기공의 상태를 나타낸 것이다.

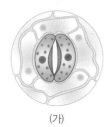 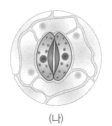

기공이 (나)에서 (가)가 되어 증산 작용이 잘 일어나는 조건으로 옳지 <u>않은</u> 것은?

① 빛이 강할 때
② 습도가 높을 때
③ 온도가 높을 때
④ 바람이 잘 불 때
⑤ 식물체 내 수분량이 많을 때

중요

15 다음은 기공이 열리는 과정을 순서 없이 나타낸 것이다.

> (가) 기공이 열린다.
> (나) 공변세포에서 광합성이 일어난다.
> (다) 공변세포가 팽창하여 바깥쪽으로 휘어진다.
> (라) 주위 세포로부터 공변세포로 물이 들어온다.
> (마) 포도당이 만들어져 세포 내 농도가 높아진다.

순서대로 옳게 나타낸 것은?

① (나) → (다) → (라) → (마) → (가)
② (나) → (라) → (다) → (마) → (가)
③ (나) → (마) → (라) → (다) → (가)
④ (라) → (나) → (마) → (다) → (가)
⑤ (라) → (다) → (마) → (나) → (가)

[16~17] 눈금실린더 (가)~(다)에 같은 양의 물을 넣고, 그림과 같이 장치하여 햇빛이 잘 비치는 곳에 두었다.

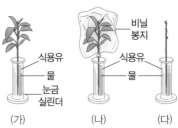

【주관식】

16 4시간 후 (가)~(다)에 남아 있는 물의 양을 비교하여 부등호로 나타내시오.

17 이에 대한 설명으로 옳은 것을 〈보기〉에서 모두 고른 것은?

> **보기**
> ㄱ. (나)의 비닐봉지 안에는 물방울이 맺힌다.
> ㄴ. (다)에서 증산 작용이 가장 활발하게 일어난다.
> ㄷ. (가)와 (다)를 비교하면 증산 작용이 식물의 잎에서 일어난다는 것을 알 수 있다.

① ㄴ   ② ㄷ   ③ ㄱ, ㄴ
④ ㄱ, ㄷ   ⑤ ㄱ, ㄴ, ㄷ

서술형 Tip

단어 제시형

1 식물은 먹이를 먹지 않아도 잘 자라는데, 그 까닭을 다음 단어를 모두 포함하여 서술하시오.

> 세포, 엽록체, 광합성, 양분

단계별 서술형

2 1 % 탄산수소 나트륨 용액이 들어 있는 비커에 시금치 잎 조각을 넣고 그림과 같이 장치한 후, 전등이 켜진 수를 다르게 하면서 시금치 잎 조각이 모두 떠오르는 데 걸리는 시간을 측정하였다.

LED 전등
1 % 탄산수소 나트륨 용액
시금치 잎 조각

(1) 표는 실험 결과를 나타낸 것이다. 이 실험 결과를 해석하여 서술하시오.

전등이 켜진 수	시금치 잎 조각이 모두 떠오르는 데 걸리는 시간(초)
1개	50
2개	40
3개	30

(2) (1)을 참고로 하여 이 실험 결과를 통해 알 수 있는 사실을 광합성에 영향을 미친 요인과 광합성 결과 생성되는 물질을 모두 포함하여 서술하시오.

서술형

3 4개의 눈금실린더에 같은 양의 물을 넣고 그림과 같이 장치하여 일정 시간 동안 햇빛이 잘 비치는 곳에 두었다.

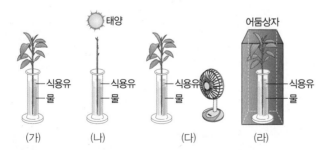

태양   어둠상자
식용유   식용유   식용유   식용유
물   물   물   물
(가)   (나)   (다)   (라)

(가)~(라) 중 실험 결과 물의 높이가 가장 낮을 것으로 예상되는 것을 쓰고, 그 까닭을 서술하시오.

쉽고 정확하게!

개념 학습

02 식물의 호흡

Ⓐ 식물의 호흡

1. 호흡
세포에서 산소를 이용해서 양분을 분해하여 생명 활동에 필요한 에너지를 얻는 과정

$$포도당 + 산소 \longrightarrow 이산화 탄소 + 물 + 에너지$$

2. 식물의 호흡
살아 있는 모든 세포에서 일어나며, 낮과 밤에 관계없이 항상 일어난다.

호흡에 필요한 물질		호흡으로 생성되는 요소	
포도당	광합성으로 만들어지는 양분	이산화 탄소❶	광합성에 이용되거나 잎의 기공을 통해 공기 중으로 방출된다.
산소	광합성으로 생성되거나 잎의 기공을 통해 공기 중에서 흡수한다.	물	식물에서 사용되거나 증산 작용으로 방출된다.
		에너지	싹을 틔우고, 꽃을 피우며, 열매를 맺는 등의 생명 활동에 사용된다.

3. 식물의 기체 교환
잎에서 기공을 통해, 줄기에서 군데군데 있는 피목을 통해, 뿌리에서 표피 세포를 통해 기체 교환이 일어난다.

낮(빛이 강할 때)	아침, 저녁(빛이 약할 때)	밤(빛이 없을 때)
강한 빛 / 이산화 탄소 산소 / 광합성 / 호흡	약한 빛 / 이산화 탄소 산소 / 광합성 / 호흡	이산화 탄소 산소 / 호흡
광합성량 > 호흡량	광합성량 = 호흡량	광합성량 < 호흡량
이산화 탄소 흡수, 산소 방출	외관상 기체의 출입 없음❷	산소 흡수, 이산화 탄소 방출

4. 광합성과 호흡의 비교❸

구분	광합성	호흡
일어나는 장소	엽록체가 있는 세포	살아 있는 모든 세포
일어나는 시기	빛이 있을 때(주로 낮)	항상
기체의 출입	이산화 탄소 흡수, 산소 방출	산소 흡수, 이산화 탄소 방출
물질의 변화	양분 생성	양분 분해
에너지 관계	빛에너지 흡수 ➡ 에너지 저장	생활 에너지 생성 ➡ 에너지 방출

Ⓑ 광합성 산물의 이동, 사용, 저장 Beyond 특강 144쪽

광합성 산물의 이동(밤)	광합성 산물의 사용과 저장	
낮에 잎에 저장되어 있던 녹말은 밤에 설탕으로 바뀌어 체관을 통해 식물체의 각 기관으로 이동한다.┐ 녹말은 물에 잘 녹지 않고, 설탕은 물에 잘 녹는다.	광합성 산물의 사용	• 식물의 생명 활동에 필요한 에너지를 얻는 데 사용한다. • 세포를 구성하는 물질로 사용한다.
	광합성 산물의 저장❹	사용하고 남은 광합성 산물은 뿌리, 줄기, 열매 등의 저장 기관에 녹말, 단백질, 지방 등의 형태로 저장된다.

개념 더하기

❶ 호흡으로 생성되는 이산화 탄소 확인 실험

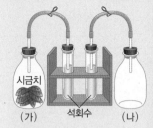

시금치 / (가) / 석회수 / (나)

페트병 (가)와 (나) 중 (가)에만 시금치를 넣고 뚜껑을 닫고 어두운 곳에 둔 후 페트병 (가)와 (나) 속의 공기를 석회수에 통과시켰더니 (가)의 기체를 통과시킨 석회수만 뿌옇게 변했다. ➡ 시금치의 호흡으로 이산화 탄소가 발생하였다.
[정리]
• 석회수는 이산화 탄소와 만나면 뿌옇게 흐려진다.
• 빛이 없을 때 식물은 호흡만 하며, 식물의 호흡으로 이산화 탄소가 발생한다.

❷ 외관상 기체 출입이 없는 까닭
아침이나 저녁과 같이 빛이 약할 때는 광합성이 활발하지 않아 광합성량과 호흡량이 같아지는 시점이 있다. 이때 광합성으로 생성된 산소는 호흡에, 호흡으로 생성된 이산화 탄소는 광합성에 이용되므로 외관상 기체 출입이 없는 것처럼 보이게 된다.

❸ 광합성과 호흡의 관계

빛에너지 / 포도당, 산소 / 에너지 / 광합성 / 호흡 / 물, 이산화 탄소

광합성은 빛에너지를 이용해 양분을 만드는 과정이고, 호흡은 양분을 이용하여 생명 활동에 필요한 에너지를 얻는 과정이다.

❹ 광합성 산물의 저장

식물	저장 기관	저장 형태
감자	줄기	녹말
고구마	뿌리	녹말
포도	열매	포도당
양파	줄기	포도당
콩	씨(종자)	단백질
땅콩	씨(종자)	지방

1 다음은 식물의 호흡 과정을 나타낸 것이다. ㉠, ㉡에 알맞은 말을 쓰시오.

$$(㉠\qquad)+산소 \longrightarrow (㉡\qquad)+물+에너지$$

2 그림은 낮과 밤에 식물에서 일어나는 기체 교환을 나타낸 것이다. A~D에 해당하는 기체를 각각 쓰시오.

낮　　　　　　밤

3 표는 광합성과 호흡을 비교한 것이다. ㉠~㉗에 알맞은 말을 쓰시오.

구분	광합성	호흡
일어나는 장소	(㉠)가 있는 세포	살아 있는 모든 세포
일어나는 시기	(㉡)이 있을 때(주로 낮)	항상
기체의 출입	(㉢) 흡수, (㉣) 방출	(㉤) 흡수, (㉥) 방출
물질의 변화	양분 생성	양분 분해
에너지 관계	빛에너지 흡수 ➡ 에너지 (Ⓐ)	생활 에너지 생성 ➡ 에너지 (◎)

4 다음은 광합성 산물의 이동, 사용, 저장에 대한 설명이다. ( ) 안에 알맞은 말을 고르거나 쓰시오.

낮에 잎에 저장되어 있던 녹말은 밤에 ㉠(포도당 , 설탕)으로 바뀌어 ㉡(물관 , 체관)을 통해 식물체의 각 기관으로 이동한다. 광합성 산물은 식물의 생명 활동에 필요한 (㉢)을/를 얻거나 세포를 구성하는 물질로 사용된다. 사용하고 남은 광합성 산물은 뿌리, 줄기, 열매 등의 저장 기관에 녹말, 단백질, 지방 등의 형태로 저장된다.

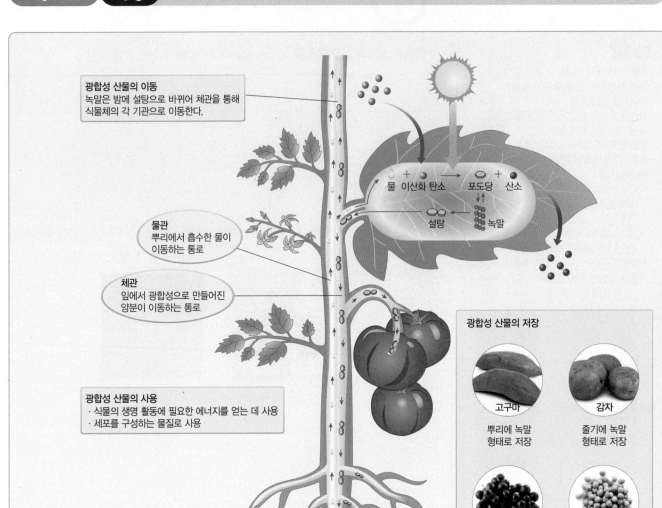

광합성 산물의 이동
녹말은 밤에 설탕으로 바뀌어 체관을 통해 식물체의 각 기관으로 이동한다.

물관
뿌리에서 흡수한 물이 이동하는 통로

체관
잎에서 광합성으로 만들어진 양분이 이동하는 통로

광합성 산물의 사용
· 식물의 생명 활동에 필요한 에너지를 얻는 데 사용
· 세포를 구성하는 물질로 사용

물 + 이산화 탄소 → 포도당 + 산소
설탕 ← 녹말

광합성 산물의 저장

고구마
뿌리에 녹말 형태로 저장

감자
줄기에 녹말 형태로 저장

포도
열매에 포도당 형태로 저장

콩
씨(종자)에 단백질 형태로 저장

[1~2] 그림은 잎에서 일어나는 광합성 과정을 나타낸 것이다.

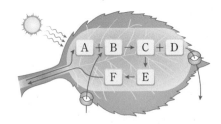

A + B → C + D
F ← E

1 이에 대한 설명으로 옳은 것을 〈보기〉에서 모두 고른 것은?

보기
ㄱ. A는 뿌리에서 흡수된다.
ㄴ. B는 호흡에 필요한 기체이며, D는 광합성에 필요한 기체이다.
ㄷ. C는 광합성으로 생성되며, 호흡에 필요한 물질이다.

① ㄱ
② ㄷ
③ ㄱ, ㄴ
④ ㄱ, ㄷ
⑤ ㄴ, ㄷ

2 다음 설명 (가)와 (나)에 해당하는 물질의 기호와 이름을 각각 쓰시오.

(가) 낮에 잎에 저장되어 있고, 물에 잘 녹지 않는 물질이다.
(나) 밤에 체관을 통해 이동하며, 물에 잘 녹는 물질이다.

3 광합성 결과 생성된 산물이 녹말의 형태로 저장되는 식물을 모두 고르면? (2개)

① 콩
② 감자
③ 포도
④ 땅콩
⑤ 고구마

A 식물의 호흡

중요

01 다음은 식물의 호흡 과정을 나타낸 것이다.

포도당+(㉠) ⟶ (㉡)+물+에너지

이에 대한 설명으로 옳지 <u>않은</u> 것은?

① ㉠은 광합성으로 생성되는 기체이다.
② ㉡은 잎의 기공을 통해 공기 중으로 방출된다.
③ 포도당은 식물의 호흡 과정에 사용되는 양분이다.
④ 물은 식물에서 사용되거나 증산 작용으로 방출된다.
⑤ 식물의 호흡 과정에서 에너지를 흡수하여 식물체 내에 저장한다.

[02~03] 그림과 같이 페트병 (가)와 (나) 중 (가)에만 시금치를 넣고 뚜껑을 닫고 어두운 곳에 둔 후 페트병 (가)와 (나) 속의 공기를 석회수에 통과시켰다.

【주관식】

02 (가)와 (나) 중 어떤 페트병의 기체를 통과시켰을 때 석회수가 뿌옇게 흐려지는지 쓰시오.

중요

03 이 실험을 통해 알 수 있는 사실로 옳은 것을 모두 고르면? (2개)

① 빛이 없을 때 식물은 호흡만 한다.
② 식물의 광합성에는 빛이 필요하다.
③ 식물의 광합성으로 산소가 발생한다.
④ 식물의 호흡으로 이산화 탄소가 발생한다.
⑤ 식물이 살아가기 위해서는 광합성과 호흡이 동시에 일어나야 한다.

중요

04 그림은 낮과 밤 동안 식물의 잎에서 일어나는 기체의 출입을 나타낸 것이다.

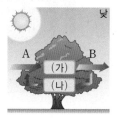 

(가), (나)에 해당하는 식물의 작용과 A, B에 해당하는 기체의 종류를 옳게 짝 지은 것은?

	(가)	(나)	A	B
①	호흡	광합성	산소	이산화 탄소
②	호흡	광합성	이산화 탄소	산소
③	광합성	호흡	산소	질소
④	광합성	호흡	산소	이산화 탄소
⑤	광합성	호흡	이산화 탄소	산소

05 아침이나 저녁과 같이 빛이 약할 때는 외관상 기체의 출입이 없는 시기가 있다. 이때의 광합성량과 호흡량을 옳게 비교한 것은?

① 광합성량>호흡량
② 광합성량≧호흡량
③ 광합성량=호흡량
④ 광합성량<호흡량
⑤ 광합성량≦호흡량

06 그림은 광합성과 호흡의 관계를 나타낸 것이다.

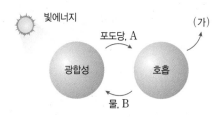

이에 대한 설명으로 옳지 <u>않은</u> 것은?

① A는 광합성으로 생성되는 산소이다.
② B는 호흡으로 생성되는 이산화 탄소이다.
③ 빛에너지가 없으면 광합성이 일어나지 않는다.
④ (가)는 에너지로, 식물의 생명 활동에 사용된다.
⑤ 빛이 있는 낮에는 식물에서 광합성만 일어난다.

07 4개의 시험관 A~D에 초록색 BTB 용액을 넣은 후 그림과 같이 장치하고, 1시간 동안 햇빛이 잘 비치는 곳에 두고 용액의 색깔 변화를 관찰하였다. 이에 대한 설명으로 옳지 <u>않은</u> 것은?

검정말　알루미늄　금붕어　그대로
　　　　포일　　　　　　둠

① A에서만 광합성이 일어난다.
② B와 C에서만 호흡이 일어난다.
③ A의 BTB 용액은 파란색으로 변한다.
④ B와 C의 BTB 용액은 노란색으로 변한다.
⑤ D의 BTB 용액은 색깔 변화가 없다.

중요

08 광합성과 호흡을 비교한 내용으로 옳은 것은?

구분		광합성	호흡
①	시기	항상	빛이 있을 때
②	장소	살아 있는 모든 세포	엽록체가 있는 세포
③	생성물	물, 이산화 탄소	포도당, 산소
④	물질 변화	양분 생성	양분 분해
⑤	에너지 관계	에너지 방출	에너지 저장

Ⓑ 광합성 산물의 이동, 사용, 저장

[09~10] 그림은 잎에서 일어나는 광합성 과정을 나타낸 것이다.

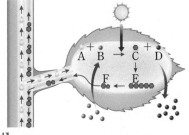

[주관식]

09 광합성으로 만들어지는 양분 중 ㉠ <u>최초로 만들어지는 산물</u>, ㉡ <u>낮 동안 잎에 저장되는 형태</u>, ㉢ <u>식물의 각 기관으로 이동하는 형태</u>의 기호와 이름을 각각 쓰시오.

중요

10 이에 대한 설명으로 옳은 것은?

① A는 뿌리에서 흡수되어 체관을 통해 이동한다.
② B는 공기 중에서 잎의 공변세포를 통해 흡수된다.
③ C는 낮 동안 물에 잘 녹는 E로 바뀌어 잎에 저장된다.
④ D는 광합성으로 생성되는 이산화 탄소이다.
⑤ E는 밤에 물에 잘 녹는 F로 바뀌어 체관을 통해 이동한다.

11 광합성 산물의 사용과 저장에 대한 설명으로 옳은 것을 〈보기〉에서 모두 고른 것은?

보기
ㄱ. 광합성 산물은 식물의 세포를 구성하는 물질로 사용한다.
ㄴ. 사용하고 남은 광합성 산물은 뿌리, 줄기, 열매 등에 저장된다.
ㄷ. 광합성 산물은 식물의 생명 활동에 필요한 에너지를 얻는 데 사용한다.

① ㄱ 　　　　② ㄷ 　　　　③ ㄱ, ㄴ
④ ㄴ, ㄷ 　　　⑤ ㄱ, ㄴ, ㄷ

12 식물의 종류에 따른 광합성 산물의 저장 기관과 저장 형태에 대한 설명으로 옳지 <u>않은</u> 것은?

① 땅콩은 지방의 형태로 뿌리에 저장한다.
② 감자는 녹말의 형태로 줄기에 저장한다.
③ 고구마는 녹말의 형태로 뿌리에 저장한다.
④ 포도는 포도당의 형태로 열매에 저장한다.
⑤ 콩은 단백질의 형태로 씨(종자)에 저장한다.

정답과 해설 **39**쪽

단어 제시형

1 그림과 같이 싹이 트고 있는 콩을 보온병에 넣고 온도계를 꽂은 후 온도 변화를 관찰하였더니 온도가 올라갔다. 그 까닭을 다음 단어를 모두 포함하여 서술하시오.

> 싹이 트고 있는 콩, 양분, 에너지, 호흡

온도계
솜 마개
싹이 트고 있는 콩

_____

단계별 서술형

2 햇빛이 잘 비치는 낮에 밀폐된 유리종 속에 그림과 같이 장치하고 일정 시간 동안 두었다.

(1) 실험 결과 (가)보다 (나)의 촛불이 더 오래 탔다. 그 까닭을 서술하시오.

_____

(가)　　(나)

(2) (가)와 (나)를 암실에 넣어 빛을 차단하는 경우 (가)와 (나) 중 촛불이 더 빨리 꺼지는 것을 쓰시오.

_____

(3) (2)과 같이 생각한 까닭을 서술하시오.

_____

서술형

3 그림은 사과나무 줄기의 껍질 일부분을 고리 모양으로 둥글게 벗겨내고 일정 시간이 지난 후의 모습을 나타낸 것이다. 둥글게 벗겨낸 부분의 위쪽에 자라는 사과가 아래쪽에 자라는 사과보다 크기가 큰 까닭을 서술하시오.

_____

_____

이 단원에서 학습한 내용을 확실히 이해했나요?
다음 내용을 잘 알고 있는지 확인해 보세요.

1 광합성

- ❶□□□: 식물이 빛에너지를 이용하여 물과 이산화 탄소를 원료로 양분을 만드는 과정
- 광합성이 일어나는 장소: ❷□□□
- 광합성이 일어나는 시기: ❸□이 있을 때

2 광합성에 필요한 요소와 생성되는 물질

- 광합성에 필요한 요소
  - ❶□□□□: 엽록체에 들어 있는 엽록소에서 흡수한다.
  - ❷□: 뿌리에서 흡수되어 물관을 통해 잎까지 이동한다.
  - ❸□□□ □□: 잎의 기공을 통해 흡수한다.
- 광합성으로 생성되는 물질
  - ❹□□□: 광합성으로 만들어지는 양분 ➡ 포도당은 곧바로 녹말로 바뀌어 잎의 세포에 저장
  - ❺□□: 일부는 식물의 호흡에 사용되고, 나머지는 잎의 기공을 통해 공기 중으로 방출된다.

3 광합성에 영향을 미치는 요인

- ❶□의 세기: 광합성량은 빛의 세기가 셀수록 증가하며, 빛이 일정 세기 이상이 되면 더 이상 증가하지 않는다.
- ❷□□□ □□의 농도: 광합성량은 이산화 탄소의 농도가 높을수록 증가하며, 이산화 탄소가 일정 농도 이상이 되면 더 이상 증가하지 않는다.
- ❸□□: 광합성량은 온도가 높을수록 증가하며, 일정 온도 이상에서는 급격하게 감소한다.

4 증산 작용

- ❶□□ □□: 식물체 속의 물이 수증기로 변하여 잎의 기공을 통해 공기 중으로 빠져나가는 현상
- 증산 작용의 조절: ❷□□은 주로 광합성이 활발하게 일어나는 낮에 열린다.
- 증산 작용과 광합성: 증산 작용이 활발할 때 뿌리에서 흡수한 물이 잎까지 상승하고, 이산화 탄소가 많이 흡수되므로 광합성도 활발히 일어난다.

5 식물의 호흡

- ❶□□: 세포에서 산소를 이용해서 양분을 분해하여 생명 활동에 필요한 에너지를 얻는 과정
- 식물의 ❷□□: 살아 있는 모든 세포에서 일어나며, 낮과 밤에 관계없이 항상 일어난다.

6 식물의 기체 교환

- 낮(빛이 강할 때): 광합성량>호흡량 ➡ ❶□□□ □□ 흡수, ❷□□ 방출
- 아침, 저녁(빛이 약할 때): 광합성량=호흡량 ➡ 외관상 기체의 출입 없음
- 밤(빛이 없을 때): 광합성량<호흡량 ➡ ❸□□ 흡수, ❹□□□ □□ 방출

7 호흡에 필요한 물질과 생성되는 요소

- 호흡에 필요한 물질
  - ❶□□□: 광합성으로 만들어지는 양분
  - ❷□□: 광합성으로 생성되거나 잎의 기공을 통해 공기 중에서 흡수된다.
- 호흡으로 생성되는 요소
  - ❸□□□ □□: 광합성에 이용되거나 잎의 기공을 통해 공기 중으로 방출된다.
  - ❹□: 식물에서 사용되거나 증산 작용으로 방출된다.
  - ❺□□□: 싹을 틔우고, 꽃을 피우며, 열매를 맺는 등의 생명 활동에 사용된다.

8 광합성 산물의 이동, 사용, 저장

- 광합성 산물의 이동: 낮에 잎에 저장되어 있던 녹말은 밤에 ❶□□으로 바뀌어 ❷□□을 통해 식물체의 각 기관으로 이동한다.
- 광합성 산물의 사용
  - 식물의 생명 활동에 필요한 ❸□□□를 얻는 데 사용한다.
  - 세포를 구성하는 물질로 사용한다.
- 광합성 산물의 저장: 사용하고 남은 광합성 산물은 저장 기관에 녹말, 단백질, 지방 등의 형태로 저장된다.

[내 실력 진단하기]

각 중단원별로 어느 부분이 부족한지 진단해 보고, 부족한 단원은 다시 복습합시다.

01. 광합성	01	02	03	04	05	06	07
	08	09	10	11	12	22	23
02. 식물의 호흡	13	14	15	16	17	18	19
	20	21	24				

01 상**중**하 다음은 광합성 과정을 나타낸 것이다.

$$(\text{ⓐ}) + 물 \xrightarrow[\text{(ⓑ)에너지}]{} (\text{ⓒ}) + 산소$$

이에 대한 설명으로 옳지 <u>않은</u> 것은?

① ⓐ은 이산화 탄소이다.

② ⓑ은 빛으로, 빛에너지는 엽록소에서 흡수한다.

③ ⓒ은 포도당으로, 광합성으로 만들어지는 양분이다.

④ 물은 뿌리에서 흡수되어 체관을 통해 잎까지 이동한다.

⑤ 산소 중 일부는 식물의 호흡에 사용되고, 나머지는 공기 중으로 방출된다.

[02~03] 파란색 BTB 용액에 숨을 불어넣어 노란색 BTB 용액을 만들어 시험관 A~C에 나누어 넣고, 그림과 같이 장치하여 햇빛이 잘 비치는 곳에 두고 BTB 용액의 색깔 변화를 관찰하였다.

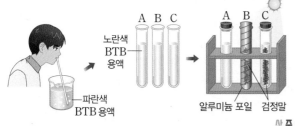

노란색 BTB 용액

파란색 BTB 용액

알루미늄 포일   검정말

02 상**중**하 시험관 속 BTB 용액의 색깔 변화로 옳지 <u>않은</u> 것을 모두 고르면? (2개)

① A: 변화 없다.   ② B: 초록색

③ B: 변화 없다.   ④ C: 파란색

⑤ C: 변화 없다.

03 상**중**하 이 실험 결과 알 수 있는 사실로 옳은 것을 모두 고르면? (2개)

① 광합성에는 빛이 필요하다.

② 광합성에는 이산화 탄소가 필요하다.

③ 광합성 결과 녹말이 생성된다.

④ 광합성 결과 포도당이 생성된다.

⑤ 광합성 결과 산소가 생성된다.

[주관식] 상**중**하

04 그림과 같이 장치하여 햇빛이 잘 비치는 곳에 두었더니 일정 시간 후 기체가 발생하였다. ⓐ이 기체의 이름과 핀치 집게를 열고 고무관 끝에 ⓑ향의 불씨를 가까이 대어볼 때 나타나는 변화를 각각 쓰시오.

고무관

1 % 탄산수소 나트륨 용액

깔때기

검정말

핀치 집게

[05~06] 그림은 토끼풀을 이용한 광합성 실험을 나타낸 것이다.

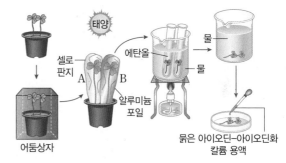

태양

셀로판지

에탄올

물

A

B

알루미늄 포일

어둠상자

묽은 아이오딘-아이오딘화 칼륨 용액

물

05 상**중**하 이 실험에 대한 설명으로 옳지 <u>않은</u> 것은?

① A에서 녹말이 생성되었다.

② A의 잎은 청람색으로 색깔이 변한다.

③ B의 잎에서 아이오딘 반응이 나타난다.

④ 광합성 결과 생성되는 양분을 알아보는 실험이다.

⑤ 광합성이 일어나기 위해서는 빛이 필요하다는 것을 알 수 있다.

자료 분석 | 정답과 해설 40쪽

[주관식] 상**중**하

06 토끼풀의 잎 세포에서 광합성이 일어나는 초록색 알갱이는 무엇인지 쓰시오.

07 광합성에 영향을 미치는 요인과 광합성량에 대한 설명으로 옳은 것을 〈보기〉에서 모두 고른 것은? 상 **중** 하

보기
ㄱ. 이산화 탄소의 농도가 높을수록 광합성량이 증가하다가 일정 농도 이상에서는 급격하게 감소한다.
ㄴ. 빛의 세기가 셀수록 광합성량이 증가하다가 일정 세기 이상이 되면 광합성량이 더 이상 증가하지 않는다.
ㄷ. 온도가 높을수록 광합성량이 증가하며, 일정 온도 이상이 되면 광합성량이 더 이상 증가하지 않고 일정해진다.

① ㄴ   ② ㄷ   ③ ㄱ, ㄴ
④ ㄱ, ㄷ   ⑤ ㄱ, ㄴ, ㄷ

08 빛의 세기와 이산화 탄소의 농도가 일정할 때 온도가 광합성량에 미치는 영향을 옳게 나타낸 것은? 상 중 **하**

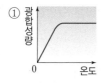
① 광합성량 / 온도

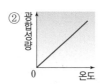
② 광합성량 / 온도

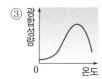
③ 광합성량 / 온도

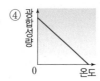
④ 광합성량 / 온도

⑤ 광합성량 / 온도

09 증산 작용에 대한 설명으로 옳은 것을 〈보기〉에서 모두 고른 것은? 상 **중** 하

보기
ㄱ. 낮보다 밤에 활발하게 일어난다.
ㄴ. 뿌리에서 흡수한 물을 잎까지 끌어올리는 원동력이다.
ㄷ. 공변세포의 모양에 따라 기공이 열리고 닫히면서 조절된다.

① ㄱ   ② ㄷ   ③ ㄱ, ㄴ
④ ㄴ, ㄷ   ⑤ ㄱ, ㄴ, ㄷ

[10~11] 눈금실린더 (가)~(다)에 같은 양의 물을 넣고 그림과 같이 장치하여 일정 시간 동안 햇빛이 잘 비치는 곳에 두었다.

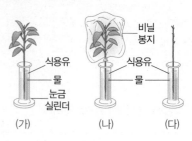
비닐봉지 / 식용유 / 물 / 눈금실린더 / 식용유 / 물 / (가) / (나) / (다)

【주관식】 상 중 **하**
10 (가)~(다) 중 일정 시간 후 수면의 높이가 가장 낮아진 눈금실린더의 기호를 쓰시오.

자료 분석 | 정답과 해설 41쪽

상 **중** 하
11 이에 대한 설명으로 옳지 않은 것은?

① 식물에서 일어나는 증산 작용을 알아보기 위한 실험이다.
② 식용유를 떨어뜨리는 까닭은 눈금실린더 속 물의 증발을 막기 위해서이다.
③ (나)의 비닐봉지 안쪽에 물방울이 맺힌다.
④ (가)와 (나)를 비교하면 증산 작용이 습도가 높을 때 활발하게 일어난다는 것을 알 수 있다.
⑤ (가)와 (다)를 비교하면 증산 작용이 잎에서 일어난다는 것을 알 수 있다.

상 **중** 하
12 그림은 아침부터 저녁까지 화분에 심은 식물 잎에서의 증산량을 측정한 결과를 나타낸 것이다.

증산량 / 8 9 10 11 12 13 14 15 16 17 18 / 시간(시)

㉠ 증산 작용이 가장 활발할 때와 ㉡ 광합성이 가장 활발할 때를 옳게 짝 지은 것은?

	㉠	㉡
①	8시~10시	8시~10시
②	10시~13시	12시~15시
③	12시~15시	12시~15시
④	13시~16시	15시~18시
⑤	15시~18시	8시~10시

자료 분석 | 정답과 해설 41쪽

13 호흡에 대한 설명으로 옳지 <u>않은</u> 것은? 상중하

① 호흡 결과 생명 활동에 필요한 에너지를 얻는다.
② 호흡은 살아 있는 모든 세포에서 빛이 있는 낮에만 일어난다.
③ 세포에서 산소를 이용해서 광합성 결과 생성된 양분을 분해한다.
④ 호흡 결과 생성된 물은 식물에서 사용되거나 증산 작용으로 방출된다.
⑤ 호흡에 필요한 산소는 광합성으로 생성되거나 잎의 기공을 통해 공기 중에서 흡수한다.

16 그림과 같이 2개의 보온병에 싹튼 콩과 삶은 콩을 넣고 온도계를 꽂은 후 온도 변화를 관찰하였다. 이에 대한 설명으로 옳지 <u>않은</u> 것은? 상중하

싹튼 콩 (가) 삶은 콩 (나)

① (가)는 온도가 올라간다.
② (나)는 온도가 변하지 않는다.
③ (가)의 싹튼 콩에서 광합성이 일어난다.
④ (가)의 싹튼 콩에서 호흡이 일어난다.
⑤ (나)의 삶은 콩에서 광합성과 호흡이 모두 일어나지 않는다.

[14~15] 2개의 수조를 그림과 같이 장치하고, 수조의 윗부분을 각각 비닐 랩으로 감싸 밀봉한 후 어두운 곳에 하루 동안 놓아 둔다.

비닐 랩
석회수 화분 (가)
석회수 (나)

【주관식】 상중하
14 (가)와 (나) 중 어떤 수조에 들어 있는 석회수가 뿌옇게 흐려졌는지 쓰시오.

자료 분석 | 정답과 해설 41쪽

[17~18] 그림은 잎에서 일어나는 광합성 과정을 나타낸 것이다.

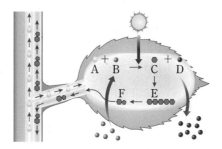

상중하
17 이에 대한 설명으로 옳지 <u>않은</u> 것은?

① A는 뿌리에서 흡수되어 줄기를 거쳐 잎으로 이동한다.
② B는 기공을 통해 들어오고, D는 기공을 통해 나간다.
③ C는 광합성 결과 최초로 생성되는 양분이다.
④ E는 물에 잘 녹으며, F는 물에 잘 녹지 않는다.
⑤ F는 밤에 체관을 통해 이동한다.

자료 분석 | 정답과 해설 41쪽

상중하
15 이 실험을 통해 알 수 있는 내용으로 옳은 것은?

① 식물의 광합성 결과 녹말이 생성된다.
② 식물의 광합성에는 빛에너지가 필요하다.
③ 식물의 광합성에는 이산화 탄소가 필요하다.
④ 식물의 호흡에 산소가 필요하다.
⑤ 식물의 호흡 결과 이산화 탄소가 방출된다.

【주관식】 상중하
18 ㉠광합성으로 생성되는 기체와 ㉡호흡에 필요한 기체의 기호와 이름을 각각 쓰시오.

19 그림은 식물에서 낮과 밤에 일어나는 기체 교환을 나타낸 것이다.

이에 대한 설명으로 옳은 것은?

① A는 산소, B는 이산화 탄소이다.
② (가)는 호흡, (나)는 광합성이다.
③ 빛이 없는 밤에는 식물에서 호흡만 일어난다.
④ 빛이 강한 낮에는 식물에서 광합성만 일어난다.
⑤ 빛이 강한 낮에 식물에서 외관상 기체의 출입이 없는 시기가 있다.

20 그림은 광합성과 호흡의 공통점과 차이점을 나타낸 것이다. ㉠에 해당하는 특징으로 옳은 것은?

① 세포 내에서 일어난다.
② 빛이 있는 낮에만 일어난다.
③ 살아 있는 모든 세포에서 일어난다.
④ 에너지를 흡수하여 양분을 생성한다.
⑤ 이산화 탄소를 흡수하고 산소를 방출한다.

자료 분석 | 정답과 해설 42쪽

21 식물체에서 광합성 산물의 저장과 사용에 대한 설명으로 옳지 <u>않은</u> 것은?

① 광합성 산물은 세포를 구성하는 물질로 사용한다.
② 고구마는 광합성 산물을 녹말의 형태로 뿌리에 저장한다.
③ 포도는 광합성 산물을 포도당의 형태로 열매에 저장한다.
④ 콩은 광합성 산물을 녹말의 형태로 씨(종자)에 저장한다.
⑤ 광합성 산물은 식물의 생명 활동에 필요한 에너지를 얻는 데 사용한다.

서술형 문제

22 그림과 같이 장치하여 LED 전등을 비추었더니 검정말에서 기포가 발생하였다.

검정말에서 발생하는 기포는 어떤 기체인지 쓰고, 기포 수를 증가시키기 위한 방법을 2가지만 서술하시오. (단, 탄산수소 나트륨 용액의 온도는 20 ℃이다.)

_____
_____
_____

23 그림은 잎의 뒷면 표피 일부를 현미경으로 관찰한 결과를 나타낸 것이다.

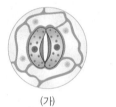

(가)   (나)

(1) (가)와 (나) 중 증산 작용이 활발히 일어나는 경우의 기호를 쓰고, 그렇게 생각한 까닭을 서술하시오.

_____

(2) 잎에서 증산 작용이 활발히 일어나기 위한 조건을 다음 단어를 모두 포함하여 서술하시오.

빛, 온도, 바람, 습도

_____
_____

24 식물의 잎에서 생성된 광합성 산물이 각 기관으로 어떻게 이동하는지, 최초로 생성된 광합성 산물, 잎에 저장된 광합성 산물, 이동하는 광합성 산물의 종류, 이동 시기, 이동 통로를 모두 포함하여 서술하시오.

_____

시험 대비 교재

1 물질의 기본 성분에 대한 생각

학자(물질관)	내용
탈레스	모든 물질의 근원은 물이다.
❶( )	물질은 물, 불, 흙, 공기의 4가지 원소로 이루어져 있으며, 물, 불, 흙, 공기는 서로 바뀔 수 있다.
보일	물질을 이루는 기본 성분으로 더 이상 분해되지 않는 기본 물질이 원소이다. ➡ 현대적인 '원소' 개념을 처음 제안하였다.
라부아지에	물 분해 실험에서 물이 수소와 산소로 분해되므로 물은 ❷( )가 아니다. ➡ 아리스토텔레스의 생각이 옳지 않음을 증명하였다.

[라부아지에의 물 분해 실험]
주철관을 가열하면서 주철관 안으로 물을 통과시켰다.

- 실험 결과 주철관은 산소와 결합하여 녹이 슬고, 집기병에 수소 기체가 모였다. ➡ 물이 산소와 수소로 분해되었다.
- 물은 산소와 수소로 분해되므로 원소가 아니다.

[물의 전기 분해 실험]
- 수산화 나트륨을 조금 녹인 물에 전류를 흘려 준다.
- (+)극: ❸( ) 기체 발생 ➡ 꺼져가는 성냥불을 대면 다시 타오른다.
- (−)극: ❹( ) 기체 발생 ➡ 성냥불을 가까이하면 '퍽' 소리를 내며 탄다.
- 기체 발생량: (+)극 < (−)극

---

2 원소

① ❺( ): 더 이상 다른 물질로 분해되지 않으면서 물질의 기본이 되는 성분

② 원소의 특징
- 현재까지 밝혀진 원소는 118가지이다. ➡ 약 90가지는 자연에서 발견되었고, 나머지는 인공적으로 만든 것이다.
- 원소는 종류에 따라 성질이 다르다.

③ 여러 가지 원소의 성질과 이용

원소	성질과 이용
철	매우 단단하여 건물이나 다리의 철근 등에 이용된다.
금	광택이 있으며, 물, 산소와 반응하지 않아 장신구로 이용된다.
❻( )	가볍고 안전하여 비행선, 광고용 풍선의 기체로 이용된다.
산소	지구 대기의 21 %를 차지하며, 생물의 호흡이나 물질의 연소에 이용된다.
❼( )	숯, 다이아몬드의 성분이며, 연필심 등에 이용된다.

3 불꽃 반응

① 불꽃 반응: 금속 원소가 포함된 물질을 겉불꽃에 넣었을 때 독특한 불꽃 반응 색이 나타나는 반응

② 몇 가지 금속 원소의 불꽃 반응 색

나트륨	❽( )	칼슘	리튬	스트론튬	❿( )
노란색	보라색	주황색	❾( )	빨간색	청록색

③ 불꽃 반응으로 원소 구별
- 불꽃 반응으로 물질 속에 포함된 금속 원소를 구별할 수 있다.
- 서로 다른 물질이라도 같은 금속 원소를 포함하면 같은 불꽃 반응 색이 나타난다.

④ 불꽃 반응의 특징
- 실험 방법이 쉽고 간단하다.
- 물질의 양이 적어도 포함된 금속 원소를 확인할 수 있다.
- 불꽃 반응 색이 비슷한 원소는 구별할 수 없다.

4 스펙트럼

① 스펙트럼: 빛을 분광기에 통과시켰을 때 나타나는 여러 가지 색깔의 띠

연속 스펙트럼	햇빛을 분광기로 관찰했을 때 나타나는 연속적인 색의 띠
⓫( )	금속 원소의 불꽃 반응에서 나타나는 불꽃을 분광기로 관찰했을 때 선으로 밝게 나타나는 띠 囫 나트륨의 선 스펙트럼

② 선 스펙트럼으로 원소 구별
- 원소의 종류에 따라 나타나는 선의 색깔, 위치, 개수, 굵기 등이 다르다. ➡ 불꽃 반응 색이 비슷한 리튬과 스트론튬도 구별할 수 있다.
- 여러 가지 원소가 포함된 물질일 경우, 각 원소의 선 스펙트럼이 모두 나타난다.

[선 스펙트럼 분석] 물질 (가)에 포함되어 있는 원소 찾기

물질 (가)

리튬

칼슘

스트론튬

원소의 선 스펙트럼에 나타난 선이 물질 (가)의 선 스펙트럼에 모두 나타난 경우 그 원소는 물질 (가)에 포함되어 있다.
➡ 물질 (가)에는 ⓬( )과 ⓭( )이 포함되어 있다.

정답과 해설 **43**쪽

1 라부아지에는 물이 산소와 수소로 분해되는 실험을 통해 물이 (㉠)이/가 아님을 증명하고, (㉡)의 주장이 옳지 않음을 증명하였다.

1 _____

_____

2 그림은 물의 전기 분해 장치를 나타낸 것이다.

(1) A극에는 (㉠) 기체가 모이고, B극에는 (㉡) 기체가 모인다.

(2) (A극 , B극)에 모인 기체에 꺼져가는 성냥불을 가까이하면 다시 타오른다.

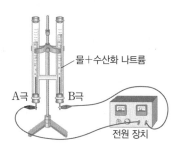

물+수산화 나트륨

A극   B극

전원 장치

2 _____

_____

3 다음에서 원소가 아닌 것을 모두 고르시오.

| 물   산소   수소   소금   설탕   금   나트륨   염소 |

3 _____

_____

4 다음의 특징을 갖는 원소의 이름을 각각 쓰시오.

(1) 생물의 호흡이나 물질의 연소에 이용된다.

(2) 광택이 있고, 물, 산소와 반응하지 않으므로 장신구의 재료로 이용된다.

(3) 다른 물질과 잘 반응하지 않으므로 과자 봉지의 충전 기체로 이용된다.

4 _____

_____

5 다음에서 불꽃 반응 실험으로 구별하기 어려운 두 금속 원소를 고르시오.

| 리튬   구리   칼슘   칼륨   나트륨   스트론튬 |

5 _____

_____

6 다음 물질들을 불꽃 반응 시켰을 때 나타나는 불꽃 반응 색을 각각 쓰시오.

(1) 염화 바륨   (2) 염화 칼륨

(3) 질산 나트륨   (4) 황산 구리

6 _____

_____

7 그림은 원소 A~D와 물질 (가)의 선 스펙트럼을 나타낸 것이다. 원소 A~D 중 물질 (가)에 포함된 원소를 모두 쓰시오.

원소 A

원소 B

원소 C

원소 D

물질 (가)

7 _____

_____

01 그림은 라부아지에가 실험한 장치를 나타낸 것이다.

이 실험이 가지는 의의로 가장 적절한 것은?

① 물을 최초로 합성하였다.
② 탈레스의 1원소설을 지지하였다.
③ 현대적인 원소 개념을 처음 제안하였다.
④ 모든 물질 속에 물이 포함되어 있음을 밝혔다.
⑤ 아리스토텔레스의 주장이 옳지 않음을 증명하였다.

02 물이 원소가 아니라고 주장할 수 있는 근거로 옳은 것은?

① 물은 더 이상 분해되지 않으므로
② 물을 가열하면 수증기가 되어 사라지므로
③ 물에 전기를 흘려 주면 산소와 수소로 분해되므로
④ 물은 얼음, 물, 수증기의 다른 상태로 존재하므로
⑤ 물이 다른 물질과 결합하면 새로운 물질이 되므로

출제율 99%

03 그림은 물의 전기 분해 실험 장치와 결과를 나타낸 것이다.

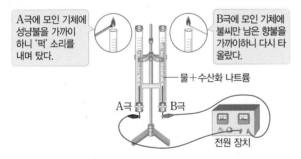

이에 대한 설명으로 옳은 것은?

① 순수한 물은 전류가 잘 흐른다.
② A극에서 산소 기체가 발생하였다.
③ B극에서 수소 기체가 발생하였다.
④ A극에서 발생한 기체의 부피가 B극에서 발생한 기체의 부피보다 크다.
⑤ 물이 물질을 이루는 기본 성분임을 알 수 있다.

[주관식]

04 다음 내용의 빈칸에 공통으로 들어갈 알맞은 말을 쓰시오.

> • 물을 분해하면 수소와 산소로 나누어지므로 물은 ( )이/가 아니다.
> • 우리 주변의 모든 물질은 ( )(으)로 이루어져 있다.

출제율 99%

05 원소에 대한 설명으로 옳은 것을 〈보기〉에서 모두 고른 것은?

보기
ㄱ. 다른 물질로 분해되지 않는다.
ㄴ. 원소는 인공적으로 만들 수 없다.
ㄷ. 한 가지 원소로 이루어진 물질도 존재한다.
ㄹ. 물질의 종류는 원소의 종류보다 훨씬 많다.
ㅁ. 현재까지 알려진 원소의 종류는 약 20가지이다.

① ㄱ   ② ㄱ, ㄴ   ③ ㄴ, ㅁ
④ ㄱ, ㄷ, ㄹ   ⑤ ㄷ, ㄹ, ㅁ

06 그림은 물질 A의 분해 과정을 나타낸 것이다.

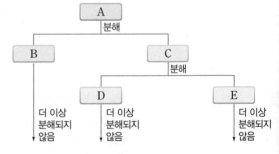

물질 A~E 중 원소인 것만을 모두 고른 것은?

① A   ② A, C   ③ D, E
④ A, B, C   ⑤ B, D, E

출제율 99%

07 원소에 해당하는 것을 〈보기〉에서 모두 고른 것은?

> 보기
> ㄱ. 황　　　　ㄴ. 물　　　　ㄷ. 알루미늄
> ㄹ. 공기　　　ㅁ. 수소　　　ㅂ. 암모니아
> ㅅ. 나무　　　ㅇ. 헬륨　　　ㅈ. 에탄올

① ㄱ, ㄴ, ㄹ, ㅂ　　　② ㄱ, ㄷ, ㅁ, ㅇ
③ ㄴ, ㄷ, ㅁ, ㅈ　　　④ ㄴ, ㅁ, ㅂ, ㅅ
⑤ ㄷ, ㄹ, ㅅ, ㅇ, ㅈ

08 원소와 그 원소가 이용되는 예가 옳게 연결된 것은?

① 헬륨 – 우주 왕복선의 연료로 이용
② 금 – 기계나 건축물의 재료로 이용
③ 산소 – 과자 봉지의 충전 기체로 이용
④ 수소 – 생물의 호흡이나 물질의 연소에 이용
⑤ 탄소 – 다이아몬드나 연필심의 성분으로 이용

09 우리 주변의 물질과 그 물질을 이루는 원소를 연결한 것으로 옳지 <u>않은</u> 것은?

① 물 – 수소, 산소
② 다이아몬드 – 탄소
③ 소금 – 산소, 나트륨
④ 설탕 – 탄소, 수소, 산소
⑤ 알루미늄 포일 – 알루미늄

10 원소와 원소의 불꽃 반응 색을 옳게 짝 지은 것은?

① 바륨 – 황록색
② 리튬 – 보라색
③ 칼슘 – 빨간색
④ 나트륨 – 청록색
⑤ 칼륨 – 노란색

출제율 99%

11 불꽃 반응 색이 같은 물질과 그 불꽃 반응 색을 옳게 짝 지은 것은?

① 질산 칼륨, 염화 칼슘 – 보라색
② 황산 구리, 염화 구리 – 청록색
③ 염화 나트륨, 염화 리튬 – 노란색
④ 탄산 나트륨, 탄산 칼륨 – 보라색
⑤ 질산 리튬, 질산 스트론튬 – 주황색

12 그림은 불꽃 반응 실험 과정을 나타낸 것이다.

불꽃 반응 실험의 한계점으로 옳은 것을 모두 고르면? (2개)

① 실험 방법이 복잡하다.
② 모든 금속 원소를 구별할 수는 없다.
③ 시료의 양이 적으면 구별하기 어렵다.
④ 불꽃 반응 색이 비슷한 원소는 구별하기 어렵다.
⑤ 같은 금속 원소를 포함한 물질이어도 불꽃 반응 색은 다르게 나타난다.

13 축제 때 즐겨 하는 불꽃놀이에서 볼 수 있는 다양한 색의 불꽃은 원소의 불꽃 반응 색을 이용한 것이다. 빨간색과 청록색의 불꽃을 만들기 위해 사용해야 하는 금속으로만 옳게 짝 지은 것은?

① 리튬, 칼륨
② 리튬, 구리
③ 칼슘, 구리
④ 나트륨, 바륨
⑤ 나트륨, 스트론튬

14 그림과 같이 가스레인지에서 끓이던 찌개 국물이 넘쳤을 때 가스레인지의 불꽃색이 노란색이 되었다. 이를 통해 찌개 국물 속에 들어 있을 것으로 예상할 수 있는 원소는?

① 리튬 ② 나트륨 ③ 칼륨
④ 칼슘 ⑤ 구리

15 표는 몇 가지 물질의 불꽃 반응 색을 나타낸 것이다.

물질	염화 구리	염화 칼륨	질산 스트론튬	질산 리튬
불꽃 반응 색	(가)	보라색	빨간색	빨간색

이에 대한 설명으로 옳은 것은?

① (가)는 보라색이다.
② 염소 원소의 불꽃 반응 색은 보라색이다.
③ 질산 칼륨의 불꽃 반응 색은 빨간색일 것이다.
④ 염화 스트론튬의 불꽃 반응 색은 빨간색일 것이다.
⑤ 불꽃 반응으로 질산 스트론튬과 질산 리튬을 구별할 수 있다.

16 금속 원소의 불꽃 반응에서 나타나는 불꽃을 분광기로 관찰하면 스펙트럼을 얻을 수 있다. 이에 대한 설명으로 옳은 것을 〈보기〉에서 모두 고른 것은?

┌ 보기 ┐
ㄱ. 햇빛을 관찰하여 얻은 스펙트럼과 같다.
ㄴ. 원소의 종류에 따라 선의 색깔, 위치, 개수, 굵기 등이 다르게 나타난다.
ㄷ. 시료의 양이 많으면 나타나는 선의 개수가 많아진다.
ㄹ. 불꽃 반응 색이 비슷한 리튬과 스트론튬도 스펙트럼은 다르게 나타난다.

① ㄱ, ㄷ ② ㄱ, ㄹ ③ ㄴ, ㄹ
④ ㄱ, ㄴ, ㄷ ⑤ ㄴ, ㄷ, ㄹ

17 선 스펙트럼에서 원소의 종류에 따라 다르게 나타나는 것이 <u>아닌</u> 것은?

① 선의 길이 ② 선의 개수
③ 선의 굵기 ④ 선의 위치
⑤ 선의 색깔

출제율 99%

18 그림은 원소 A, B와 물질 (가)~(다)의 선 스펙트럼을 나타낸 것이다.

물질 (가)~(다) 중 원소 A와 B를 모두 포함하고 있는 것을 모두 고른 것은?

① (가) ② (나)
③ (가), (다) ④ (나), (다)
⑤ (가), (나), (다)

19 다음은 미지의 물질 (가)와 5가지 원소의 선 스펙트럼을 나타낸 것이다. 물질 (가)에 포함되어 있을 것으로 생각되는 원소를 모두 고르면? (2개)

20 표는 우리 주변의 물질과 그 물질을 이루는 원소를 나타낸 것이다.

물질	물질을 이루는 원소
다이아몬드	(㉠)
물	수소, 산소
소금	염소, (㉡)
설탕	탄소, 수소, 산소

이에 대한 설명으로 옳은 것은?

① ㉠에 해당하는 원소는 철이다.
② 물을 분해하면 두 가지 원소를 얻을 수 있다.
③ ㉡에 해당하는 원소는 칼륨이다.
④ 물을 이루는 산소와 설탕을 이루는 산소는 다른 원소이다.
⑤ 모든 물질은 두 가지 이상의 원소로 이루어진다.

22 그림은 물 분해 실험 장치를 나타낸 것이다. (가)에 모인 기체의 이름을 쓰고, 이 기체를 확인할 수 있는 방법을 서술하시오.

_____

_____

23 그림은 불꽃 반응 실험 과정을 나타낸 것이다.

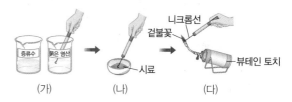

(1) (가) 과정의 역할을 서술하시오.

_____

(2) (다) 과정에서 니크롬선을 속불꽃이 아닌 겉불꽃에 넣는 까닭을 서술하시오.

_____

21 그림과 같은 과정으로 불꽃 반응 실험을 하여 여러 가지 물질의 불꽃 반응 색을 관찰한 결과가 표와 같았다.

물질	염화 나트륨	질산 나트륨	염화 스트론튬	질산 스트론튬
불꽃 반응 색	노란색	노란색	빨간색	빨간색
물질	염화 리튬	질산 리튬	물질 A	물질 B
불꽃 반응 색	빨간색	빨간색	노란색	빨간색

이에 대한 설명으로 옳은 것은?

① 물질 A에는 염소 성분이 들어 있다.
② 물질 B에는 질소와 산소 성분이 들어 있다.
③ 물질 A의 노란색은 나트륨 때문에 나타난다.
④ 물질 B에는 스트론튬과 리튬 성분이 섞여 있다.
⑤ 물질 B와 질산 스트론튬의 스펙트럼은 똑같게 나타난다.

자료 분석 | 정답과 해설 44쪽

24 그림은 염화 리튬, 염화 나트륨, 염화 스트론튬을 구별하는 과정을 나타낸 모식도이다.

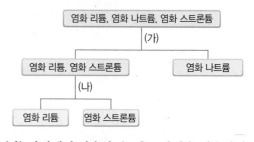

(1) (가) 과정에서 사용할 수 있는 방법을 서술하시오.

_____

(2) (나) 과정에서 사용할 수 있는 방법을 서술하시오.

_____

1 원자

① ❶(　　): 물질을 이루는 기본 입자

② 원자의 구조: 원자는 원자핵과 전자로 이루어져 있다.

[❷(　　)]
- (+)전하를 띤다.
- 원자의 중심에 있다.

[❸(　　)]
- (−)전하를 띤다.
- 원자핵 주위를 움직이고 있다.

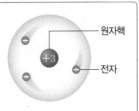

③ 원자의 특징
- 원자의 종류에 따라 원자핵의 (+)전하량이 다르고, 전자의 개수도 다르다.
- 한 원자에서 원자핵의 (+)전하량과 전자의 총 (−)전하량이 같다. ➡ 원자는 전기적으로 중성이다.

④ 원자 모형

원자	수소	헬륨	탄소
원자 모형	+1	+2	+6
원자핵의 전하량	+1	+2	+6
전자의 개수(개)	1	2	6
원자의 전하량	$(+1)+(-1)\times1$ $=0$	$(+2)+(-1)\times2$ $=0$	$(+6)+(-1)\times6$ $=0$

2 분자

① ❹(　　): 독립된 입자로 존재하여 물질의 성질을 나타내는 가장 작은 입자

② 분자의 특징
- 분자는 원자가 결합하여 이루어진다.
- 물질의 종류에 따라 물질을 이루는 분자의 종류가 다르다.
- 결합하는 원자의 종류와 개수에 따라 분자의 종류가 달라진다.

③ 몇 가지 분자의 모형

분자의 종류	모형	분자를 이루는 원자의 종류와 개수
산소 분자		산소 원자 2개
물 분자		산소 원자 1개 ❺(　　)
일산화 탄소 분자		탄소 원자 1개 산소 원자 1개
이산화 탄소 분자		탄소 원자 1개 ❻(　　)

3 원소 기호

① ❼(　　): 원소의 종류에 따라 간단한 기호로 나타낸 것 ➡ 베르셀리우스가 제안한 기호를 사용한다.

② 원소 기호를 나타내는 방법

· 라틴어나 영어로 된 원소 이름의 첫 글자를 알파벳의 대문자로 나타낸다.	· 첫 글자가 같은 원소가 있을 경우에는 중간 글자를 택하여 첫 글자 다음에 소문자로 나타낸다.
수소 Hydrogen ➡ H	염소 Chlorum ➡ Cl

③ 여러 가지 원소의 원소 기호

수소	헬륨	리튬	탄소	질소	산소
H	He	❽(　)	C	N	O
플루오린	나트륨(소듐)	알루미늄	규소	인	황
❾(　)	Na	Al	Si	❿(　)	S
염소	아르곤	칼륨(포타슘)	칼슘	마그네슘	구리
Cl	Ar	⓫(　)	Ca	Mg	⓬(　)

4 분자식

① 분자식: 분자를 구성하는 원자의 종류와 개수를 원소 기호와 숫자로 표현한 식

② 분자식을 나타내는 방법

1 분자를 구성하는 원자의 종류를 원소 기호로 쓴다.
2 구성하는 원자의 개수를 원소 기호 오른쪽 아래에 작게 쓴다. 이때 1은 생략한다.
3 분자의 개수는 분자식 앞에 숫자로 나타낸다.

H_2O ／ $2H_2O$

물 분자

③ 여러 가지 분자의 분자식

수소	질소	산소	일산화 탄소	이산화 탄소
H_2	N_2	O_2	CO	⓭(　)
암모니아	메테인	염화 수소	물	과산화 수소
NH_3	⓮(　)	HCl	H_2O	⓯(　)

④ 분자식을 통해 알 수 있는 것

- 분자의 종류와 개수: 이산화 탄소 분자 3개
- 분자를 이루는 원자의 종류: 탄소, 산소
- 분자 1개당 원자의 개수: 탄소 원자 1개, 산소 원자 2개
- 원자의 총 개수: 탄소 원자 3개+산소 원자 6개 ➡ 총 9개

$3CO_2$

정답과 해설 **45**쪽

1 그림은 원자의 구조를 나타낸 것이다.

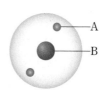

(1) A는 (㉠   )이고, B는 (㉡   )이다.

(2) A는 (㉠   )전하를 띠고, B는 (㉡   )전하를 띠며, 원자는 전기적으로 (㉢   )이다.

1 _____

2 그림은 두 가지 원자의 원자 모형을 나타낸 것이다

(1) (가) 원자에 포함된 전자의 개수를 쓰시오.

(2) (나) 원자에서 원자핵의 전하량을 쓰시오.

(가)   (나)

2 _____

3 그림은 이산화 탄소 분자를 모형으로 나타낸 것이다. 이산화 탄소 분자는 (㉠   ) 원자 1개와 (㉡   ) 원자 2개로 이루어져 있다.

3 _____

4 원소의 종류에 따라 간단한 기호로 나타낸 것을 (㉠   )(이)라 하고, 현재 사용하고 있는 원소 기호는 (㉡   )이/가 제안한 것이다.

4 _____

5 표의 ㉠~㉻에 알맞은 원소 기호나 원소 이름을 쓰시오.

헬륨	(㉡)	마그네슘	(㉣)	규소	(㉻)
(㉠)	Cl	(㉢)	F	(㉤)	Ca

5 _____

6 표의 ㉠~㉤에 알맞은 분자식이나 분자의 이름을 쓰시오.

염화 수소	(㉡)	암모니아	(㉣)	과산화 수소
(㉠)	O_2	(㉢)	CO	(㉤)

6 _____

7 그림은 물 분자를 모형으로 나타낸 것이다. 이 모형을 분자식으로 나타내시오.

7 _____

원자의 개념 문제

원자의 개념과 관련된 문제
에서 나올 수 있는 선택지
모아 보기

1 원자에 대한 설명으로 옳지 않은 것을 모두 고르면? (4개)

① 물질을 이루는 기본 입자이다.

② 물질의 성질을 나타내는 가장 작은 입자이다.

③ 물질을 이루는 기본 성분으로서 셀 수 없는 개념이다.

④ 원자는 전기적으로 중성이다.

⑤ 원자 내부에는 더 작은 입자가 존재한다.

⑥ (+)전하를 띠는 원자핵과 (−)전하를 띠는 전자로 구성된다.

⑦ 전자는 원자 부피의 대부분을 차지한다.

⑧ 원자의 종류에 따라 원자핵의 전하량이 다르다.

⑨ 원자의 종류에 상관없이 전자의 개수가 같다.

⑩ 원자의 대부분은 빈 공간이다.

원자 모형 문제

원자 모형과 관련된 문제에
서 나올 수 있는 선택지 모
아 보기

2 그림은 원자의 구조를 나타낸 것이다. 이에 대한 설명으로 옳
지 않은 것을 모두 고르면? (5개)

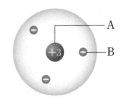

① A는 전자, B는 원자핵이다.

② A는 (+)전하를 띠고, B는 (−)전하를 띤다.

③ 원자 부피의 대부분을 차지하는 것은 A이다.

④ 원자 질량의 대부분을 차지하는 것은 A이다.

⑤ 모든 원자에서 A의 전하량은 같다.

⑥ B는 A에 비해 질량이 매우 작다.

⑦ B는 A 주위에서 고정되어 있다.

⑧ B 1개의 전하량은 −3이다.

⑨ 한 원자에서 A의 (+)전하량과 B의 총 (−)전하량의 크기가 같다.

⑩ 주어진 원자 모형은 리튬 원자를 나타낸다.

분자의 개념 문제

분자의 개념과 관련된 문제
에서 나올 수 있는 선택지
모아 보기

3 분자에 대한 설명으로 옳지 않은 것을 모두 고르면? (5개)

① 물질을 이루는 기본 입자이다.

② 독립된 입자로 존재하여 물질의 성질을 나타낸다.

③ 중성 원자가 전자를 잃거나 얻어 전하를 띠게 된 입자이다.

④ 대부분 원자가 결합하여 이루어진다.

⑤ 분자가 원자로 나누어지면 분자의 성질을 잃는다.

⑥ 원자 1개로 이루어진 분자는 존재하지 않는다.

⑦ 항상 서로 다른 종류의 원자가 결합하여 만들어진다.

⑧ 분자를 이루는 원소의 종류가 같으면 같은 분자이다.

⑨ 분자를 이루는 원자의 개수가 다르면 서로 다른 분자이다.

⑩ 얼음, 물, 수증기를 이루고 있는 분자는 같은 분자이다.

암기 문제 공략 | 원소 기호와 분자식

정답과 해설 45쪽

원소 기호

❶ 라틴어나 영어로 된 원소 이름의 첫 글자를 알파벳의 대문자로 나타낸다.

수소 Hydrogen ➡ H

❷ 첫 글자가 같은 원소가 있을 경우, 중간 글자를 택하여 첫 글자 다음에 소문자로 나타낸다.

염소 Chlorum ➡ Cl

분자식

물 분자

원자의 원소 기호
H_2O
원자의 개수

물 분자의 개수
$2H_2O$

---

1 표의 ㉠~㉒에 알맞은 원소 기호를 쓰시오.

원소 이름	원소 기호	원소 이름	원소 기호
수소	㉠	리튬	㉠
베릴륨	㉡	마그네슘	㉢
탄소	㉢	칼슘	㉢
산소	㉣	철	㉠
네온	㉤	아연	㉤
규소	㉥	납	㉤
황	㉦	아이오딘	㉢

2 표의 ㉠~㉒에 알맞은 원소 이름을 쓰시오.

원소 이름	원소 기호	원소 이름	원소 기호
㉠	He	㉠	Na
㉡	B	㉢	Al
㉢	N	㉢	K
㉣	F	㉠	Mn
㉤	Ar	㉤	Cu
㉥	P	㉤	Ag
㉦	Cl	㉢	Au

3 원소 이름에 해당하는 원소 기호가 옳지 <u>않은</u> 것을 모두 골라 옳게 고치시오.

① 네온 – Na　　② 염소 – Cl
③ 플루오린 – Fl　④ 철 – Fe
⑤ 마그네슘 – Mg　⑥ 규소 – S
⑦ 알루미늄 – AL　⑧ 금 – Au
⑨ 칼륨 – K　　　⑩ 구리 – Gu

4 표의 ㉠~㉤에 알맞은 분자식을 쓰시오.

분자 이름	분자식
수소	㉠
질소	㉡
물	㉢
일산화 탄소	㉣
암모니아	㉤
메테인	㉥

5 표의 ㉠~㉤에 알맞은 분자 이름을 쓰시오.

분자식	분자 이름
O_2	㉠
HCl	㉡
CO_2	㉢
H_2O_2	㉣
O_3	㉤

6 오른쪽 분자식에 대한 설명으로 옳지 <u>않</u>은 것을 모두 고르면? (5개)

$3CH_4$

① 메테인 분자이다.
② 탄소와 수소로 이루어져 있다.
③ 분자의 개수는 3개이다.
④ 원자의 총 개수는 5개이다.
⑤ 분자 1개를 이루는 원자의 개수는 4개이다.
⑥ 분자 1개를 이루는 탄소 원자의 개수는 3개이다.
⑦ 분자 1개를 이루는 수소 원자의 개수는 4개이다.
⑧ 탄소 원자의 총 개수는 3개이다.
⑨ 수소 원자의 총 개수는 4개이다.
⑩ 분자를 이루는 원자의 종류는 3가지이다.

정답과 해설 **45**쪽

01 물질이 입자로 이루어져 있다는 것을 뒷받침할 수 있는 것을 〈보기〉에서 모두 고른 것은?

> 보기
>
> ㄱ. 일정한 온도에서 기체의 압력과 부피는 반비례한다.
> ㄴ. 금을 계속 쪼개면 더 이상 쪼개지지 않는 작은 입자가 남는다.
> ㄷ. 물 100 g에 소금 20 g을 녹이면 전체 질량은 120 g이 된다.
> ㄹ. 물 50 mL와 에탄올 50 mL를 섞으면 전체 부피는 100 mL보다 작다.

① ㄱ, ㄴ   ② ㄱ, ㄹ   ③ ㄴ, ㄷ
④ ㄴ, ㄹ   ⑤ ㄷ, ㄹ

출제율 99%

02 원자에 대한 설명으로 옳은 것은?

① 원자는 물질의 성질을 가진 가장 작은 입자이다.
② 원자는 전체적으로 (+)전하를 띠고 있다.
③ 원자의 종류에 따라 전자의 개수가 다르다.
④ 원자 내부 공간은 대부분 원자핵이 차지한다.
⑤ 원자는 눈으로는 볼 수 없고, 일반 현미경으로는 볼 수 있다.

03 그림은 원자의 구조를 나타낸 것이다. 이에 대한 설명으로 옳은 것은?

① A는 전자이다.
② B는 원자핵이다.
③ A의 전하량은 원자의 종류에 따라 다르다.
④ B 1개의 전하량은 원자의 종류에 따라 다르다.
⑤ A는 다른 원자로 이동할 수 있고, B는 이동할 수 없다.

출제율 99%

04 그림은 어떤 원자의 원자 모형을 나타낸 것이다. 이에 대한 설명으로 옳지 않은 것은?

① 전기적으로 중성이다.
② 원자핵의 전하량은 +8이다.
③ 전자 1개의 전하량은 −8이다.
④ 원자핵 주위에 존재하는 전자의 개수는 8개이다.
⑤ 원자핵의 전하량과 전자의 총 전하량의 크기는 같다.

05 리튬 원자의 원자 모형을 옳게 나타낸 것은?

①   ②

③   ④

⑤

06 원자 모형에 대한 설명으로 옳지 않은 것은?

① 원자의 중심에 원자핵을 표시한다.
② 전자는 원자핵 주위에 배치한다.
③ 원자의 구조를 이해하기 쉽게 나타낸 것이다.
④ 원자 모형은 원자의 실제 모양과 거의 동일하다.
⑤ 원자핵의 (+)전하량과 전자의 총 (−)전하량의 크기가 같도록 전자의 개수를 그린다.

07 표는 몇 가지 원자의 원자핵의 전하량과 전자의 개수를 나타낸 것이다.

원자	헬륨	질소	플루오린	네온	마그네슘
원자핵의 전하량	㉠	+7	㉢	+10	㉤
전자의 개수(개)	2	㉡	9	㉣	12

㉠~㉤에 들어갈 내용으로 옳은 것은?

① ㉠: −2   ② ㉡: 6   ③ ㉢: +9
④ ㉣: 1   ⑤ ㉤: −12

출제율 99%

08 분자에 대한 설명으로 옳은 것은?

① 물질의 성질을 가진 입자이다.
② 더 이상 쪼갤 수 없는 입자이다.
③ 모든 물질은 분자로 이루어져 있다.
④ 항상 두 개 이상의 원자가 결합하여 만들어진다.
⑤ 항상 같은 종류의 원자가 결합하여 만들어진다.

09 메테인 분자는 탄소 원자 1개와 수소 원자 4개로 이루어져 있다. 메테인 분자를 모형으로 옳게 나타낸 것은?

①   ②

③   ④

⑤

10 다음은 원소 표현 방법에 대한 내용이다.

> (가) 원 안에 그림이나 문자를 넣어 원소를 나타내었다.
> (나) 자신들만이 알 수 있는 그림으로 원소를 기록하였다.
> (다) 원소의 라틴어나 영어 이름의 알파벳을 이용하여 나타내었다.

각 내용과 관련 있는 학자를 옳게 짝 지은 것은?

	(가)	(나)	(다)
①	돌턴	연금술사	베르셀리우스
②	돌턴	베르셀리우스	연금술사
③	연금술사	돌턴	베르셀리우스
④	연금술사	베르셀리우스	돌턴
⑤	베르셀리우스	돌턴	연금술사

출제율 99%

11 원소 이름과 원소 기호를 옳게 짝 지은 것을 모두 고르면? (2개)

① 구리 – Gu   ② 알루미늄 – Ar
③ 납 – Pb   ④ 베릴륨 – Be
⑤ 아이오딘 – Ai

[주관식]

12 물 분자에 대한 학생들의 대화 중 옳지 <u>않은</u> 내용을 말한 학생을 〈보기〉에서 모두 고르시오.

> ─ 보기 ─
> • 정호: 물 분자는 물의 성질을 나타내는 가장 작은 입자야.
> • 선우: 그러면 물 분자가 원자로 나누어지면 물의 성질을 띠지 않겠네.
> • 재범: 과산화 수소 분자도 물처럼 수소와 산소로 이루어져 있어.
> • 하연: 물과 과산화 수소는 구성하는 원자의 종류가 같으니까 성질이 같아.

13 다음의 (가)~(다)에 해당하는 원소를 원소 기호로 옳게 짝 지은 것은?

> (가) 표백제나 수영장 물을 소독하는 데 이용된다.
> (나) 지각에 많이 존재하며, 반도체 제작에 사용된다.
> (다) 가볍고 안전하여 광고용 풍선의 기체로 이용된다.

	(가)	(나)	(다)
①	Cl	Si	He
②	Cl	Au	H
③	S	Si	He
④	S	Au	H
⑤	F	Ag	O

출제율 99%

14 분자와 분자식을 옳게 짝 지은 것은?

① 수소 – H
② 산소 – O_3
③ 메테인 – CH_3
④ 염화 수소 – ClH
⑤ 이산화 탄소 – CO_2

15 그림은 어떤 분자를 모형으로 나타낸 것이다.

이 모형을 구성하는 원자 종류의 가짓수와 원자의 총 개수로 옳은 것은?

	원자 종류의 가짓수	원자의 총 개수
①	2가지	4개
②	2가지	12개
③	3가지	4개
④	3가지	8개
⑤	3가지	12개

16 그림은 두 가지 물질을 모형으로 나타낸 것이다.

이에 대한 설명으로 옳은 것을 〈보기〉에서 모두 고른 것은?

> **보기**
> ㄱ. (가)는 오존 분자, (나)는 산소 분자이다.
> ㄴ. (가)의 분자식은 O_2, (나)의 분자식은 O_3이다.
> ㄷ. (가)와 (나)는 같은 원자로 이루어져 있다.
> ㄹ. (가)와 (나)는 같은 성질을 나타낸다.

① ㄱ, ㄴ   ② ㄴ, ㄷ   ③ ㄷ, ㄹ
④ ㄱ, ㄴ, ㄹ   ⑤ ㄱ, ㄷ, ㄹ

17 분자 1개를 이루는 원자의 개수가 가장 많은 것은?

① 수소   ② 염소   ③ 메테인
④ 염화 수소   ⑤ 과산화 수소

18 다음 설명에 해당하는 분자식으로 옳은 것은?

> • 이 분자는 탄소와 산소로 이루어져 있다.
> • 분자 1개를 이루는 탄소 원자는 1개, 산소 원자는 2개이다.
> • 분자의 개수는 3개이다.

① CO   ② CO_2 ③ C_2O
④ 3CO   ⑤ $3CO_2$

출제율 99%

19 다음 분자식에 대한 설명으로 옳은 것을 모두 고르면?

(2개)

$$3NH_3$$

① 메테인 분자이다.
② 성분 원소는 질소와 수소이다.
③ 분자의 개수는 3개이다.
④ 분자 1개를 이루는 원자의 개수는 12개이다.
⑤ 수소 원자의 총 개수는 3개이다.

고난도 문제

20 그림은 세 가지 물질을 입자 모형으로 나타낸 것이다.

(가) 물　　　　(나) 구리　　　(다) 염화 나트륨

이에 대한 설명으로 옳은 것은?

① (가)~(다)는 모두 분자로 이루어져 있다.

② (가)~(다)는 모두 2종류의 원소로 이루어져 있다.

③ (나)는 구리 원자가 규칙적으로 배열되어 있다.

④ (다)는 나트륨과 염소가 2 : 1의 개수비로 결합되어 있다.

⑤ 각각을 화학식으로 나타내면 (가)는 H_2O, (나)는 Cu, (다)는 Na_2Cl이다.

자료 분석 | 정답과 해설 46쪽

21 다음은 어떤 물질의 분자식에 대한 설명이다.

> • 원자의 총 개수는 6개이다.
> • 분자의 개수는 2개이다.
> • 구성 원소는 황과 수소이다.
> • 분자 1개를 이루는 황 원자의 개수는 1개이다.

이 분자식을 옳게 나타낸 것은?

① 2HS　　　② $2H_2S$　　　③ $2HS_2$

④ $2S_2O$　　　⑤ $2SO_2$

22 다음의 3가지 분자식에 대한 설명으로 옳은 것은?

> (가) $2CH_4$　　　(나) $3H_2O$　　　(다) $4NH_3$

① 분자의 개수가 가장 많은 것은 (가)이다.

② 수소 원자의 총 개수가 가장 많은 것은 (가)이다.

③ 분자 1개를 구성하는 원자의 개수가 가장 많은 것은 (나)이다.

④ 원자의 총 개수가 가장 많은 것은 (다)이다.

⑤ 분자를 구성하는 원소 종류의 가짓수는 (가)<(나)<(다)이다.

자료 분석 | 정답과 해설 46쪽

서술형 문제

23 그림과 같이 물 50 mL와 에탄올 50 mL를 섞는 실험을 하려고 한다.

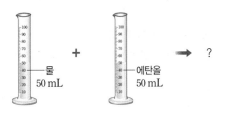

(1) 두 액체를 섞은 후 전체 부피가 어떻게 될지 예상하시오.

_____

(2) (1)과 같이 예상한 까닭을 서술하시오.

_____

24 원자핵의 전하량이 +6인 원자의 원자핵 주위에서 움직이고 있는 전자의 개수를 쓰고, 그 까닭을 서술하시오.

_____

_____

25 표는 2가지 원소의 이름과 원소 기호를 나타낸 것이다.

원소	이름	원소 기호
탄소	Carboneum	C
염소	Chlorum	Cl

표를 참고하여 원소 기호를 나타내는 방법을 서술하시오.

_____

_____

26 그림은 메테인 분자의 모형을 나타낸 것이다.

(1) 메테인 분자 3개를 분자식으로 나타내시오.

_____

(2) 메테인 분자 3개를 만들기 위해 필요한 탄소 원자와 수소 원자의 개수를 각각 쓰시오.

_____

1 이온

① 이온: 원자가 전자를 잃거나 얻어 전하를 띠게 된 입자

② 이온의 종류 및 형성 과정

양이온	음이온
원자가 전자를 잃어 ❶( )전하를 띠는 입자	원자가 전자를 얻어 ❷( )전하를 띠는 입자

원자 → 양이온 (전자를 잃음)
(+)전하량>(−)전하량

원자 → 음이온 (전자를 얻음)
(+)전하량<(−)전하량

③ 이온의 표현 방법

양이온	음이온
[이온식] 원소 기호를 쓰고, 오른쪽 위에 잃은 전자의 개수와 +기호로 나타낸다. (단, 1은 생략)	[이온식] 원소 기호를 쓰고, 오른쪽 위에 얻은 전자의 개수와 −기호로 나타낸다. (단, 1은 생략)
Li^+ — 전하의 종류, 잃은 전자의 개수 (1은 생략함), 원소 기호	F^- — 전하의 종류, 얻은 전자의 개수 (1은 생략함), 원소 기호
[이름] 원소 이름 뒤에 '~ 이온'을 붙인다.	[이름] 원소 이름 뒤에 '~화 이온'을 붙인다. 단, 원소 이름이 '소'로 끝날 때는 '소'를 뺀다.
예 Li^+: 리튬 이온 Mg^{2+}: ❸( )	예 F^-: 플루오린화 이온 O^{2-}: ❹( )

[이온의 형성 과정을 이온 모형으로 나타내기] 문제 공략 18쪽
예 리튬 원자가 전자 1개를 잃고 생성된 이온

리튬 원자 → 리튬 이온
$Li \longrightarrow Li^+ + \ominus$

④ 여러 가지 이온의 이온식과 이름

구분	이온식	이름	이온식	이름
양이온	H^+	수소 이온	Mg^{2+}	마그네슘 이온
	Li^+	리튬 이온	❺( )	칼슘 이온
	Na^+	나트륨 이온	Al^{3+}	알루미늄 이온
	K^+	칼륨 이온	NH_4^+	암모늄 이온
음이온	F^-	플루오린화 이온	O^{2-}	산화 이온
	Cl^-	❻( )	S^{2-}	황화 이온
	I^-	아이오딘화 이온	NO_3^-	질산 이온
	OH^-	수산화 이온	CO_3^{2-}	탄산 이온

▨ 다원자 이온

2 이온의 전하 확인

이온이 들어 있는 수용액에 전류를 흘려 주면 양이온은 ❼( )극으로, 음이온은 ❽( )극으로 이동한다.

[이온의 이동 실험]
질산 칼륨 수용액이 들어 있는 페트리 접시에 파란색의 황산 구리(Ⅱ) 수용액과 보라색의 과망가니즈산 칼륨 수용액을 떨어뜨리고 변화를 관찰한다.

질산 칼륨 수용액
(−)극　　(+)극
파란색의 황산 구리(Ⅱ) 수용액
보라색의 과망가니즈산 칼륨 수용액

• 파란색은 (−)극으로 이동한다. ➡ 파란색을 띠는 입자는 양이온인 ❾( )이다.
• 보라색은 (+)극으로 이동한다. ➡ 보라색을 띠는 입자는 음이온인 과망가니즈산 이온(MnO_4^-)이다.

3 앙금 생성 반응
문제 공략 19쪽

① 앙금 생성 반응: 두 수용액을 섞었을 때 특정한 양이온과 음이온이 반응하여 앙금을 생성하는 반응

[염화 나트륨 수용액과 질산 은 수용액의 반응]
염화 이온(Cl^-)과 은 이온(Ag^+)이 반응하여 흰색 앙금인 염화 은($AgCl$)을 생성한다.

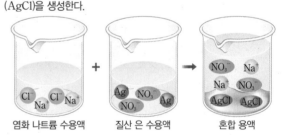

염화 나트륨 수용액 + 질산 은 수용액 → 혼합 용액

② 여러 가지 앙금 생성 반응

앙금 생성 반응	앙금의 색깔
$Ag^+ + Cl^- \longrightarrow AgCl\downarrow$ (염화 은)	흰색
$Ca^{2+} + CO_3^{2-} \longrightarrow$ ❿( )↓ (탄산 칼슘)	흰색
$Ba^{2+} + $ ⓫( ) $\longrightarrow BaSO_4\downarrow$ (황산 바륨)	흰색
$Pb^{2+} + 2I^- \longrightarrow$ ⓬( )↓ (아이오딘화 납)	노란색
$Cu^{2+} + $ ⓭( ) $\longrightarrow CuS\downarrow$ (황화 구리)	검은색

③ 앙금 생성 반응의 이용
• 공장 폐수 속의 납 이온(Pb^{2+}) 확인: 황화 이온(S^{2-})을 넣으면 검은색 앙금이 생성된다.
➡ $Pb^{2+} + S^{2-} \longrightarrow$ ⓮( )(검은색)
• 수돗물 속의 염화 이온(Cl^-) 확인: 은 이온(Ag^+)을 넣으면 흰색 앙금이 생성되어 뿌옇게 흐려진다.
➡ $Cl^- + Ag^+ \longrightarrow AgCl$(흰색)

정답과 해설 **47**쪽

1 그림은 이온의 형성 과정을 나타낸 것이다. (가)와 (나)에서 생성된 이온을 양이온과 음이온으로 구분하시오.

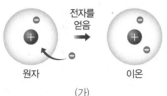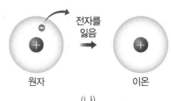

전자를
얻음

전자를
잃음

원자　　　　　이온　　　　　원자　　　　　이온

(가)　　　　　　　　　　(나)

1 _____

_____

2 표의 ㉠~㉤에 알맞은 이온의 이름이나 이온식을 쓰시오.

알루미늄 이온	(㉡　　　)	아이오딘화 이온	(㉣　　　)	탄산 이온
(㉠　　　)	K^+	(㉢　　　)	S^{2-}	(㉤　　　)

2 _____

_____

3 그림은 리튬 원자에서 리튬 이온이 형성되는 과정을 나타낸 것이다. 리튬 이온 형성 과정을 식으로 나타내시오. (단, 전자는 ⊖로 나타낸다.)

리튬 원자　　　　리튬 이온　　　전자

3 _____

4 그림과 같이 질산 칼륨 수용액이 들어 있는 페트리 접시에 파란색의 황산 구리(Ⅱ) 수용액과 보라색의 과망가니즈산 칼륨 수용액을 떨어뜨렸다.

(1) 파란색이 이동하는 방향의 극과 파란색을 띠는 이온의 이름을 쓰시오.

(2) 보라색이 이동하는 방향의 극과 보라색을 띠는 이온의 이름을 쓰시오.

질산 칼륨
수용액

파란색의
황산 구리(Ⅱ) 수용액

(−)극　　　　　　　(+)극

보라색의
과망가니즈산 칼륨 수용액

4 _____

_____

5 그림은 앙금 생성 반응을 모형으로 나타낸 것이다. 이 반응에서 생성되는 앙금 (가)의 화학식과 이름을 쓰시오.

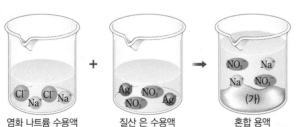

염화 나트륨 수용액　　질산 은 수용액　　혼합 용액

5 _____

_____

6 다음 이온이 반응할 때 생성되는 앙금의 화학식과 색깔을 각각 쓰시오.

(1) $Ba^{2+} + SO_4^{2-} \longrightarrow$

(2) $Cu^{2+} + S^{2-} \longrightarrow$

6 _____

_____

구분	양이온			음이온	
이온식(이온의 이름)	Li^+(리튬 이온)	Na^+(나트륨 이온)	Mg^{2+}(마그네슘 이온)	O^{2-}(산화 이온)	F^-(플루오린화 이온)
모형	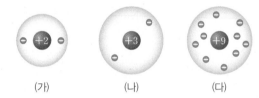				
원자핵의 전하량	+3	+11	+12	+8	+9
전자의 개수(개)	2	10	10	10	10
전자의 총 전하량	−2	−10	−10	−10	−10
원자가 잃거나 얻은 전자의 개수	1개 잃음	1개 잃음	2개 잃음	2개 얻음	1개 얻음

1 그림은 원자와 이온을 모형으로 나타낸 것이다.

(가)　　　(나)　　　(다)

이에 대한 설명으로 옳은 것은?

① (가)는 양이온이다.
② (나)는 전기적으로 중성이다.
③ (다)는 (−)전하를 띤다.
④ (나)는 원자가 전자 1개를 얻어 형성되었다.
⑤ (다)는 O^{2-}로 나타낸다.

2 그림은 두 가지 이온을 모형으로 나타낸 것이다.

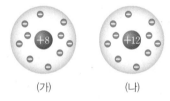

(가)　　　(나)

(가)와 (나)를 비교한 것으로 옳지 <u>않은</u> 것을 모두 고르면? (2개)

	(가)	(나)
① 원자핵의 전하량	+8	+12
② 전자의 개수	10개	10개
③ 원자가 잃거나 얻은 전자의 개수	2개 잃음	2개 얻음
④ 이온식	O^{2-}	Mg^{2-}
⑤ 이온의 이름	산화 이온	마그네슘 이온

3 그림은 두 원자가 이온으로 되는 과정을 모형으로 나타낸 것이다.

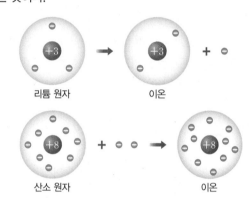

리튬 원자　　　　　　이온

산소 원자　　　　　　　　　이온

이에 대한 설명으로 옳은 것은?

① 리튬 원자는 전자 1개를 얻어 이온이 된다.
② 산소 원자는 전자 2개를 잃어 이온이 된다.
③ 리튬의 이온은 (−)전하를 띠고, 산소의 이온은 (+)전하를 띤다.
④ 리튬 원자가 이온으로 되는 과정을 식으로 나타내면 $Li \longrightarrow Li^+ + \ominus$이다.
⑤ 산소 원자가 이온으로 되는 과정을 식으로 나타내면 $O \longrightarrow O^{2-} + 2\ominus$이다.

4 그림은 어떤 원자가 이온으로 되는 과정을 모형으로 나타낸 것이다.

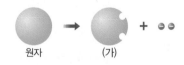

원자　　　(가)

위 과정에 의해 형성되는 이온 (가)의 예로 옳은 것은?

① Na^+　　　② Mg^{2+}　　　③ Al^{3+}
④ F^-　　　⑤ O^{2-}

암기 문제 공략 앙금 생성 반응

반응하는 수용액			앙금 생성 반응	앙금과 이름	앙금의 색깔
질산 은 수용액	+	염화 나트륨 수용액	$Ag^+ + Cl^- \longrightarrow AgCl$	AgCl(염화 은)	
염화 칼슘 수용액	+	탄산 나트륨 수용액	$Ca^{2+} + CO_3^{2-} \longrightarrow CaCO_3$	CaCO₃(탄산 칼슘)	
		황산 나트륨 수용액	$Ca^{2+} + SO_4^{2-} \longrightarrow CaSO_4$	CaSO₄(황산 칼슘)	흰색
질산 바륨 수용액	+	탄산 칼륨 수용액	$Ba^{2+} + CO_3^{2-} \longrightarrow BaCO_3$	BaCO₃(탄산 바륨)	
		황산 칼륨 수용액	$Ba^{2+} + SO_4^{2-} \longrightarrow BaSO_4$	BaSO₄(황산 바륨)	
질산 납 수용액	+	아이오딘화 칼륨 수용액	$Pb^{2+} + 2I^- \longrightarrow PbI_2$	PbI₂(아이오딘화 납)	노란색
		황화 나트륨 수용액	$Pb^{2+} + S^{2-} \longrightarrow PbS$	PbS(황화 납)	검은색
염화 구리(Ⅱ) 수용액	+	황화 나트륨 수용액	$Cu^{2+} + S^{2-} \longrightarrow CuS$	CuS(황화 구리)	검은색
염화 카드뮴 수용액	+	황화 나트륨 수용액	$Cd^{2+} + S^{2-} \longrightarrow CdS$	CdS(황화 카드뮴)	노란색

1 다음 두 수용액을 반응시킬 때 앙금이 생성되지 <u>않는</u> 경우는?

① 질산 은 수용액+염화 나트륨 수용액
② 염화 칼륨 수용액+염화 나트륨 수용액
③ 염화 칼슘 수용액+탄산 나트륨 수용액
④ 염화 바륨 수용액+황산 나트륨 수용액
⑤ 염화 카드뮴 수용액+황화 나트륨 수용액

2 다음 두 물질의 수용액을 반응시켰을 때 생성되는 앙금의 화학식과 색깔을 옳게 짝 지은 것은?

	수용액	앙금	색깔
①	염화 나트륨+질산 은	NaNO₃	흰색
②	염화 바륨+황산 칼륨	BaSO₄	검은색
③	질산 납+황화 나트륨	PbS	흰색
④	질산 칼슘+탄산 나트륨	CaCO₃	흰색
⑤	질산 납+아이오딘화 칼륨	PbI₂	검은색

3 앙금을 생성하는 이온끼리 옳게 짝 지은 것은?

① Pb^{2+}, I^-
② Mg^{2+}, NO_3^-
③ Ca^{2+}, Cl^-
④ Na^+, CO_3^{2-}
⑤ Cu^{2+}, SO_4^{2-}

4 표는 미지의 수용액에 3가지 수용액을 각각 떨어뜨렸을 때의 관찰 결과를 나타낸 것이다.

반응시킨 수용액	질산 은 수용액	염화 바륨 수용액	탄산 칼륨 수용액
결과	반응 없음	반응 없음	흰색 앙금 생성

위 실험 결과를 근거로 판단할 때, 다음 중 미지의 수용액 속에 들어 있을 것으로 예상되는 이온은?

① Ag^+
② Ca^{2+}
③ Cl^-
④ CO_3^{2-}
⑤ SO_4^{2-}

5 그림은 (가) 수용액과 질산 납 수용액의 반응을 모형으로 나타낸 것이다.

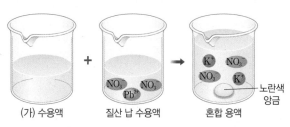

(가) 수용액   질산 납 수용액   혼합 용액

(가) 수용액에 존재하는 이온을 〈보기〉에서 모두 고르시오.

보기
ㄱ. K^+ ㄴ. Pb^{2+} ㄷ. Cl^- ㄹ. I^-

출제율 99%

01 이온에 대한 설명으로 옳지 <u>않은</u> 것은?

① 원자가 전자를 잃으면 양이온이 된다.
② 원자가 전자를 얻으면 $(-)$전하를 띤다.
③ 양이온은 원자일 때보다 원자핵의 전하량이 크다.
④ 음이온은 원자일 때보다 전자의 개수가 많다.
⑤ 이온은 한 개의 원자로 이루어진 것도 있고, 여러 개의 원자로 이루어진 것도 있다.

[02~03] 그림은 원자 A와 B가 이온이 되는 과정을 나타낸 것이다. (단, A, B는 임의의 원소 기호이다.)

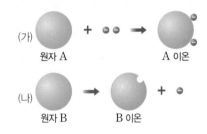

02 위 과정에 대한 설명으로 옳은 것은?

① (가)는 양이온 형성 과정이다.
② (나)는 음이온 형성 과정이다.
③ A 이온은 $(+)$전하량$>(-)$전하량이다.
④ B 이온은 $(+)$전하량$<(-)$전하량이다.
⑤ A 이온은 A^{2-}, B 이온은 B^+로 나타낼 수 있다.

03 위의 A 이온과 B 이온의 예로 옳은 것은?

	A 이온	B 이온
①	O^{2-}	K^+
②	K^+	O^{2-}
③	Mg^{2+}	F^-
④	F^-	Ca^{2+}
⑤	Mg^{2-}	F^+

출제율 99%

04 그림 (가)는 리튬 원자의 이온, (나)는 플루오린 원자의 이온을 모형으로 나타낸 것이다.

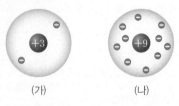

이에 대한 설명으로 옳은 것을 〈보기〉에서 모두 고른 것은?

보기
ㄱ. (가)는 양이온이다.
ㄴ. (나)는 $(+)$전하량이 $(-)$전하량보다 크다.
ㄷ. (가)로 보아 리튬 원자의 전자의 개수는 3개이다.
ㄹ. (나)는 플루오린 원자가 전자 1개를 잃어 형성된 이온이다.

① ㄱ, ㄴ   ② ㄱ, ㄷ   ③ ㄴ, ㄷ
④ ㄴ, ㄹ   ⑤ ㄷ, ㄹ

05 표는 여러 가지 원자와 이온의 전하량을 나타낸 것이다.

구분	(가)	(나)	(다)	(라)
원자핵의 전하량	+6	+8	+11	+12
전자의 총 전하량	−6	−10	−10	−10

(가)~(라) 중 양이온을 모두 고른 것은?

① (가)   ② (가), (나)   ③ (나), (다)
④ (다), (라)   ⑤ (가), (나), (라)

출제율 99%

06 이온식과 이온의 이름이 옳은 것끼리 짝 지은 것은?

① H^+ – 수소 이온, O^{2-} – 산소 이온
② Ag^+ – 은 이온, S^{2-} – 황화 이온
③ K^+ – 칼슘 이온, NO_3^- – 질산 이온
④ Na^+ – 나트륨화 이온, Cl^- – 염화 이온
⑤ Mg^{2+} – 마그네슘 이온, CO_3^{2-} – 황산 이온

07 알루미늄 원자(Al)의 원자핵 전하량은 +13이다. 알루미늄 이온(Al^{3+})이 가지는 전자의 개수는?

① 10개   ② 11개   ③ 12개

④ 13개   ⑤ 16개

08 오른쪽 이온식을 갖는 입자에 대한 설명으로 옳지 <u>않은</u> 것은? (단, Ca 원자의 원자핵 전하량은 +20이다.)

$$Ca^{2+}$$

① (+)전하를 띠는 입자이다.
② 칼슘 이온이라고 읽는다.
③ 전자의 개수는 22개이다.
④ 원자가 전자 2개를 잃어 형성된 것이다.
⑤ 입자에서 (+)전하량이 (−)전하량보다 크다.

출제율 99%

09 질산 칼륨 수용액이 들어 있는 페트리 접시에 전원 장치를 연결하고, 보라색의 과망가니즈산 칼륨 수용액과 파란색의 황산 구리(Ⅱ) 수용액을 떨어뜨렸더니, 보라색과 파란색이 그림과 같이 이동하였다.

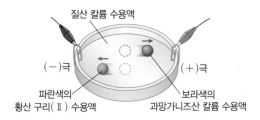

이에 대한 설명으로 옳지 <u>않은</u> 것은?

① 보라색을 띠는 입자는 과망가니즈산 이온이다.
② 파란색을 띠는 입자는 구리 이온이다.
③ 과망가니즈산 이온은 (−)전하를 띤다.
④ 색을 띠지 않는 이온은 이동하지 않는다.
⑤ 위 실험을 통해 이온이 전하를 띠고 있음을 알 수 있다.

10 그림은 염화 나트륨 수용액을 모형으로 나타낸 것이다. 이 용액에 전원 장치를 연결했을 때의 설명으로 옳은 것은?

① Na^+은 (−)극으로 이동한다.
② Cl^-은 (−)극으로 이동한다.
③ Na^+과 Cl^- 모두 (−)극으로 이동한다.
④ Na^+과 Cl^- 모두 (+)극으로 이동한다.
⑤ Na^+과 Cl^- 모두 어느 극으로도 이동하지 않는다.

출제율 99%

11 그림은 염화 나트륨 수용액과 질산 은 수용액의 반응을 모형으로 나타낸 것이다.

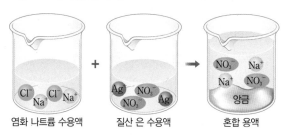

염화 나트륨 수용액   질산 은 수용액   혼합 용액

이에 대한 설명으로 옳은 것은?

① 생성된 앙금은 검은색이다.
② 생성된 앙금의 이름은 질산 나트륨이다.
③ 나트륨 이온과 질산 이온은 서로 반응하지 않는다.
④ 앙금을 생성하는 양이온과 음이온은 1 : 2의 개수비로 반응한다.
⑤ 혼합 용액은 전기 전도성이 없다.

12 앙금의 이름과 색깔을 옳게 짝 지은 것을 모두 고르면?

(2개)

① 염화 은 – 노란색
② 탄산 칼슘 – 흰색
③ 황화 구리 – 검은색
④ 황산 바륨 – 검은색
⑤ 아이오딘화 납 – 흰색

13 그림과 같이 염화 칼슘 수용액에 미지의 X 수용액을 넣었더니 흰색 앙금이 생성되었다. X 수용액이라고 예상할 수 있는 것을 〈보기〉에서 모두 고른 것은?

X 수용액

염화 칼슘 수용액

보기
ㄱ. 질산 은 수용액　　ㄴ. 질산 나트륨 수용액
ㄷ. 황산 나트륨 수용액　ㄹ. 탄산 칼륨 수용액

① ㄱ, ㄷ　　② ㄴ, ㄷ　　③ ㄴ, ㄹ
④ ㄱ, ㄴ, ㄹ　　⑤ ㄱ, ㄷ, ㄹ

14 그림은 질산 납($Pb(NO_3)_2$) 수용액과 아이오딘화 칼륨(KI) 수용액의 반응을 모형으로 나타낸 것이다.

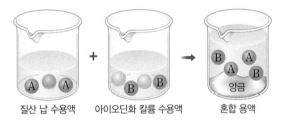

질산 납 수용액　　아이오딘화 칼륨 수용액　　혼합 용액

이에 대한 설명으로 옳지 않은 것은?

① A는 NO_3^-이다.
② B는 K^+이다.
③ 앙금의 색깔은 노란색이다.
④ 앙금의 화학식은 Pb_2I이다.
⑤ A와 B는 앙금을 생성하지 않는다.

【주관식】
15 앙금 생성 반응으로 확인할 수 없는 이온을 〈보기〉에서 모두 고르시오.

보기
ㄱ. K^+　　ㄴ. Ba^{2+}　　ㄷ. Ca^{2+}
ㄹ. S^{2-}　　ㅁ. CO_3^{2-}　　ㅂ. NO_3^-

출제율 99%

16 표는 각 수용액에 들어 있는 이온을 나타낸 것이다. 두 수용액씩 반응시킬 때, (가)~(아) 중 앙금이 생성되는 경우를 모두 고른 것은?

수용액 속 이온	Na^+, Cl^-	Na^+, NO_3^-	Ca^{2+}, Cl^-	Ca^{2+}, NO_3^-
Ag^+, NO_3^-	(가)	(나)	(다)	(라)
K^+, CO_3^{2-}	(마)	(바)	(사)	(아)

① (가), (나), (다)
② (마), (바), (사)
③ (가), (다), (사), (아)
④ (가), (라), (마), (아)
⑤ (나), (라), (마), (바)

출제율 99%

17 그림은 라벨이 떨어진 시약병 속에 들어 있는 물질 X의 수용액이 무엇인지 알아보기 위한 세 학생의 대화이다.

수용액의 불꽃 반응 색이 청록색이었어.

수용액에 질산 은 수용액을 떨어뜨렸더니 흰색 앙금이 생겼어.

아하~ 그럼 물질 X는 (　　)이네.

대화 내용의 빈칸에 들어갈 수 있는 물질로 적절한 것은?

① 질산 구리(Ⅱ)　　② 질산 칼륨
③ 염화 구리(Ⅱ)　　④ 염화 칼슘
⑤ 염화 나트륨

18 공장 폐수 속에 들어 있는 금속 이온을 확인하기 위해 아이오딘화 칼륨 수용액을 넣어 주었더니 노란색 앙금이 생성되었다. 이 공장 폐수에 들어 있을 것으로 예상되는 이온은?

① 철 이온　　② 납 이온
③ 아연 이온　　④ 칼슘 이온
⑤ 구리 이온

19 그림과 같이 여러 가지 액체에 전기 전도계의 전극을 담가 전기가 통하는지 확인하는 실험을 하였다.

이에 대한 설명으로 옳지 <u>않은</u> 것은?

① 증류수는 전기가 통하지 않는다.
② 염화 나트륨 수용액과 이온 음료는 전기가 통한다.
③ 설탕 수용액은 처음에는 전기가 통하지 않지만, 설탕의 농도를 진하게 하면 전기가 통한다.
④ 염화 나트륨은 물에 녹아 나트륨 이온과 염화 이온으로 나누어진다.
⑤ 이온 음료와 염화 나트륨 수용액에는 전하를 띠는 이온이 들어 있음을 알 수 있다.

20 표는 몇 가지 물질의 수용액을 서로 섞었을 때 앙금의 생성 여부를 나타낸 것이다. (단, (가)~(사)는 앙금이고, ×는 앙금이 생성되지 않았음을 의미한다.)

수용액	$AgNO_3$	Na_2CO_3	Na_2SO_4
KCl	(가)	×	×
$CaCl_2$	(나)	(다)	(라)
$BaCl_2$	(마)	(바)	(사)
$NaNO_3$	×	×	×

이에 대한 설명으로 옳은 것은?

① 앙금 (가), (나), (마)는 모두 노란색이다.
② 앙금 (나), (다), (라)는 모두 같은 물질이다.
③ 앙금 (마)가 생성되는 반응은
　$Ba^{2+} + 2NO_3^- \longrightarrow Ba(NO_3)_2$이다.
④ 앙금 (바)의 화학식은 $BaCO_3$이다.
⑤ 앙금 (사)가 생성될 때 Na^+과 Ba^{2+}은 앙금을 생성하지 않는다.

자료 분석 | 정답과 해설 49쪽

21 그림은 원자 또는 이온을 모형으로 나타낸 것이다.

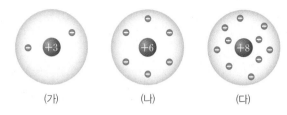

(1) (가)~(다)를 원자, 양이온, 음이온으로 구분하시오.

_____

(2) (1)에서 구분한 양이온과 음이온이 형성되는 과정을 잃거나 얻은 전자의 개수를 포함하여 서술하시오.

_____

22 그림은 두 수용액의 반응을 모형으로 나타낸 것이다.

혼합 용액 속에 생성된 앙금의 화학식과 존재하는 이온식을 써 넣어 모형을 완성하시오.

_____

23 그림은 3가지 금속 이온이 들어 있는 수용액에서 각각의 금속 이온을 확인하기 위한 과정을 나타낸 것이다.

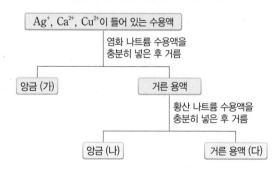

(1) 앙금 (가)와 앙금 (나)의 화학식을 각각 쓰시오.

_____

(2) 위의 3가지 금속 이온 중 거른 용액 (다)에 남아 있는 이온의 이온식을 쓰시오.

_____

1 원자의 구조와 전기의 발생

① 원자: 원자핵과 전자로 이루어져 있다.

❶(　　)	(+)전하를 띠고, 마찰 과정에서 이동하지 않는다.
❷(　　)	(−)전하를 띠고, 마찰이나 충격에 의해 쉽게 이동할 수 있다.

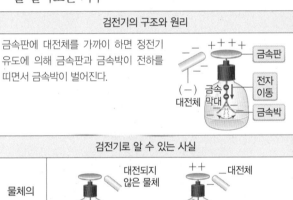
원자핵　전자

② 전기의 발생: 전자들이 이동하여 한 원자 안에서 원자핵의 (+)전하의 양과 전자의 (−)전하의 양이 달라지면 전하를 띤다.

문제 공략 26쪽

2 마찰 전기　마찰에 의해 물체가 띠는 전기

① 마찰 전기가 생기는 까닭: 마찰 과정에서 한 물체에서 다른 물체로 전자가 ❸(　　)하기 때문에 생긴다.

② 대전과 대전체: 물체가 전기를 띠는 현상을 대전이라 하고, 전기를 띤 물체를 대전체라고 한다.

전자를 잃은 물체	전자를 얻은 물체
(−)전하의 양<(+)전하의 양 ➡ ❹(　　)를 띤다.	(−)전하의 양>(+)전하의 양 ➡ ❺(　　)를 띤다.

예 물체가 대전되는 과정

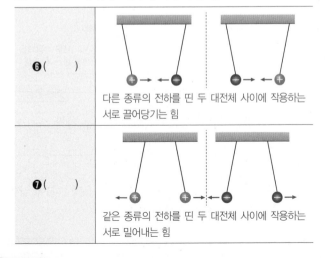

전자의 이동　털가죽　(−)대전체　(+)대전체　숟가락

마찰할 때	마찰한 후
전자가 털가죽에서 플라스틱 숟가락으로 이동한다. 즉, 털가죽은 전자를 잃고, 숟가락은 전자를 얻는다.	・털가죽: (+)전하의 양>(−)전하의 양 ➡ (+)전하로 대전된다. ・숟가락: (+)전하의 양<(−)전하의 양 ➡ (−)전하로 대전된다.

3 전기력　대전체 사이에 작용하는 힘

❻(　　)	다른 종류의 전하를 띤 두 대전체 사이에 작용하는 서로 끌어당기는 힘
❼(　　)	같은 종류의 전하를 띤 두 대전체 사이에 작용하는 서로 밀어내는 힘

4 정전기 유도　대전되지 않은 금속에 대전체를 가까이 할 때 금속이 전하를 띠는 현상

① 대전체와 가까운 쪽: 대전체와 ❽(　　) 종류의 전하로 대전

② 대전체와 먼 쪽: 대전체와 ❾(　　) 종류의 전하로 대전

(−)대전체를 가까이 할 때	(+)대전체를 가까이 할 때
금속 내부의 전자가 척력을 받아 대전체와 먼 쪽으로 이동한다.	금속 내부의 전자가 인력을 받아 대전체와 가까운 쪽으로 이동한다.

③ 대전체와 금속 사이의 전기력: 금속에서 대전체와 가까운 쪽은 대전체와 다른 종류의 전하를 띠므로 인력이 작용한다.

5 검전기 ❿(　　)를 이용하여 물체의 대전 여부를 알아보는 기구

검전기의 구조와 원리
금속판에 대전체를 가까이 하면 정전기 유도에 의해 금속판과 금속박이 전하를 띠면서 금속박이 벌어진다.

금속판　전자 이동　금속박

검전기로 알 수 있는 사실		
물체의 대전 여부	 대전되지 않은 물체	대전체 벌어진다.
	대전체를 가까이 하면 금속박이 ⓫(　　).	
물체에 대전된 전하의 양 비교	전하량이 적을 때 조금 벌어진다.	전하량이 많을 때 많이 벌어진다.
	대전체의 전하량이 많을수록 금속박이 더 많이 벌어진다.	

검전기와 ⓬(　　) 종류의 전하를 띤 대전체를 가까이 하면 금속박이 오므라든다.

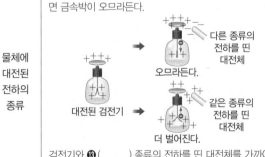
다른 종류의 전하를 띤 대전체
오므라든다.
대전된 검전기
같은 종류의 전하를 띤 대전체
더 벌어진다.

물체에 대전된 전하의 종류

검전기와 ⓭(　　) 종류의 전하를 띤 대전체를 가까이 하면 금속박이 더 벌어진다.

정답과 해설 **50**쪽

답안지

1 그림은 원자의 구조를 나타낸 것이다. 빈칸에 알맞은 말을 쓰시오.

(1) A는 (㉠   )이고, B는 (㉡   )이며, C는 (㉢   )
이다.

(2) A~C 중 (＋)전하를 띠는 것은 (㉠   )이고, (－)전하를
띠는 것은 (㉡   )이다.

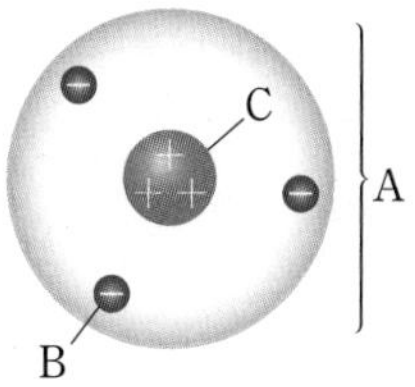

1 _____
_____

2 빈칸에 공통으로 들어갈 단어를 쓰시오.

> 서로 다른 두 물체를 마찰하면 한 물체에서 다른 물체로 (   )가 이동하여, (   )
> 를 잃은 물체는 (＋)전하를 띠고, (   )를 얻은 물체는 (－)전하를 띤다.

2 _____
_____

3 물체가 전기를 띠는 현상을 (㉠   )이라 하고, 전기를 띤 물체를 (㉡   )라고 한다.

3 _____
_____

4 대전체 사이에 작용하는 힘을 (㉠   )이라 하며, 다른 종류의 전하를 띤 물체 사이에는
(㉡   )이 작용하고 같은 종류의 전하를 띤 물체 사이에는 (㉢   )이 작용한다.

4 _____
_____

5 대전되지 않은 금속에 대전체를 가까이 할 때 금속이 전하를 띠는 현상을 (㉠   )라고
하며, 대전체와 가까운 쪽은 대전체와 (㉡   ) 종류의 전하를 띤다.

5 _____
_____

6 그림과 같이 대전되지 않은 금속 막대에 (＋)대전체를 가까이 하였
을 때 금속 막대 내부에서 전자가 이동하는 방향은 (㉠   )에
서 (㉡   )이다. 따라서 금속 막대의 A 부분은 (㉢   )
전하로 대전되고 B 부분은 (㉣   )전하로 대전된다.

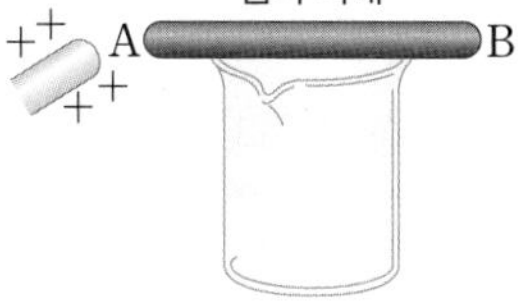

6 _____
_____

7 정전기 유도를 이용하여 물체의 대전 여부를 알아보는 기구는 (   )이다.

7 _____
_____

8 그림은 검전기의 구조를 나타낸 것으로, A는 (㉠   )이고, B는 (㉡   )
이며, C는 (㉢   )이다.

8 _____
_____

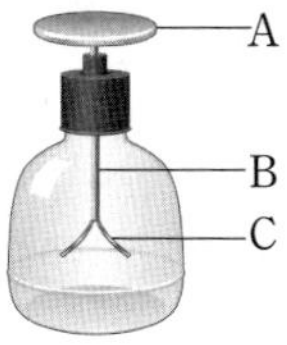

9 그림과 같이 대전되지 않은 검전기에 대전된 물체를 가져갔을 때 검
전기의 금속박은 (벌어진다 , 그대로 있다).

9 _____
_____

10 (＋)전하로 대전된 검전기에 (＋)대전체를 가까이 하면 금속박이 ㉠(더 벌어진다 , 오므라든다).
만약 (＋)대전체 대신 (－)대전체를 가까이 하면 금속박이 ㉡(더 벌어진다 , 오므라든다).

10 _____
_____

물체가 대전되는 전하의 종류는 마찰하는 물체의 종류에 따라 다르다. 즉, 어떤 물체와 마찰한 후 (+)전하로 대전된 물체가 다른 물체와 마찰하면 (−)전하로 대전될 수 있는 것이다. 이를 실험하여 순서대로 나열하면 다음과 같다.

전자를 잃기 쉬운 물체		전자를 얻기 쉬운 물체
(+)전하를 띠기 쉬운 물체	털가죽 – 유리 – 명주 – 나무 – 고무 – 플라스틱	(−)전하를 띠기 쉬운 물체

(+) 쪽에 가까운 물체는 전자를 잃기 쉽고, (−) 쪽에 가까운 물체는 전자를 얻기 쉽다. ➡ 마찰 후 전자를 잃은 물체는 (+)전하로 대전되고, 전자를 얻은 물체는 (−)전하로 대전된다.

물체가 대전되는 전하의 종류를 구분하는 문제

[1~4] 다음은 여러 가지 물체의 대전되는 순서를 나타낸 것이다.

> (+) 털가죽 – 유리 – 명주 – 고무 – 플라스틱 (−)

1 빈칸에 알맞은 말을 쓰시오.

(1) 전자를 가장 잃기 쉬운 물체는 (   )이다.

(2) 전자를 가장 얻기 쉬운 물체는 (   )이다.

(3) 서로 다른 두 물체를 마찰할 때 전자는 (㉠   ) 쪽에 있는 물체에서 (㉡   ) 쪽에 있는 물체로 이동한다.

2 유리 막대를 (−)전하로 대전시키려면 어떤 물체와 마찰해야 하는가?

① 명주　　　② 고무　　　③ 유리
④ 털가죽　　⑤ 플라스틱

3 다음 물음에 답하시오.

(1) 털가죽과 고무풍선을 마찰할 때 고무풍선이 띠는 전하의 종류를 쓰시오.

(2) 명주 헝겊과 유리 막대를 마찰할 때 유리 막대가 띠는 전하의 종류를 쓰시오.

(3) 명주 헝겊과 고무풍선을 마찰할 때 명주 헝겊이 띠는 전하의 종류를 쓰시오.

(4) 털가죽과 플라스틱 막대를 마찰할 때 털가죽이 띠는 전하의 종류를 쓰시오.

(5) 고무풍선과 플라스틱 막대를 마찰할 때 플라스틱 막대가 띠는 전하의 종류를 쓰시오.

4 두 물체를 마찰했을 때 대전이 가장 잘 되는 것끼리 짝지은 것은?

① 명주, 유리　　　　② 고무, 명주
③ 유리, 플라스틱　　④ 털가죽, 고무
⑤ 털가죽, 플라스틱

대전되는 순서를 완성하는 문제

[5~7] 표는 대전되지 않은 물체 A~D를 서로 마찰하였을 때 물체가 띠는 전하를 나타낸 것이다.

마찰한 물체	(−)전하를 띤 물체	(+)전하를 띤 물체
A와 B	A	B
A와 C	A	C
B와 D	B	D
C와 D	D	C

5 물체 A~D를 전자를 잃기 쉬운 물체부터 차례로 나열하시오.

6 물체 B와 C를 마찰할 때 B와 C가 띠는 전하의 종류를 각각 쓰시오.

7 물체 A와 D를 마찰할 때 A와 D가 띠는 전하의 종류를 각각 쓰시오.

01 그림은 원자의 구조를 간단히 나타낸 것이다. 이에 대한 설명으로 옳지 않은 것은?

① 전자는 (−)전하를 띠고 있다.
② 원자핵은 (+)전하를 띠고 있다.
③ 모든 물질은 원자로 이루어져 있다.
④ 일반적으로 원자는 전하를 띠지 않는다.
⑤ 전하를 띠지 않는 원자는 전하를 가지고 있지 않다.

출제율 99%【주관식】

02 그림과 같이 털가죽과 고무풍선을 마찰한 후 고무풍선에 털가죽을 가까이 하였다. 이에 대한 설명으로 옳은 것을 〈보기〉에서 모두 고르시오.

보기
ㄱ. 마찰 과정에서 전하가 생성되었다.
ㄴ. 고무풍선과 털가죽 사이에서 전자가 이동하였다.
ㄷ. 고무풍선과 털가죽은 다른 종류의 전하로 대전된다.
ㄹ. 고무풍선과 털가죽 사이에는 끌어당기는 힘이 작용한다.

03 그림과 같이 머리를 빗을 때 머리카락이 빗에 달라붙는다. 이와 같은 원리에 의한 현상을 〈보기〉에서 모두 고른 것은?

보기
ㄱ. 먼지떨이에 먼지가 달라붙는다.
ㄴ. 걸을 때 치마가 다리에 달라붙는다.
ㄷ. 문의 손잡이를 잡다가 '찌릿'한 느낌을 받았다.
ㄹ. 자석의 N극과 S극을 가까이 하면 서로 끌어당겨 붙는다.

① ㄹ　　　② ㄱ, ㄴ　　　③ ㄷ, ㄹ
④ ㄱ, ㄴ, ㄷ　　　⑤ ㄱ, ㄴ, ㄷ, ㄹ

04 그림과 같이 전하를 띠지 않은 유리와 명주를 마찰하면 유리는 (+)전하로, 명주는 (−)전하로 대전된다. 마찰 후 유리와 명주의 전하 분포를 가장 잘 나타낸 것은?

①　
②
③
④
⑤

【주관식】

05 그림과 같이 플라스틱 막대 A와 B를 각각 털가죽으로 문지른 후, A를 지우개에 꽂은 클립에 고정시키고 B를 A에 가까이 하였다. 이때 A와 B 사이에 작용하는 전기력의 종류를 쓰시오.

06 표는 물체 A~D가 띠는 전하의 종류를 나타낸 것이다.

물체	A	B	C	D
전하의 종류	(+)전하	(−)전하	(−)전하	(+)전하

물체들 사이에 작용하는 전기력을 옳게 짝 지은 것은?

	A와 B	B와 C	C와 D
①	인력	인력	인력
②	인력	척력	인력
③	척력	척력	척력
④	척력	인력	척력
⑤	척력	척력	인력

07 정전기 유도에 대한 설명으로 옳은 것은? (2개)

① 금속에서는 나타나지 않는다.
② 두 물체를 마찰할 때 발생한다.
③ 물체의 양 끝은 다른 종류의 전하를 띤다.
④ 대전체를 치우면 대전체와 같은 종류의 전하를 띤다.
⑤ 대전체와의 전기력에 의해 전자가 이동하기 때문에 나타난다.

08 털가죽으로 플라스틱 막대를 문지른 후, 그림 (가), (나)와 같이 털가죽과 플라스틱 막대를 각각 알루미늄 캔에 가까이 하였다.

(가)와 (나)에서 알루미늄 캔의 움직임을 옳게 짝 지은 것은?

	(가)	(나)
①	털가죽에서 멀어진다.	막대 쪽으로 끌려온다.
②	털가죽에서 멀어진다.	막대에서 밀어진다.
③	털가죽 쪽으로 끌려온다.	막대 쪽으로 끌려온다.
④	털가죽 쪽으로 끌려온다.	막대에서 멀어진다.
⑤	움직이지 않는다.	막대 쪽으로 끌려온다.

출제율 99%

09 그림과 같이 (−)대전체를 대전되지 않은 금속 막대에 가까이 했을 때, 금속 막대에 일어나는 변화에 대한 설명으로 옳은 것은?

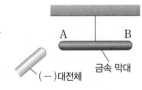

① A 부분은 (−)전하를 띤다.
② 금속 막대는 대전체 쪽으로 끌려온다.
③ A와 B 부분은 같은 종류의 전하를 띤다.
④ 금속 막대에서 전자가 B에서 A 쪽으로 이동한다.
⑤ (−)대전체에 있는 전자가 금속 막대의 B 부분으로 이동한다.

[10~11] 그림과 같이 비커 위에 대전되지 않은 알루미늄 막대를 올려놓고, 알루미늄 막대의 A 쪽에 휴지로 문지른 플라스틱 막대를, B 쪽에 대전되지 않은 고무풍선을 가까이 하였다. (단 휴지는 플라스틱 막대보다 전자를 잃기 쉽다.)

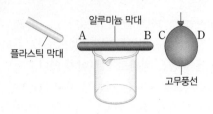

【주관식】
10 플라스틱 막대가 띠는 전하의 종류를 쓰시오.

【주관식】
11 알루미늄 막대와 고무풍선의 A~D 부분 중 플라스틱 막대와 같은 종류의 전하를 띠는 곳을 모두 쓰시오.

12 그림과 같이 대전되지 않은 검전기에 대전체를 가까이 하였다. 이에 대한 설명으로 옳은 것을 〈보기〉에서 모두 고른 것은?

보기
ㄱ. 정전기 유도가 일어난다.
ㄴ. 금속판은 대전체와 다른 종류의 전하를 띤다.
ㄷ. 금속박은 금속판과 다른 종류의 전하를 띤다.
ㄹ. 금속박은 벌어진다.

① ㄱ, ㄴ   ② ㄱ, ㄷ   ③ ㄷ, ㄹ
④ ㄴ, ㄷ, ㄹ   ⑤ ㄱ, ㄴ, ㄷ, ㄹ

출제율 99%
13 그림과 같이 (−)전하로 대전된 검전
기의 금속판에 (−)대전체를 가까이
하였다. 이때 검전기 내에서 전자의
이동 방향과 금속박의 변화를 옳게 짝
지은 것은?

	전자의 이동 방향	금속박의 변화
①	금속박 → 금속판	더 벌어진다.
②	금속박 → 금속판	오므라든다.
③	금속판 → 금속박	더 벌어진다.
④	금속판 → 금속박	오므라든다.
⑤	이동하지 않는다.	그대로이다.

[14~15] 그림과 같이 대전되지 않은 금속 막대의 한쪽 끝에
(−)전하로 대전된 플라스틱 막대를 가까이 하고, 다른 한쪽 끝
에 대전되지 않은 검전기를 두었다.

출제율 99%
14 A~E 중 같은 종류의 전하를 띠는 것끼리 옳게 짝 지은
것은?

① A, B, C   ② A, C, E   ③ A, D, E
④ B, C, E   ⑤ B, D, E

15 이에 대한 설명으로 옳지 **않은** 것을 모두 고르면? (2개)

① 금속박 E는 벌어진다.
② 금속 막대에서 전자가 B에서 C로 이동한다.
③ 검전기에서 전자가 금속박 E에서 금속판 D로 이
동한다.
④ 플라스틱 막대에 대전된 전하의 양이 많을수록 금
속박 E는 더 벌어진다.
⑤ 플라스틱 막대 대신 (+)전하로 대전된 물체를 가
까이 하면 금속박 E는 벌어지지 않는다.

[16~17] 그림과 같이 대전되지 않은 검전기의 금속판에 물체
A, B, C를 각각 가까이 하여 금속박의 변화를 관찰하였더니 결
과가 표와 같았다.

물체	금속박의 변화
A	그대로이다.
B	조금 벌어진다.
C	많이 벌어진다.

16 물체 A~C 중 대전된 것을 모두 고른 것은?

① A   ② B   ③ C
④ A, B   ⑤ B, C

17 위 결과를 통해 알 수 있는 것으로 옳은 것은?

① A에 대전된 전하의 양이 가장 작다.
② B는 (+)전하로, C는 (−)전하로 대전되어 있다.
③ B는 (−)전하로, C는 (+)전하로 대전되어 있다.
④ B에 대전된 전하의 양이 C에 대전된 전하의 양보
다 많다.
⑤ C에 대전된 전하의 양이 B에 대전된 전하의 양보
다 많다.

[주관식]
18 대전되지 않은 검전기의 금속판에 대전체를 가까이 한 경
우에 대한 설명으로 옳은 것을 〈보기〉에서 모두 고르시오.

> 보기
> ㄱ. 금속박이 벌어지면 물체는 대전된 것이다.
> ㄴ. 금속박이 많이 벌어질수록 대전체에 대전된 전하
> 량이 많은 것이다.
> ㄷ. 대전된 검전기를 사용하면 대전체가 대전된 전하
> 의 종류를 알 수 있다.
> ㄹ. 대전체를 가까이 할 때 벌어진 금속박은 대전체를
> 멀리 해도 계속 벌어져 있다.

19 표는 대전되지 않은 물체 A~D를 서로 마찰하였을 때 물체가 띠는 전하를 나타낸 것이다.

마찰한 물체	(−)전하를 띤 물체	(+)전하를 띤 물체
A와 B	B	A
A와 C	C	A
B와 C	C	B
C와 D	D	C

B와 D를 마찰했을 때 B와 D가 띠는 전하의 종류를 옳게 짝 지은 것은?

	B	D
①	(+)전하	(+)전하
②	(+)전하	(−)전하
③	(−)전하	(+)전하
④	(−)전하	(−)전하
⑤	(−)전하	전하를 띠지 않음

자료 분석 | 정답과 해설 51쪽

출제율 99%

20 그림과 같이 대전되지 않은 두 금속구 A, B를 접촉시켜 놓고, (−)대전체를 금속구 B에 가까이 하고 A에 손가락을 댔다.

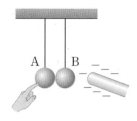

이 상태에서 (−)대전체와 손가락을 동시에 치웠을 때, 두 금속구의 상태를 옳게 나타낸 것은?

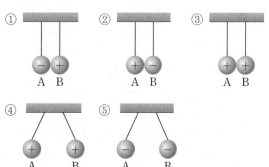

자료 분석 | 정답과 해설 51쪽

[21~23] 그림 (가)와 같이 대전되지 않은 검전기에 (+)대전체를 가까이 한 후, (나)와 같이 금속판에 손가락을 대었다. 그런 다음 그림 (다)와 같이 대전체와 손가락을 동시에 치웠다.

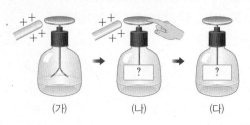

21 (나)에서 검전기의 금속판과 금속박의 전하 분포를 옳게 나타낸 것은?

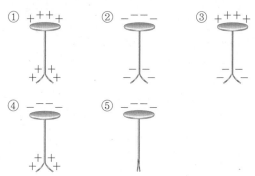

자료 분석 | 정답과 해설 52쪽

22 (다)에서 검전기의 상태를 옳게 나타낸 것은?

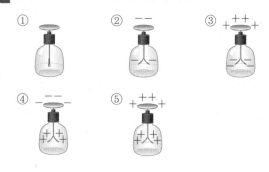

23 (다)에서 검전기의 금속박을 더 벌어지게 할 수 있는 방법으로 옳은 것은?

① 금속판에 손가락을 접촉한다.
② 금속판에 (+)대전체를 접촉한다.
③ 금속판에 (+)대전체를 가까이 한다.
④ 금속판에 (−)대전체를 가까이 한다.
⑤ 금속박을 더 벌어지게 할 수 있는 방법이 없다.

24 그림은 대전되지 않은 서로 다른 두 물체 A와 B를 마찰하기 전과 마찰한 후의 상태를 나타낸 것이다.

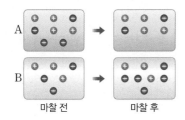

마찰 전   마찰 후

마찰한 후 A, B가 띠는 전하의 종류를 쓰고, 그 까닭을 전자의 이동을 포함하여 서술하시오.

_____

_____

25 그림은 여러 가닥으로 자른 나일론 끈을 손으로 문질렀을 때 끈이 서로 밀어내어 퍼져 있는 모습을 나타낸 것이다. 이와 같은 현상이 나타나는 까닭을 다음 단어를 모두 포함하여 서술하시오.

전자, 대전, 척력

_____

_____

26 그림과 같이 면장갑으로 빨대를 문지른 다음, 빨대를 플라스틱 통 위에 올려놓고 면장갑을 가까이 하였다.

빨대

이때 작용하는 전기력의 종류를 쓰고, 그 까닭을 서술하시오.

_____

_____

27 그림은 (−)전하로 대전된 유리 막대를 대전되지 않은 탁구공 근처에 가까이 한 모습을 나타낸 것이다.

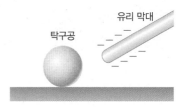

유리 막대

탁구공

(1) 이때 탁구공의 움직임을 쓰고, 그 까닭을 탁구공의 대전 상태와 관련지어 서술하시오.

_____

_____

(2) (−)전하로 대전된 유리 막대 대신 (+)대전체를 탁구공에 가까이 할 때 탁구공의 움직임을 쓰고, 그 까닭을 탁구공의 대전 상태와 관련지어 서술하시오.

_____

_____

28 그림과 같이 대전되지 않은 검전기에 (+)대전체를 가까이 했을 때 금속박의 변화를 다음 단어를 모두 포함하여 서술하시오.

금속판

대전체

금속박

금속판, 금속박, 전자, 인력, 척력

_____

_____

29 그림 (가), (나)는 대전되지 않은 검전기에 대전체를 각각 가까이 했을 때 금속박이 벌어진 정도가 다른 것을 나타낸 것이다.

대전체   대전체

조금   많이
벌어진다.   벌어진다.

(가)   (나)

(가), (나)에서 금속박이 벌어진 정도에 차이가 나타나는 까닭과 차이점을 서술하시오.

_____

_____

1 전류 전하의 흐름

① 도선 속에서 전자의 흐름

전류가 흐르지 않을 때	전류가 흐를 때
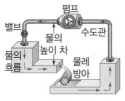	
전자가 무질서하게 움직인다.	전자가 한쪽 방향으로 움직인다.

② 전류의 방향과 전자의 이동 방향
- ❶ (   )의 방향: 전지의 (+)극 → (−)극 쪽
- ❷ (   )의 이동 방향: 전지의 (−)극 → (+)극 쪽

2 전지와 전압

① 전지: 전압을 계속 유지하는 역할을 한다.
② 전압: 전류를 흐르게 하는 능력 [단위: V(볼트)]
- 물의 흐름과 전기 회로의 비유: 물의 높이 차가 있을 때 물이 흐르듯이 전압이 있으면 전류가 흐른다.

▲ 물의 흐름   ▲ 전기 회로

물의 흐름	펌프	물레방아	수도관	밸브	물의 높이 차
전류	전지	❸( )	도선	스위치	❹( )

3 전류계와 전압계

❺( )	❻( )
전류의 세기를 측정하는 도구	전압의 크기를 측정하는 도구
전류계와 전압계의 연결 방법	

① 영점 조절: 영점 조절 나사로 바늘이 0을 가리키도록 조절한다.
② 회로 연결
- 전류계는 회로에 직렬로 연결하고, 전압계는 회로에 병렬로 연결한다.
- 전압계와 전류계의 (+)단자는 전지의 ❼(   ) 쪽에 연결하고, (−)단자는 전지의 ❽(   ) 쪽에 연결한다.
- 측정값을 예상할 수 없는 경우 (−)단자 중 최댓값이 가장 큰 단자에 연결한다.
③ 눈금 읽기: 전기 회로에 연결된 (−)단자에 해당하는 눈금을 읽는다.

예

(−)단자	측정값
50 mA	30 mA
500 mA	❾( )
5 A	3 A

4 전기 저항

① 전기 저항: 전류의 흐름을 방해하는 정도 [단위: Ω(옴)]
② 전기 저항을 변화시키는 요인
- 물질의 종류: 물질마다 원자의 배열 상태가 달라 원자와 전자의 충돌 정도가 다르기 때문이다.
- 도선의 길이와 굵기: 전기 저항은 도선의 ❿(   )에 비례하고, 도선의 ⑪(   )에 반비례한다.

5 전압, 전류, 저항의 관계

전압과 전류의 관계	저항: 일정 기울기 = $\frac{1}{저항}$	저항이 일정할 때 전류의 세기는 전압에 비례한다.
전류와 저항의 관계	전압: 일정	전압이 일정할 때 전류의 세기는 저항에 반비례한다.
전압과 저항의 관계	전류: 일정	전류의 세기가 일정할 때 전압은 저항에 비례한다.

6 옴의 법칙 문제 공략 34쪽

전류의 세기(I)는 전압(V)에 ⑫(   )하고, 저항(R)에 ⑬(   )한다.

$$전류의 세기(A) = \frac{전압(V)}{저항(\Omega)}, \ I = \frac{V}{R}$$

7 저항의 직렬연결과 병렬연결

구분	직렬연결	병렬연결
전압	전체 전압이 나누어 걸리며, 각 저항의 크기에 비례한다.	각 저항에 걸리는 전압은 전체 전압과 같다.
전류	각 저항에 흐르는 전류는 전체 전류와 같다.	전체 전류가 나누어 흐르며, 각 저항의 크기에 반비례한다.
저항	• 많이 연결할수록 전체 저항이 커진다. ➡ 전체 전류는 ⑭( )한다. • 하나의 저항에 전류가 흐르지 않으면, 다른 저항에도 전류가 흐르지 않는다.	• 많이 연결할수록 전체 저항이 작아진다. ➡ 전체 전류는 ⑮( )한다. • 하나의 저항에 전류가 흐르지 않아도 다른 저항에 전류가 흐른다.
이용	퓨즈, 장식용 전구, 화재경보기 등	멀티탭, 건물의 전기 배선, 가로등 등

답안지

1 전류는 전지의 ㉠((+)극 , (−)극) 쪽에서 ㉡((+)극 , (−)극) 쪽으로 흐르고, 전자는 ㉢((+)극 , (−)극) 쪽에서 ㉣((+)극 , (−)극) 쪽으로 이동한다.

1 _____
_____

2 그림 (가), (나)에서 역할이 비슷한 것끼리 짝 지을 때, ㉠~㉤에 알맞은 말을 쓰시오.

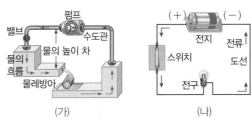

(가)   (나)

(가)	펌프	(㉡)	(㉢)	수도관	물의 높이 차
(나)	(㉠)	전구	스위치	(㉣)	(㉤)

2 _____
_____

3 전류계와 전압계 모두 (+)단자는 전지의 (㉠   )극 쪽에, (−)단자는 전지의 (㉡   ) 극 쪽에 연결한다.

3 _____
_____

4 그림은 전류계의 눈금판을 나타낸 것이다. (−)단자가 500 mA에 연결되어 있을 때 전류의 세기는 (   ) mA이다.

4 _____

5 도선의 재질이 같을 때 도선의 전기 저항은 도선의 길이에 ㉠(비례 , 반비례)하고, 도선의 굵기에 ㉡(비례 , 반비례)한다.

5 _____
_____

6 옴의 법칙의 관계식을 옳게 나타낸 것을 〈보기〉에서 모두 고르시오. (단, V는 전압, I는 전류의 세기, R는 전기 저항이다.)

┌─ 보기 ─
ㄱ. $V = IR$ ㄴ. $V = \dfrac{I}{R}$ ㄷ. $I = \dfrac{V}{R}$ ㄹ. $R = IV$ ㅁ. $I = VR$

6 _____

7 저항이 20 Ω인 니크롬선에 60 V의 전압을 걸어 줄 때 니크롬선에 흐르는 전류의 세기는 (   ) A이다.

7 _____
_____

8 그림과 같이 1 Ω과 2 Ω의 두 저항을 직렬로 연결하고 9 V의 전압을 걸어 주었다. 이때 1 Ω에 걸리는 전압은 (㉠   ) V이고, 2 Ω에 걸리는 전압은 (㉡   ) V이며, 두 저항에 흐르는 전류의 세기는 (㉢   ) A로 같다.

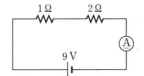

8 _____

9 저항의 병렬연결을 사용하는 예를 〈보기〉에서 모두 고르시오.

┌─ 보기 ─
ㄱ. 퓨즈   ㄴ. 멀티탭   ㄷ. 가로등   ㄹ. 화재경보기   ㅁ. 장식용 전구

9 _____
_____

- 도선의 길이 및 굵기에 따른 도선의 전기 저항(단, 도선의 재질이 같을 때)

$$\text{도선의 전기 저항} \propto \frac{\text{도선의 길이}}{\text{도선의 굵기}}$$

➡ 두 도선의 전기 저항을 비교할 때는 비례하는 '길이'는 분자에, 반비례하는 '굵기'는 분모에 두고 분수의 크기를 비교한다.

- 옴의 법칙을 이용하여 전기 저항 구하기

$$\text{전기 저항} = \frac{\text{전압}}{\text{전류}} \Rightarrow R = \frac{V}{I}$$

➡ 전류 - 전압 그래프나 전압 - 전류 그래프가 주어진 경우 그래프의 한 점에서 전압에 따른 전류의 값을 읽어 옴의 법칙 $R = \frac{V}{I}$에 대입한다.

도선의 길이 및 굵기에 따른 전기 저항을 구하는 문제

1 재질이 같은 도선 A, B의 길이와 굵기가 다음과 같을 때 B의 전기 저항은 A의 전기 저항의 몇 배인지 구하시오.

(1)

(2)

(3)
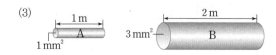

2 그림은 재질이 같은 도선 A, B의 길이와 굵기를 나타낸 것이다.

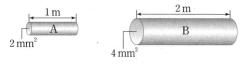

A와 B의 전기 저항의 비(A : B)를 구하시오.

3 표는 재질이 같은 도선 A~D의 길이와 굵기를 나타낸 것이다.

도선	A	B	C	D
길이(m)	1	2	4	4
굵기(mm²)	2	1	1	4

A의 전기 저항이 10 Ω일 때 B, C, D의 전기 저항은 각각 몇 Ω인지 구하시오.

그래프에서 옴의 법칙을 이용해 전기 저항을 구하는 문제

4 그림은 어떤 도선에 흐르는 전류의 세기를 전압에 따라 나타낸 것이다. 이 도선의 전기 저항은 몇 Ω인지 구하시오.

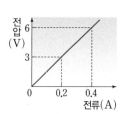

5 그림은 어떤 니크롬선에 흐르는 전류의 세기와 전압의 관계를 나타낸 것이다. 이 니크롬선의 전기 저항은 몇 Ω인지 구하시오.

6 그림은 길이가 같은 두 니크롬선 A, B에 걸어 준 전압에 따른 전류의 세기를 나타낸 것이다.

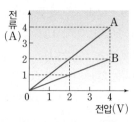

(1) A와 B의 전기 저항의 비(A : B)를 구하시오.

(2) A와 B의 굵기의 비(A : B)를 구하시오.

01 전류에 대한 설명으로 옳지 <u>않은</u> 것은?

① 전하의 흐름이다.

② 1 A = 100 mA이다.

③ 단위로는 A, mA를 사용한다.

④ 전류의 세기는 전류계로 측정한다.

⑤ 전류의 세기는 1초 동안 도선의 한 단면을 지나는 전하의 양으로 나타낸다.

【주관식】

02 그림은 도선에 전원 장치를 연결하여 전류를 흐르게 하였을 때, 도선 속 전자의 모습을 나타낸 것이다.

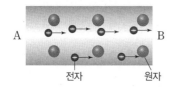

A와 B 쪽에 연결된 전지의 극을 각각 쓰시오.

출제율 99%

03 그림은 전기 회로에 전류가 흘러 전구에 불이 켜진 모습을 나타낸 것이다.

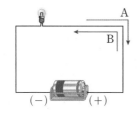

회로에서 A, B가 의미하는 것을 옳게 짝 지은 것은?

	A	B
①	전류의 방향	전자의 이동 방향
②	전류의 방향	원자핵의 이동 방향
③	전자의 이동 방향	전류의 방향
④	전자의 이동 방향	원자핵의 이동 방향
⑤	원자핵의 이동 방향	전류의 방향

【주관식】

04 다음은 전류를 흐르게 하는 원인에 대한 설명이다. ㉠, ㉡에 알맞은 말을 쓰시오.

그림과 같은 전기 회로에서 전류가 계속 흐를 수 있는 것은 전지에 의해 (㉠   )이 유지되기 때문이다. 이렇게 전류를 흐르게 하는 능력을 (㉠   )이라고 하고, 단위로는 (㉡   )를 사용한다.

05 그림은 물의 흐름과 전기 회로를 나타낸 것이다.

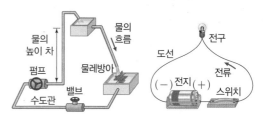

이에 대한 설명으로 옳지 <u>않은</u> 것은?

① 수도관은 도선에 비유할 수 있다.

② 물의 높이 차는 전지에 비유할 수 있다.

③ 물이 흐르는 것은 전류에 비유할 수 있다.

④ 밸브로 물을 차단하듯이 스위치로 도선에 흐르는 전류를 차단한다.

⑤ 물이 흘러야 물레방아를 돌릴 수 있듯이 전류가 흘러야 전구에 불이 켜진다.

06 전압계의 사용법에 대한 설명으로 옳지 <u>않은</u> 것은?

① 회로에 병렬로 연결한다.

② (+)단자는 전지의 (+)극 쪽에 연결한다.

③ 선택된 (-)단자에 해당하는 눈금을 읽는다.

④ 회로에 연결하기 전 영점조절 나사로 영점을 조절한다.

⑤ 측정값을 예상할 수 없는 경우 (-)단자는 최대값이 가장 작은 단자부터 연결한다.

[주관식]

07 다음은 빗면에서 구슬의 운동을 도선에서 전자의 운동에 비유한 것이다. ㉠~㉢에 알맞은 쓰시오.

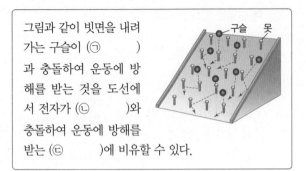

그림과 같이 빗면을 내려 가는 구슬이 (㉠   )과 충돌하여 운동에 방해를 받는 것을 도선에서 전자가 (㉡   )와 충돌하여 운동에 방해를 받는 (㉢   )에 비유할 수 있다.

08 도선의 저항과 길이 및 굵기의 관계를 나타낸 그래프로 옳은 것을 모두 고르면? (2개)

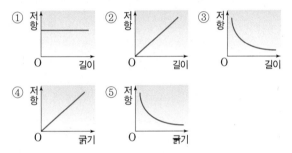

출제율 99%

09 그림은 동일한 재질로 만든 도선 A~D의 길이와 단면적을 나타낸 것이다.

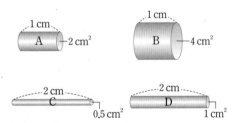

(가)저항의 크기가 가장 큰 것과 (나)가장 작은 것을 옳게 짝 지은 것은?

	(가)	(나)		(가)	(나)
①	A	B	②	A	C
③	B	C	④	B	D
⑤	C	B			

[10~11] 그림은 니크롬선에 걸리는 전압과 전류를 측정하기 위해 회로를 구성하여 실험하는 모습을 나타낸 것이고, 표는 실험 결과를 나타낸 것이다.

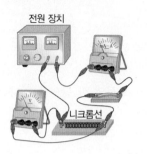

전압(V)	전류(mA)
0	0
1.5	300
3.0	600
4.5	900
6.0	㉠

10 이에 대한 설명으로 옳은 것을 〈보기〉에서 모두 고른 것은?

보기
ㄱ. ㉠은 1200이다.
ㄴ. 니크롬선에 흐르는 전류의 세기는 니크롬선에 걸리는 전압에 비례한다.
ㄷ. 굵기가 굵은 니크롬선으로 바꾸더라도 걸어 준 전압에 따른 전류의 세기는 변하지 않는다.
ㄹ. 길이가 긴 니크롬선으로 바꾸면 4.5 V일 때 흐르는 전류의 세기가 900 mA보다 커진다.

① ㄱ, ㄴ   ② ㄱ, ㄷ   ③ ㄴ, ㄷ
④ ㄴ, ㄹ   ⑤ ㄷ, ㄹ

[주관식]

11 이 실험에서 사용한 니크롬선의 저항은 몇 Ω인지 구하시오.

출제율 99%

12 그림은 어떤 니크롬선에 걸어 준 전압에 따른 전류의 세기를 나타낸 것이다. 이 니크롬선의 저항은?

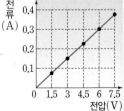

① 5 Ω   ② 10 Ω
③ 20 Ω   ④ 30 Ω
⑤ 50 Ω

13 그림은 굵기가 같고 길이가 다른 니크롬선 A, B에 걸어 준 전압에 따른 전류의 세기를 나타낸 것이다. 이에 대한 설명으로 옳은 것을 〈보기〉에서 모두 고른 것은?

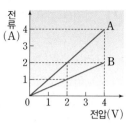

보기
ㄱ. 저항의 크기는 A가 B보다 크다.
ㄴ. 그래프의 기울기는 저항을 나타낸다.
ㄷ. 니크롬선의 길이는 B가 A보다 길다.
ㄹ. 6 V의 전압을 걸어 줄 때 A에 흐르는 전류의 세기는 B에 흐르는 전류의 세기의 2배이다.

① ㄱ, ㄴ   ② ㄴ, ㄷ   ③ ㄷ, ㄹ
④ ㄱ, ㄴ, ㄹ   ⑤ ㄴ, ㄷ, ㄹ

[14~15] 그림은 2 Ω과 3 Ω의 저항이 전지에 직렬로 연결된 회로를 나타낸 것이다.

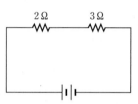

출제율 99%

14 2 Ω과 3 Ω에 흐르는 전류의 비(2 Ω : 3 Ω)와 전압의 비(2 Ω : 3 Ω)를 옳게 짝 지은 것은?

	전류의 비	전압의 비
①	1 : 1	1 : 1
②	1 : 1	2 : 3
③	1 : 1	3 : 2
④	2 : 3	1 : 1
⑤	2 : 3	2 : 3

[주관식]

15 2 Ω의 저항에 4 V의 전압이 걸렸다면 3 Ω의 저항에 걸린 전압은 몇 V인지 구하시오.

[16~17] 그림과 같이 20 Ω과 30 Ω의 저항이 병렬로 연결된 전기 회로에 12 V의 전압을 걸어 주었다.

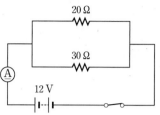

출제율 99%

16 20 Ω과 30 Ω의 저항에 걸리는 전압의 비(20 Ω : 30 Ω)는?

① 1 : 1   ② 2 : 1   ③ 2 : 3
④ 3 : 1   ⑤ 3 : 2

17 이때 전류계에 흐르는 전류의 세기는?

① 0.12 A   ② 0.5 A   ③ 1 A
④ 1.5 A   ⑤ 2 A

18 그림은 동일한 전구들이 연결되어 동시에 반짝이는 장식용 전구의 모습을 나타낸 것이다.

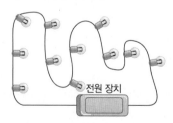

이에 대한 설명으로 옳은 것을 〈보기〉에서 모두 고른 것은?

보기
ㄱ. 전구들은 모두 직렬로 연결되어 있다.
ㄴ. 각각의 전구에 흐르는 전류의 세기는 같다.
ㄷ. 동시에 반짝이는 장식용 전구들의 밝기가 같다.
ㄹ. 하나의 전구가 고장 나더라도 다른 전구들을 끄고 켜는데 영향이 없다.

① ㄱ, ㄴ   ② ㄱ, ㄹ   ③ ㄷ, ㄹ
④ ㄱ, ㄴ, ㄷ   ⑤ ㄴ, ㄷ, ㄹ

19 그림은 전지, 전구, 스위치를 연결한 전기 회로를 나타낸 것이다.

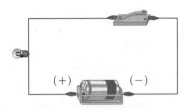

이 전기 회로에서 도선 속 입자의 움직임과 전류에 대한 설명으로 옳지 않은 것은?

① 스위치가 열려 있는 경우 회로에 전류가 흐르지 않는다.

② 스위치가 닫혀 있는 경우에도 원자는 이동하지 않는다.

③ 스위치가 열려 있는 경우 도선 속에서 움직이는 입자가 없다.

④ 스위치가 닫혀 있는 경우 전자가 도선을 따라 전지의 (−)극에서 (+)극 쪽으로 이동한다.

⑤ 스위치가 닫혀 있는 경우 전류가 도선을 따라 전지의 (+)극에서 (−)극 쪽으로 흐른다.

자료 분석 | 정답과 해설 54쪽

20 표는 동일한 금속으로 만든 도선 A~D의 길이와 굵기를 나타낸 것이다.

도선	길이(m)	굵기(mm²)
A	1	1
B	1	2
C	2	3
D	1	4

A~D의 저항의 크기를 옳게 비교한 것은?

① A>B>C>D
② A>C>B>D
③ B>A>C>D
④ B>C>D>A
⑤ C>D>B>A

자료 분석 | 정답과 해설 54쪽

21 그림은 같은 물질로 만든 길이가 같은 도선 A, B에 걸리는 전압과 전류의 관계를 나타낸 것이다. 도선 A의 단면적은 B의 단면적의 몇 배인가?

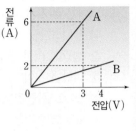

① $\frac{1}{4}$배
② $\frac{1}{2}$배
③ 2배
④ 4배
⑤ 8배

자료 분석 | 정답과 해설 54쪽

22 그림과 같은 니크롬선 A, B를 직렬로 연결하여 전류를 흐르게 하였다.

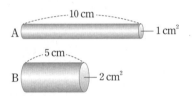

이때 두 니크롬선에 걸리는 전압의 비(A : B)는?

① 1 : 1
② 1 : 2
③ 1 : 4
④ 2 : 1
⑤ 4 : 1

자료 분석 | 정답과 해설 55쪽

23 그림과 같이 3 Ω의 저항과 크기를 모르는 저항 R가 병렬로 연결된 회로에 3 V의 전압을 걸어 주었다.

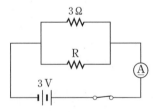

전류계에 흐르는 전류의 세기가 3 A일 때, 저항 R의 크기는?

① 1.5 Ω
② 3 Ω
③ 4.5 Ω
④ 5 Ω
⑤ 6 Ω

자료 분석 | 정답과 해설 55쪽

24 어떤 저항에 흐르는 전류의 세기를 측정하기 위해 그림 (가)와 같이 전류계의 단자를 연결하였더니 전류계의 바늘이 (나)와 같이 되었다.

(가)　　　　　　(나)

(나)와 같이 된 까닭과 저항에 흐르는 전류의 세기를 제대로 측정하기 위한 방법을 서술하시오.

_____

_____

_____

25 그림과 같이 못이 박혀 있는 빗면에서 구슬이 구르는 모형을 이용하여 도선에서 전기 저항이 생기는 까닭을 서술하시오.

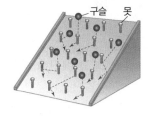

구슬　　못

_____

_____

_____

26 그림과 같이 크기가 같은 저항 4개를 직렬 또는 병렬로 연결하였을 때 전체 저항의 변화를 다음 단어를 모두 포함하여 서술하시오.

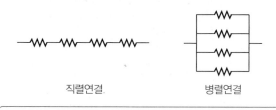

직렬연결.　　　　　　병렬연결

도선의 길이, 도선의 굵기

_____

_____

27 그림과 같이 1 Ω, 2 Ω의 저항을 병렬로 연결한 후 9 V의 전압을 걸어 주었다.

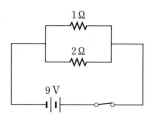

(1) 1 Ω과 2 Ω의 저항에 흐르는 전류의 세기의 비(1 Ω : 2 Ω)를 풀이 과정과 함께 구하시오.

_____

_____

(2) 3 Ω인 저항을 하나 더 병렬연결할 때 회로에 흐르는 전체 전류의 세기가 어떻게 변하는지를 서술하시오.

_____

_____

28 그림과 같이 전구 2개를 전지에 연결하였다. 전구 하나를 뺐을 때 남은 전구 하나의 밝기가 어떻게 변하는지를 다음 단어를 모두 포함하여 서술하시오.

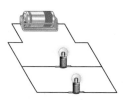

병렬, 전압, 밝기

_____

_____

29 그림은 가정에서 사용하는 여러 전기 기구가 연결된 모습을 나타낸 것이다.

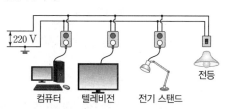

220 V　　　　　　　　　　전등

컴퓨터　　텔레비전　　전기 스탠드

가정의 전기 배선의 연결 방법을 쓰고, 그렇게 연결한 까닭을 전압과 관련지어 서술하시오.

_____

_____

1 자석 주위의 자기장

① **자기력**: 자석과 자석 사이에 작용하는 힘

② ❶( ): 자석 주위와 같이 자기력이 작용하는 공간

• 방향: 나침반 자침의 N극이 가리키는 방향

• 세기: 자석의 양 극에 가까울수록 세다.

③ ❷( ): 자기장의 모양을 선으로 나타낸 것

• N극에서 나와 S극으로 들어간다.

• 중간에 끊어지거나 서로 교차하지 않는다.

• 자기력선의 간격이 촘촘할수록 자기장의 세기가 세다.

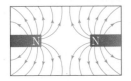 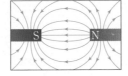

▲ 같은 극 사이의 자기력선   ▲ 다른 극 사이의 자기력선

2 전류에 의한 자기장   전류가 흐르는 도선 주위에는 자기장이 생긴다.

① 직선 도선과 원형 도선 주위의 자기장

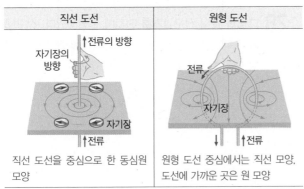

직선 도선	원형 도선
직선 도선을 중심으로 한 동심원 모양	원형 도선 중심에서는 직선 모양, 도선에 가까운 곳은 원 모양

• 자기장의 방향: 오른손의 ❸( )을 전류의 방향과 일치시키고 ❹( )으로 도선을 감아쥘 때 네 손가락이 가리키는 방향

• 자기장의 세기: 도선에 흐르는 전류의 세기가 셀수록, 도선에 가까울수록 세다.

• 원형 도선 중심에서 자기장의 세기는 원형 도선의 반지름이 작을수록 세다.

② **코일 주위의 자기장**: 코일 내부는 직선 모양, 외부는 막대자석이 만드는 자기장과 비슷한 모양이다.

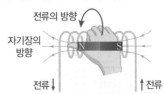

• 자기장의 방향: 오른손의 네 손가락을 ❺( )의 방향으로 감아쥘 때 엄지손가락이 가리키는 방향 ➡ 엄지손가락이 가리키는 쪽이 N극이 된다.

• 자기장의 세기: 도선에 흐르는 전류의 세기가 셀수록, 도선을 촘촘히 감을수록 세다.

3 전자석   전류가 흐르는 코일 속에 철심을 넣어 만든 것

특징	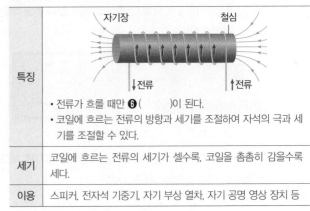
	• 전류가 흐를 때만 ❻( )이 된다. • 코일에 흐르는 전류의 방향과 세기를 조절하여 자석의 극과 세기를 조절할 수 있다.
세기	코일에 흐르는 전류의 세기가 셀수록, 코일을 촘촘히 감을수록 세다.
이용	스피커, 전자석 기중기, 자기 부상 열차, 자기 공명 영상 장치 등

4 자기장에서 전류가 받는 힘   자석 사이에 있는 도선에 전류가 흐르면 도선은 힘(자기력)을 받는다.

자기장에서 도선이 받는 힘의 방향

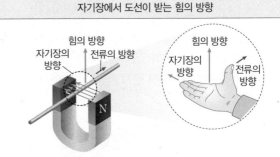

오른손을 펴서 엄지손가락이 ❼( )의 방향으로, 나머지 네 손가락이 ❽( )의 방향으로 향하게 할 때 손바닥이 향하는 방향이 힘의 방향이다.

자기장에서 도선이 받는 힘의 크기

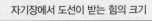

자기력: 최대	자기력: 0

• 전류의 세기가 ❾( )수록, 자기장의 세기가 ❿( )수록 크다.

• 전류의 방향과 자기장의 방향이 수직일 때 가장 크고, 나란할 때는 힘이 작용하지 않는다.

5 전동기   자기장 속에서 코일이 받는 힘을 이용하여 코일을 회전시키는 장치

① **전동기의 작동 원리**: 코일에 전류가 흐르면 코일의 양쪽 도선에 흐르는 전류의 방향이 반대가 되므로 코일 양쪽 도선이 받는 힘의 방향도 반대가 되어 ⓫( )한다.

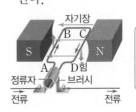

AB는 위쪽, CD는 아래쪽으로 힘을 받아 코일이 ⓬( ) 방향으로 회전한다.

② **전동기의 이용**: 선풍기, 세탁기, 전기 자동차, 엘리베이터 등

답안지

1 자석과 자석 사이에 작용하는 힘을 (㉠   )이라 하고, 이 힘이 작용하는 공간을 (㉡   )이라고 한다.

1 _____
_____

2 다음의 설명이 무엇에 관한 것인지 쓰시오.

> • N극에서 나와 S극으로 들어가며, 중간에 끊어지거나 서로 교차하지 않는다.
> • 간격이 촘촘할수록 자기장의 세기가 세다.

2 _____
_____

3 그림은 막대자석의 두 극 사이의 자기력선을 나타낸 것이다. A, B에 해당하는 자극을 쓰시오.

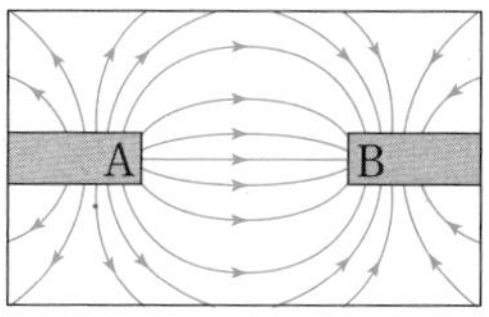

3 _____
_____

4 그림과 같이 직선 도선 주위의 자기장의 방향을 찾기 위해 오른손을 이용할 때 엄지손가락의 방향은 ㉠(전류 , 자기장)의 방향이고, 네 손가락이 감아쥐는 방향은 ㉡(전류 , 자기장)의 방향이다.

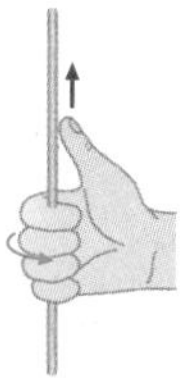

4 _____
_____

5 그림 (가)와 같이 화살표 방향으로 전류가 흐르는 원형 도선 중심에서 자기장의 방향은 (㉠   )쪽이고, 그림 (나)와 같이 화살표 방향으로 전류가 흐르는 코일 중심에서 자기장의 방향은 (㉡   )쪽이다. (단, 지구 자기장은 무시한다.)

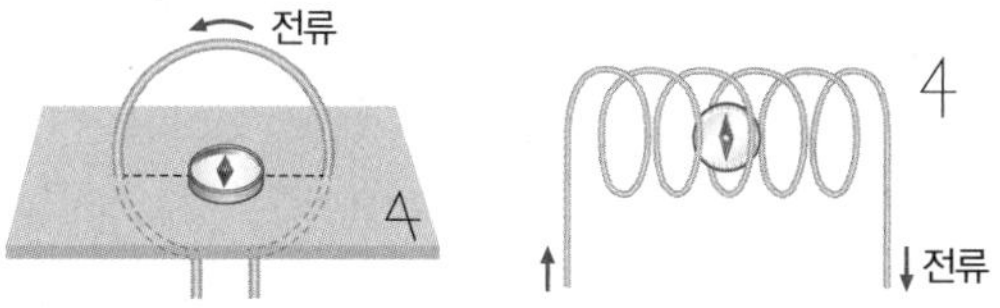

(가)   (나)

5 _____
_____

6 전류가 흐르는 코일 속에 철심을 넣어서 만든 것을 무엇이라고 하는지 쓰시오.

6 _____
_____

7 자기장에서 도선이 받는 힘의 방향은 오른손의 엄지손가락이 ㉠(전류 , 자기장)의 방향, 네 손가락이 ㉡(전류 , 자기장)의 방향으로 향할 때 ㉢(손등 , 손바닥)이 향하는 방향이다.

7 _____
_____

8 자기장에서 도선이 받는 힘의 크기는 전류의 방향과 자기장의 방향이 서로 ㉠(수직 , 평행)일 때 가장 크고, ㉡(수직 , 평행)일 때는 작용하지 않는다.

8 _____
_____

9 그림과 같이 자석의 두 극 사이에 놓인 도선에 화살표 방향으로 전류가 흐를 때 도선이 받는 힘의 방향을 A~D 중에서 고르시오.

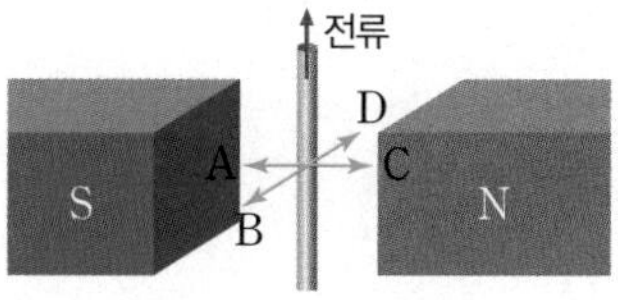

9 _____
_____

10 자기장 속에서 코일이 받는 힘을 이용하여 코일을 회전시키는 장치를 (㉠   )라 하며, 이 장치는 영구 자석, 코일, 전류의 방향을 바꿔 주는 (㉡   ), 브러시 등으로 구성되어 있다.

10 _____
_____

정답과 해설 **56쪽**

01 자기장에 대한 설명으로 옳은 것을 〈보기〉에서 모두 고른 것은?

> 보기
> ㄱ. 자석 주위나 전류가 흐르는 도선 주위에 생긴다.
> ㄴ. 자석에 의한 자기장은 자석의 중심에서 가장 세다.
> ㄷ. 막대자석 주위의 자기장은 S극에서 나와 N극으로 들어가는 방향이다.
> ㄹ. 어느 지점에서 자기장의 방향은 나침반 자침의 N극이 가리키는 방향이다.

① ㄱ, ㄴ   ② ㄱ, ㄹ   ③ ㄴ, ㄷ
④ ㄴ, ㄹ   ⑤ ㄷ, ㄹ

02 두 자석의 N극과 S극을 가까이 할 때 자기력선의 모양으로 옳은 것은?

①    ②

③ 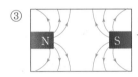   ④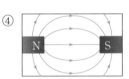

⑤

【주관식】

03 그림과 같이 화살표 방향으로 전류가 흐르는 직선 도선 주위에 나침반 A~D를 놓아두었다. 이때 나침반 A~D의 자침이 N극이 가리키는 방향을 각각 쓰시오. (단, 지구 자기장은 무시한다.)

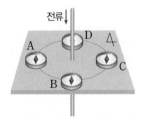

04 그림과 같이 도선 아래에 나침반을 두고 스위치를 닫아 도선에 전류가 흐르게 하였을 때, 나침반 자침의 N극이 가리키는 방향은? (단, 지구 자기장은 무시한다.)

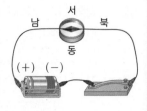

① 동쪽   ② 서쪽   ③ 남쪽
④ 북쪽   ⑤ 시계 방향으로 회전

【주관식】

05 그림과 같이 직선 도선에 화살표 방향으로 전류가 흐르고 있다.

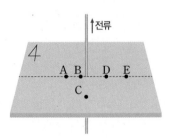

A~E 지점 중 자기장의 세기가 가장 약한 곳을 쓰시오. (단, 직선 도선으로부터 A, C, D점까지의 거리는 같다.

06 그림과 같이 화살표 방향으로 전류가 흐르는 원형 도선 주위에 나침반을 놓아두었다.

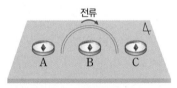

이에 대한 설명으로 옳지 <u>않은</u> 것은? (단, 지구 자기장은 무시한다.)

① A의 자침의 N극은 남쪽을 가리킨다.
② B의 자침의 N극은 북쪽을 가리킨다.
③ A와 C의 자침의 N극이 가리키는 방향은 반대이다.
④ A와 B의 자침의 N극이 가리키는 방향은 반대이다.
⑤ B와 C의 자침의 N극이 가리키는 방향은 반대이다.

출제율 99%

07 그림은 전류가 흐르는 코일 주위에 놓인 나침반의 모습을 나타낸 것이다.

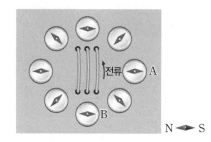

이에 대한 설명으로 옳은 것을 〈보기〉에서 모두 고른 것은?

┌─보기┐
ㄱ. 코일 주위에는 자기장이 생긴다.
ㄴ. 나침반 자침의 N극이 가리키는 방향이 자기장의 방향이다.
ㄷ. 전류의 방향이 반대로 바뀌면 나침반 A의 자침의 N극은 오른쪽을 가리킨다.
ㄹ. 전류의 방향이 반대로 바뀌어도 나침반 B의 자침의 N극이 가리키는 방향은 바뀌지 않는다.
└────────────┘

① ㄱ, ㄴ 　② ㄱ, ㄹ 　③ ㄷ, ㄹ
④ ㄱ, ㄴ, ㄷ 　⑤ ㄴ, ㄷ, ㄹ

08 그림과 같이 철심이 들어 있는 코일에 전지와 스위치를 연결하였다.

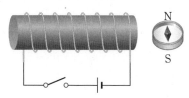

스위치를 닫았을 때 코일의 오른쪽에 놓여 있는 나침반이 가리키는 방향으로 옳은 것은? (단, 지구 자기장은 무시한다.)

①   ②   ③

④   ⑤

출제율 99%

09 그림은 코일에 철심을 넣은 전자석에 화살표 방향으로 전류가 흐르는 모습을 나타낸 것이다.

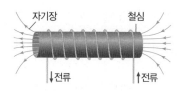

전자석의 극을 반대로 하는 방법으로 옳은 것은?

① 전류의 세기를 세게 한다.
② 전류의 세기를 약하게 한다.
③ 전류의 방향을 반대로 한다.
④ 철심에 감은 코일의 수를 늘린다.
⑤ 코일 속에 있는 철심을 제거한다.

출제율 99%

10 자기장에서 전류가 받는 힘에 대한 설명으로 옳지 <u>않은</u> 것은?

① 전류의 세기가 셀수록 받는 힘의 크기가 크다.
② 자기장의 세기가 셀수록 받는 힘의 크기가 크다.
③ 전류의 방향이 반대가 되면 힘의 방향도 반대가 된다.
④ 자기장의 방향이 반대가 되면 힘의 방향도 반대가 된다.
⑤ 전류와 자기장의 방향이 같을 때 가장 큰 힘을 받는다.

11 그림과 같이 전류가 흐르는 직선 도선이 자기장 속에 놓여 있다. 이때 도선이 받는 힘의 방향을 오른손을 이용하여 옳게 나타낸 것은?

① 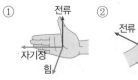 ②   ③

④   ⑤

[12~13] 그림과 같이 위쪽 면이 N극으로 되어 있는 고무 자석에 구리 테이프를 붙이고 전지를 연결한 후, 구리선을 올려놓았다.

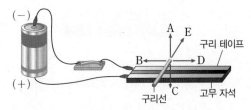

출제율 99%

12 위 실험에서 자기장의 방향과 구리선이 움직이는 방향을 옳게 짝 지은 것은?

	자기장의 방향	구리선이 움직이는 방향
①	A 방향	B 방향
②	A 방향	C 방향
③	A 방향	D 방향
④	C 방향	A 방향
⑤	C 방향	E 방향

13 위 실험 장치에서 고무 자석의 위쪽 면을 S극으로 바꿀 때 일어나는 변화를 옳게 설명한 것은?

① 구리선이 움직이지 않는다.
② 구리선이 더 빠르게 움직인다.
③ 구리선이 더 느리게 움직인다.
④ 구리선이 자석의 극을 바꾸기 전과 같은 방향으로 움직인다.
⑤ 구리선이 자석의 극을 바꾸기 전과 반대 방향으로 움직인다.

14 전동기에 대한 설명으로 옳지 않은 것은?

① 자석 사이에 코일이 들어 있는 구조이다.
② 코일에 센 전류가 흐를수록 더 빠르게 회전한다.
③ 자기장에서 코일이 받는 힘이 코일을 회전하게 한다.
④ 선풍기나 세탁기와 같이 전기를 이용하여 움직이는 대부분의 장치에 이용된다.
⑤ 코일이 반 바퀴 회전할 때마다 전류의 방향이 바뀌므로 코일의 회전 방향도 반대로 바뀐다.

[15~17] 그림은 전동기의 구조를 나타낸 것이다.

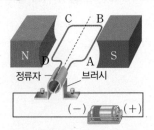

출제율 99%

15 도선 AB 부분과 CD 부분이 받는 힘의 방향을 옳게 짝 지은 것은?

	AB	CD		AB	CD
①	↑	↑	②	↑	↓
③	↓	↑	④	↓	↓
⑤	→	←			

16 위 전동기의 코일의 움직임에 대한 설명으로 옳은 것은?

① 계속 정지해 있다.
② 시계 방향으로 회전한다.
③ 시계 반대 방향으로 회전한다.
④ 시계 방향으로 회전하다가 시계 반대 방향으로 회전한다.
⑤ 시계 반대 방향으로 회전하다가 시계 방향으로 회전한다.

【주관식】

17 위 전동기에서 조건을 반대로 바꾸었을 때 코일의 회전 방향이 반대가 되는 경우를 〈보기〉에서 모두 고르시오.

보기
ㄱ. 전지의 극
ㄴ. 자석의 극
ㄷ. 전지의 극과 자석의 극
ㄹ. 도선 AB와 CD의 위치

18 그림은 전기 회로의 도선 위 또는 아래에 나침반 A~E를 놓은 모습을 나타낸 것이다.

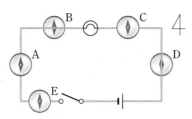

스위치를 닫았을 때 나침반 A~E 중 자침의 N극이 가리키는 방향이 같은 것끼리 옳게 짝 지은 것은? (단, 지구 자기장은 무시한다.)

① A, C   ② A, D   ③ B, C
④ B, D   ⑤ C, E

[주관식]

19 그림과 같이 코일에 전류를 흐르게 하였더니 나침반 자침의 N극이 왼쪽을 가리켰다.

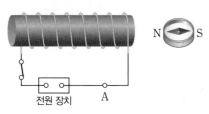

이때 도선의 A 지점에 있는 전자들이 움직이는 방향을 쓰시오.

자료 분석 | 정답과 해설 57쪽

20 그림과 같이 전류가 흐르는 두 코일 사이에 전류가 흐르는 직선 도선을 놓았다.

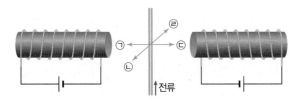

이 도선이 있는 곳에서 자기장의 방향과 도선이 받는 힘의 방향을 옳게 짝 지은 것은?

	자기장의 방향	힘의 방향
①	㉠	㉡
②	㉠	㉣
③	㉡	㉢
④	㉢	㉡
⑤	㉢	㉣

자료 분석 | 정답과 해설 57쪽

21 그림과 같이 전류가 흐르는 직선 도선 주위의 두 지점 A, B에 나침반을 놓았더니 자침의 N극이 가리키는 방향이 같지 않았다. (단, 지구 자기장은 무시한다.)

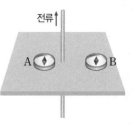

(1) 두 나침반 자침의 N극이 가리키는 방향이 같지 않은 까닭을 서술하시오.

(2) A, B 중 자기장의 세기가 더 센 곳을 고르고, 그 까닭을 서술하시오.

22 그림과 같이 코일에 철심을 넣어 만든 전자석의 특징 두 가지를 다음 단어를 모두 포함하여 서술하시오.

전류의 방향, 전류의 세기

23 그림 (가), (나)와 같이 자석 사이에 화살표 방향으로 전류가 흐르는 코일이 놓여 있다.

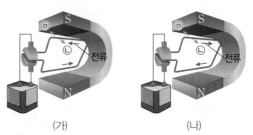

(가)   (나)

(가)와 (나)에서 코일의 회전 방향을 각각 쓰고, (가)와 (나)에서 방향이 다르다면 그 까닭을 서술하시오.

1 에라토스테네스의 지구 크기 측정

① 원리

• 원에서 ❶ (   )는 중심각의 크기에 비례한다.

• 평행한 두 직선에서 엇각의 크기는 서로 같다.

② 가정

• 지구는 완전한 ❷ (   )이다.

• 지구로 들어오는 햇빛은 평행하다.

③ 측정해야 하는 값: 알렉산드리아와 시에네 사이의 거리(925 km), 알렉산드리아에 세운 막대와 그림자 끝이 이루는 각도(7.2°)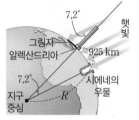

④ 지구의 크기 측정

$$7.2° : 925 \text{ km} = 360° : 2\pi R$$
$$2\pi R = \frac{360° \times 925 \text{ km}}{7.2°} = 46250 \text{ km}$$

⑤ 측정값의 오차 원인: 지구는 완전한 구형이 아니며, 두 지역 사이의 거리 측정값이 정확하지 않았기 때문이다.

2 지구 모형의 크기 측정

① 측정 원리: 에라토스테네스의 지구 크기 측정 원리와 같은 방법으로 측정한다. ➡ 원의 성질 이용

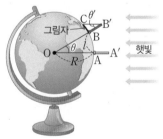

② 측정해야 하는 값: ❸ (   ), ∠BB′C(θ′)

③ 지구 모형의 크기 측정

$$\theta : l = 360° : 2\pi R$$
$$R = \frac{360° \times l}{2\pi \times \theta}$$

3 지구의 자전 지구가 자전축을 중심으로 ❹ (   )에 한 바퀴씩 회전하는 운동

① 방향: 서쪽 → 동쪽

② 속도: ❺ (   )°/시간

③ 자전에 의한 현상: 태양·달·별의 일주 운동, 낮과 밤의 반복 등

문제 공략 48쪽

4 천체의 일주 운동 태양, 달, 별 등의 천체가 하루에 한 바퀴씩 원을 그리며 회전하는 겉보기 운동

① 원인: 지구의 ❻ (   )

② 방향: 동쪽 → 서쪽

③ 속도: 15°/시간

④ 북쪽 하늘 별의 일주 운동: ❼ (   )을 중심으로 시계 반대 방향으로 하루에 한 바퀴씩 일주 운동을 한다.

⑤ 우리나라에서 관측한 별의 일주 운동

동쪽 하늘	남쪽 하늘	서쪽 하늘	북쪽 하늘

5 지구의 공전 지구가 태양을 중심으로 ❽ (   )에 한 바퀴씩 회전하는 운동

① 방향: ❾ (   )쪽 → ❿ (   )쪽

② 속도: 약 1°/일

6 태양의 연주 운동 태양이 별자리를 배경으로 하루에 약 1°씩 이동하여 1년 후 제자리로 되돌아오는 것처럼 보이는 겉보기 운동

① 원인: 지구의 ⓫ (   )

② 방향: 서쪽 → 동쪽

③ 속도: 약 1°/일

문제 공략 48쪽

7 계절에 따른 별자리의 변화 계절에 따라 밤하늘에서 볼 수 있는 별자리가 달라진다.

① 원인: 지구의 ⓬ (   )

② 황도: 태양이 별자리 사이를 지나가는 길

③ 황도 12궁: 황도 주변에 위치한 12개의 별자리

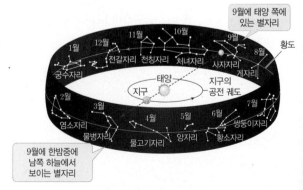

▲ 황도와 황도 12궁

답안지

1 에라토스테네스는 지구의 크기를 측정하기 위해 지구는 완전한 (㉠   )이며, 햇빛은 지구에 (㉡   )하게 들어온다고 가정하였다.

1 _____
_____

2 그림은 지구 모형의 크기를 측정하기 위한 실험 장치를 나타낸 것이다.

(1) 중심각의 크기를 알기 위해 직접 측정해야 하는 것의 기호를 쓰시오.

(2) 지구 모형의 크기를 구하기 위한 비례식을 완성하시오.

> (㉠   ) : (㉡   )=360° : 2πR

2 _____
_____
_____

3 지구의 자전 방향은 ㉠(동 , 서)쪽에서 ㉡(동 , 서)쪽이고, 지구의 공전 방향은 ㉢(동 , 서)쪽에서 ㉣(동 , 서)쪽이다.

3 _____
_____

4 태양의 일주 운동은 지구의 (㉠   ) 때문에 나타나는 겉보기 운동이고, 태양의 연주 운동은 지구의 (㉡   ) 때문에 나타나는 겉보기 운동이다.

4 _____
_____

5 그림은 21시부터 24시까지 관측한 북두칠성의 일주 운동을 나타낸 것이다.

(1) 별 P의 이름을 쓰시오.

(2) 북두칠성의 이동 방향은 (A → B , B → A)이다.

(3) ∠θ는 얼마인지 쓰시오.

5 _____
_____

6 그림은 지구의 공전 궤도와 태양이 지나는 길에 위치한 12개의 별자리를 나타낸 것이다.

빈칸에 알맞은 말을 쓰시오.

> 8월에 태양은 (㉠   )자리 부근을 지나며, 지구에서는 한밤중에 남쪽 하늘에서
> (㉡   )자리를 볼 수 있다.

6 _____
_____

우리나라에서 관측한 별의 일주 운동 모습과 일주 운동 방향

❶ 관측 방향:

_____ 하늘

❷ 일주 운동 방향:

_____

❸ 관측 방향:

_____ 하늘

❹ 일주 운동 방향:

_____

❺ 관측 방향:

_____ 하늘

❻ 일주 운동 방향:

_____

❼ 관측 방향:

_____ 하늘

❽ 일주 운동 방향:

_____

북쪽 하늘의 별의 일주 운동

❶ 별의 일주 운동을 관측한 시간:

_____

❷ 별의 일주 운동을 관측한 시간:

_____

❸ 4시간 동안 관측했을 때 θ의 크기:

_____

❹ 5시간 동안 관측했을 때 θ의 크기:

_____

황도 12궁과 계절에 따른 별자리

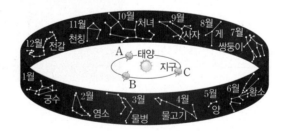

❶ 지구가 A에 있을 때는 몇 월인가? _____

❷ 지구가 A에 있을 때 태양이 지나는 별자리: _____

❸ 지구가 A에 있을 때 한밤중에 남쪽 하늘에서 볼 수 있는 별자리: _____

❹ 지구가 B에 있을 때는 몇 월인가? _____

❺ 지구가 B에 있을 때 태양이 지나는 별자리: _____

❻ 지구가 B에 있을 때 한밤중에 남쪽 하늘에서 볼 수 있는 별자리: _____

❼ 지구가 C에 있을 때는 몇 월인가? _____

❽ 지구가 C에 있을 때 태양이 지나는 별자리: _____

❾ 지구가 C에 있을 때 한밤중에 남쪽 하늘에서 볼 수 있는 별자리: _____

[01~02] 다음은 에라토스테네스가 지구의 둘레를 구하는 과정과 알렉산드리아와 시에네의 실제 위치를 나타낸 것이다.

에라토스테네스는 하짓날 정오에 시에네의 우물에 햇빛이 수직으로 비출 때 알렉산드리아에 수직으로 세운 막대에는 그림자가 생긴다는 사실을 알았다.

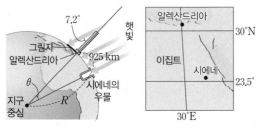

【주관식】

01 시에네와 알렉산드리아가 이루는 중심각의 크기(θ)를 쓰시오.

출제율 99%

02 지구의 반지름(R)을 구하기 위한 비례식으로 옳은 것은?

① $7.2° : 360° = \pi R : 925 \, \text{km}$
② $7.2° : 2\pi R = 360° : 925 \, \text{km}$
③ $7.2° : 925 \, \text{km} = 2\pi R : 360°$
④ $7.2° : 925 \, \text{km} = 360° : \pi R^2$
⑤ $7.2° : 925 \, \text{km} = 360° : 2\pi R$

03 에라토스테네스가 구한 지구의 둘레는 오늘날 정밀하게 측정한 지구의 둘레보다 크게 측정되었다. 그 까닭으로 옳은 것을 모두 고르면? (2개)

① 실제 지구는 구형이 아니기 때문이다.
② 실제로 햇빛이 지구에 평행하게 들어오기 때문이다.
③ 알렉산드리아와 시에네가 실제로 서로 다른 위도에 위치하기 때문이다.
④ 알렉산드리아와 시에네 사이의 거리 측정값이 정확하지 않았기 때문이다.
⑤ 알렉산드리아에서 막대와 그림자 끝이 이루는 각을 정확하게 측정했기 때문이다.

04 에라토스테네스가 지구의 크기를 측정할 때 이용한 원리는 무엇인가?

① 지구는 완전한 구형이다.
② 햇빛은 지구에 평행하게 들어온다.
③ 하짓날 정오에는 그림자가 생기지 않는다.
④ 원에서 호의 길이는 중심각의 크기에 비례한다.
⑤ 닮은 삼각형에서 서로 대응하는 변의 길이는 비례한다.

[05~06] 그림은 지구 모형의 크기를 측정하는 방법을 나타낸 것이다.

05 이 실험에서 막대 AA′와 BB′를 세우는 방법으로 옳은 것을 모두 고르면? (2개)

① 막대 AA′와 막대 BB′는 길이가 같아야 한다.
② 막대 AA′와 막대 BB′는 같은 위도상에 세운다.
③ 막대 AA′와 막대 BB′는 같은 경도상에 세운다.
④ 막대 AA′는 지구 모형의 표면에 수직으로 세운다.
⑤ 막대 BB′는 지구 모형의 표면에 비스듬하게 세운다.

출제율 99%

06 이 실험에서 지구 모형의 크기를 구하기 위해 직접 측정해야 하는 값을 옳게 짝 지은 것은?

① ∠AOB, ∠BB′C
② ∠AOB, 호 AB의 길이
③ ∠AOB, 호 BC의 길이
④ ∠BB′C, 호 AB의 길이
⑤ ∠BB′C, 호 BC의 길이

[주관식]

07 그림은 지구 모형의 크기를 구하기 위한 장치와 측정값을 나타낸 것이다.

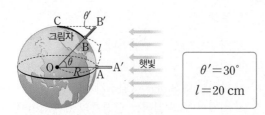

$\theta' = 30°$
$l = 20 \text{ cm}$

이 지구 모형의 반지름을 구하시오. (단, $\pi = 3$으로 계산한다.)

08 표는 우리나라의 두 도시 서울과 광주의 위치 자료를 나타낸 것이다.

지역	서울	광주	거리(서울 기준)
위도	37.6°N	35.1°N	0
경도	127°E	127°E	270 km

지구가 완전한 구형이라고 할 때, 지구의 반지름(R)을 구하기 위한 비례식으로 옳은 것은?

① $2.5° : 360° = 2\pi R : 270 \text{ km}$

② $2.5° : 360° = 270 \text{ km} : 2\pi R$

③ $72.7° : 360° = 270 \text{ km} : 2\pi R$

④ $91.9° : 360° = 270 \text{ km} : 2\pi R$

⑤ $123.4° : 360° = 2\pi R : 270 \text{ km}$

09 표는 A~E 지역의 위도와 경도를 나타낸 것이다.

지역	A	B	C	D	E
위도	24°N	15°N	37°N	24°N	15°S
경도	128°W	130°E	70°E	70°W	130°E

지구의 크기를 측정할 때 이용하기 적당한 (가)두 지역과 두 지역 사이의 (나)중심각의 크기를 옳게 짝 지은 것은?

	(가)	(나)		(가)	(나)
①	A, D	58°	②	B, D	9°
③	B, E	30°	④	C, D	13°
⑤	D, E	50°			

10 지구가 자전하기 때문에 나타나는 현상으로 옳은 것을 〈보기〉에서 모두 고른 것은?

보기
ㄱ. 낮과 밤이 생긴다.
ㄴ. 달이 동쪽에서 떠서 서쪽으로 진다.
ㄷ. 태양이 별자리 사이를 하루에 약 1°씩 서쪽에서 동쪽으로 이동한다.

① ㄱ ② ㄷ ③ ㄱ, ㄴ
④ ㄴ, ㄷ ⑤ ㄱ, ㄴ, ㄷ

11 지구의 자전에 대한 설명으로 옳은 것은?

① 지구의 자전 방향은 공전 방향과 같다.
② 지구가 자전하기 때문에 달의 위상 변화가 나타난다.
③ 지구가 자전축을 중심으로 1년에 한 바퀴 도는 운동이다.
④ 지구가 자전하기 때문에 계절에 따라 보이는 별자리가 달라진다.
⑤ 지구가 자전하기 때문에 북두칠성이 북극성을 중심으로 시계 방향으로 하루에 한 바퀴씩 회전한다.

출제율 99%

12 그림은 우리나라에서 북쪽 하늘을 향해 3시간 동안 카메라를 노출시켜 찍은 별의 일주 운동 모습을 나타낸 것이다.

별 A가 움직인 각도(θ)와 회전한 방향을 옳게 짝 지은 것은?

	θ	방향
①	3°	시계 방향
②	30°	시계 방향
③	30°	시계 반대 방향
④	45°	시계 방향
⑤	45°	시계 반대 방향

13 별의 일주 운동 방향과 일주 운동 속도를 옳게 짝 지은 것은?

	방향	속도
①	동쪽 → 서쪽	1°/시간
②	동쪽 → 서쪽	1°/일
③	동쪽 → 서쪽	15°/시간
④	서쪽 → 동쪽	1°/일
⑤	서쪽 → 동쪽	15°/시간

출제율 99%

14 그림은 우리나라에서 관측한 별의 일주 운동을 나타낸 것이다.

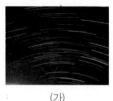 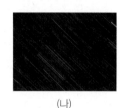

(가)　　　　　　　　　(나)

(가), (나)를 관측한 하늘의 방향을 옳게 짝 지은 것은?

	(가)	(나)
①	동쪽 하늘	서쪽 하늘
②	남쪽 하늘	동쪽 하늘
③	남쪽 하늘	서쪽 하늘
④	북쪽 하늘	동쪽 하늘
⑤	북쪽 하늘	서쪽 하늘

15 그림은 북극성 부근에 있는 카시오페이아자리의 움직임을 관측하여 나타낸 것이다.

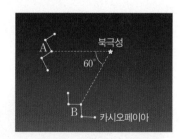

카이오페이아자리가 A 위치에 있을 때의 시각이 19시였다면, 같은 날 B 위치에 있을 때의 시각은?

① 15시　　　② 17시　　　③ 21시
④ 23시　　　⑤ 24시

16 그림은 어느 날 밤 10시에 관측한 별의 위치를 나타낸 것이다.

밤 12시에 이 별을 관측할 수 있는 위치를 옳게 설명한 것은?

① 동쪽으로 15° 이동한 곳에서 관측된다.
② 동쪽으로 30° 이동한 곳에서 관측된다.
③ 서쪽으로 15° 이동한 곳에서 관측된다.
④ 서쪽으로 30° 이동한 곳에서 관측된다.
⑤ 현재와 같은 위치에서 관측된다.

17 천체의 일주 운동에 대한 설명으로 옳은 것은?

① 태양은 동쪽에서 떠서 서쪽으로 진다.
② 지구가 공전하기 때문에 나타나는 현상이다.
③ 일주 운동에 의해 계절에 따라 별자리의 위치가 달라진다.
④ 북쪽 하늘에서는 별들이 시계 방향으로 회전하는 것처럼 보인다.
⑤ 오늘 밤 12시에 남쪽 하늘에서 본 별은 내일 밤 12시에 북쪽 하늘에서 볼 수 있다.

[주관식]

18 그림은 한 달 간격으로 초저녁 서쪽 하늘에서 관측된 별자리의 모습을 순서 없이 나타낸 것이다.

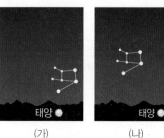 

(가)　　　　　　　(나)　　　　　　　(다)

(가)~(다)를 먼저 관측한 것부터 순서대로 나열하시오.

19 지구가 공전하기 때문에 나타나는 현상을 모두 고르면?

(2개)

① 낮과 밤의 반복
② 별의 일주 운동
③ 달의 모양 변화
④ 태양의 연주 운동
⑤ 계절에 따른 별자리의 변화

20 다음은 천구상에서 별과 태양의 운동을 설명한 것이다.

> 태양은 천구상의 별자리 사이를 1년에 한 바퀴씩 도는데, 이러한 운동을 태양의 (㉠) 운동이라고 한다. A는 태양이 천구상을 지나가는 길로 (㉡)(이)라고 하며, 이와 같이 태양이 별자리 사이로 이동하는 것처럼 보이는 현상은 지구가 (㉢)하기 때문에 나타나는 겉보기 현상이다.

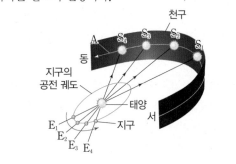

㉠~㉢에 알맞은 말을 옳게 짝 지은 것은?

	㉠	㉡	㉢
①	일주	황도	공전
②	일주	황도 12궁	자전
③	연주	황도	공전
④	연주	황도 12궁	공전
⑤	공전	황도	자전

21 천체의 운동 방향이 동쪽에서 서쪽인 것을 모두 고르면?

(2개)

① 지구의 자전　　② 지구의 공전
③ 달의 일주 운동　④ 별의 연주 운동
⑤ 태양의 연주 운동

[22~24] 그림은 지구의 공전 궤도와 태양이 지나가는 길에 있는 12개의 별자리를 나타낸 것이다.

출제율 99%

22 이에 대한 설명으로 옳지 않은 것은?

① 1월에 태양은 궁수자리 부근에서 관측된다.
② 태양은 별자리 사이를 하루에 약 1°씩 이동한다.
③ 4월에는 자정에 남쪽 하늘에서 물고기자리를 볼 수 있다.
④ 하늘에서 태양이 별자리 사이를 지나가는 길을 황도라고 한다.
⑤ 태양이 지나가는 별자리가 달라지는 까닭은 지구가 공전하기 때문이다.

23 (가)지구가 A에 있을 때 한밤중에 남쪽 하늘에서 볼 수 있는 별자리와 (나)B에 있을 때 태양이 지나가는 별자리를 옳게 짝 지은 것은?

	(가)	(나)
①	염소자리	물병자리
②	염소자리	사자자리
③	게자리	물병자리
④	게자리	사자자리
⑤	사자자리	게자리

【주관식】

24 그림은 어느 날 한밤중에 서울에서 관측한 별자리의 위치를 나타낸 것이다.

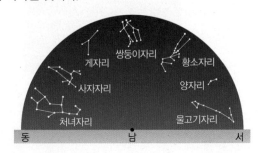

이날은 몇 월인지 쓰시오.

25 그림은 어느 날 밤에 관측한 북두칠성의 움직임을 나타낸 것이다.

이에 대한 설명으로 옳은 것은?

① 3시간 동안 관측한 것이다.
② 동쪽 하늘에서의 별의 일주 운동 모습이다.
③ 북두칠성이 A에 위치할 때는 20시보다 빠른 시각이다.
④ 북두칠성은 북극성을 중심으로 시계 방향으로 회전한다.
⑤ 실제로 북두칠성은 북극성 주위를 하루에 한 바퀴씩 회전한다.

자료 분석 | 정답과 해설 59쪽

26 9월 1일 새벽에 동쪽 지평선 부근에서 게자리를 관측할 수 있었다. 이 별자리에 대한 설명으로 옳은 것은?

① 1월 1일에는 한밤중에 서쪽 하늘에서 관측할 수 있다.
② 3월 1일에는 한밤중에 남쪽 하늘에서 관측할 수 있다.
③ 8월 1일에는 새벽에 남쪽 하늘에서 관측할 수 있다.
④ 11월 1일에는 새벽에 관측할 수 없다.
⑤ 12월 1일에는 초저녁에 서쪽 하늘에서 관측할 수 있다.

27 다음은 에라토스테네스가 지구의 크기를 측정할 때 세운 두 가지 가정을 나타낸 것이다.

> (가) 지구는 완전한 구형이다.
> (나) 햇빛은 지구에 평행하게 들어온다.

(가)와 (나)의 가정이 필요한 까닭을 각각 서술하시오.

_____

_____

28 그림은 우리나라에서 관측한 별의 일주 운동을 나타낸 것이다.

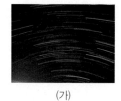　

(가)　　　　　　　　(나)

(1) (가), (나)의 관측 방향을 각각 쓰시오.

_____

(2) (가), (나)에 별이 움직이는 방향을 화살표로 표시하고, 왼쪽과 오른쪽 중 어느 쪽이 동쪽 또는 서쪽인지 서술하시오.

_____

29 그림은 해가 진 직후 15일 간격으로 서쪽 하늘에서 쌍둥이자리를 관측한 모습을 나타낸 것이다.

(가)　　　　　(나)　　　　　(다)

(1) 태양을 기준으로 했을 때 별자리의 이동 방향과 별자리를 기준으로 했을 때 태양의 이동 방향을 각각 서술하시오.

_____

(2) 매일 같은 시각에 관측한 별자리의 위치가 달라지는 까닭을 서술하시오.

_____

1 달의 크기 측정

① 원리: 삼각형의 ❶(　　　)를 이용한다.

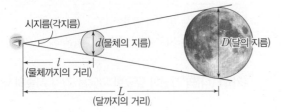

② 직접 측정해야 하는 값: 눈에서 물체까지의 거리(l), 물체의 지름(d)

③ 미리 알고 있어야 하는 값: 지구에서 달까지의 거리(L)

④ 달의 크기 측정

$$d : D = l : L$$
$$\Rightarrow D = \frac{d \times L}{l}$$

2 달의 공전 달이 ❷(　　　)를 중심으로 약 한 달에 한 바퀴 회전하는 운동

① 방향: 서쪽 → 동쪽

② 속도: 약 ❸(　　　)°/일

3 달의 위상 변화   ┃문제 공략┃ 56쪽

① 달의 위상 변화: 달이 지구 주위를 공전하면서 햇빛을 반사하는 부분이 밝게 보이므로 달은 약 한 달을 주기로 위상이 변한다.

② 위상 변화 순서: ❹(　　　) → 초승달 → 상현달 → 망(보름달) → 하현달 → 그믐달 → 삭

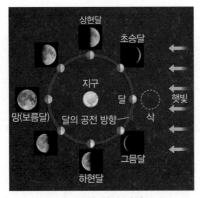

▲ 달의 위상 변화

위상	태양, 지구, 달의 위치 관계	모양
삭	태양−달−지구가 일직선	보이지 않는다.
상현달	태양−지구−달이 직각	오른쪽 반달
망(보름달)	태양−지구−달이 일직선	둥근 모양
❺(　　)	태양−지구−달이 직각	왼쪽 반달

4 달의 위치와 모양 변화   매일 같은 시각에 관측한 달의 위치는 약 13°씩 ❻(　　　)으로 이동한다.

▲ 해가 진 직후 달의 위치와 모양

음력	달의 모양	관측 방향(초저녁)
2일경	초승달	❼(　　　) 하늘
7~8일경	상현달	남쪽 하늘
15일경	보름달	동쪽 하늘

5 일식   태양이 달에 가려 보이지 않는 현상

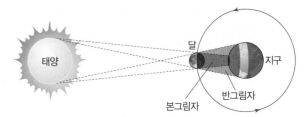

① 위치 관계: 태양−달−지구 순으로 일직선에 위치할 때 ➡ 삭

② 일식의 종류

개기 일식	달이 태양을 완전히 가리는 현상으로, 달의 ❽(　　　) 지역에서 일어난다.
부분 일식	달이 태양의 일부를 가리는 현상으로, 달의 반그림자 지역에서 일어난다.

6 월식   달이 지구의 본그림자 속에 들어가 보이지 않는 현상

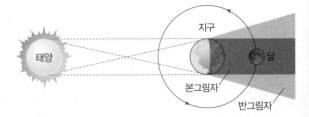

① 위치 관계: 태양−지구−달 순으로 일직선에 위치할 때 ➡ 망

② 월식의 종류

개기 월식	달 전체가 지구의 본그림자 속으로 들어가 가려지는 현상
부분 월식	달의 일부가 지구의 ❾(　　　) 속으로 들어가 가려지는 현상

정답과 해설 **61**쪽

1 그림은 달의 크기를 측정하는 방법을 나타낸 것이다.

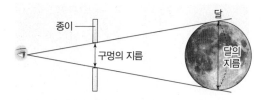

(1) (원의 성질 , 삼각형의 닮음비)을/를 이용하여 달의 지름을 구하는 방법이다.
(2) 직접 측정해야 하는 값은 (㉠   )과/와 (㉡   )이다.

1 _____
    ___ 달의 크기와 운동 ___

2 달은 지구를 중심으로 ㉠(서쪽 → 동쪽 , 동쪽 → 서쪽)으로 하루에 약 (㉡   )°씩 공전한다.

2 _____
    _____

3 달의 위상은 삭 → 상현달 → (   ) → 하현달 → 삭의 순서로 변한다.

3 _____
    _____

4~6 그림은 태양, 지구, 달의 위치 관계를 나타낸 것이다.

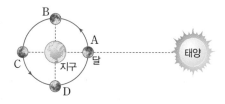

4 달이 B의 위치에 있을 때는 해가 진 직후 (㉠   ) 하늘에서 볼 수 있고, C의 위치에 있을 때는 해가 진 직후 (㉡   ) 하늘에서 볼 수 있다.

4 _____
    _____

5 달이 A에 위치할 때의 위상은 ㉠(삭 , 망)이고, D에 위치할 때의 위상은 ㉡(상현달 , 하현달)이다.

5 _____
    _____

6 일식이 일어날 때 달의 위치는 (㉠   )이고, 월식이 일어날 때 달의 위치는 (㉡   )이다.

6 _____
    _____

7 개기 월식은 달 전체가 지구의 (   ) 지역에 들어갔을 때 관측할 수 있다.

7 _____
    _____

달의 위상

❶ ❷ ❸ ❹ ❺

달의 공전 궤도와 달의 모양

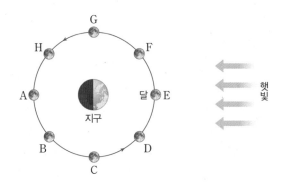

❶ 달이 A의 위치에 있을 때 음력 날짜: _____

❷ 달이 A의 위치에 있을 때 위상: _____

❸ 달이 A의 위치에 있을 때 달의 모양: _____

❹ 달이 B의 위치에 있을 때 달의 모양: _____

❺ 달이 C의 위치에 있을 때 음력 날짜: _____

❻ 달이 C의 위치에 있을 때 위상: _____

❼ 달이 C의 위치에 있을 때 달의 모양: _____

❽ 달이 D의 위치에 있을 때 위상: _____

❾ 달이 D의 위치에 있을 때 달의 모양: _____

❿ 달이 E의 위치에 있을 때 음력 날짜: _____

⓫ 달이 E의 위치에 있을 때 위상: _____

⓬ 달이 E의 위치에 있을 때 달의 모양: _____

⓭ 달이 F의 위치에 있을 때 위상: _____

⓮ 달이 F의 위치에 있을 때 달의 모양: _____

⓯ 달이 G의 위치에 있을 때 음력 날짜: _____

⓰ 달이 G의 위치에 있을 때 위상: _____

⓱ 달이 G의 위치에 있을 때 달의 모양: _____

⓲ 달이 H의 위치에 있을 때 달의 모양: _____

[01~02] 그림은 구멍을 뚫은 종이를 이용하여 달의 크기를 구하는 방법을 나타낸 것이다.

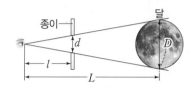

출제율 99%

01 이 방법으로 달의 지름을 구하려고 할 때 필요한 값을 〈보기〉에서 모두 고른 것은?

> 보기
> ㄱ. 종이의 두께
> ㄴ. 종이 구멍의 지름
> ㄷ. 지구와 달 사이의 거리
> ㄹ. 눈과 종이 사이의 거리
> ㅁ. 달이 지구 둘레를 공전하는 거리

① ㄱ, ㅁ　　② ㄴ, ㄹ　　③ ㄱ, ㄴ, ㄷ
④ ㄴ, ㄷ, ㄹ　　⑤ ㄴ, ㄹ, ㅁ

02 이 실험에서 달의 지름을 구하는 식으로 옳은 것은?

① $D = \dfrac{d}{l \times L}$　　② $D = \dfrac{l}{d \times L}$　　③ $D = \dfrac{l \times L}{d}$

④ $D = \dfrac{d \times l}{L}$　　⑤ $D = \dfrac{d \times L}{l}$

03 그림은 보름달 사진의 크기를 측정하는 실험과 측정값을 나타낸 것이다.

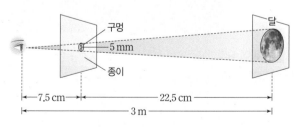

달 사진의 지름은 얼마인가?

① 약 7 cm　　② 10 cm　　③ 약 16 cm
④ 20 cm　　⑤ 45 cm

[04~05] 그림은 동전을 이용하여 달의 크기를 측정하는 방법을 나타낸 것이다.

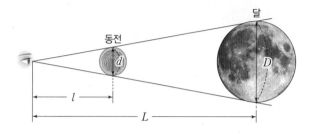

04 이에 대한 설명으로 옳지 않은 것은?

① 동전과 달의 시지름을 일치시켜야 한다.
② 눈과 동전 사이의 거리(l)는 직접 측정해야 한다.
③ 삼각형의 닮음비를 이용하여 달의 지름을 구한다.
④ 지구에서 달까지의 거리(L)는 미리 알고 있어야 한다.
⑤ 동전의 크기가 작을수록 눈과 동전 사이의 거리는 멀어진다.

【주관식】

05 이 실험의 측정값이 다음과 같을 때, 달의 지름(D)을 구하시오.

> • 동전의 지름(d)=1.2 cm
> • 눈과 동전 사이의 거리(l)=120 cm
> • 지구에서 달까지의 거리(L)=380000 km

06 달의 운동과 관측에 대한 설명으로 옳지 않은 것은?

① 매일 달 뜨는 시각은 점점 늦어진다.
② 달의 자전 주기와 공전 주기는 같다.
③ 지구에서 달을 보면 항상 같은 면만 보인다.
④ 달은 지구 둘레를 하루에 약 15°씩 공전한다.
⑤ 달의 위상은 삭 → 상현달 → 망 → 하현달 순으로 변한다.

[07~08] 그림은 태양, 지구, 달의 위치 관계를 나타낸 것이다.

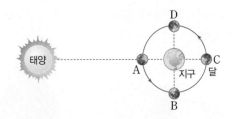

07 삭과 망일 때 달의 위치를 옳게 짝 지은 것은?

	삭	망		삭	망
①	A	C	②	B	C
③	B	D	④	C	A
⑤	D	B			

08 A~D에 대한 설명으로 옳은 것을 〈보기〉에서 모두 고른 것은?

보기
ㄱ. A에 위치할 때 달을 가장 오랫동안 관측할 수 있다.
ㄴ. B에 위치할 때 달은 왼쪽 절반이 밝게 보인다.
ㄷ. C에 위치할 때 개기 월식이 일어날 수 있다.
ㄹ. D에 위치할 때 달은 하현달이다.

① ㄱ, ㄴ   ② ㄱ, ㄹ   ③ ㄴ, ㄷ
④ ㄴ, ㄹ   ⑤ ㄷ, ㄹ

출제율 99%
09 달의 위상이 주기적으로 변하는 까닭으로 옳은 것은?

① 달의 자전 주기와 공전 주기가 같기 때문이다.
② 달이 지구 주위를 서쪽에서 동쪽으로 자전하기 때문이다.
③ 달이 지구 주위를 서쪽에서 동쪽으로 공전하기 때문이다.
④ 달이 지구 주위를 공전하는 동안 지구가 자전하기 때문이다.
⑤ 달이 지구 주위를 공전하는 동안 지구가 태양 주위를 공전하기 때문이다.

출제율 99%
10 그림은 달의 공전 궤도를 나타낸 것이다.

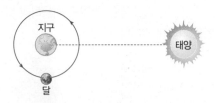

달이 이와 같은 위치에 있을 때의 모양과 음력 날짜를 옳게 짝 지은 것은?

	모양	날짜		모양	날짜
①		1일경	②		3일경
③		7일경	④		15일경
⑤		22일경			

【주관식】
11 그림 (가)~(마)는 음력 2일부터 약 한 달 동안 관측한 달의 모양을 순서 없이 나타낸 것이다.

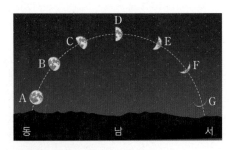

관측 날짜가 빠른 것부터 순서대로 나열하시오.

12 그림은 매일 같은 시각에 관측한 달의 모습을 나타낸 것이다.

이에 대한 설명으로 옳은 것은?

① 달의 모양은 A → G로 변해간다.
② 해가 뜨기 직전에 관측한 것이다.
③ 가장 오랫동안 볼 수 있는 달은 A이다.
④ 달이 뜨는 위치는 점차 동쪽에서 서쪽으로 이동한다.
⑤ 매일 같은 시각에 관측한 달의 위치와 모양이 다른 것은 달이 자전하기 때문이다.

[13~15] 그림은 달의 공전 궤도를 나타낸 것이다.

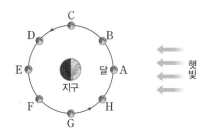

13 달의 모양이 그믐달에서 삭으로 변하는 동안 달의 이동 경로로 옳은 것은?

① A → B   ② B → C   ③ E → F
④ G → H   ⑤ H → A

14 추석날 달의 위치와 위상을 옳게 짝 지은 것은?

① A, 삭   ② A, 망   ③ C, 상현
④ E, 삭   ⑤ E, 망

15 그림 (가)와 (나)는 각각 일식과 월식의 모습을 나타낸 것이다.

(가)   (나)

A~H 중 (가), (나)가 일어날 때 달의 위치를 옳게 짝 지은 것은?

	(가)	(나)		(가)	(나)
①	A	A	②	A	E
③	C	G	④	E	A
⑤	E	E			

16 그림은 어느 날 관측한 달의 모습을 나타낸 것이다.
이에 대한 설명으로 옳은 것을 〈보기〉에서 모두 고른 것은?

┌─ 보기 ─────────────────────┐
ㄱ. 음력 2일경이다.
ㄴ. 5일 후에는 상현달을 볼 수 있다.
ㄷ. 초저녁에 동쪽 하늘에서 볼 수 있다.
└───────────────────────────┘

① ㄱ   ② ㄷ   ③ ㄱ, ㄴ
④ ㄴ, ㄷ   ⑤ ㄱ, ㄴ, ㄷ

17 그림 (가)는 어느 날 우리나라에서 관측한 달의 모습을, (나)는 달의 공전 궤도를 나타낸 것이다.

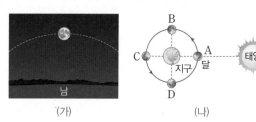

(가)   (나)

이에 대한 설명으로 옳은 것을 〈보기〉에서 모두 고른 것은?

┌─ 보기 ─────────────────────┐
ㄱ. (가)의 달은 (나)에서 B에 위치한다.
ㄴ. (가)를 관측한 시각은 밤 12시 무렵이다.
ㄷ. 이 시각 이후 (가)의 달은 점차 서쪽으로 이동한다.
└───────────────────────────┘

① ㄱ   ② ㄷ   ③ ㄱ, ㄴ
④ ㄴ, ㄷ   ⑤ ㄱ, ㄴ, ㄷ

18 일식과 월식에 대한 설명으로 옳은 것은?

① 일식은 망일 때 일어난다.
② 일식과 월식은 삭과 망일 때마다 일어난다.
③ 일식이 일어나는 시간은 월식이 일어나는 시간보다 짧다.
④ 달 전체가 지구의 본그림자 속에 들어가 가려지는 현상을 개기 일식이라고 한다.
⑤ 달에 의해 태양의 일부가 가려지는 현상을 부분 월식이라고 하며, 달의 반그림자 지역에서 볼 수 있다.

19 그림은 일식과 월식이 일어나는 원리를 나타낸 것이다.

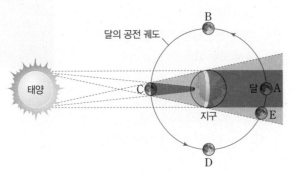

개기 일식이 일어날 때 달의 위치와 개기 월식이 일어날 때 달의 위치를 옳게 짝 지은 것은?

	개기 일식	개기 월식
①	A	C
②	A	E
③	B	D
④	C	A
⑤	C	E

20 그림은 태양, 지구, 달의 위치 관계를 나타낸 것이다.

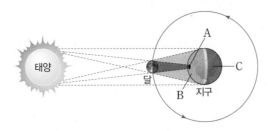

이에 대한 설명으로 옳은 것을 〈보기〉에서 모두 고른 것은?

┌ 보기 ┐
ㄱ. A에서는 개기 일식이 관측된다.
ㄴ. B에서는 일식이 관측되지 않는다.
ㄷ. C에서는 월식이 관측된다.
└────────┘

① ㄱ 　　② ㄷ 　　③ ㄱ, ㄴ
④ ㄴ, ㄷ 　　⑤ ㄱ, ㄴ, ㄷ

[주관식]

21 그림은 북반구에서 월식이 진행되는 모습을 나타낸 것이다.

A, B 중 월식이 진행되는 방향을 쓰시오.

22 그림은 일식과 월식이 일어나는 원리를 나타낸 것이다.

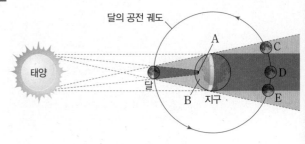

이에 대한 설명으로 옳지 <u>않은</u> 것은?

① A에서는 코로나를 관측할 수 있다.
② B에서는 부분 일식을 관측할 수 있다.
③ 달이 C에 위치할 때 부분 월식이 끝나간다.
④ 달이 D에 위치할 때 지구에서는 붉은색의 달을 볼 수 있다.
⑤ 달이 E에 위치할 때는 달의 일부가 지구의 그림자에 가려진다.

출제율 99%

23 그림은 일식 또는 월식이 일어나는 원리를 나타낸 것이다.

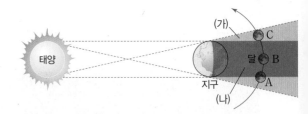

이에 대한 설명으로 옳은 것은?

① 달의 위상이 망일 때 일어나는 현상이다.
② (가)는 지구의 본그림자, (나)는 지구의 반그림자이다.
③ 달이 A에 위치할 때 지구에서는 개기 월식을 관측할 수 있다.
④ 달이 B에 위치할 때 지구에서는 개기 일식을 관측할 수 있다.
⑤ 달이 C에 위치할 때 지구에서는 부분 월식을 관측할 수 있다.

고난도 문제

24 달의 관측 시간과 달의 모양 및 관측 방향을 옳게 나타낸 것은?

① 초저녁

② 초저녁

③ 새벽
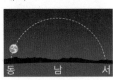

④ 새벽
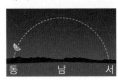

⑤ 자정
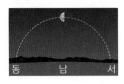

자료 분석 | 정답과 해설 62쪽

25 그림은 어느 날 서울에서 월식이 일어났을 때 달의 이동 경로와 달의 위치에 따른 시각을 나타낸 것이다.

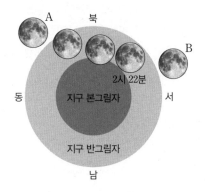

이에 대한 설명으로 옳은 것을 〈보기〉에서 모두 고른 것은?

┌ 보기 ┐
ㄱ. 달의 이동 방향은 B → A이다.
ㄴ. 이날 서울에서는 개기 월식이 일어났다.
ㄷ. 2시 22분에는 부분 월식을 볼 수 있었다.

① ㄱ   ② ㄷ   ③ ㄱ, ㄴ
④ ㄴ, ㄷ   ⑤ ㄱ, ㄴ, ㄷ

자료 분석 | 정답과 해설 63쪽

서술형 문제

26 동전을 이용하여 달의 크기를 구하는 방법과 이때 이용하는 원리를 다음 용어를 포함하여 서술하시오.

┌──────────────────────────┐
동전의 시지름, 달의 시지름, 눈, 삼각형, 닮은꼴
└──────────────────────────┘

_____

_____

27 달이 뜨는 시각이 매일 약 50분씩 늦어지는 까닭을 서술하시오.

_____

_____

28 윤슬이는 정월 대보름날 저녁 9시경에 달을 보러 공원에 나갔다. 이때 관측되는 달의 모양과 위치를 아래 그림에 그리시오.

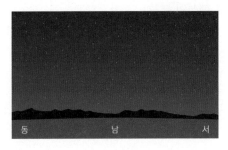

29 매달 삭과 망일 때마다 일식과 월식이 일어나지 않는 까닭을 다음 용어를 포함하여 서술하시오.

┌──────────────────────────┐
지구의 공전 궤도면, 달의 공전 궤도면
└──────────────────────────┘

_____

_____

1 태양계 행성

수성	• 행성 중 태양에서 가장 가깝고, 크기가 가장 작다. • 물과 ❶( )가 없어 표면 온도의 일교차가 크다.
금성	• 크기와 질량이 지구와 비슷하다. • 대기압이 매우 크며, 이산화 탄소 대기에 의한 온실 효과로 행성 중 표면 온도가 가장 높다. • 화산 활동의 흔적이 있다.
지구	• 태양계에서 유일하게 생명체가 존재한다. • 액체 상태의 물이 존재한다. • 주로 질소와 산소로 이루어진 대기를 가지고 있다.
화성	• 이산화 탄소로 이루어진 희박한 대기가 있다. • 토양에 산화 철 성분이 포함되어 있어 붉은색으로 보인다. • 물이 흐른 흔적, 태양계에서 가장 큰 화산, 대협곡이 존재한다. • 극지방에 얼음과 드라이아이스로 이루어진 ❷( )이 있으며, 계절에 따라 크기가 변한다.
목성	• 행성 중 크기가 가장 크다. • 표면에 가로줄 무늬와 대기의 소용돌이로 인한 거대한 붉은 점(대적점)이 나타난다. • 희미한 고리를 가지고 있으며, 많은 위성이 있다.
토성	• 행성 중 크기가 두 번째로 크고, 밀도가 가장 작다. • 암석 조각과 얼음으로 이루어진 크고 뚜렷한 ❸( )를 가지고 있다. • 자전 속도가 매우 빠르고, 많은 위성이 있다.
천왕성	• 대기에 포함된 메테인 성분으로 인해 청록색으로 보인다. • 자전축이 공전 궤도면과 거의 나란하다.
해왕성	• 파란색으로 보인다. • 표면에 대기의 소용돌이로 인한 ❹( )이 나타난다.

2 행성의 분류

① 공전 궤도에 따른 분류: 지구의 공전 궤도를 기준으로 내행성과 외행성으로 분류한다.

구분	공전 궤도	행성
내행성	지구 공전 궤도보다 안쪽	수성, 금성
외행성	지구 공전 궤도보다 바깥쪽	화성, 목성, 토성, 천왕성, 해왕성

② 물리적 특성에 따른 분류: 지구형 행성과 목성형 행성으로 분류한다.

구분	❺( ) 행성	❻( ) 행성
반지름, 질량	작다.	크다.
평균 밀도	크다.	작다.
위성 수	없거나 적다.	많다.
고리	없다.	있다.
자전 주기	길다.	짧다.
단단한 표면	있다.	없다.
행성	수성, 금성, 지구, 화성	목성, 토성, 천왕성, 해왕성

3 태양의 표면 밝고 둥글게 보이는 태양의 겉 표면을 ❼(   )라고 한다.

흑점	• 주변보다 온도가 낮아 검게 보인다. • 약 ❽( )년을 주기로 개수가 증감한다. • 지구에서 볼 때 동쪽에서 서쪽으로 이동한다. ➡ 태양이 자전하기 때문이다. • 위도에 따라 이동 속도가 다르다. ➡ 태양 표면은 고체 상태가 아니기 때문이다.
쌀알 무늬	• 광구 아래의 ❾( ) 현상 때문에 나타나는 현상으로, 쌀알을 뿌려 놓은 것 같은 무늬이다.

4 태양의 대기와 대기에서 일어나는 현상 ❿(   )이 일어났을 때 관측할 수 있다.

① 태양의 대기

채층	• 광구 바로 위에 붉게 보이는 얇은 하부 대기층
⓫( )	• 채층 위로 넓게 뻗어 있는 청백색의 희박한 상부 대기층 • 온도가 매우 높고, 태양 활동이 활발할수록 크다.

② 태양의 대기에서 일어나는 현상

홍염	광구에서 고온의 기체 물질이 솟아오르는 현상
플레어	⓬( ) 부근에서 일어나는 강한 폭발 현상

5 태양 활동의 변화

① 태양 활동이 활발할 때 태양에서 일어나는 현상: ⓭(   )수 증가, 코로나 크기 확대, 홍염과 플레어 발생 횟수 증가, 태양풍 세기 증가

② 태양 활동이 활발할 때 지구에서 일어나는 현상: 델린저 현상(무선 통신 장애), 인공위성 고장, GPS 수신 장애, 송전 시설 고장, ⓮(   ) 발생 횟수 증가 및 발생 지역 확장 등

6 천체 망원경의 구조와 역할

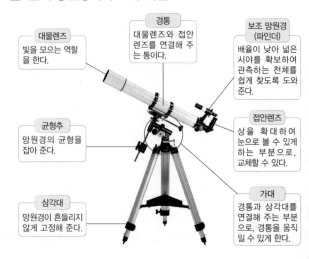

대물렌즈
빛을 모으는 역할을 한다.

경통
대물렌즈와 접안렌즈를 연결해 주는 통이다.

보조 망원경
(파인더)
배율이 낮아 넓은 시야를 확보하여 관측하는 천체를 쉽게 찾도록 도와준다.

균형추
망원경의 균형을 잡아 준다.

접안렌즈
상을 확대하여 눈으로 볼 수 있게 하는 부분으로, 교체할 수 있다.

삼각대
망원경이 흔들리지 않게 고정해 준다.

가대
경통과 삼각대를 연결해 주는 부분으로, 경통을 움직일 수 있게 한다.

정답과 해설 **64**쪽

	답안지

1 태양계에는 (㉠)을/를 중심으로 공전하는 (㉡)개의 행성이 있다.

1 _____

_____

2 태양계에서 크기가 가장 작은 행성은 (㉠)이고, 가장 큰 행성은 (㉡)이다.

2 _____

_____

3 태양계에서 표면 온도가 가장 높은 행성은 ( )이다.

3 _____

_____

4 다음과 같은 특징이 나타나는 행성을 쓰시오.

> • 물이 흐른 흔적   • 붉은색 토양   • 극관

4 _____

_____

5 태양계 행성 중 내행성을 모두 쓰시오.

5 _____

_____

6 태양계 행성을 물리적 특성으로 분류할 때 반지름과 질량이 큰 행성 집단에 속하는 행성을 모두 쓰시오.

6 _____

_____

7 태양의 광구에 나타나는 현상을 〈보기〉에서 모두 고르시오.

> 보기
> ㄱ. 흑점   ㄴ. 채층   ㄷ. 플레어   ㄹ. 쌀알 무늬

7 _____

_____

8 광구 바깥쪽으로 붉게 보이는 얇은 대기층을 ( )(이)라고 한다.

8 _____

_____

9 태양의 활동이 활발해지면 코로나의 크기가 ㉠(작아 , 커)지며, 흑점 수는 ㉡(적어 , 많아)진다.

9 _____

_____

10 천체 망원경에서 빛을 모으는 부분은 (㉠)이고, 상을 확대하는 부분은 (㉡)이다.

10 _____

_____

출제율 99%

01 태양계 행성의 특징에 대한 설명으로 옳지 <u>않은</u> 것은?

① 수성-물과 대기가 없어 표면에 운석 구덩이가 많다.

② 금성-이산화 탄소로 이루어진 두꺼운 대기가 있다.

③ 화성-극지방에 극관이 있으며, 거대한 화산과 대협곡이 존재한다.

④ 천왕성-대기에 포함되어 있는 메테인 성분으로 인해 청록색으로 보인다.

⑤ 목성-행성 중 밀도가 가장 작고, 얼음과 암석 조각으로 이루어진 뚜렷한 고리가 있다.

02 다음과 같은 특징을 가진 행성은?

> • 자전 속도가 매우 빠르다.
> • 희미한 고리를 가지고 있다.
> • 표면에 가로줄 무늬와 붉은 점이 나타난다.
> • 이오, 유로파, 가니메데, 칼리스토라는 갈릴레이 위성을 가지고 있다.

① 금성   ② 화성   ③ 목성

④ 토성   ⑤ 해왕성

03 그림은 태양계 행성의 모습을 나타낸 것이다.

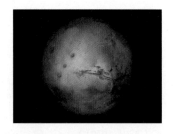

이 행성의 특징으로 옳지 <u>않은</u> 것은?

① 계절 변화가 나타난다.

② 위성을 1개 가지고 있다.

③ 태양계에서 가장 큰 화산이 있다.

④ 표면에 물이 흘렀던 흔적이 남아 있다.

⑤ 이산화 탄소로 이루어진 대기를 가지고 있다.

[04~05] 그림은 태양계 행성들을 나타낸 것이다.

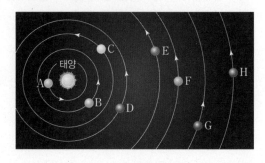

04 다음과 같은 특징을 가진 행성의 기호와 이름을 옳게 짝지은 것은?

> • 행성 중 표면 온도가 가장 높다.
> • 지구에서 보았을 때 가장 밝게 보인다.

① A, 수성   ② A, 금성   ③ B, 금성

④ E, 목성   ⑤ H, 천왕성

[주관식]

05 다음과 같은 특징을 가진 행성의 기호와 이름을 쓰시오.

> • 외행성이다.
> • 지구형 행성에 속한다.
> • 지구보다 크기가 작다.

06 목성형 행성이 지구형 행성보다 더 큰 값을 갖는 물리량을 〈보기〉에서 모두 고른 것은?

> **보기**
> ㄱ. 질량
> ㄴ. 평균 밀도
> ㄷ. 위성 수

① ㄱ   ② ㄷ   ③ ㄱ, ㄷ

④ ㄴ, ㄷ   ⑤ ㄱ, ㄴ, ㄷ

07 그림은 태양계 행성을 특징에 따라 구분하는 과정을 나타낸 것이다.

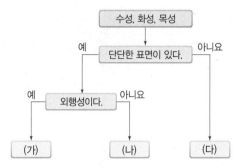

(가), (나), (다)에 해당하는 행성을 옳게 짝 지은 것은?

	(가)	(나)	(다)
①	수성	화성	목성
②	수성	목성	화성
③	화성	목성	수성
④	화성	수성	목성
⑤	목성	화성	수성

[08~09] 그림은 태양계 행성을 여러 가지 물리적 특성에 따라 두 집단으로 구분한 것이다.

 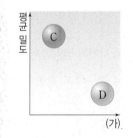

출제율 99%

08 A~D 중 목성형 행성에 해당하는 것끼리 옳게 짝 지은 것은?

① A, C   ② A, D   ③ B, C
④ B, D   ⑤ C, D

09 이에 대한 설명으로 옳은 것은?

① 화성은 A, C에 속한다.
② 목성은 B, C에 속한다.
③ A에 속한 행성은 고리가 없다.
④ D에 속한 행성은 위성을 많이 가지고 있다.
⑤ '자전 주기'는 (가)에 들어갈 수 있는 물리량이다.

출제율 99%

10 표는 태양계 행성을 물리적 특성에 따라 (가), (나) 두 집단으로 분류한 것이다.

구분	(가)	(나)
질량	크다.	작다.
평균 밀도	작다.	크다.
단단한 표면	없다.	있다.

(가)와 (나)에 속하는 행성을 옳게 짝 지은 것은?

	(가)	(나)
①	수성, 금성	화성, 토성
②	금성, 화성	목성, 해왕성
③	화성, 토성	수성, 금성
④	목성, 천왕성	수성, 화성
⑤	토성, 해왕성	지구, 목성

11 태양에 대한 설명으로 옳지 <u>않은</u> 것은?

① 광구의 평균 온도는 약 6000 ℃이다.
② 태양의 둥근 표면을 채층이라고 한다.
③ 태양의 대기는 개기 일식 때 볼 수 있다.
④ 태양계에서 스스로 빛을 내는 유일한 천체이다.
⑤ 태양의 활동이 활발해지는 시기에는 흑점 수가 많아진다.

12 그림은 태양에서 볼 수 있는 현상을 나타낸 것이다.

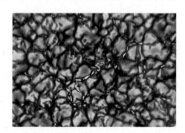

이에 대한 설명으로 옳은 것은?

① 채층에서 볼 수 있다.
② 대기의 소용돌이 현상이다.
③ 주변보다 온도가 낮은 부분이다.
④ 광구 아래의 대류 현상에 의해 발생한다.
⑤ 지구에서 보면 동쪽에서 서쪽으로 이동한다.

출제율 99%

13 그림은 태양에서 관측되는 여러 가지 현상을 나타낸 것이다.

이에 대한 설명으로 옳은 것을 〈보기〉에서 모두 고른 것은?

보기
ㄱ. A는 광구에서 볼 수 있는 현상으로, 주위보다 온도가 낮아 검게 보인다.
ㄴ. B는 홍염으로, 채층 위로 솟아오르는 거대한 불기둥이다.
ㄷ. C는 청백색의 가스층으로, 평상시에는 관측할 수 없다.

① ㄱ   ② ㄷ   ③ ㄱ, ㄴ
④ ㄴ, ㄷ   ⑤ ㄱ, ㄴ, ㄷ

14 태양의 대기와 대기에서 나타나는 현상에 대한 설명으로 옳지 <u>않은</u> 것은?

① 개기 일식 때 볼 수 있다.
② 태양의 대기는 채층과 코로나로 구분한다.
③ 흑점 부근에서 일어나는 폭발 현상은 플레어이다.
④ 코로나는 채층보다 대기가 희박하여 온도가 낮다.
⑤ 태양의 대기에서 나타나는 현상으로는 홍염, 플레어 등이 있다.

【주관식】

15 그림은 태양 표면의 흑점을 4일 간격으로 관측하여 나타낸 것이다.

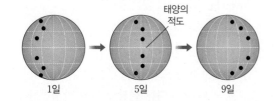

지구에서 볼 때 흑점의 이동 방향을 쓰시오.

출제율 99%

16 그림은 1900년 이후 흑점 수의 변화를 나타낸 것이다.

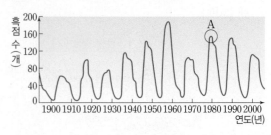

A 시기에 지구에서 일어날 수 있는 현상으로 옳지 <u>않은</u> 것은?

① 대규모 정전 사태가 발생한다.
② 세력이 강한 태풍이 자주 발생한다.
③ 오로라를 볼 수 있는 지역이 넓어진다.
④ 인공위성이 고장 나는 경우가 많아진다.
⑤ 지구에 도달하는 대전 입자의 양이 증가한다.

17 다음은 태양풍과 관련하여 2011년에 발생한 주요 피해 사례이다.

• 우리나라에서 통신이 일시적으로 두절되었고, 위성 방송 수신이 불량하였다.
• 중국 남부 지역에서 방송이 중단되었다.

이 시기에 태양에서 관측되는 현상으로 옳은 것은?

① 광구에서 흑점이 사라졌다.
② 쌀알 무늬가 더욱 뚜렷해졌다.
③ 오로라의 발생 횟수가 잦아졌다.
④ 개기 일식 때 코로나가 잘 보이지 않았다.
⑤ 채층 위로 솟아오르는 가스 분출 현상이 자주 나타났다.

18 망원경으로 어떤 별을 관측하였더니 별빛이 너무 어두워서 잘 보이지 않았다. 이 별을 관측하려면 어떤 망원경으로 바꾸어 관측해야 하는가?

① 경통이 더 긴 망원경
② 접안렌즈가 더 큰 망원경
③ 대물렌즈가 더 큰 망원경
④ 접안렌즈가 더 작은 망원경
⑤ 대물렌즈가 더 작은 망원경

19 그림은 태양계 행성을 특징에 따라 구분하는 과정을 나타낸 것이다.

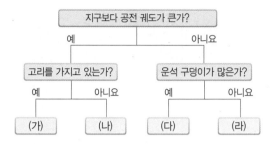

이에 대한 설명으로 옳지 <u>않은</u> 것은?

① (가)에 속한 행성은 모두 4개이다.
② (나)의 행성은 지구형 행성에 속한다.
③ (다)의 행성은 태양계 행성 중 크기가 가장 작다.
④ (라)의 행성은 위성을 가지고 있다.
⑤ 표면에 물이 흐른 흔적이 있는 행성은 (나)이다.

자료 분석 | 정답과 해설 65쪽

20 표는 태양계 행성 A, B, C의 물리량을 나타낸 것이다.

행성	A	B	C
표면 온도(℃)	465	−150	( )
반지름(지구=1)	0.95	( )	0.53
평균 밀도(g/cm³)	( )	1.33	3.93

이에 대한 설명으로 옳지 <u>않은</u> 것은?

① 위성 수는 B가 가장 많다.
② 반지름은 B가 C보다 크다.
③ 평균 밀도는 A가 B보다 작다.
④ 표면에서의 대기압은 C가 A보다 작다.
⑤ 세 행성 중 태양으로부터 가장 가까이 있는 행성은 A이다.

자료 분석 | 정답과 해설 65쪽

【주관식】
21 그림은 며칠 동안 흑점의 위치를 관측하여 나타낸 것이다.

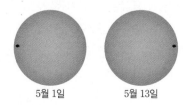

5월 1일　　　5월 13일

이 자료를 이용하여 흑점이 위치한 위도에서 태양의 자전 주기를 구하시오.

22 그림은 태양계 행성을 평균 밀도와 질량에 따라 A, B 두 집단으로 분류한 것이다.

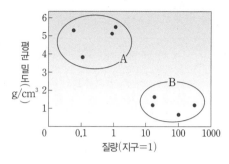

(1) A에 속하는 행성을 모두 쓰시오.

_____

(2) B에 속하는 행성의 특징을 다음 용어를 모두 포함하여 서술하시오.

> 반지름, 위성 수, 고리

_____

23 태양의 대기는 평상시에는 볼 수 없고, 개기 일식이 일어났을 때 잘 볼 수 있다. 그 까닭을 서술하시오.

_____
_____

24 그림은 서로 다른 시기에 관측된 개기 일식 모습을 나타낸 것이다.

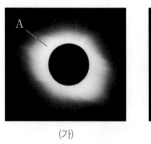

(가)　　　　　(나)

(1) A의 이름을 쓰시오.

_____

(2) (가)와 (나) 시기에 태양의 활동을 비교하고, 그렇게 생각한 까닭을 함께 서술하시오.

_____
_____

1 광합성

① 광합성: 식물이 빛에너지를 이용하여 물과 ❶(　　　)를 원료로 양분을 만드는 과정

$$이산화 탄소 + 물 \xrightarrow{빛에너지} 포도당 + 산소$$

② 광합성이 일어나는 장소: 식물 세포에 들어 있는 ❷(　　　) ➡ ❷(　　　)에는 엽록소가 들어 있어 빛을 흡수한다.

③ 광합성이 일어나는 시기: ❸(　　　)이 있을 때(주로 낮)

④ 광합성에 필요한 요소와 광합성으로 생성되는 물질

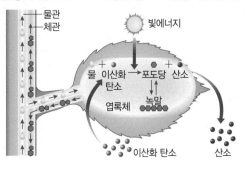

	빛에너지	엽록체에 들어 있는 엽록소에서 흡수한다.
광합성에 필요한 요소	❹(　　　)	뿌리에서 흡수되어 물관을 통해 잎까지 이동한다.
	이산화 탄소	공기 중에서 잎의 기공을 통해 흡수한다.
광합성으로 생성되는 물질	❺(　　　)	광합성으로 만들어지는 양분 ➡ 포도당은 곧바로 녹말로 바뀌어 잎의 세포에 저장된다.
	❻(　　　)	일부는 식물의 호흡에 사용되고, 나머지는 잎의 기공을 통해 공기 중으로 방출된다.

[광합성에 필요한 물질 확인 실험]

3개의 시험관 A~C에 숨을 불어넣어 노란색으로 변한 BTB 용액을 넣은 후 그림과 같이 장치하여 햇빛이 잘 비치는 곳에 두고 BTB 용액의 색깔 변화를 관찰한다.

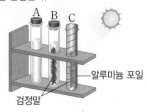

시험관	BTB 용액의 색깔 변화
A	노란색(변화 없다.)
B	❼(　　　) ➡ 검정말이 광합성을 하여 ❽(　　　)를 소모한다.
C	노란색(변화 없다.) ➡ 광합성이 일어나지 않는다.

2 광합성에 영향을 미치는 요인

빛의 세기와 광합성	광합성량은 빛의 세기가 셀수록 증가하며, 빛이 일정 세기 이상이 되면 더 이상 증가하지 않는다.	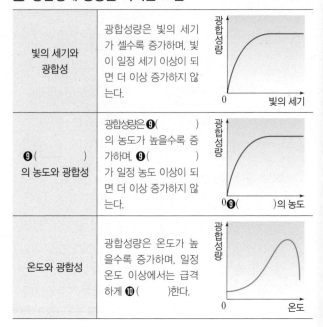
❾(　　　)의 농도와 광합성	광합성량은 ❾(　　　)의 농도가 높을수록 증가하며, ❾(　　　)가 일정 농도 이상이 되면 더 이상 증가하지 않는다.	
온도와 광합성	광합성량은 온도가 높을수록 증가하며, 일정 온도 이상에서는 급격하게 ❿(　　　)한다.	

3 증산 작용

① 증산 작용: 식물체 속의 물이 수증기로 변하여 잎의 ⓫(　　　)을 통해 공기 중으로 빠져나가는 현상

• 기공: 주로 잎의 뒷면 표피에 있는 작은 구멍

• 공변세포: 주변에 있는 표피 세포와 달리 엽록체가 있다.

② 증산 작용의 조절: ⓬(　　　)의 모양에 따라 기공이 열리고 닫히면서 조절된다. ➡ 기공은 주로 광합성이 활발하게 일어나는 낮에 열리며, 기공이 열리면 증산 작용이 활발하게 일어난다.

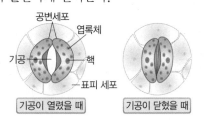

[기공이 열리는 과정]

공변세포에서 ⓭(　　　)이 일어남 → 포도당이 만들어져 세포 내 농도가 높아짐 → 주위 세포로부터 공변세포로 물이 들어옴 → 공변세포가 팽창하여 바깥쪽으로 휘어짐 → 기공 ⓮(　　　)

③ 증산 작용과 광합성: 기공이 많이 열려 증산 작용이 활발할 때 뿌리에서 흡수한 물이 잎까지 상승하고, 이산화 탄소가 많이 흡수되므로 광합성도 활발히 일어난다.

④ 증산 작용이 잘 일어나는 조건

요인	빛	온도	바람	습도
조건	⓯(　　　)때	높을 때	잘 불 때	⓰(　　　)때

답안지

1 식물이 빛에너지를 이용하여 물과 이산화 탄소를 원료로 양분을 만드는 과정을 (㉠   )(이)라고 한다. (㉡   )은/는 식물 세포에 들어 있는 (㉢   )에서 일어나며, 빛이 있는 낮에 일어난다.

1 _____

_____

2 광합성에 필요한 물질 중 공기 중에서 잎의 기공을 통해 흡수하는 기체의 이름을 쓰시오.

2 _____

_____

3 뿌리에서 흡수되어 물관을 통해 잎까지 이동하는 물질의 이름을 쓰시오.

3 _____

_____

4 광합성으로 만들어지는 양분이 바뀌어 잎의 세포에 저장되는 물질의 이름을 쓰시오.

4 _____

_____

5 엽록체에 들어 있는 초록색 색소인 엽록소에서 흡수하는 에너지를 쓰시오.

5 _____

_____

6 광합성으로 생성되는 물질 중 일부는 식물의 호흡에 사용되고, 나머지는 잎의 기공을 통해 공기 중으로 방출되는 기체의 이름을 쓰시오.

6 _____

_____

7 그림은 광합성에 영향을 미치는 요인과 광합성량과의 관계를 나타낸 것이다. A와 B에 알맞은 요인을 모두 쓰시오.

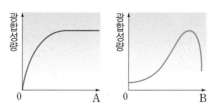

7 _____

_____

8 식물체 속의 물이 수증기로 변하여 잎의 기공을 통해 공기 중으로 빠져나가는 현상을 (㉠   )(이)라고 한다. (㉡   )은/는 주로 잎의 뒷면 표피에 있는 작은 구멍으로, 2개의 (㉢   )(으)로 이루어진다.

8 _____

_____

9 그림은 식물 잎 뒷면의 표피를 벗겨 현미경으로 관찰한 결과를 나타낸 것이다. ㉠ 증산 작용이 일어나는 장소와 ㉡ 엽록체가 들어 있는 세포의 기호와 이름을 각각 쓰시오.

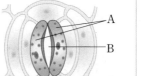

9 _____

_____

10 기공이 많이 열려 (㉠   )이/가 활발할 때 뿌리에서 흡수한 물이 잎까지 상승하고, 기공을 통해 (㉡   )이/가 많이 흡수되므로 광합성도 활발히 일어난다.

10 _____

_____

01 광합성에 대한 설명으로 옳은 것을 〈보기〉에서 모두 고른 것은?

> **보기**
> ㄱ. 낮과 밤에 관계없이 항상 일어난다.
> ㄴ. 식물의 잎에서 양분을 만드는 과정이다.
> ㄷ. 식물의 잎에서 이산화 탄소를 흡수하고, 산소를 방출한다.

① ㄱ   ② ㄷ   ③ ㄱ, ㄴ
④ ㄴ, ㄷ   ⑤ ㄱ, ㄴ, ㄷ

02 그림은 식물을 구성하는 어떤 세포를 현미경으로 관찰한 결과를 나타낸 것이다. A에 대한 설명으로 옳지 <u>않은</u> 것은?

① A는 엽록체이다.
② A는 기체 교환이 일어나는 통로이다.
③ A에는 초록색 색소인 엽록소가 들어 있다.
④ 잎의 식물 세포에 들어 있다.
⑤ 광합성이 일어나는 장소이다.

출제율 99%

03 그림은 잎에서 일어나는 광합성 과정을 나타낸 것이다.

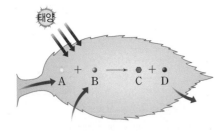

이에 대한 설명으로 옳은 것은?

① A는 줄기에서 흡수되어 잎으로 이동한 물이다.
② B는 공기 중에서 흡수되는 산소이다.
③ C는 광합성으로 생성되는 양분인 포도당이다.
④ D는 광합성으로 생성되는 기체인 이산화 탄소이다.
⑤ 광합성 과정은 엽록소에서 일어난다.

[04~05] 파란색 BTB 용액에 숨을 불어넣어 노란색 BTB 용액을 만들어 시험관 A~C에 나누어 넣고, 그림과 같이 장치하여 햇빛이 잘 비치는 곳에 두고 BTB 용액의 색깔 변화를 관찰하였다.

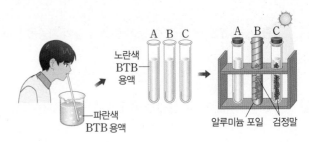

04 일정 시간이 지난 후 A~C에 들어 있는 BTB 용액의 색깔을 옳게 짝 지은 것은?

	A	B	C
①	노란색	노란색	노란색
②	노란색	노란색	파란색
③	노란색	초록색	파란색
④	초록색	노란색	파란색
⑤	초록색	파란색	노란색

출제율 99%

05 이에 대한 설명으로 옳은 것을 모두 고르면? (2개)

① B와 C의 검정말에서 광합성이 일어난다.
② 노란색 BTB 용액에서 이산화 탄소가 소모될수록 초록색이 되었다가 파란색이 된다.
③ A와 B를 비교하면 광합성에는 이산화 탄소가 필요하다는 것을 알 수 있다.
④ A와 C를 비교하면 광합성 결과 산소가 발생한다는 것을 알 수 있다.
⑤ B와 C를 비교하면 광합성에는 빛이 필요하다는 것을 알 수 있다.

[주관식]

06 다음은 식물에서 일어나는 과정에 대한 설명이다.

> • 물과 이산화 탄소로부터 양분을 생성한다.
> • 생물의 호흡에 필요한 산소를 생성한다.
> • 태양의 빛에너지를 화학 에너지로 저장한다.

어떤 과정에 대한 설명인지 쓰시오.

[07~09] 다음은 식물에서 일어나는 광합성을 알아보기 위한 실험이다.

> (가) 2개의 페트병 A와 B에 같은 양의 물과 검정말을 넣고, A와 B에 빨대로 3분 정도 숨을 불어넣는다.
> (나) A와 B의 뚜껑을 닫고 B에만 어둠상자를 씌운 다음 A와 B를 햇빛이 잘 비치는 곳에 놓아둔다.
> (다) A와 B의 검정말을 에탄올에 넣고 물중탕한다.
> (라) (다)의 A와 B의 검정말 잎을 각각 떼어 아이오딘−아이오딘화 칼륨 용액을 떨어뜨리고 현미경 표본을 만들어 현미경으로 관찰한다.

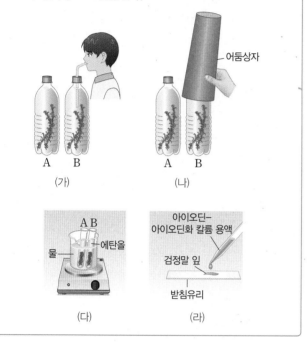

【주관식】
07 (가)와 같이 페트병 A와 B에 숨을 불어넣는 것은 어떤 기체를 공급하기 위한 것인지 쓰시오.

출제율 99%
08 (나) 결과 광합성으로 어떤 기체가 생성되는지 알아보기 위한 방법으로 옳은 것은?

① 에탄올에 물중탕한다.
② 향의 불씨를 대어본다.
③ 페트병을 바람이 잘 부는 곳에 놓아둔다.
④ 페트병 속 용액을 BTB 용액으로 바꾼다.
⑤ 페트병 속 용액에 1 % 탄산수소 나트륨 용액을 넣는다.

09 이에 대한 설명으로 옳지 <u>않은</u> 것은?

① (나)의 B에서 이미 만들어져 있던 양분이 다른 곳으로 이동한다.
② (다)는 엽록소를 제거하기 위한 과정이다.
③ (라)에서 A의 검정말 잎이 청람색으로 변한다.
④ 이 실험을 통해 광합성에는 빛이 필요하다는 것을 알 수 있다.
⑤ 이 실험을 통해 광합성 결과 포도당이 생성된다는 것을 알 수 있다.

【주관식】
10 광합성에 영향을 미치는 요인으로 옳은 것을 〈보기〉에서 모두 고르시오.

> 보기
> ㄱ. 온도   ㄴ. 녹말의 양
> ㄷ. 빛의 세기   ㄹ. 포도당의 양
> ㅁ. 산소의 농도   ㅂ. 이산화 탄소의 농도

출제율 99%
11 1 % 탄산수소 나트륨 용액이 들어 있는 비커에 시금치 잎 조각을 넣고 그림과 같이 장치한 후, 전등이 켜진 수를 다르게 하면서 시금치 잎 조각이 모두 떠오르는 데 걸리는 시간을 측정하였다. 표는 실험 결과를 나타낸 것이다.

전등이 켜진 수	1개	2개	3개
시금치 잎 조각이 모두 떠오르는 데 걸리는 시간(초)	50	40	30

이에 대한 설명으로 옳지 <u>않은</u> 것은?

① 시금치에서 광합성이 일어나 산소가 발생한다.
② 전등이 켜진 수가 많을수록 빛의 세기가 강하다.
③ 시금치에서 기포가 발생해서 시금치 잎 조각이 떠오른다.
④ 빛의 세기가 약할수록 광합성이 활발하게 일어난다는 것을 알 수 있다.
⑤ 1 % 탄산수소 나트륨 용액은 광합성에 필요한 이산화 탄소를 공급한다.

[주관식]

12 그림은 식물 잎의 구조를 나타낸 것이다.

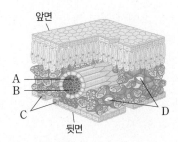

(가)와 (나)에 각각 해당하는 구조의 기호와 이름을 쓰시오.

> (가) 주로 잎의 뒷면 표피에 있는 작은 구멍으로, 증산 작용이 일어나는 통로이며, 기체가 출입하는 통로 역할을 한다.
>
> (나) 주로 잎의 뒷면에 분포하며, 주변에 있는 표피 세포와 달리 엽록체가 있다.

[13~14] 그림은 잎의 뒷면 표피를 관찰하여 나타낸 것이다.

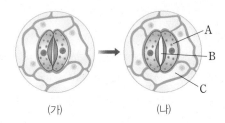

출제율 99%

13 이에 대한 설명으로 옳지 **않은** 것은?

① A는 엽록체가 들어 있는 공변세포이다.
② B는 2개의 A로 이루어진 기공이다.
③ B는 밤에 열리고 낮에 닫힌다.
④ B가 열리면 증산 작용이 활발하게 일어난다.
⑤ C는 엽록체가 없어 투명하며 광합성이 일어나지 않는다.

[주관식]

14 다음은 (가)에서 (나) 상태가 되는 과정을 설명한 것이다. ㉠~㉣ 중 옳지 **않은** 것을 고르시오.

> ㉠공변세포에서 광합성이 일어난다. → ㉡포도당이 만들어져 세포 내 농도가 높아진다. → ㉢표피 세포로 물이 들어온다. → ㉣공변세포가 팽창하여 바깥쪽으로 휘어진다. → 기공이 열린다.

[15~16] 4개의 눈금실린더에 같은 양의 물을 넣고 그림과 같이 장치하여 일정 시간 동안 햇빛이 잘 비치는 곳에 두었다.

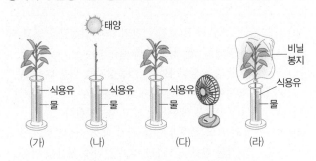

15 ㉠ 물이 가장 많이 줄어든 눈금실린더와 ㉡ 물이 가장 적게 줄어든 눈금실린더를 옳게 짝 지은 것은?

	㉠	㉡		㉠	㉡
①	(가)	(나)	②	(가)	(라)
③	(다)	(나)	④	(다)	(라)
⑤	(라)	(가)			

출제율 99%

16 이에 대한 설명으로 옳지 **않은** 것은?

① (나)에서는 증산 작용이 일어나지 않는다.
② (라)의 비닐봉지 안에는 물방울이 맺힌다.
③ 잎에서 증산 작용이 일어난다는 것을 알 수 있다.
④ 식용유를 떨어뜨리는 까닭은 물의 증발을 막기 위해서이다.
⑤ 바람이 잘 불고, 습도가 높을 때 증산 작용이 잘 일어나는 것을 알 수 있다.

17 증산 작용과 광합성에 대한 설명으로 옳은 것을 〈보기〉에서 모두 고른 것은?

> ┌ 보기 ┐
> ㄱ. 증산 작용이 활발할 때 뿌리에서 흡수한 물이 잎까지 상승한다.
> ㄴ. 기공이 열려 있으면 산소가 많이 흡수되므로 광합성도 활발히 일어난다.
> ㄷ. 광합성이 활발하게 일어날 때 기공이 열려 증산 작용이 활발하게 일어난다.

① ㄱ ② ㄴ ③ ㄱ, ㄷ
④ ㄴ, ㄷ ⑤ ㄱ, ㄴ, ㄷ

고난도 문제

18 다음은 광합성에 대한 실험 과정이다.

(가) ⊙ 식물을 어둠상자에 하루 동안 넣어두었다가 그림과 같이 장치하여 햇빛이 잘 비치는 곳에 두었다. (단, 수산화 나트륨은 이산화 탄소를 흡수한다.)

솜

B
증류수

수산화 나트륨 용액
A

(나) A와 B 속 잎을 에탄올에 넣고 물중탕한다.
(다) (나)의 잎을 물로 씻은 후 아이오딘─아이오딘화 칼륨 용액을 떨어뜨린다.

이에 대한 설명으로 옳은 것을 〈보기〉에서 모두 고른 것은?

┌ 보기 ┐
ㄱ. ⊙은 식물에서 이미 만들어져 있던 양분을 다른 곳으로 이동시키기 위해서이다.
ㄴ. B의 잎에서만 광합성이 일어나 (다)에서 청람색으로 색깔 변화가 나타난다.
ㄷ. 이 실험은 빛의 세기가 광합성에 미치는 영향을 알아보기 위한 것이다.

① ㄱ ② ㄷ ③ ㄱ, ㄴ
④ ㄴ, ㄷ ⑤ ㄱ, ㄴ, ㄷ

자료 분석 | 정답과 해설 68쪽

19 그림은 기공이 열리고 닫히는 원리를 고무풍선을 이용하여 알아보는 실험 장치를 나타낸 것이다.

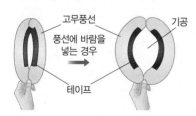

고무풍선
기공

풍선에 바람을 넣는 경우

테이프

고무풍선 안쪽에 각각 테이프를 붙이는 까닭으로 옳은 것은?

① 고무풍선이 터지는 것을 방지하기 위해서이다.
② 공변세포의 기공 쪽 세포벽이 두껍기 때문이다.
③ 공변세포에 있는 엽록체를 표현하기 위해서이다.
④ 공변세포의 기공 반대쪽 세포벽이 두껍기 때문이다.
⑤ 기공과 같은 구멍이 만들어지기 위해 고무풍선이 휘어지지 않아야 하기 때문이다.

자료 분석 | 정답과 해설 68쪽

서술형 문제

20 다음은 광합성 과정을 나타낸 것이다.

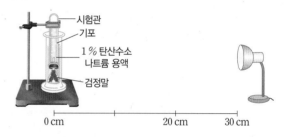

물+이산화 탄소 $\xrightarrow{\text{빛에너지}}$ (A)+산소

A에 들어갈 물질을 쓰고, A가 낮 동안에 어떤 물질로 바뀌어 저장되는지 다음 내용을 모두 포함하여 서술하시오.

바뀌는 물질, 물에 잘 녹는지 여부, 저장 장소

―――――――――――――――――――――

―――――――――――――――――――――

21 그림은 광합성에 영향을 미치는 요인을 알아보기 위한 실험 장치를 나타낸 것이다. 전등과 검정말 사이의 거리는 30 cm이며, 1 % 탄산수소 나트륨 용액의 온도는 25 ℃이다.

시험관
기포
1 % 탄산수소 나트륨 용액
검정말

0 cm   20 cm   30 cm

(1) 실험에서 발생하는 기포는 어떤 기체인지 쓰시오.

―――――――――――――――――――――

(2) 전등을 20 cm 위치로 옮기면 광합성량은 어떻게 변하는지 서술하시오.

―――――――――――――――――――――

(3) 이 실험에서 기포 수를 증가시킬 수 있는 방법을 2가지만 서술하시오.

―――――――――――――――――――――

―――――――――――――――――――――

22 눈금실린더 (가)와 (나)에 같은 양의 물을 넣고 그림과 같이 장치하여 일정 시간 동안 햇빛이 잘 비치는 곳에 두었다. (가)와 (나) 중 물의 높이가 낮아진 눈금실린더의 기호를 쓰고, 그 까닭을 물의 이동 방향을 포함하여 서술하시오.

식용유
물

(가)   (나)

―――――――――――――――――――――

―――――――――――――――――――――

1 식물의 호흡

① ❶(　　　): 세포에서 산소를 이용해서 양분을 분해하여 생명 활동에 필요한 ❷(　　　)를 얻는 과정

> 포도당+산소 ⟶ 이산화 탄소+물+에너지

② 식물의 호흡: 살아 있는 모든 세포에서 일어나며, 낮과 밤에 관계없이 항상 일어난다.

호흡에 필요한 물질	❸(　　　)	광합성으로 만들어지는 양분
	❹(　　　)	광합성으로 생성되거나 잎의 기공을 통해 공기 중에서 흡수한다.
호흡으로 생성되는 요소	이산화 탄소	광합성에 이용되거나 잎의 기공을 통해 공기 중으로 방출된다.
	❺(　　　)	식물에서 사용되거나 증산 작용으로 방출된다.
	에너지	싹을 틔우고, 꽃을 피우며, 열매를 맺는 등의 생명 활동에 사용된다.

[호흡으로 생성되는 이산화 탄소 확인 실험]

① 2개의 페트병을 준비하여 페트병 (가)에만 시금치를 넣고 뚜껑을 닫고 어두운 곳에 둔다.

② 페트병 (가)와 (나) 속의 공기를 석회수에 통과시켰더니 (가)의 기체를 통과시킨 석회수만 뿌옇게 변했다.

시금치 석회수
(가) (나)

페트병	석회수의 변화
(가)	석회수가 뿌옇게 변한다. ➡ 시금치의 호흡으로 ❻(　　　)가 발생하였다.
(나)	변화 없다.

③ 식물의 기체 교환

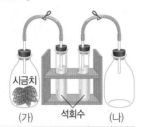

낮(빛이 강할 때)	밤(빛이 없을 때)
• 광합성량 > 호흡량	• 광합성량 ❼(　　　)호흡량
• 이산화 탄소 흡수, 산소 방출	• 산소 흡수, 이산화 탄소 방출

아침, 저녁 (빛이 약할 때)	• 광합성량 = 호흡량 • 외관상 기체 출입이 없음 ➡ 광합성으로 생성된 산소는 호흡에, 호흡으로 생성된 이산화 탄소는 광합성에 이용되므로 외관상 기체 출입이 없는 것처럼 보인다.

④ 광합성과 호흡의 관계: ❽(　　　)은 빛에너지를 이용하여 양분을 만드는 과정이고, ❾(　　　)은 양분을 이용하여 생명 활동에 필요한 에너지를 얻는 과정이다.

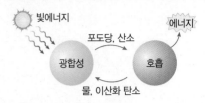

⑤ 광합성과 호흡의 비교

구분	광합성	호흡
일어나는 장소	❿(　　　)가 있는 세포	살아 있는 모든 세포
일어나는 시기	빛이 있을 때(주로 낮)	항상
기체의 출입	이산화 탄소 흡수, 산소 방출	산소 흡수, 이산화 탄소 방출
물질의 변화	양분 생성	양분 분해
에너지 관계	빛에너지 흡수 ➡ 에너지 ⓫(　　　)	생활 에너지 생성 ➡ 에너지 ⓬(　　　)

2 광합성 산물의 이동, 사용, 저장

광합성 산물의 생성
광합성으로 만들어진 포도당은 잎에서 사용되거나 물에 잘 녹지 않는 ⓭(　　　)로 바뀌어 잎의 세포에 잠시 저장된다.

⬇

광합성 산물의 이동(밤)
녹말은 밤에 ⓮(　　　)으로 바뀌어 체관을 통해 식물체의 각 기관으로 이동한다.

⬇

광합성 산물의 사용과 저장	
광합성 산물의 사용	• 식물의 생명 활동에 필요한 ⓯(　　　)를 얻는 데 사용한다. • 세포를 구성하는 물질로 사용한다.
광합성 산물의 저장	사용하고 남은 광합성 산물은 뿌리, 줄기, 열매 등의 저장 기관에 녹말, 단백질, 지방 등의 형태로 저장된다.

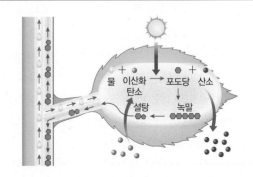

답안지

1 세포에서 산소를 이용해서 양분을 분해하여 생명 활동에 필요한 에너지를 얻는 과정을 ( )(이)라고 한다.

1 _____
_____

2 다음은 식물의 호흡 과정을 나타낸 것이다. ㉠, ㉡에 알맞은 말을 쓰시오.

포도당＋(㉠   ) ────────→ (㉡   )＋물＋에너지

2 _____
_____

3 식물의 (㉠   )은/는 살아 있는 모든 세포에서 일어나며, 낮과 밤에 관계없이 항상 일어난다. 호흡에는 광합성으로 만들어지는 양분인 (㉡   )와/과 광합성으로 생성되거나 잎의 기공을 통해 공기 중에서 흡수하는 기체인 (㉢   )이/가 필요하다.

3 _____
_____

4~5 그림은 낮과 밤 동안 식물의 잎에서 일어나는 기체의 출입을 나타낸 것이다.

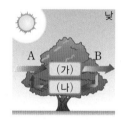 

4 A와 B에 해당하는 기체를 각각 쓰시오.

4 _____
_____

5 (가)와 (나)에 해당하는 식물의 작용을 각각 쓰시오.

5 _____
_____

6 표는 광합성과 호흡을 비교한 것이다. ㉠~㉥에 알맞은 말을 쓰시오.

구분	광합성	호흡
일어나는 장소	엽록체가 있는 세포	살아 있는 모든 세포
일어나는 시기	빛이 있을 때(주로 낮)	(㉠)
기체의 출입	(㉡) 흡수, (㉢) 방출	(㉣) 흡수, (㉤) 방출
물질의 변화	양분 생성	양분 분해
에너지 관계	빛에너지 흡수 ➡ (㉥) 저장	생활 에너지 생성 ➡ (㉥) 방출

6 _____
_____

7 그림은 잎에서 일어나는 광합성 과정을 나타낸 것이다. A~F에 알맞은 물질을 각각 쓰시오.

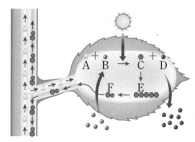

7 _____
_____

01 호흡에 대한 설명으로 옳은 것을 〈보기〉에서 모두 고른 것은?

> **보기**
> ㄱ. 주로 빛이 있는 낮에 일어난다.
> ㄴ. 살아 있는 모든 세포에서 일어난다.
> ㄷ. 세포에서 생명 활동에 필요한 에너지를 얻기 위해 일어나는 과정이다.

① ㄱ   ② ㄴ   ③ ㄱ, ㄴ
④ ㄱ, ㄷ   ⑤ ㄴ, ㄷ

출제율 99%

02 식물의 호흡에 필요한 물질에 대한 설명으로 옳지 <u>않은</u> 것은?

① 산소는 광합성으로 생성되는 기체이다.
② 포도당은 광합성으로 만들어지는 양분이다.
③ 호흡 시 포도당을 분해하기 위해 산소가 필요하다.
④ 호흡 시 양분을 분해하기 위해서 빛에너지가 필요하다.
⑤ 잎의 기공을 통해 공기 중에서 산소가 흡수되기도 한다.

03 호흡으로 생성되는 요소끼리 옳게 짝 지은 것은?

① 물, 포도당, 산소
② 포도당, 이산화 탄소
③ 빛에너지, 이산화 탄소
④ 물, 이산화 탄소, 에너지
⑤ 포도당, 이산화 탄소, 에너지

04 식물의 호흡이 가장 활발하게 일어나는 시기로 옳은 것은?

① 빛이 강하고 온도가 높을 때
② 바람이 잘 불고 습도가 낮을 때
③ 식물체 내의 물을 공기 중으로 내보낼 때
④ 싹을 틔우고, 꽃을 피우며, 열매를 맺을 때
⑤ 뿌리에서 흡수한 물이 물관을 통해 잎으로 이동할 때

[05~06] 그림과 같이 2개의 비닐봉지 A와 B를 준비하여 B에만 시금치를 넣고 밀봉하여 어두운 곳에 두었다가 각 비닐봉지 속의 공기를 석회수에 통과시켰다.

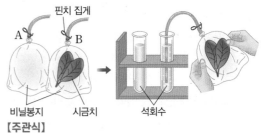

【주관식】

05 A와 B의 공기를 석회수에 통과시켰을 때, A와 B의 공기 중 석회수를 뿌옇게 흐려지게 하는 것의 기호를 쓰시오.

06 이에 대한 설명으로 옳은 것을 모두 고르면? (2개)

① A 속에서 광합성이 일어난다.
② B 속에서 호흡이 일어난다.
③ A 속에서 발생한 기체는 산소이다.
④ B 속에서 발생한 기체는 이산화 탄소이다.
⑤ 시금치를 어두운 곳에 두어도 광합성이 일어난다.

[07~08] 그림과 같이 2개의 보온병에 싹튼 콩과 삶은 콩을 넣고 온도계를 꽂은 후 온도 변화를 관찰하였다.

싹튼 콩 (가)　삶은 콩 (나)

【주관식】
07 (가)와 (나)의 보온병 내부 온도는 어떻게 변하는지 각각 쓰시오.

08 이 실험을 통해 알 수 있는 사실로 옳은 것을 모두 고르면? (2개)

① 식물의 호흡은 낮과 밤에 관계없이 항상 일어난다는 것을 알 수 있다.
② 식물의 호흡은 살아 있는 세포에서 일어난다는 것을 알 수 있다.
③ 식물에서 광합성이 일어날 때 산소가 방출된다는 것을 알 수 있다.
④ 식물에서 호흡이 일어날 때 에너지가 방출된다는 것을 알 수 있다.
⑤ 식물은 포도당과 산소가 있어야 호흡이 일어난다는 것을 알 수 있다.

[09~10] 그림은 맑은 날 하루 동안 식물에서 일어나는 기체 교환을 나타낸 것이다.

(가)　　(나)　　(다)

【주관식】
09 (가)~(다) 중 광합성량과 호흡량이 같아 외관상 기체 출입이 없는 시기를 쓰시오.

10 이에 대한 설명으로 옳지 않은 것은?

① ㉠은 광합성이고, ㉡은 호흡이다.
② (가)는 아침이나 저녁에 일어나는 기체 교환이다.
③ (나)는 빛이 없는 밤에 일어나며, 호흡량이 광합성량보다 많다.
④ (다)는 빛이 강한 낮에 일어나며, 광합성량과 호흡량이 같다.
⑤ 식물에서는 밤에 호흡만 일어나므로 산소를 흡수하여 호흡에 이용한다.

11 광합성량이 호흡량보다 많을 때 식물의 기공을 통한 기체의 출입으로 옳은 것은?

① 산소와 이산화 탄소를 모두 흡수한다.
② 산소와 이산화 탄소를 모두 방출한다.
③ 산소를 흡수하고 질소를 방출한다.
④ 산소를 흡수하고 이산화 탄소를 방출한다.
⑤ 산소를 방출하고 이산화 탄소를 흡수한다.

12 그림은 식물에서 일어나는 2가지 작용 (가)와 (나)의 관계를 나타낸 것이다.

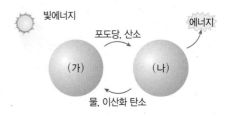

이에 대한 설명으로 옳은 것을 〈보기〉에서 모두 고른 것은?

┌ 보기 ┐
ㄱ. (가)는 광합성이고, (나)는 호흡이다.
ㄴ. (가)는 빛이 있는 낮에만, (나)는 빛이 없는 밤에만 일어난다.
ㄷ. (가)는 양분을 합성하는 과정이고, (나)는 양분을 분해하는 과정이다.

① ㄱ　　　② ㄴ　　　③ ㄱ, ㄴ
④ ㄱ, ㄷ　　　⑤ ㄴ, ㄷ

[13~14] 시험관 A~D에 초록색 BTB 용액을 넣고, 시험관 A에만 숨을 불어넣어 노란색으로 만들어 그림과 같이 장치하여 햇빛이 잘 비치는 곳에 둔다.

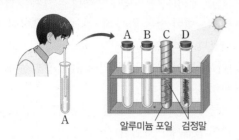

알루미늄 포일   검정말

13 일정 시간이 지난 후 시험관 A~D의 BTB 용액의 색깔 변화를 옳게 짝 지은 것은?

	A	B	C	D
①	노란색	노란색	노란색	노란색
②	노란색	초록색	파란색	초록색
③	노란색	초록색	노란색	파란색
④	초록색	노란색	노란색	초록색
⑤	초록색	파란색	노란색	파란색

출제율 99%

14 이에 대한 설명으로 옳지 <u>않은</u> 것은?

① C의 검정말은 빛을 받지 못해 호흡만 일어난다.
② C에서 이산화 탄소가 소모되어 BTB 용액의 색깔이 변한 것이다.
③ D의 검정말은 빛을 받아 광합성이 일어난다.
④ 초록색 BTB 용액에 이산화 탄소가 첨가되면 노란색으로 변한다.
⑤ 검정말이 빛을 충분히 받으면 광합성이 호흡보다 활발하게 일어난다.

15 식물의 종류에 따라 광합성 산물을 저장하는 기관을 옳게 짝 지은 것을 모두 고르면? (2개)

① 콩 — 열매
② 감자 — 열매
③ 포도 — 줄기
④ 땅콩 — 씨(종자)
⑤ 고구마 — 뿌리

[16~17] 그림은 잎에서 일어나는 광합성 과정을 나타낸 것이다.

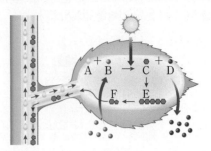

출제율 99%

16 이에 대한 설명으로 옳지 <u>않은</u> 것은?

① A는 뿌리에서 흡수되어 물관을 통해 잎으로 이동한다.
② 초록색 BTB 용액에 B를 넣으면 BTB 용액이 노란색으로 변한다.
③ C는 아이오딘 반응에 청람색으로 색깔 변화가 나타난다.
④ D는 식물이 호흡하는 데 필요한 기체이다.
⑤ B와 D는 기공을 통해 출입한다.

17 광합성으로 생성되는 양분에 대한 설명으로 옳은 것을 〈보기〉에서 모두 고른 것은?

> **보기**
> ㄱ. C는 광합성 결과 최초로 생성되는 양분이다.
> ㄴ. C는 곧바로 물에 잘 녹는 E로 바뀌어 잎 세포에 저장된다.
> ㄷ. E는 밤에 F로 바뀌어 체관을 통해 이동한다.

① ㄱ
② ㄴ
③ ㄱ, ㄴ
④ ㄱ, ㄷ
⑤ ㄴ, ㄷ

18 광합성으로 만들어진 양분의 사용과 저장에 대한 설명으로 옳지 <u>않은</u> 것은?

① 양분은 다른 생물의 먹이가 되기도 한다.
② 양분은 세포를 구성하는 물질로 사용한다.
③ 양분은 식물의 생명 활동에 필요한 에너지를 얻는 데 사용한다.
④ 사용하고 남은 광합성 산물은 식물의 저장 기관에 저장된다.
⑤ 사용하고 남은 광합성 산물은 모두 설탕의 형태로 저장된다.

고난도 문제

19 그림은 어떤 식물에서 이산화 탄소 흡수량과 방출량을 2일 동안 1시간 간격으로 측정한 결과를 나타낸 것이다.

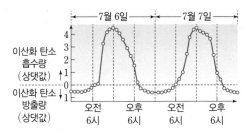

이를 통해 알 수 있는 사실로 옳은 것을 〈보기〉에서 모두 고른 것은?

보기
ㄱ. 7월 6일 오후 6시에는 호흡량이 광합성량보다 많다.
ㄴ. 7월 7일 오전 6시에 광합성량과 호흡량이 같다.
ㄷ. 6일과 7일 모두 정오에 이산화 탄소 흡수량이 가장 많다.
ㄹ. 6일과 7일 모두 오후 2시경에는 광합성만 일어나고 호흡은 일어나지 않는다.

① ㄱ, ㄴ　　② ㄴ, ㄷ　　③ ㄷ, ㄹ
④ ㄱ, ㄴ, ㄹ　　⑤ ㄴ, ㄷ, ㄹ

자료 분석 | 정답과 해설 70쪽

20 표는 맑은 날에 어떤 식물의 잎에서 녹말의 양과 줄기에서 설탕의 양을 시간에 따라 조사한 결과를 나타낸 것이다.

시간	오전 6시	오후 2시	오후 8시
잎(녹말)	−	++	+
줄기(설탕)	−	+	++

(−: 없음, +: 있음, ++: 많이 있음)

이에 대한 설명으로 옳지 않은 것은?

① 오후 2시에는 잎에 포도당이 존재하지 않는다.
② 오전 6시, 오후 2시, 오후 8시 중 광합성은 오후 2시경에 가장 활발하게 일어난다.
③ 포도당은 녹말로 바뀌어 잎 세포에 저장된다는 것을 알 수 있다.
④ 잎에 있던 녹말이 설탕으로 바뀌어 줄기를 통해 다른 기관으로 이동한다는 것을 알 수 있다.
⑤ 오후 8시경에 잎에서 녹말의 양이 줄어들고, 줄기에 설탕의 양이 많아진 것으로 보아 녹말이 설탕으로 바뀐다는 것을 알 수 있다.

자료 분석 | 정답과 해설 70쪽

서술형 문제

21 3개의 유리종 (가)~(다)에 그림과 같이 장치하고 햇빛이 잘 비치는 곳에 두었다.

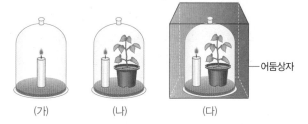

(가)~(다) 중 촛불이 가장 빨리 꺼질 것으로 예상되는 유리종의 기호를 쓰고, 그 까닭을 서술하시오.

_____

_____

22 다음은 식물에서 일어나는 2가지 작용 (가)와 (나)의 반응식을 나타낸 것이다. (가)에서는 에너지를 흡수하고, (나)에서는 에너지를 방출한다.

물+이산화 탄소 ⇌(가)/(나) 포도당+산소

(가)와 (나)는 어떤 작용인지 쓰고, 다음 내용에 대한 (가)와 (나)의 차이점을 서술하시오.

일어나는 장소, 일어나는 시기

_____

_____

23 사과나무의 줄기 껍질의 일부분을 그림과 같이 고리 모양으로 둥글게 벗겨내고 일정 기간이 지난 후 줄기와 열매의 변화를 관찰하였다.

A와 B 중 더 크게 자랄 것으로 예상되는 사과의 기호를 쓰고, 그 까닭을 서술하시오.

_____

_____

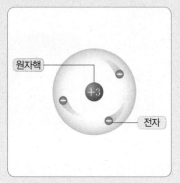

Ⅰ. 물질의 구성—원자의 구조

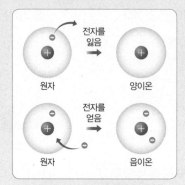

Ⅰ. 물질의 구성—이온의 형성 과정

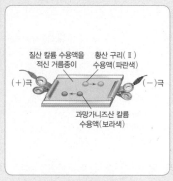

Ⅰ. 물질의 구성—이온의 이동

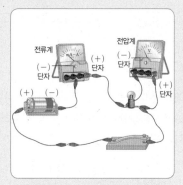

Ⅱ. 전기와 자기—전류계와 전압계를 연결한 전기 회로

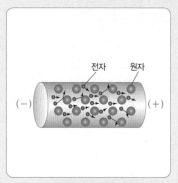

Ⅱ. 전기와 자기—전류가 흐를 때 도선 속 전자의 이동

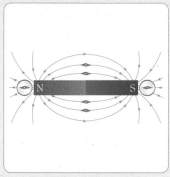

Ⅱ. 전기와 자기—막대자석 주위의 자기력선

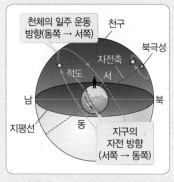

Ⅲ. 태양계—지구의 자전과 천체의 일주 운동

Ⅲ. 태양계—북쪽 하늘의 일주 운동

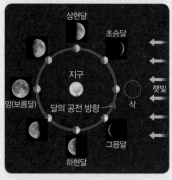

Ⅲ. 태양계—달의 위상 변화

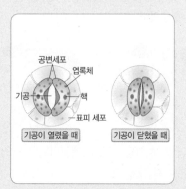

Ⅳ. 식물과 에너지—증산 작용의 조절

Ⅳ. 식물과 에너지—잎의 단면에서 기공과 공변세포의 위치

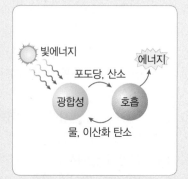

Ⅳ. 식물과 에너지—광합성과 호흡의 관계

필독

중학 국어로 수능 잡기

✦ 필독 중학 국어로 수능 잡기 시리즈

문학 — 비문학 독해 — 문법 — 교과서 시 — 교과서 소설

중|학|도|역|시 **EBS**

원리 학습을 기반으로 하는 중학 과학의 새로운 패러다임

정답과 해설

   체계적인 과학 실험 분석
모든 유형에 대한 적응

중학 과학
2·1

정답과 해설

I 물질의 구성 　　　　　》》

01 원소

1 (1) 탈레스 (2) 보일 (3) 라부아지에 (4) 아리스토텔레스　**2** ㉠ 수소(또는 산소), ㉡ 산소(또는 수소), ㉢ 원소　**3** (1) ○ (2) × (3) ○ (4) ×　**4** ㄱ, ㄷ, ㅂ　**5** (1)-㉣ (2)-㉠ (3)-㉡ (4)-㉢　**6** (1) ○ (2) × (3) ○ (4) ×　**7** (1) 노란색 (2) 빨간색 (3) 황록색　**8** (1) 칼륨 (2) 칼슘 (3) 구리　**9** ㉠ 청록색, ㉡ 구리　**10** (1) × (2) × (3) ○ (4) ×　**11** 리튬

1 (1) 탈레스는 모든 물질의 근원은 물이라고 주장하였다.
(2) 보일은 물질을 이루는 기본 성분으로서 더 이상 분해되지 않는 기본 물질을 원소라고 정의함으로써 현대적인 원소 개념을 처음 제안하였다.
(3) 라부아지에는 더 이상 분해할 수 없는 물질이 원소라고 주장하였다. 또한 그는 물이 수소와 산소로 분해되는 실험을 통해 물은 원소가 아님을 밝혀 물이 원소라고 주장한 아리스토텔레스의 생각이 옳지 않음을 증명하였다.
(4) 아리스토텔레스는 물질은 물, 불, 흙, 공기의 4가지 원소로 이루어져 있으며, 물, 불, 흙, 공기는 서로 바뀔 수 있다고 주장하였다.

3 **오답 피하기** (2) 현재 밝혀진 원소 118가지 중 90여 가지는 자연에서 발견되었고, 나머지는 인공적으로 만든 것이다.
(4) 물질에는 한 가지 원소로 이루어진 것도 있고, 두 가지 이상의 원소로 이루어진 것도 있다.

4 **오답 피하기** 물은 수소와 산소로, 염화 나트륨은 염소와 나트륨으로, 비누는 탄소, 수소, 산소, 나트륨 등으로 이루어진 물질이므로 원소가 아니다.

6 **오답 피하기** (2) 불꽃 반응은 실험 방법이 간단하고, 적은 양으로도 포함된 금속 원소를 확인할 수 있다.
(4) 리튬과 스트론튬은 불꽃 반응 색이 모두 빨간색으로 비슷하므로 불꽃 반응으로 이들을 구별하기는 어렵다.

9 서로 다른 물질이라도 같은 금속 원소를 포함하고 있으면 같은 불꽃 반응 색을 나타낸다.

10 **오답 피하기** (1) 햇빛을 분광기로 관찰할 때 나타나는 연속적인 색의 띠는 연속 스펙트럼이다.
(2) 리튬과 스트론튬처럼 불꽃 반응 색이 비슷한 원소도 선 스펙트럼은 다르게 나타나므로 선 스펙트럼으로 구별할 수 있다.
(4) 여러 금속 원소가 포함된 물질의 경우 각 원소의 선 스펙트럼이

모두 나타나므로 포함된 원소의 종류를 확인할 수 있다.

11 리튬의 선 스펙트럼에 나타난 선들은 물질 (가)의 선 스펙트럼에 모두 포함되지만, 스트론튬의 선 스펙트럼에 나타난 선들은 물질 (가)의 선 스펙트럼에 모두 포함되지는 않는다. 따라서 물질 (가)에는 리튬만 포함되어 있다.

Ⓐ ㉠ 원소, ㉡ 산소, ㉢ 수소
1 (1) ○ (2) × (3) × (4) ○　**2** ④
Ⓑ ㉠ 나트륨, ㉡ 리튬, ㉢ 칼륨, ㉣ 스트론튬, ㉤ 칼슘, ㉥ 금속 원소
1 (1) ○ (2) × (3) ○ (4) ×　**2** ②

Ⓐ

1 **오답 피하기** (2) 라부아지에는 물이 원소라고 주장한 아리스토텔레스의 주장을 반박하였다.
(3) 물을 전기 분해하면 (+)극에서 산소 기체가, (−)극에서 수소 기체가 발생한다.

2 ①, ② (+)극에 연결된 A에는 산소 기체가, (−)극에 연결된 B에는 수소 기체가 모인다.
③ 산소 기체는 다른 물질이 잘 타도록 도와주는 성질이 있으므로 A에 모인 기체에 꺼져가는 불씨를 대면 불씨가 살아난다.
⑤ 이 실험을 통해 물은 수소와 산소로 이루어진 물질임을 알 수 있다.
오답 피하기 ④ 수소 기체는 잘 타는 성질이 있으므로 B에 모인 기체에 성냥불을 대면 '퍽' 소리를 내며 탄다.

Ⓑ

1 **오답 피하기** (2) 염화 칼륨과 염화 칼슘은 포함된 금속 원소의 종류가 다르므로 불꽃 반응 색이 다르다.
(4) 불꽃 반응 실험으로는 몇몇 금속 원소만 구별할 수 있다.

2 불꽃 반응 색이 빨간색인 금속 원소는 리튬과 스트론튬이다. 따라서 리튬을 포함하는 염화 리튬의 불꽃 반응 색은 빨간색이다.

01 ⑤　**02** ⑤　**03** 수소, 산소　**04** ①　**05** ①, ③　**06** ②　**07** ③　**08** ⑤　**09** ③　**10** ④　**11** ②　**12** ⑤　**13** ①, ⑤　**14** ③　**15** ④　**16** 칼슘　**17** ④

01 ⑤ 라부아지에는 실험을 통해 물이 수소와 산소로 분해되는 것을 확인함으로써 물이 원소가 아님을 증명하였다.

오답 피하기| (가)는 탈레스, (나)는 아리스토텔레스, (다)는 보일이 주장한 내용이다.

02 라부아지에는 물 분해 실험을 통해 물이 수소와 산소로 분해되므로 물은 물질의 기본 성분인 원소가 아니라고 주장하였다.

오답 피하기| ⑤ 라부아지에는 물이 물질의 기본 성분이라고 주장한 아리스토텔레스의 생각이 옳지 않음을 증명하였다.

03 물은 수소와 산소로 분해되고, 수소와 산소는 더 이상 분해되지 않는다. 따라서 물은 원소가 아니고, 수소와 산소는 원소이다.

04 ① 기체가 더 많이 모인 (가)는 (−)극, 기체가 적게 모인 (나)는 (+)극에 연결되어 있다.

오답 피하기| ② (−)극에 연결된 (가)에는 수소, (+)극에 연결된 (나)에는 산소가 모인다.

③ 성냥불을 대면 '퍽' 소리를 내며 타는 기체는 (가)에 모인 수소이다.

④ 물에 수산화 나트륨을 넣지 않으면 전류가 흐르지 않아 기체가 발생하지 않는다.

⑤ 물 분해 실험을 통해 물은 원소가 아님을 알 수 있다.

05 **오답 피하기**| ② 현재까지 밝혀진 원소는 118가지이며, 그 중 약 20가지는 인공적으로 만든 것이다.

④ 물질에는 한 가지 원소로 이루어진 것도 있고, 두 가지 이상의 원소로 이루어진 것도 있다.

⑤ 두 가지 이상의 원소가 결합하여 새로운 원소가 생성되지는 않는다.

06 더 이상 분해되지 않으면서 물질을 이루는 기본 성분은 원소이다. 수소, 산소, 금, 구리, 철, 염소, 나트륨, 알루미늄은 원소이고, 물, 공기, 소금, 설탕은 원소가 아니다.

07 (가) 탄소는 숯, 다이아몬드의 성분이며, 연필심, 건전지 등에 이용된다.

(나) 헬륨은 가볍고 안전하므로 비행선이나 광고용 풍선의 기체로 이용된다.

(다) 규소는 지각에 많이 존재하며, 반도체를 만드는 데 이용된다.

08 알루미늄 포일은 알루미늄 한 가지 원소로만 이루어져 있다.

오답 피하기| 소금은 염소와 나트륨으로, 설탕은 탄소, 수소, 산소로, 비누는 탄소, 수소, 산소, 나트륨 등으로, 나무젓가락은 탄소, 수소, 산소로 이루어져 있다.

09 **오답 피하기**| ③ 불꽃 반응으로는 특정 불꽃 반응 색을 나타내는 몇몇 금속 원소를 구별할 수 있으며, 모든 금속 원소를 구별할 수 있는 것은 아니다.

10 염화 칼륨은 보라색, 염화 리튬은 빨간색, 질산 나트륨은 노

란색, 질산 칼슘은 주황색을 나타낸다. 따라서 파란색은 나타낼 수 없다.

11 물질 속에 포함된 금속 원소가 같으면 같은 불꽃 반응 색을 나타낸다. 염화 구리와 질산 구리는 공통적으로 구리를 포함하므로 불꽃 반응 색이 청록색으로 같다.

12 ⑤ 염화 스트론튬은 스트론튬에 의해 빨간색 불꽃 반응 색을 나타낸다.

오답 피하기| ① 염화 칼슘 – 주황색 – 칼슘

② 탄산 칼륨 – 보라색 – 칼륨

③ 염화 나트륨 – 노란색 – 나트륨

④ 질산 바륨 – 황록색 – 바륨

13 ① 니크롬선을 증류수와 묽은 염산에 담그는 것은 니크롬선에 묻은 불순물을 제거하는 과정이다.

⑤ 불꽃 반응 색이 노란색이므로 시료 A는 나트륨을 포함하는 물질이다.

오답 피하기| ② 시료의 양은 적게 묻혀도 된다.

③ 니크롬선은 온도가 높은 겉불꽃에 넣어야 한다.

④ 니크롬선 대신 구리선을 사용하면 구리 자체가 불꽃 반응 색을 나타내므로 시료의 불꽃 반응 색을 정확히 관찰할 수 없다.

14 염소를 포함하면서 칼륨이 아닌 다른 금속 원소를 포함한 물질의 불꽃 반응 색을 확인하고, 칼륨을 포함하면서 염소가 아닌 다른 원소를 포함하는 물질의 불꽃 반응 색을 확인한다.

15 **오답 피하기**| ④ 불꽃 반응 색이 비슷한 원소도 선 스펙트럼은 다르게 나타나므로 선 스펙트럼으로 구별할 수 있다.

16 칼슘의 선 스펙트럼에 나타난 선들이 모두 물질 (가)의 선 스펙트럼에 포함되므로 칼슘은 물질 (가)에 포함되어 있다고 예상할 수 있다.

17 ④ 물질 (다)의 선 스펙트럼에는 원소 A와 B의 선 스펙트럼에 나타난 선이 모두 나타나 있으므로 물질 (다)에는 원소 A와 B가 모두 포함되어 있다.

오답 피하기| ① 모두 선 스펙트럼이다.

②, ③ 물질 (가)에는 원소 A와 B가 모두 포함되어 있고, 물질 (나)에는 원소 A와 B가 모두 포함되어 있지 않다.

⑤ 물질 (가)와 (다)는 선의 색깔, 위치, 개수 등이 모두 겹치는 것이 아니므로 같은 물질이 아니다.

실력의 완성! 서술형 문제 개념 학습 교재 19쪽

1 **모범 답안** 아리스토텔레스는 물이 물질의 기본 성분인 원소라고 주장하였다. 그러나 라부아지에는 실험에서 물이 수소와 산소로 분해되는 것으로부터 물이 원소가 아님을 확인하였다.

채점 기준	배점
아리스토텔레스의 주장과 라부아지에가 반박한 까닭을 모두 옳게 서술한 경우	100 %
아리스토텔레스의 주장과 라부아지에가 반박한 까닭 중 1가지만 옳게 서술한 경우	50 %

2 같은 종류의 금속을 포함하면 같은 불꽃 반응 색을 나타낸다.

모범 답안 (1) 염화 나트륨, 황산 나트륨, 질산 나트륨
(2) 같은 금속 원소인 나트륨을 공통으로 포함하고 있기 때문이다.

	채점 기준	배점
(1)	불꽃 반응 색이 같은 물질을 옳게 고른 경우	50 %
(2)	(1)과 같은 결과가 나타나는 까닭을 옳게 서술한 경우	50 %

2-1 **모범 답안** 6가지

3 **모범 답안** 두 물질의 불꽃 반응에서 나타나는 불꽃을 분광기로 관찰하였을 때 나타나는 선 스펙트럼으로 구별한다.

채점 기준	배점
두 물질을 구별하는 방법을 옳게 서술한 경우	100 %
그 외의 경우	0 %

4 물질에 여러 가지 원소가 포함되어 있는 경우 물질의 선 스펙트럼에는 각 원소의 스펙트럼이 모두 나타난다.

모범 답안 (1) A: 나트륨, B: 칼슘, C: 칼륨
(2) 나트륨, 칼륨, 원소 A(나트륨)와 C(칼륨)의 선 스펙트럼에 나타난 선의 색깔, 위치, 개수 등이 모두 물질 (가)의 선 스펙트럼과 겹치기 때문이다.

	채점 기준	배점
(1)	원소 A~C의 이름을 모두 옳게 쓴 경우	50 %
(2)	물질 (가)에 포함된 원소의 이름을 쓰고, 그 까닭을 옳게 서술한 경우	50 %
	물질 (가)에 포함된 원소의 이름만 옳게 쓴 경우	25 %

02 원자와 분자

기초를 튼튼히! 개념 잡기 개념 학습 교재 21, 23쪽

1 A: 원자핵, B: 전자 **2** (1) ○ (2) × (3) ○ (4) × (5) ○ **3** ㉠ +2, ㉡ 6, ㉢ +8 **4** (1) ○ (2) ○ (3) × (4) × **5** ㉠ 산소, ㉡ 수소, ㉢ 이산화 탄소, ㉣ 1 **6** (1) × (2) × (3) ○ (4) × **7** ㉠ Li, ㉡ N, ㉢ Ne, ㉣ Cu **8** ㉠ 탄소, ㉡ 플루오린, ㉢ 마그네슘, ㉣ 칼슘 **9** (1) H_2O (2) N_2 (3) CH_4 (4) NH_3 (5) HCl (6) CO_2 **10** (1) ○ (2) ○ (3) × (4) × (5) ×

1 원자는 원자핵과 전자로 이루어져 있다. 원자핵은 원자의 중심에 위치하고, 전자는 원자핵 주위를 끊임없이 돌고 있다.

2 **오답 피하기**| (2) 원자의 중심에 원자핵이 위치하고, 원자핵 주위를 전자가 움직이고 있다.
(4) 원자의 종류에 따라 원자핵의 (+)전하량이 다르고, 전자의 개수도 다르다.

3 원자는 원자핵의 (+)전하량과 전자의 총 (−)전하량이 같아 전기적으로 중성이다. 전자는 1개당 −1의 전하량을 가지므로 원자핵의 전하량이 +n이면 전자의 개수는 n개이다.

4 **오답 피하기**| (3) 분자는 물질의 성질을 나타내는 가장 작은 입자로, 원자들이 결합하여 이루어진다. 따라서 분자가 원자로 나누어지면 물질의 성질을 잃는다.
(4) 같은 종류의 원자로 이루어진 분자라도 원자의 개수가 다르면 서로 다른 분자이다.

6 **오답 피하기**| (1) 현재의 원소 기호는 베르셀리우스가 제안한 알파벳으로 표시하는 원소 기호를 사용한다.
(2) 원소 기호는 알파벳 한 글자 또는 두 글자로 나타낸다.
(4) 원소 이름의 첫 글자를 알파벳의 대문자로 나타내고, 첫 글자가 같은 원소가 있을 경우 적당한 중간 글자를 택하여 첫 글자 다음에 소문자로 나타낸다.

10 **오답 피하기**| (3), (4) 분자를 구성하는 원자의 종류는 수소와 산소이며, 분자 1개를 구성하는 원자는 수소 원자 2개와 산소 원자 1개이다.
(5) 분자를 구성하는 원자의 총 개수는 수소 원자 4개와 산소 원자 2개의 합인 6개이다.

Beyond 특강 개념 학습 교재 24쪽

1 ㉠ Li, ㉡ Ne, ㉢ Al, ㉣ I, ㉤ F, ㉥ Mg, ㉦ K, ㉧ Mn
2 ㉠ H, ㉡ N, ㉢ Si, ㉣ S, ㉤ Fe, ㉥ Zn, ㉦ Ag, ㉧ Hg
3 ㉠ 헬륨, ㉡ 베릴륨, ㉢ 브로민, ㉣ 나트륨(소듐), ㉤ 네온, ㉥ 망가니즈, ㉦ 아르곤, ㉧ 염소, ㉨ 칼슘

1 ㉠ N_2, ㉡ 산소 원자 2개, ㉢ O_3, ㉣ 수소 원자 1개, 염소 원자 1개, ㉤ CO, ㉥ 탄소 원자 1개, 산소 원자 2개, ㉦ H_2O_2, ㉧ 질소 원자 1개, 수소 원자 3개, ㉨ CH_4 **2** ㉠ H 원자 3개, ㉡ H 원자 9개, ㉢ 12개, ㉣ 메테인, ㉤ 5개, ㉥ C 원자 1개, H 원자 4개, ㉦ C 원자 5개, H 원자 20개, ㉧ 25개

01 ㉠ 데모크리토스, ㉡ 돌턴   **02** ④   **03** ②   **04** ②   **05** ④, ⑤   **06** ③   **07** ③   **08** ④   **09** ⑤   **10** ④   **11** ①   **12** ①   **13** ④   **14** ①   **15** ④   **16** ③   **17** ③   **18** ③   **19** ⑤

01 데모크리토스는 물질을 계속 쪼개면 더 이상 쪼개지지 않는 작은 입자에 도달한다고 주장하였다. 돌턴은 물질은 더 이상 쪼갤 수 없는 입자인 원자로 이루어져 있다고 주장하여 현대적인 원자 개념을 확립하는 계기가 되었다.

02 원자는 원자핵과 전자로 구성되고, 원자핵은 (+)전하를, 전자는 (−)전하를 띤다. 원자핵과 전자는 원자 전체에 비해 크기가 매우 작아 원자의 대부분은 빈 공간이다.
오답 피하기| ④ 원자의 종류에 따라 원자핵의 (+)전하량이 다르고, 전자의 개수도 다르다.

03 **오답 피하기**| ㄴ, ㄹ. A는 (+)전하를 띠는 원자핵이고, B는 (−)전하를 띠는 전자이다. 전자는 원자핵을 중심으로 그 주위를 끊임없이 돌고 있다.

04 ② 탄소 원자의 원자핵 전하량이 +6이므로 전자의 개수는 6개이다.
오답 피하기| ① 리튬 원자의 전자의 개수가 3개이므로 원자핵 전하량은 +3이다.
③ 산소 원자의 전자의 개수가 8개이므로 전자의 총 전하량은 −8이다.
④ 전자 1개의 전하량은 모두 −1이다.
⑤ 모든 원자는 원자핵과 전자의 전하의 총합이 0으로, 전기적으로 중성이다.

05 **오답 피하기**| ① 원자 1개의 지름은 약 1억분의 1 cm이다.
② 원자핵과 전자는 원자 전체에 비해 크기가 매우 작아 원자는 대부분 빈 공간이다.
③ 원자 질량의 대부분을 차지하는 것은 원자핵이다.

06 헬륨 원자의 원자핵의 전하량은 +2이므로 전자의 개수는 2개이다. 질소 원자의 전자의 총 전하량은 −7이므로 원자핵의 전하량은 +7이다. 플루오린 원자의 원자핵의 전하량은 +9이므로 전자의 개수는 9개이다. 따라서 ㉠~㉢에 알맞은 수의 합은 18이다.

07 **오답 피하기**| ③ 산소 분자와 같이 같은 종류의 원자가 결합된

분자도 있고, 물 분자와 같이 서로 다른 종류의 원자가 결합된 분자도 있다.

08 **오답 피하기**| ㄱ. 암모니아 분자는 질소와 수소 2종류의 원소로 이루어져 있다.

09 (가)는 탄소 원자 1개와 산소 원자 1개로 이루어진 일산화 탄소 분자이고, (나)는 탄소 원자 1개와 산소 원자 2개로 이루어진 이산화 탄소 분자이다.
오답 피하기| ⑤ 구성하는 원자의 종류가 같아도 원자의 개수가 다르면 서로 다른 분자이다. 따라서 (가)와 (나)는 성질이 다르다.

10 **오답 피하기**| ①, ② 현재의 원소 기호는 베르셀리우스가 제안한 원소 기호이며, 전 세계 공통으로 사용한다.
③, ⑤ 원소 기호의 첫 글자는 대문자, 두 번째 글자는 소문자로 나타내며, 알파벳 첫 글자가 같아도 두 번째 글자가 다르면 다른 원소의 원소 기호이다.

11 **오답 피하기**| ① (가)는 '연금술사'로, 자신만이 알아볼 수 있는 그림 형태로 원소를 나타내었다. (나)는 '돌턴'으로, 원 안에 그림이나 문자를 넣어 원소를 나타내었다.

12 **오답 피하기**| 마그네슘의 원소 기호는 Mg, 칼륨의 원소 기호는 K, 황의 원소 기호는 S이다. Ca는 칼슘의 원소 기호이고, Si는 규소의 원소 기호이다.

13 **오답 피하기**| 네온의 원소 기호는 Ne(㉠), Au의 원소 이름은 금(㉡), 망가니즈의 원소 기호는 Mn(㉢), 납의 원소 기호는 Pb(㉤)이다.

14 수소의 원소 기호는 H, 황의 원소 기호는 S이다. 분자 1개를 이루는 원자의 개수는 3개이고 분자를 이루는 수소 원자와 황 원자의 개수비는 2 : 1이므로 수소 원자는 2개, 황 원자는 1개이다. 원소 기호 옆에 작은 숫자로 원자의 개수를 나타내면 H_2S가 되며, H_2S는 황화 수소 분자이다.

15 **오답 피하기**| ①은 산소 분자로 분자식은 O_2, ②는 과산화 수소 분자로 분자식은 H_2O_2, ③은 이산화 탄소 분자로 분자식은 CO_2, ⑤는 암모니아 분자로 분자식은 NH_3이다.

16 분자식 맨 앞에 있는 숫자가 분자의 개수를 의미하며, 숫자 1은 생략되어 있으므로 분자의 개수가 가장 많은 것은 5HCl이다. 원자의 총 개수는 분자 1개를 이루는 원자의 개수에 분자의 개수를 곱한 값이므로 원자의 개수가 가장 많은 것은 $3CH_4$이다.

17 **오답 피하기**| 수소의 분자식은 H_2, 물의 분자식은 H_2O, 이산화 탄소의 분자식은 CO_2, 메테인의 분자식은 CH_4이다.

18 분자식을 통해 분자의 종류 및 개수, 분자를 이루는 원자의 종류 및 개수 등을 알 수 있다.

19 **오답 피하기**| ⑤ 메테인 분자 1개를 이루는 원자의 개수는 탄소 원자 1개와 수소 원자 4개로 총 5개이다.

1 모범 답안 원자는 원자핵의 (+)전하량과 전자의 총 (−)전하량이 같으므로 전기적으로 중성이다.

채점 기준	배점
제시된 단어를 모두 사용하여 옳게 서술한 경우	100 %
그 외의 경우	0 %

2 모범 답안 (1)

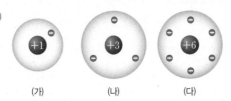

(가) (나) (다)

(2) 원자는 전기적으로 중성이므로 각 원자의 전자의 총 전하량은 (가)가 −1, (나)가 −3, (다)가 −6이어야 한다. 전자 1개의 전하량은 −1이므로 전자의 개수는 (가) 1개, (나) 3개, (다) 6개이다.

	채점 기준	배점
(1)	(가)~(다)의 전자의 개수를 모두 옳게 그린 경우	50 %
(2)	(1)과 같이 답한 근거를 옳게 서술한 경우	50 %

3 모범 답안 (가) 칼륨−K, (라) 마그네슘−Mg, (마) 플루오린−F

채점 기준	배점
(가), (라), (마)를 모두 고르고 옳게 고쳐 쓴 경우	100 %
(가), (라), (마) 중 2개만 고르고 옳게 고쳐 쓴 경우	60 %
(가), (라), (마) 중 1개만 고르고 옳게 고쳐 쓴 경우	30 %

4 분자를 이루는 원자의 종류가 같더라도 원자의 개수가 다르면 성질이 다른 분자이다.

모범 답안 두 분자를 이루는 원자의 종류는 같지만, 결합한 원자의 개수가 다르기 때문이다.

채점 기준	배점
원자의 종류와 개수를 포함하여 옳게 서술한 경우	100 %
그 외의 경우	0 %

4-1 모범 답안 물 분자: H_2O, 과산화 수소 분자: H_2O_2

5 모범 답안 분자의 개수는 3개이다. 분자의 종류는 이산화 탄소 분자이다. 이산화 탄소 분자를 이루는 원소는 탄소와 산소이다. 분자 1개는 탄소 원자 1개와 산소 원자 2개로 이루어져 있다. 분자 1개를 이루는 원자의 개수는 3개이다. 원자의 총 개수는 9개이다. 등

채점 기준	배점
분자식을 통해 알 수 있는 사실을 3가지 모두 서술한 경우	100 %
분자식을 통해 알 수 있는 사실을 2가지만 서술한 경우	60 %
분자식을 통해 알 수 있는 사실을 1가지만 서술한 경우	30 %

03 이온

1 (1) ㉠ 얻, ㉡ (−), ㉢ 음이온 (2) ㉠ 잃, ㉡ (+), ㉢ 양이온 **2** (1) ○ (2) × (3) × (4) ○ **3** ㉠ Na^+, ㉡ Mg^{2+}, ㉢ S^{2-}, ㉣ NO_3^- **4** ㉠ 칼륨 이온, ㉡ 암모늄 이온, ㉢ 산화 이온, ㉣ 탄산 이온 **5** (가) 양이온 (나) 음이온 (다) 원자 **6** (1) Cl^- (2) Na^+ **7** (1) AgCl, 염화 은 (2) 흰색 (3) Na^+, NO_3^- **8** ㉠ Ca^{2+}, ㉡ SO_4^{2-}, ㉢ 흰색, ㉣ PbI_2, ㉤ 노란색 **9** (1) 황화 이온 (2) 은 이온

1 (가)는 원자가 전자를 얻어 (−)전하를 띤 입자인 음이온이고, (나)는 원자가 전자를 잃어 (+)전하를 띤 입자인 양이온이다.

2 오답 피하기 | (2) 원자가 양이온으로 될 때 전자를 잃으므로 (−)전하량이 감소하여 (+)전하를 띠게 되는 것이지 원자핵의 (+)전하량이 증가하는 것이 아니다.

(3) 양이온의 경우에는 원소 이름 뒤에 '~ 이온'을 붙인다. 음이온의 경우에는 원소 이름 뒤에 '~화 이온'을 붙이되, '소'로 끝나는 경우에는 '소'를 빼고 '~화 이온'을 붙인다.

5 (가)는 원자핵의 전하량이 +3이고 전자의 총 전하량이 −2이므로 총 전하량이 +1인 양이온이다.

(나)는 원자핵의 전하량이 +9이고 전자의 총 전하량이 −10이므로 총 전하량이 −1인 음이온이다.

(다)는 원자핵의 전하량이 +3이고 전자의 총 전하량이 −3이므로 총 전하량이 0인 원자이다.

6 이온이 들어 있는 수용액에 전류를 흘려 주면 양이온은 (−)극으로 이동하고, 음이온은 (+)극으로 이동한다.

7 염화 나트륨 수용액 속에는 Na^+과 Cl^-이 존재하고, 질산 은 수용액 속에는 Ag^+과 NO_3^-이 존재한다. 이 두 수용액을 반응시키면 Cl^-과 Ag^+이 반응하여 AgCl(염화 은)의 흰색 앙금을 생성하고, Na^+과 NO_3^-은 용액 속에 이온으로 존재한다.

9 (1) 공장 폐수 속에 들어 있는 납 이온(Pb^{2+})이 황화 이온(S^{2-})과 반응하여 황화 납(PbS)의 검은색 앙금을 생성한다.

(2) 수돗물 속에 들어 있는 염화 이온(Cl^-)이 은 이온(Ag^+)과 반응하여 염화 은(AgCl)의 흰색 앙금을 생성한다.

A ㉠ (−), ㉡ (+), ㉢ 전하
1 (1) ○ (2) ○ (3) × (4) × (5) × **2** ②
B ㉠ 염화 이온(Cl^-), ㉡ 칼슘 이온(Ca^{2+}), ㉢ 생성하지 않는다
1 (1) ㉠ Cl^-, ㉡ AgCl (2) ㉠ Ca^{2+}, ㉡ $CaCO_3$ (3) ㉠ Ag^+, ㉡ AgCl (4) ㉠ CO_3^{2-}, ㉡ $CaCO_3$ **2** (가), (다)

❹

1 **오답 피하기**| ③, ④ 양이온인 구리 이온은 (−)극으로, 음이온인 과망가니즈산 이온은 (+)극으로 이동한다.

⑤ 질산 칼륨 수용액 속의 질산 이온은 (+)극으로, 칼륨 이온은 (−)극으로 이동하지만 색을 띠지 않으므로 눈에 보이지 않는다.

2 (−)극으로 이동하는 이온은 (+)전하를 띠는 양이온이다. 따라서 Cu^{2+}과 K^+이 (−)극으로 이동한다.

❻

2 (가)에서는 은 이온(Ag^+)과 염화 이온(Cl^-)이 반응하여 염화 은(AgCl) 앙금이 생성되고, (다)에서는 칼슘 이온(Ca^{2+})과 황산 이온(SO_4^{2-})이 반응하여 황산 칼슘($CaSO_4$) 앙금이 생성된다.

Beyond **특강** 개념 학습 교재 36쪽

1 ❶ Pb^{2+}, NO_3^- ❷ K^+, I^- ❸ K^+, NO_3^- ❹ Pb^{2+}, I^-
❺ $Pb^{2+}+2I^- \longrightarrow PbI_2\downarrow$
2 ❶ Ca^{2+}, Cl^- ❷ Na^+, CO_3^{2-} ❸ Na^+, Cl^- ❹ Ca^{2+}, CO_3^{2-}
❺ $Ca^{2+}+CO_3^{2-} \longrightarrow CaCO_3\downarrow$
3 (1) $Ba^{2+}+SO_4^{2-} \longrightarrow BaSO_4\downarrow$ (2) $Cu^{2+}+S^{2-} \longrightarrow CuS\downarrow$
(3) $Pb^{2+}+S^{2-} \longrightarrow PbS\downarrow$

실력을 키워! **내신 잡기** 개념 학습 교재 37~39쪽

01 ④ **02** ⑤ **03** ② **04** ② **05** ② **06** ⑤ **07** ㄱ, ㄷ, ㅂ
08 ③,⑤ **09** ⑤ **10** ② **11** ④ **12** ③ **13** A, B, 염화 은 **14** F,
H, 탄산 칼슘 **15** ②,④ **16** ④ **17** ② **18** ②

01 ④ 원자가 이온으로 될 때 전자를 잃거나 얻으므로 전자의 총 (−)전하량이 변한다.
오답 피하기| ①, ② 원자가 전자를 잃으면 양이온, 전자를 얻으면 음이온이 형성된다.
③ 이온은 (+)전하를 띠거나 (−)전하를 띤다.
⑤ 원자가 이온으로 될 때 전자의 총 (−)전하량은 변하지만, 원자핵의 (+)전하량은 변하지 않는다.

02 A 원자가 전자 2개를 잃어 (+)전하를 띠는 양이온이 형성되는 과정이다. 양이온의 이름은 A의 원소 이름에 '~ 이온'을 붙인다.
오답 피하기| ⑤ 황 원자는 전자 2개를 얻어 음이온을 형성하므로 이에 해당되지 않는다.

03 ㄱ. (가)는 원자핵의 전하량이 +3, 전자의 총 전하량이 −2 이므로 원자가 전자 1개를 잃어 형성된 양이온이다.
ㄹ. (나)와 (다)는 원자핵의 전하량이 +8로 같다.
오답 피하기| ㄴ. (나)는 원자핵의 전하량이 +8, 전자의 총 전하량

이 −10이므로 (−)전하를 띠는 음이온이다.
ㄷ. (다)는 원자핵의 전하량이 +8, 전자의 총 전하량이 −8이므로 전기적으로 중성인 원자이다.

04 원자핵의 (+)전하량>전자의 총 (−)전하량인 (라)는 양이온이고, 원자핵의 (+)전하량<전자의 총 (−)전하량인 (가), (다)는 음이온이며, 원자핵의 (+)전하량=전자의 총 (−)전하량인 (나)는 원자이다.

05 **오답 피하기**| ② 음이온의 이름은 원소 이름 뒤에 '~화 이온'을 붙이지만, 원소 이름이 '~소'로 끝나는 경우에는 '소'를 뺀다. 따라서 이 이온의 이름은 산화 이온이다.

06 ⑤ 주어진 식은 원자가 전자 3개를 잃고 양이온을 형성하는 과정을 나타낸다. 알루미늄 원자(Al)는 전자 3개를 잃고 양이온인 알루미늄 이온(Al^{3+})이 된다.
오답 피하기| ① 산소 원자(O)는 전자 2개를 얻어 음이온이 된다.
② 마그네슘 원자(Mg)는 전자 2개를 잃고 양이온이 된다.
③ 칼륨 원자(K)는 전자 1개를 잃고 양이온이 된다.
④ 플루오린 원자(F)는 전자 1개를 얻어 음이온이 된다.

07 **오답 피하기**| ㄴ. H^+−수소 이온
ㄹ. Mg^{2+}−마그네슘 이온
ㅁ. F^-−플루오린화 이온

08 **오답 피하기**| ③ 탄산 이온−CO_3^{2-}
⑤ 과망가니즈산 이온−MnO_4^-

09 염화 나트륨 수용액에는 양이온인 Na^+과 음이온인 Cl^-이 존재한다. (−)극으로 이동하는 ●은 양이온인 Na^+이고, (+)극으로 이동하는 ●은 음이온인 Cl^-이다.
오답 피하기| ⑤ (−)극과 (+)극의 방향을 서로 반대로 바꾸면 이온의 이동 방향도 반대로 바뀐다.

10 ② 황산 구리(Ⅱ) 수용액에서 파란색을 띠는 입자는 양이온인 구리 이온이고, 과망가니즈산 칼륨 수용액에서 보라색을 띠는 입자는 음이온인 과망가니즈산 이온이다.
오답 피하기| ①, ③, ④ 파란색을 띠는 입자는 양이온인 구리 이온이므로 파란색은 (−)극으로 이동하고, 보라색을 띠는 입자는 음이온인 과망가니즈산 이온이므로 보라색은 (+)극으로 이동한다.
⑤ 질산 이온과 황산 이온도 (+)극으로 이동하지만, 색을 띠지 않으므로 눈에 보이지는 않는다.

11 ①, ⑤ (다)에서는 (가)의 Cl^-과 (나)의 Ag^+이 반응하여 흰색 앙금인 AgCl(염화 은)이 생성되고, Na^+과 NO_3^-은 이온 상태로 존재한다. 따라서 (나) 용액과 (다) 용액에 들어 있는 NO_3^-의 개수는 같다.
② (가)~(다) 용액 모두 이온이 존재하므로 전류가 흐른다.
③ (다) 용액에는 Na^+이 존재하므로 (다) 용액을 불꽃 반응시키면 노란색이 나타난다.

오답 피하기 | ④ (다) 용액에 이온 상태로 존재하는 이온은 Na^+과 NO_3^-이다.

12 오답 피하기 | ③ K^+은 다른 이온과 거의 앙금을 생성하지 않는다. 따라서 ③은 앙금 생성 반응이 아니다.

13 질산 은 수용액의 은 이온은 염화 이온과 반응하여 염화 은의 흰색 앙금을 생성한다. 따라서 A~D 중 앙금이 생성되는 곳은 A와 B이며, 앙금 생성 반응은 다음과 같다.

$$Ag^+ + Cl^- \longrightarrow AgCl$$

14 탄산 나트륨 수용액의 탄산 이온은 칼슘 이온과 반응하여 탄산 칼슘의 흰색 앙금을 생성한다. 따라서 E~H 중 앙금이 생성되는 곳은 F와 H이며, 앙금 생성 반응은 다음과 같다.

$$Ca^{2+} + CO_3^{2-} \longrightarrow CaCO_3$$

15 두 수용액을 각각 불꽃 반응시키면 염화 칼슘 수용액은 주황색을, 질산 나트륨 수용액은 노란색을 나타낸다. 또 두 수용액에 질산 은 수용액을 각각 떨어뜨리면 염화 칼슘 수용액은 흰색 앙금을 생성하고, 질산 나트륨 수용액은 앙금을 생성하지 않는다.

16 ④ 납 이온(Pb^{2+})은 황화 이온(S^{2-})과 반응하여 황화 납(PbS)의 검은색 앙금을 생성한다.

오답 피하기 | ⑤ 납 이온(Pb^{2+})은 아이오딘화 이온(I^-)과 반응하여 아이오딘화 납(PbI_2)의 노란색 앙금을 생성한다.

17 미지의 수용액에 염화 칼슘($CaCl_2$) 수용액을 가했을 때 흰색 앙금이 생성되었다. 따라서 미지의 수용액에 양이온으로 Ag^+, 또는 음이온으로 CO_3^{2-}이나 SO_4^{2-}이 포함되어 있다고 예상할 수 있다. 또한 불꽃 반응 실험에서 노란색이 나타났으므로 양이온으로 Na^+이 포함되어 있다. 따라서 ①~⑤ 중 미지의 수용액에 녹아 있을 것으로 예상되는 물질은 Na_2CO_3이다.

18 염화 나트륨 수용액을 넣으면 은 이온(Ag^+)이 염화 이온(Cl^-)과 반응하여 염화 은($AgCl$) 앙금을 생성하고, 거른 용액에 황산 나트륨 수용액을 넣으면 칼슘 이온(Ca^{2+})이 황산 이온(SO_4^{2-})과 반응하여 황산 칼슘($CaSO_4$) 앙금을 생성한다. 따라서 앙금 (가)는 염화 은이고, 앙금 (나)는 황산 칼슘이다.

실력의 완성! 서술형 문제   개념 학습 교재 **40**쪽

1 **모범 답안** 리튬 원자는 전자 1개를 잃어 (+)전하를 띠는 양이온이 된다.

채점 기준	배점
제시된 단어를 모두 사용하여 옳게 서술한 경우	100 %
그 외의 경우	0 %

2 원자가 전자를 잃어 양이온이 되면 전자의 총 (−)전하량이 감소하므로 (+)전하를 띠게 된다. 원자가 전자를 얻어 음이온이 되면 전자의 총 (−)전하량이 증가하므로 (−)전하를 띠게 된다.

모범 답안 (1) 양이온: (다), 음이온: (나)

(2) (다)는 원자핵의 (+)전하량이 전자의 총 (−)전하량보다 커서 (+)전하를 띠기 때문이다. (나)는 전자의 총 (−)전하량이 원자핵의 (+)전하량보다 커서 (−)전하를 띠기 때문이다.

	채점 기준	배점
(1)	양이온과 음이온을 옳게 고른 경우	50 %
(2)	(1)과 같이 답한 까닭을 전하량과 관련지어 옳게 서술한 경우	50 %

3 **모범 답안** (1) 파란색 성분: 구리 이온, 보라색 성분: 과망가니즈산 이온

(2) 파란색 성분(구리 이온)은 양이온이므로 (−)극으로, 보라색 성분(과망가니즈산 이온)은 음이온이므로 (+)극으로 이동한다.

	채점 기준	배점
(1)	파란색 성분과 보라색 성분의 이온의 이름을 옳게 쓴 경우	50 %
(2)	각 성분이 이동하는 까닭을 이온의 전하와 관련지어 옳게 서술한 경우	50 %

3-1 **모범 답안** 전극의 방향을 반대로 하면 파란색 성분과 보라색 성분의 이동 방향도 반대로 바뀐다.

4 **모범 답안** Ag^+, $Ag^+ + Cl^- \longrightarrow AgCl\downarrow$

채점 기준	배점
이온식과 앙금이 생성되는 과정의 식을 모두 옳게 나타낸 경우	100 %
이온식은 옳게 나타냈으나 앙금이 생성되는 과정의 식이 옳지 않은 경우	50 %

1 ❶ 라부아지에 ❷ 원소 ❸ 철 ❹ 탄소
2 ❶ 불꽃 반응 ❷ 빨간색 ❸ 칼륨 ❹ 청록색 ❺ 선 스펙트럼
3 ❶ 원자핵 ❷ 전자 ❸ 분자 ❹ 1 ❺ 2
4 ❶ 산소 ❷ F ❸ 나트륨 ❹ 이산화 탄소 ❺ NH_3
5 ❶ 양이온 ❷ 음이온 ❸ Na^+ ❹ 칼슘 ❺ 황화 ❻ Cl^-
6 ❶ (−) ❷ (+) ❸ 앙금 ❹ AgCl ❺ Ca^{2+} ❻ 노란색

01 ③ **02** ⑤ **03** ㄱ, ㅂ, ㅅ **04** ⑤ **05** ① **06** ① **07** ⑤
08 ㄴ, ㄹ **09** ㉠ 분자, ㉡ 원소, ㉢ 원자 **10** ④ **11** ③ **12** ③
13 ② **14** ④ **15** ⑤ **16** ② **17** ⑤ **18** ④ **19** ② **20** ⑤ **21** 해설 참조 **22** 해설 참조 **23** 해설 참조

01 ㄷ. 주철관이 녹이 슨 것은 철이 산소와 반응했기 때문이다. 이를 통해 물이 분해되어 산소가 발생했음을 알 수 있다.

오답 피하기| ㄱ, ㄴ. 실험에서 물이 산소와 수소로 분해되었으므로 물은 산소와 수소로 이루어져 있음을 알 수 있다. 이로부터 라부아지에는 물은 물질을 이루는 기본 원소가 아님을 증명하였다.

02 ⑤ 질소(N)는 다른 물질과 잘 반응하지 않으므로 과자 봉지의 충전 기체로 이용된다.

오답 피하기| ① 생물의 호흡이나 물질의 연소에 이용되는 원소는 산소(O)이다.
② 전기가 잘 통하므로 전선으로 주로 이용되는 원소는 구리(Cu)이다.
③ 물, 산소와 반응하지 않아 장신구로 이용되는 원소는 금(Au)이다.
④ 가볍고 안전하여 비행선이나 광고용 풍선에 이용되는 원소는 헬륨(He)이다.

03 더 이상 분해되지 않는 물질의 기본 성분은 원소이다. 원소에 해당하는 것은 수소, 구리, 수은 3가지이다.

오답 피하기| 암모니아는 질소와 수소로, 이산화 탄소는 탄소와 산소로, 물은 산소와 수소로, 소금은 염소와 나트륨으로, 설탕은 탄소와 수소, 산소로 이루어진 물질이므로 원소가 아니다.

04 ① 염화 칼슘은 주황색, 염화 칼륨은 보라색의 불꽃 반응 색을 나타내므로 구별할 수 있다.
② 탄산 바륨은 황록색, 탄산 칼슘은 주황색의 불꽃 반응 색을 나타내므로 구별할 수 있다.
③ 염화 나트륨은 노란색, 질산 리튬은 빨간색의 불꽃 반응 색을 나타내므로 구별할 수 있다.
④ 질산 나트륨은 노란색, 황산 구리는 청록색의 불꽃 반응 색을 나타내므로 구별할 수 있다.

오답 피하기| ⑤ 리튬과 스트론튬은 불꽃 반응 색이 빨간색으로 비슷

하므로 불꽃 반응 실험으로 구별할 수 없다. 따라서 리튬을 포함한 물질과 스트론튬을 포함한 물질은 불꽃 반응 실험으로 구별할 수 없다.

05 **오답 피하기**| ① 칼륨의 불꽃 반응 색은 보라색이므로 칼륨을 포함하는 질산 칼륨은 보라색이다. 칼슘을 포함한 물질의 불꽃 반응 색이 주황색이다.

06 자료 분석

물질 (가)의 선 스펙트럼에는 원소 A의 선 스펙트럼이 모두 포함되어 있다.

물질 (나)의 선 스펙트럼에는 원소 A, B의 선 스펙트럼이 모두 포함되어 있지 않다.

물질 (가)

물질 (나)

물질 (다)

원소 A

원소 B

물질 (다)의 선 스펙트럼에는 원소 A, B의 선 스펙트럼이 모두 포함되어 있다.

물질의 선 스펙트럼에 원소의 선 스펙트럼이 모두 포함되어 있으면 물질에 그 원소가 포함되어 있는 것이다.

오답 피하기| ㄴ. 물질 (나)에는 원소 A와 B가 모두 포함되어 있지 않다.

ㄹ. 물질 (나)에는 원소 A와 B가 모두 포함되어 있지 않으므로 물질 (가)~(다)에 모두 포함된 원소는 없다.

07 ⑤ 원자핵의 전하량은 +3, 전자의 총 전하량은 $(-1) \times 3 = -3$이므로 원자의 총 전하량은 0이 된다. 따라서 원자는 전기적으로 중성이다.

오답 피하기| ① 주어진 원자 모형은 원자핵의 전하량이 +3인 리튬 원자의 원자 모형이다.
② 원자의 중심에 있는 A는 원자핵이고, 그 주위를 돌고 있는 B는 전자이다.
③ 원자핵과 전자는 원자의 크기에 비해 매우 작으므로 원자는 대부분 빈 공간이다.
④ 원자의 종류에 따라 원자핵의 전하량이 다르고 전자의 개수도 다르다.

08 **오답 피하기**| 철은 Fe, 칼슘은 Ca, 망가니즈는 Mn, 금은 Au이다. F는 플루오린, K는 칼륨, Ag는 은의 원소 기호이다.

09 ㉠ 분자는 물질의 성질을 가지는 가장 작은 입자이다. 얼음, 물, 수증기는 모두 같은 분자로 이루어져 있으므로 같은 물질이다.
㉡ 원소는 더 이상 다른 물질로 분해되지 않는 물질의 기본 성분이다. 이산화 탄소는 탄소와 산소로 이루어져 있으므로 원소가 아니다.

ⓒ 원자는 물질을 이루는 기본 입자로, 원자가 모여 분자를 이룬다. 산소 분자는 산소 원자 2개로 이루어져 있다.

10 ④ 분자 1개를 이루는 산소 원자의 개수는 1개이고 분자의 개수는 3개이므로 분자를 이루는 산소 원자의 총 개수는 3×1개=3개이다.

오답 피하기 ① 맨 앞에 있는 숫자가 분자의 개수를 의미하므로 분자의 개수는 3개이다.

② 분자를 이루는 성분 원소는 H(수소), O(산소) 2종류이다.

③ 분자 1개를 이루는 수소 원자의 개수는 2개이고 분자의 개수는 3개이므로 분자를 이루는 수소 원자의 총 개수는 3×2개=6개이다.

⑤ 분자 1개를 이루는 원자의 개수는 수소 원자 2개와 산소 원자 1개의 합인 3개이다.

11 ㄱ, ㄴ. (가)는 물 분자로 분자식은 H_2O이고, (나)는 과산화수소 분자로 분자식은 H_2O_2이다.

오답 피하기 ㄷ. 물 분자와 과산화 수소 분자는 성분 원소가 같지만 원자의 개수가 다르므로 서로 다른 물질이다.

12 ① (가) H_2O은 수소(H)와 산소(O) 두 종류의 원소로 이루어진 분자이다.

②, ④ (나) Cu는 구리 원자가 규칙적으로 배열되어 있는 구조로, 원소 기호가 화학식이 된다.

⑤ (다) NaCl은 염화 나트륨이라고 읽는다.

오답 피하기 ③ (다) NaCl은 나트륨과 염소가 1 : 1의 개수비로 규칙적으로 배열된 물질로, 분자가 아니다.

13 ㄴ. 원자가 전자를 얻어 형성된 음이온이므로 (−)전하를 띤다.

오답 피하기 ㄱ. 원자가 전자 1개를 얻어 음이온이 형성되는 과정이다.

ㄷ. 원자가 이온으로 될 때 (+)전하량은 변하지 않는다.

14 ④ (나)는 원자가 전자 1개를 잃고 형성된 양이온이다.

오답 피하기 ① (가)는 원자핵의 전하량이 +3, 전자의 총 전하량이 −3이므로 전기적으로 중성인 원자이다.

② (나)는 원자핵의 전하량이 +3, 전자의 총 전하량이 −2이므로 (+)전하를 띠는 양이온이다.

③ (다)는 원자핵의 전하량이 +8, 전자의 총 전하량이 −10이므로 (−)전하를 띠는 음이온이다.

⑤ (다)는 원자가 전자 2개를 얻어 형성되므로 전자의 총 (−)전하량이 증가하여 형성된 음이온이다. 원자가 이온으로 될 때 원자핵의 전하량은 변하지 않는다.

15 K^+은 원자가 전자 1개를 잃고 형성된 양이온, Mg^{2+}은 원자가 전자 2개를 잃고 형성된 양이온, Al^{3+}은 원자가 전자 3개를 잃고 형성된 양이온이다. Cl^-은 원자가 전자 1개를 얻어 형성된 음이온, O^{2-}은 원자가 전자 2개를 얻어 형성된 음이온이다. 따라서 전자를 가장 많이 얻어서 형성된 이온은 O^{2-}이다.

16 자료 분석

> (다)와 (라)는 원자핵의 전하량이 같다.
> ➡ 원소의 종류가 같다.

입자	(가)	(나)	(다)	(라)
원자핵의 전하량	+9	+11	+12	+12
전자의 개수(개)	10	10	10	12
전자의 총 전하량	−10	−10	−10	−12

- 원자핵의 (+)전하량=전자의 총 (−)전하량 ➡ 원자 ➡ (라)
- 원자핵의 (+)전하량>전자의 총 (−)전하량 ➡ 양이온 ➡ (나), (다)
- 원자핵의 (+)전하량<전자의 총 (−)전하량 ➡ 음이온 ➡ (가)

② (다)와 (라)는 원자핵의 전하량이 같으므로 같은 원소이고, 전기적으로 중성인 (라)는 원자, (+)전하량이 (−)전하량보다 큰 (다)는 양이온이다. 즉 (다)는 (라)의 양이온이다.

오답 피하기 ① (가)와 (나)는 원자핵의 전하량이 다르므로 같은 원소가 아니다. 즉 (가)는 (나)의 음이온이 아니다.

③ (가)는 원자핵의 (+)전하량이 전자의 총 (−)전하량보다 작으므로 (−)전하를 띤다.

④ (나)와 (다)는 원자핵의 (+)전하량이 전자의 총 (−)전하량보다 크므로 양이온이다. 즉 (나)와 (다)는 원자가 전자를 잃어 형성된 입자이다.

⑤ 원자핵의 전하량이 같으면 같은 원소이다. (가), (나), (다)는 원자핵의 전하량이 다르므로 같은 원소가 아니다.

17 과망가니즈산 칼륨 수용액의 보라색은 과망가니즈산 이온(MnO_4^-) 때문이며, 과망가니즈산 이온(MnO_4^-)은 음이온이므로 (+)극인 ⓒ 방향으로 이동한다. 황산 구리(Ⅱ) 수용액의 파란색은 구리 이온(Cu^{2+}) 때문이며, 구리 이온(Cu^{2+})은 양이온이므로 (−)극인 ⓒ 방향으로 이동한다.

18 ㄱ. ⊙은 탄산 나트륨(Na_2CO_3) 수용액 속의 탄산 이온(CO_3^{2-})과 염화 칼슘($CaCl_2$) 수용액 속의 칼슘 이온(Ca^{2+})이 반응하여 생성된 탄산 칼슘($CaCO_3$)이다.

ㄴ. 나트륨 이온(Na^+)과 염화 이온(Cl^-)은 앙금을 생성하지 않고, 용액 속에 이온 상태로 존재한다.

오답 피하기 ㄷ. (가)에는 나트륨 이온(Na^+)이 들어 있으므로 (가) 수용액의 불꽃 반응 색은 노란색이고, (나)에는 칼슘 이온(Ca^{2+})이 들어 있으므로 (나) 수용액의 불꽃 반응 색은 주황색이다.

19 ① 염화 이온과 은 이온이 반응하여 염화 은 앙금이 생성된다.

$$Ag^+ + Cl^- \longrightarrow AgCl$$

③ 바륨 이온과 황산 이온이 반응하여 황산 바륨 앙금이 생성된다.

$$Ba^{2+} + SO_4^{2-} \longrightarrow BaSO_4$$

④ 칼슘 이온과 탄산 이온이 반응하여 탄산 칼슘 앙금이 생성된다.

$$Ca^{2+} + CO_3^{2-} \longrightarrow CaCO_3$$

⑤ 납 이온과 아이오딘화 이온이 반응하여 아이오딘화 납 앙금이 생성된다.

$$Pb^{2+} + 2I^- \longrightarrow PbI_2$$

오답 피하기 | ② 질산 이온과 나트륨 이온은 다른 이온과 앙금을 생성하지 않으므로 질산 나트륨 수용액과 염화 칼슘 수용액의 반응에서는 앙금이 생성되지 않는다.

20 (가)에서 물질 X의 불꽃 반응 색이 보라색이었으므로 물질 X에는 칼륨 이온이 포함되어 있음을 알 수 있다. (나)에서 물질 X의 수용액과 질산 납 수용액을 반응시켰을 때 노란색 앙금이 생성되었으므로 물질 X에는 납 이온과 노란색 앙금을 생성하는 아이오딘화 이온이 포함되어 있음을 알 수 있다. 따라서 물질 X는 칼륨 이온과 아이오딘화 이온이 포함된 아이오딘화 칼륨이라고 예상할 수 있다.

21 물 분자 3개를 나타낸 모형이다. 물 분자 1개는 산소 원자 1개와 수소 원자 2개로 이루어져 있다.

모범 답안 (1) $3H_2O$

(2) 분자의 종류는 물 분자이고, 분자의 개수는 3개이다. 물 분자를 이루는 원자의 종류는 산소 원자와 수소 원자이다. 분자 1개를 이루는 원자의 개수는 3개이고, 원자의 총 개수는 9개이다.

	채점 기준	배점
(1)	분자식으로 옳게 나타낸 경우	40 %
(2)	제시한 내용 4가지를 모두 옳게 서술한 경우	60 %
	제시한 내용을 2가지 이상 옳게 서술한 경우	30 %

22 마그네슘 원자는 전자 2개를 잃어 양이온이 된다. 따라서 마그네슘 이온의 모형은 원자핵의 전하량은 마그네슘 원자와 같고, 전자의 개수는 마그네슘 원자보다 2개 적은 10개로 나타내야 한다.

모범 답안 (1)

(2) $Mg \longrightarrow Mg^{2+} + 2\ominus$

	채점 기준	배점
(1)	이온의 모형을 옳게 완성한 경우	50 %
(2)	원자가 이온으로 되는 과정을 식으로 옳게 나타낸 경우	50 %

23

자료 분석

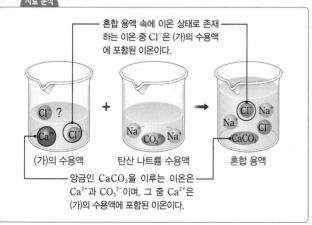

혼합 용액 속에 이온 상태로 존재하는 이온 중 Cl^-은 (가)의 수용액에 포함된 이온이다.

(가)의 수용액 + 탄산 나트륨 수용액 → 혼합 용액

앙금인 $CaCO_3$을 이루는 이온은 Ca^{2+}과 CO_3^{2-}이며, 그 중 Ca^{2+}은 (가)의 수용액에 포함된 이온이다.

모범 답안 $CaCl_2$, CO_3^{2-}과 반응하여 $CaCO_3$ 앙금이 생성되었으므로 Ca^{2+}을 포함하고, 혼합 용액 속에 이온 상태로 존재하는 Cl^-을 포함하기 때문이다.

채점 기준	배점
물질 (가)의 화학식을 옳게 쓰고, 근거를 옳게 서술한 경우	100 %
물질 (가)의 화학식만 옳게 쓴 경우	50 %

01 전기의 발생

1 (1) ㉠ 전자, ㉡ 원자핵 (2) 중성이다 (3) A **2** (1) × (2) × (3) ○
3 (1) ㉠ B, ㉡ A (2) ㉠ (−), ㉡ (+) (3) 끌어당김 **4** (1) × (2) ○
(3) ○ **5** (1) 인력 (2) 척력 (3) 척력 **6** (1) 전자 (2) ㉠ 다른, ㉡ 같은
7 (1) × (2) ○ (3) × **8** (1) ㉠ A → B, ㉡ 벌어진다 (2) ㉠ B → A,
㉡ 벌어진다 (3) ㉠ A → B, ㉡ 오므라든다 (4) ㉠ A → B, ㉡ 더 벌어
진다 **9** ㄱ, ㄴ, ㄷ

1 (1), (2) 원자는 (+)전하를 띠는 원자핵(B)과 (−)전하를 띠는
전자(A)로 구성되어 있다. (+)전하의 양과 (−)전하의 양이 같으
므로 이 원자는 전기적으로 중성이다.
(3) 물체가 대전되었다면 전하를 띠고 있는 것이고, 이는 전자(A)
의 이동에 의해 나타난다.

2 (3) 서로 다른 두 물체를 마찰할 때 전자를 잃은 물체는 (+)전
하를 띠고, 전자를 얻은 물체는 (−)전하를 띤다.
오답 피하기 | (1), (2) 마찰 전기는 서로 다른 두 물체를 마찰할 때 한
물체에서 다른 물체로 전자가 이동하기 때문에 발생하며, 서로 다
른 두 물체는 다른 종류의 전하를 띠게 된다.

3 A와 B를 마찰하면 전자를 얻은 A는 (−)전하의 양이 (+)전
하의 양보다 많아 (−)전하를 띠고, 전자를 잃은 B는 (+)전하의
양이 (−)전하의 양보다 많아 (+)전하를 띤다. 따라서 A와 B 사
이에는 서로 끌어당기는 힘(인력)이 작용한다.

4 **오답 피하기** | (1) 병따개가 냉장고 문에 달라붙는 것은 병따개에
부착된 자석이 자기력에 의해 금속인 냉장고 문에 달라붙기 때문
이다.

5 (1) 다른 종류의 전하를 띤 물체 사이에는 서로 끌어당기는 힘
인 인력이 작용한다.
(2), (3) 같은 종류의 전하를 띤 물체 사이에는 서로 밀어내는 힘인
척력이 작용한다.

7 (2) 대전체와 가까운 A 부분은 대전체와 다른 종류의 전하를
띠므로 대전체와 금속 막대 사이에는 인력이 작용한다.
오답 피하기 | (1), (3) (−)대전체를 금속 막대에 가까이 하면 금속 막
대 내부의 전자는 척력에 의해 A 부분에서 B 부분으로 이동한다.
따라서 A 부분은 (+)전하를, B 부분은 (−)전하를 띤다.

8 (1) (−)대전체를 검전기의 금속판에 가까이 하면 금속판의 전
자가 금속박으로 이동하므로 금속박이 (−)전하를 띠게 되어 벌어
진다.
(2) (+)대전체를 검전기의 금속판에 가까이 하면 금속박의 전자가
금속판으로 이동하므로 금속박이 (+)전하를 띠게 되어 벌어진다.
(3) (+)전하로 대전된 검전기의 금속판에 (−)대전체를 가까이 하면
금속판의 전자가 금속박 쪽으로 이동하므로 금속박이 오므라든다.
(4) (−)전하로 대전된 검전기의 금속판에 (−)대전체를 가까이 하
면 금속판의 전자가 금속박 쪽으로 이동하므로 금속박이 더 벌어
진다.

9 검전기를 이용하면 물체의 대전 여부, 물체에 대전된 전하의
종류, 물체에 대전된 전하의 양 비교 등을 알 수 있다.

Ⓐ ㉠ 정전기 유도, ㉡ 벌어진다, ㉢ 더 벌어진다
1 (1) ○ (2) ○ (3) × **2** (1) 금속판 → 금속박 (2) (−)대전체와 전자 사
이의 전기력(척력)에 의해 금속판의 전자들이 금속박으로 밀려난다.

Ⓐ

1 **오답 피하기** | (3) 금속박이 벌어지는 것은 두 장의 금속박이 같
은 종류의 전하로 대전되어 척력이 작용하기 때문이다.

2 대전되지 않은 검전기에 대전체를 가까이 하면 대전체와의 전
기력에 의해 전자가 이동하여 금속판과 금속박이 전하를 띠게 된
다. 이때 금속판은 대전체와 다른 종류의 전하로, 금속박은 대전체
와 같은 종류의 전하로 대전된다.

1 ② **2** ④ **3** ③

1 대전체를 금속에 가까이 하면 전자가 이동하여 대전체와 가까
운 쪽은 대전체와 다른 종류의 전하로, 대전체와 먼 쪽은 대전체와
같은 종류의 전하로 대전되는 현상이 정전기 유도이다.

2 (+)대전체를 금속 막대에 가까이 하면 금속 막대 내부의 전
자는 인력을 받아 대전체와 가까운 쪽으로 이동한다. 따라서 A 부
분은 (−)전하를, B 부분은 (+)전하를 띤다.

3 정전기 유도에 의해 유리 막대와 가까운 B는 (−)전하로, 먼
A는 (+)전하로 대전된다. 이 상태에서 A, B를 떼어놓고 유리 막
대를 치우면 A는 (+)전하로, B는 (−)전하로 대전된다.

1 금속판: (−)전하, 금속박: (+)전하 **2** ① **3** 벌어진다. **4** 전자
5 (+)전하

1 금속판은 정전기 유도에 의해 대전체와 다른 종류의 전하를 띠고, 금속박은 대전체와 같은 종류의 전하를 띤다.

2 인력에 의해 금속박의 전자가 A 방향으로 이동하므로 금속박은 (+)전하를 띠게 되어 벌어진다.

3 (−)대전체를 검전기의 금속판에 가까이 하면 금속판은 (+)전하, 금속박은 (−)전하를 띠므로 금속박이 벌어진다.

4 (나)와 같이 손가락을 금속판에 접촉하면 검전기의 전자가 손가락을 통해 빠져나간다.

5 (다)와 같이 대전체와 손가락을 동시에 치우면 검전기에는 전체적으로 (+)전하가 많으므로 (+)전하로 대전된다.

01 ①, ② A는 원자핵, B는 전자이며, 중성인 원자는 A와 B의 전하의 양이 같아 전하를 띠지 않는 중성 상태이다.
③, ⑤ 서로 다른 두 물체를 마찰하면 마찰 과정에서 (−)전하를 띤 B가 이동하며, B를 얻으면 (−)전하를 띠고, B를 잃으면 (+)전하를 띤다.
오답 피하기 ④ 마찰 과정에서 (+)전하를 띤 A는 이동하지 않는다.

02 오답 피하기 ③ 물체가 대전되는 전하의 종류는 마찰하는 물체의 종류에 따라 달라진다. 따라서 같은 물체라도 어떤 물체와 마찰하느냐에 따라 대전되는 전하의 종류가 달라질 수 있다.

03 ④ 고무풍선이 (−)전하, 털가죽이 (+)전하로 대전되었으므로 고무풍선은 전자를 얻었고, 털가죽은 전자를 잃었다. 즉, 전자는 털가죽에서 고무풍선으로 이동하였다.
오답 피하기 ① (+)전하는 이동하지 않는다.
② 털가죽이 가지고 있던 전자의 일부만 마찰 과정에서 잃는다.
③, ⑤ 마찰할 때 원자핵은 이동하지 않으므로 물체가 가진 (+)전하의 양은 변하지 않으며, (−)전하의 양의 변화에 따라 물체가 띠는 전하의 종류가 달라진다.

04 ㄱ. 마찰 후 B는 전자의 수가 많아졌으므로 마찰 과정에서 전자가 A에서 B로 이동한 것을 알 수 있다.
ㄷ. 전하가 새로 생겨나거나 사라지지 않았으므로 마찰 전후 A, B의 전하량의 합은 변하지 않는다.
오답 피하기 ㄴ. 마찰 과정에서 A에서 B로 전자가 이동했으므로 B는 (−)전하, A는 (+)전하를 띠게 된다. 즉, A는 (+)전하의 양이 더 많고, B는 (−)전하의 양이 더 많다.

05 A와 B는 서로 다른 종류의 전하를 띠고 있으므로 A와 B 사이에는 서로 끌어당기는 인력이 작용한다.

06 오답 피하기 ① 자석 근처에 못이 있을 때 못이 자석에 달라붙는 것은 자기력에 의한 현상이다.

07 ⑤ 유리를 털가죽과 마찰하면 (−)전하를 띠고, 유리를 명주나 고무, 플라스틱과 마찰하면 (+)전하를 띤다. 따라서 어떤 물질과 마찰하느냐에 따라 유리는 (+)전하를 띨 수도 있고, (−)전하를 띨 수도 있다.
오답 피하기 ① 명주는 고무나 플라스틱과 마찰하면 (+)전하를 띤다.
② 가장 전자를 잃기 쉬운 물체는 (+) 쪽에 가장 가까운 털가죽이다.
③ 마찰 과정에서 원자핵은 이동하지 않는다.
④ 명주와 고무를 마찰하면 명주는 (+)전하를 띠고, 고무는 (−)전하를 띤다.

08 털가죽과 고무풍선 A를 마찰하면 털가죽은 (+)전하를 띠고 A는 (−)전하를 띤다. 플라스틱 자와 고무풍선 B를 마찰하면 플라스틱 자는 (−)전하를 띠고 B는 (+)전하를 띤다. 따라서 A와 B 사이에는 서로 끌어당기는 인력이 작용한다.

09 A와 B 사이에는 척력이 작용하고, B와 C 사이에는 인력이 작용하므로 A와 B는 같은 종류의 전하, B와 C는 다른 종류의 전하로 대전된 것이다. 따라서 A가 (+)전하로 대전되었다면 B는 (+)전하, C는 (−)전하로 대전된 것이다.

10 ㄴ. 정전기 유도는 금속에 대전체를 가까이 할 때 대전체와의 전기력에 의해 전자가 이동하여 금속이 전하를 띠는 현상이다.
오답 피하기 ㄱ, ㄷ. 정전기 유도는 대전되지 않은 금속에 대전체를 가까이 할 때 금속의 양 끝이 전하를 띠는 현상으로, 대전체와 가까운 쪽은 대전체와 다른 종류의 전하를, 먼 쪽은 같은 종류의 전하를 띤다.

11 (−)대전체를 금속 막대에 가까이 하면 금속 막대 내부에서 척력에 의해 전자가 대전체와 먼 쪽, 즉 A → B 방향으로 이동한다. 따라서 (−)대전체와 가까운 A 부분은 (+)전하를 띠고, (−)대전체와 먼 B 부분은 (−)전하를 띤다.

12 대전된 금속 막대가 띠는 전하의 종류에 관계없이 대전된 막대와 가까운 알루미늄 캔 부분에는 대전된 막대와 다른 종류의 전하가 유도된다. 따라서 인력이 작용하기 때문에 끌려오게 된다.

13 ㄴ, ㄷ. 마찰한 플라스틱 자, 먼지떨이는 모두 전하를 띠게 되며, 물줄기, 먼지는 모두 정전기가 유도되어 휘거나 달라붙게 된다.
오답 피하기 ㄱ. 자기력에 의해 나침반 바늘의 N극이 북쪽을 가리키는 것이다.

14 (+)대전체와 가까운 쪽은 (−)전하, 먼 쪽은 (+)전하로 대전된다. 이때 대전체와 금속구 사이에는 인력이 작용하여 금속구가 대전체 쪽으로 끌려온다.

15 (-)전하로 대전된 유리 막대와 가까운 금속 막대의 왼쪽 부분은 (+)전하를, 오른쪽 부분은 (-)전하를 띠므로 (-)전하로 대전된 고무풍선과 밀어내는 척력이 작용한다.

16 (가)에서 정전기 유도에 의해 전자가 B에서 A로 이동하여 A는 (-)전하를, B는 (+)전하를 띤다. (나)에서 A, B를 떨어뜨려 놓고 대전체를 치우면 A는 (-)전하, B는 (+)전하로 대전되어 A와 B 사이에 인력이 작용한다.

17 대전되지 않은 검전기에 (-)대전체를 가까이 하면 금속판에서 금속박으로 전자가 이동하여 금속판은 (+)전하로 대전되고, 금속박은 (-)전하로 대전되어 벌어진다.

18 정전기 유도에 의해 금속 막대의 A 부분은 (-)전하, B 부분은 (+)전하를 띤다. 그리고 금속 막대의 B 부분이 띠는 전하에 의해 금속판 C는 (-)전하, 금속박 D는 (+)전하를 띤다. 즉, A와 C는 (-)전하를 띠고, B와 D는 (+)전하를 띤다.

19 금속박에 남아 있던 전자가 금속판으로 이동하므로 금속박은 더 벌어진다.

20 검전기와 다른 종류의 전하를 띤 대전체를 가까이 할 때 금속박이 오므라든다. 즉, 대전체는 (-)전하를 띠고 있으며, (-)대전체를 가까이 할 때 금속판의 전자가 금속박으로 이동하여 금속박이 오므라든 것이다.

21 ㄴ. 과정 (1)에서 금속판은 (+)전하, 금속박은 (-)전하를 띠며, 과정 (2)에서 금속박의 전자가 손가락을 통해 빠져 나가며, 과정 (3)에서 검전기는 전체적으로 (+)전하로 대전된다.
오답 피하기 | ㄱ. 과정 (1)에서 금속박은 (-)전하를 띤다.
ㄷ. 과정 (3)에서 검전기 전체가 (+)전하로 대전되므로 금속박은 벌어진다.

22 검전기 전체가 (+)전하로 대전되므로 금속판과 금속박 모두 (+)전하를 띠며, 금속박은 벌어진다.

실력의 완성! **서술형 문제** 개념 학습 교재 **59**쪽

1 모범 답안 서로 다른 두 물체를 마찰하면 한 물체에서 다른 물체로 전자가 이동하여 두 물체가 서로 다른 종류의 전하로 대전되기 때문이다.

채점 기준	배점
끌어당기는 힘이 작용하는 까닭을 제시된 단어를 모두 포함하여 옳게 서술한 경우	100 %
제시된 단어를 일부 포함하지 않고 까닭을 서술한 경우	50 %

2 모범 답안 끌어당기는 힘이 작용하는 A와 B는 다른 종류의 전하로, 밀어내는 힘이 작용하는 B와 C는 같은 종류의 전하로 대전되어 있다. 따라서 A와 C는 다른 종류의 전하로 대전되어 있으므로 끌어당기는 힘이 작용한다.

채점 기준	배점
A와 C가 다른 종류의 전하로 대전되었다고 쓰고, A와 C를 가까이 하였을 때의 모습을 옳게 서술한 경우	100 %
A와 C가 다른 종류의 전하로 대전되었다고만 쓴 경우	50 %

3 모범 답안 (1) 알루미늄 캔이 막대를 따라 움직인다.
(2) 알루미늄 캔에 정전기 유도가 일어나 플라스틱 막대와 가까운 쪽은 (+)전하로, 먼 쪽은 (-)전하로 대전되어 알루미늄 캔과 플라스틱 막대 사이에 인력이 작용하기 때문이다.

	채점 기준	배점
(1)	알루미늄 캔의 움직임을 옳게 서술한 경우	50 %
(2)	(1)과 같은 현상이 일어나는 까닭을 옳게 서술한 경우	50 %

4 모범 답안 A는 (+)전하를 띤다. (+)전하를 띤 A를 금속판에 가까이 하면 A가 금속박의 전자를 끌어당겨 전자가 금속판 쪽으로 이동하므로 금속박이 띤 전하의 양이 줄어들기 때문이다.

채점 기준	배점
A가 띠는 전하의 종류를 옳게 쓰고, 금속박이 오므라든 까닭을 옳게 서술한 경우	100 %
A가 띠는 전하의 종류만 옳게 쓴 경우	50 %

4-1 모범 답안 (-)전하

14 비욘드 중학 과학 2-1

02 전류, 전압, 저항

1 (1) 전하 (2) ㉠ (+)극, ㉡ (−)극 (3) 반대이다 (4) 무질서하게   **2** (1) p (2) ㉠ (나), ㉡ D, ㉢ C (3) ㉠ D, ㉡ C   **3** (1) ㉢ (2) ㉡ (3) ㉣ (4) ㉠   **4** (1) ○ (2) × (3) ○ (4) ×   **5** (1) ○ (2) ○ (3) ×   **6** ㄱ, ㄴ, ㄹ   **7** (1) 비례 (2) 반비례 (3) 비례   **8** (1) 2 V (2) 2 A (3) 10 Ω   **9** (1) 10 Ω (2) 0.9 A   **10** (1) $\frac{2}{3}$ A, $\frac{2}{3}$ A (2) 2 V (3) 1 : 2   **11** (1) 6 V, 6 V (2) 2 A (3) 2 : 1   **12** (1) ㉠ 전류, ㉡ 전압 (2) ㉠ 길이가 길어지는, ㉡ 커진다 (3) ㉠ 굵기가 굵어지는, ㉡ 작아진다   **13** (1) 병렬 (2) 병렬 (3) 직렬 (4) 병렬 (5) 직렬

1 (1) 도선을 따라 전자가 이동하면서 전하를 운반하기 때문에 전류가 흐른다. 따라서 전하의 흐름을 전류라고 한다.
(2), (3) 전류는 전지의 (+)극에서 (−)극 쪽으로 흐르고, 전자는 전지의 (−)극에서 (+)극 쪽으로 이동한다. 따라서 전류의 방향과 전자의 이동 방향은 서로 반대이다.
(4) 전류가 흐르지 않을 때 도선 속의 전자들은 무질서하게 움직이고, 전류가 흐를 때는 한쪽 방향으로 움직인다.

2 (1) (−)전하를 띠는 p가 전자이다.
(2), (3) 전자가 한쪽 방향으로 이동하는 (나)가 전류가 흐르는 도선이다. (나)에서 전자가 (−)극에서 (+)극 쪽으로 이동하므로 C 쪽은 전지의 (−)극과 연결되어 있고 D 쪽은 전지의 (+)극과 연결되어 있다.

4 **오답 피하기** | (2) 전류계는 회로에 직렬로 연결하고, 전압계는 회로에 병렬로 연결한다.
(4) 전류계의 눈금은 회로에 연결된 (−)단자에 해당하는 눈금을 읽는다.

5 **오답 피하기** | (3) 물질의 종류에 따라 원자의 배열 상태가 다르므로 원자와 전자가 충돌하는 정도가 달라진다. 따라서 전기 저항이 달라진다.

6 전기 저항은 도선을 이루는 물질의 종류에 따라 다르고, 같은 물질이라도 도선의 길이와 굵기에 따라 다르다.

7 전류의 세기는 전압에 비례하고 저항에 반비례한다. 이를 식으로 나타내면 $I=\frac{V}{R}$이다.

8 (1) $V=IR=2\,\text{A}\times1\,\Omega=2\,\text{V}$
(2) $I=\frac{V}{R}=\frac{20\,\text{V}}{10\,\Omega}=2\,\text{A}$
(3) $R=\frac{V}{I}=\frac{20\,\text{V}}{2\,\text{A}}=10\,\Omega$

9 (1) $R=\frac{V}{I}=\frac{3\,\text{V}}{0.3\,\text{A}}=10\,\Omega$

(2) 저항이 일정할 때 전류의 세기는 전압에 비례한다. 따라서 3 V의 전압을 걸어 줄 때 0.3 A의 전류가 흐르므로 9 V의 전압을 걸어 주면 0.9 A의 전류가 흐른다.

10 (1) 직렬연결에서 각 저항에 흐르는 전류의 세기는 전체 전류와 같다. 따라서 3 Ω과 6 Ω에는 각각 $\frac{2}{3}$ A의 전류가 흐른다.

(2) 3 Ω에 흐르는 전류가 $\frac{2}{3}$ A이므로 걸리는 전압은

$\frac{2}{3}\,\text{A}\times3\,\Omega=2\,\text{V}$이다.

(3) 직렬연결에서 각 저항에 걸리는 전압의 크기는 저항에 비례하므로 전압의 비(3 Ω : 6 Ω)는 1 : 2이다.

11 (1) 병렬연결에서 각 저항에 걸리는 전압은 전체 전압과 같다. 따라서 3 Ω과 6 Ω에는 각각 6 V의 전압이 걸린다.

(2) 3 Ω에 걸린 전압이 6 V이므로 흐르는 전류의 세기는 $\frac{6\,\text{V}}{3\,\Omega}=2\,\text{A}$이다.

(3) 병렬연결에서 각 저항에 흐르는 전류의 세기는 저항에 반비례하므로 전압의 비(3 Ω : 6 Ω)는 $\frac{1}{3}:\frac{1}{6}=2:1$이다.

13 (1), (2), (4) 전기 기구가 병렬로 연결되면 각 전기 기구에는 같은 전압이 걸리며, 다른 전기 기구의 영향을 받지 않고 따로 사용할 수 있으나, 연결하는 전기 기구의 개수가 많을수록 회로 전체에 흐르는 전류의 세기가 커진다.
(3), (5) 전기 기구가 직렬로 연결되면 모든 전기 기구에는 같은 세기의 전류가 흐르며, 전기 기구가 1개만 고장나도 나머지 전기 기구가 작동하지 않는다.

Ⓐ ㉠ 비례, ㉡ 반비례
1 (1) ○ (2) ○ (3) × (4) ×   **2** (1) 0.2 A (2) 25 V (3) 125 Ω

Ⓐ

1 **오답 피하기** | (3) 저항$=\frac{전압}{전류}$이므로 가로축이 전압, 세로축이 전류인 그래프의 기울기는 $\frac{1}{저항}$이다. 따라서 그래프의 기울기가 클수록 저항이 작다.
(4) 같은 전압일 때 짧은 니크롬선에 흐르는 전류의 세기가 2배이므로 긴 니크롬선의 저항은 짧은 니크롬선의 저항의 2배이다.

2 (1) (−)단자가 500 mA에 연결되어 있으므로 니크롬선에 흐르는 전류는 200 mA=0.2 A이다.
(2) (−)단자가 30 V에 연결되어 있으므로 전압은 25 V이다.
(3) 니크롬선의 저항은 $\frac{전압}{전류}=\frac{25\,\text{V}}{0.2\,\text{A}}=125\,\Omega$이다.

1 ❶ $\dfrac{전류}{전압}$ ❷ B의 저항＞A의 저항 ❸ B의 길이＞A의 길이

2 ❶ $\dfrac{전압}{전류}$ ❷ A의 저항＞B의 저항 ❸ B의 굵기＞A의 굵기

3 ❶ 작다 ❷ ㉠ 0.8 A, ㉡ 0.4 A ❸ ㉠ 0.4 A, ㉡ 10 Ω ❹ 1 : 2

1 저항은 전류에 대한 전압의 비이므로, 전류－전압 그래프에서 기울기＝$\dfrac{전류}{전압}$＝$\dfrac{1}{저항}$이다. 따라서 기울기가 작은 B의 저항이 A의 저항보다 크고, 재질과 굵기가 같을 때 길이가 길수록 저항이 크므로 저항이 큰 B의 길이가 A의 길이보다 길다.

2 전압－전류 그래프에서 기울기＝$\dfrac{전압}{전류}$＝저항이므로 기울기가 클수록 저항이 크다. 따라서 A가 B보다 저항이 큰데, 재질과 길이가 같을 때 저항은 굵기가 작을수록 크므로 저항이 큰 A의 굵기가 B의 굵기보다 작다.

3 가로축이 전압, 세로축이 전류이므로 기울기＝$\dfrac{전류}{전압}$＝$\dfrac{1}{저항}$이다. 따라서 기울기가 클수록 저항이 작으며, 각 니크롬선의 저항의 크기는 그래프의 가로 눈금과 세로 눈금이 만나는 곳에 점을 찍어 전류와 전압을 읽은 후 옴의 법칙으로 구할 수 있다. 즉, A의 저항은 R_A＝$\dfrac{V}{I}$＝$\dfrac{4\ V}{0.8\ A}$＝5 Ω이고, B의 저항은 R_B＝$\dfrac{V}{I}$＝$\dfrac{4\ V}{0.4\ A}$ ＝10 Ω이다. 재질과 단면적이 같을 때 저항은 길이에 비례하므로 A와 B의 길이의 비는 저항의 비와 같은 5 Ω : 10 Ω＝1 : 2이다.

01 ④   **02** ④   **03** ②   **04** ㉠ 펌프, ㉡ 물레방아, ㉢ 밸브   **05** ③
06 ④   **07** ④   **08** 2 Ω   **09** ③   **10** ①   **11** ②   **12** ①   **13** ③
14 0.2 A   **15** ②   **16** ④   **17** ②, ③

01 도선에 전류가 흐를 때 전자는 (－)극 쪽에서 (＋)극 쪽으로 움직인다. 이때 원자는 움직이지 않는다.

02 ④ 전류는 전지의 (＋)극에서 (－)극 쪽으로 흐르고, 전자는 (－)극에서 (＋)극 쪽으로 이동하므로 전류의 방향과 전자의 이동 방향은 반대이다.
오답 피하기 ①, ② 전류는 A 방향으로 흐르고, 전자는 B 방향으로 이동한다.
③, ⑤ 전류가 흐를 때 원자는 이동하지 않으며, 도선 속에서 전자는 한쪽 방향으로 이동한다.

03 ㄱ, ㄹ. 전하의 흐름을 전류라고 하며, 단위로는 A(암페어), mA(밀리암페어)를 사용한다.

오답 피하기 ㄴ. 전자가 원자와 충돌하기 때문에 발생하는 것은 전기 저항이다.
ㄷ. 전기 회로에 전압을 계속 유지하는 역할을 하는 것은 전지이다.

04 물의 높이 차에 의해 물이 흐르는 것처럼 전압에 의해 전류가 흐른다.

05 (－)단자가 500 mA에 연결되어 있으므로 최댓값이 500 mA에 해당하는 부분의 눈금을 읽으면 150 mA＝0.15 A이다.

06 ①, ② 전압계는 전압을 측정하는 장치로, 측정하고자 하는 회로에 병렬로 연결한다.
③, ⑤ 전압계의 눈금을 읽을 때는 전기 회로에 연결된 (－)단자에 해당하는 부분의 눈금을 읽어야 한다. 따라서 이 회로에 걸린 전압은 2.5 V이다.
오답 피하기 ④ 전압계의 (－)단자는 전지의 (－)극 쪽에, (＋)단자는 전지의 (＋)극 쪽에 연결한다.

07 ㄴ. 전기 저항은 도선에서 이동하는 전자들과 도선 속의 원자들의 충돌에 의해 발생한다.
ㄹ. 전기 저항은 도선의 길이에 비례하고, 도선의 굵기에 반비례한다. 따라서 도선이 굵고 짧을수록 전기 저항이 작아진다.
오답 피하기 ㄱ. 전기 저항은 전류의 흐름을 방해하므로 전기 저항이 클수록 전류가 잘 흐르지 못한다.
ㄷ. 같은 물질로 된 도선이라도 도선의 길이와 굵기가 다르면 전기 저항은 다르다.

08 전기 저항은 도선의 길이에 비례하고, 도선의 굵기에 반비례한다. B의 길이와 굵기가 각각 A의 2배이므로 전기 저항은 A와 같은 2 Ω이다.

09 전기 저항이 일정할 때 니크롬선에 걸어 준 전압이 2배, 3배, …로 커지면 전류의 세기도 2배, 3배, …로 커진다. 즉, 전류의 세기는 전압에 비례한다.

10 그래프에서 기울기는 $\dfrac{전압}{전류}$이므로 저항을 의미한다. 따라서 기울기가 클수록 저항이 크므로 저항의 크기는 $R_A＞R_B＞R_C$이다.

11 전기 저항이 일정할 때 전류는 전압에 비례하므로 1 : 0.2＝3 : (가)에서 (가)＝0.6이다.

12 A의 저항은 $\dfrac{1\ V}{0.1\ A}$＝10 Ω이고 B의 저항은 $\dfrac{1\ V}{0.2\ A}$＝5 Ω이므로 B의 저항은 A의 $\dfrac{1}{2}$배이다.

13 저항이 직렬로 연결되어 있을 때 각 저항에 흐르는 전류의 세기는 회로 전체 전류의 세기와 같다. 따라서 10 Ω의 저항에 흐르는 전류는 0.1 A이고, 전압계에서 측정된 전압은 0.1 A × 10 Ω ＝1.0 V이다.

14 저항이 병렬로 연결되어 있을 때 각 저항에는 전체 전압과 같은 전압이 걸린다. 20 Ω의 저항에 흐르는 전류의 세기가 0.3 A이므로 걸리는 전압은 0.3 A×20 Ω=6 V이고, 30 Ω의 저항에도 6 V의 전압이 걸린다. 따라서 (나)에 흐르는 전류의 세기는 $\frac{6\,V}{30\,Ω}$ =0.2 A이다.

15 ② 저항을 병렬로 연결하면 저항의 굵기가 굵어지는 효과가 있으므로 전체 저항이 작아진다.

오답 피하기 | ① 전지의 전압에 변화가 없으므로 전체 전압은 변하지 않는다.
③ 전압이 일정하므로 저항을 병렬로 연결하여 전체 저항이 작아지면 전체 전류는 증가한다.
④, ⑤ 각 저항에는 전지의 전압이 걸리므로 각 저항에 걸리는 전압은 변하지 않는다. 따라서 각 저항에 흐르는 전류의 세기도 변하지 않는다.

16 ㄱ. 6 Ω의 저항에 걸리는 전압은 6 Ω×1 A=6 V이고, 병렬로 연결된 두 저항에 걸리는 전압은 같으므로 R에 걸리는 전압도 6 V이다.
ㄴ, ㄷ. 저항의 병렬연결에서 각 저항에 흐르는 전류의 합은 전체 전류와 같으므로 R에 흐르는 전류+1 A=3 A이다. 따라서 R에는 2 A의 전류가 흐르고 6 V의 전압이 걸리므로 R의 크기는 $\frac{6\,V}{2\,A}$ =3 Ω이다.

오답 피하기 | ㄹ. 두 저항이 병렬로 연결되어 있으므로 두 저항에 걸리는 전압은 같다.

17 ②, ③ 가정의 전기 기구들은 병렬로 연결되어 있다. 따라서 각 전기 기구에 걸리는 전압의 크기는 같으며, 에어컨을 꺼도 다른 전기 기구가 꺼지지 않는다.

오답 피하기 | ① 퓨즈는 저항을 직렬로 연결하는 방법이다.
④ 전기 기구를 직렬로 연결한 경우에는 각 전기 기구에 같은 세기의 전류가 흐른다. 반면, 전기 기구를 병렬로 연결한 경우에는 각 전기 기구의 저항에 따라 흐르는 전류의 세기가 다르다.
⑤ 병렬로 연결하는 전기 기구가 많아질수록 전체 저항이 작아지므로 전체 전류는 커진다.

실력의 완성! **서술형 문제** 개념 학습 교재 **71쪽**

1 **모범 답안** 전류가 흐르는 도선에서 전자의 움직임이 원자와의 충돌로 인하여 방해를 받기 때문이다.

채점 기준	배점
전기 저항이 생기는 까닭을 제시된 단어를 모두 포함하여 옳게 서술한 경우	100 %
전자의 움직임이 방해받기 때문이라고만 서술한 경우	50 %

2 **모범 답안** (1) A, B, C에 걸리는 전압은 같다.
(2) 필라멘트의 저항은 길이에 비례하고, 굵기에 반비례하므로 저항의 크기는 C>B>A 순이다. A, B, C에 같은 크기의 전압이 걸릴 때 옴의 법칙에 의해 전류의 세기는 저항에 반비례하므로 각 전구에 흐르는 전류의 세기는 A>B>C 순이다.

	채점 기준	배점
(1)	전압을 옳게 비교한 경우	50 %
(2)	전류의 세기를 저항과 관련지어 옳게 서술한 경우	50 %
	A>B>C라고만 쓴 경우	30 %

3 전류-전압 그래프에서 기울기=$\frac{전류}{전압}$=$\frac{1}{저항}$이므로 기울기는 저항의 역수를 의미한다.

모범 답안 그래프의 기울기는 저항의 역수를 의미한다. 따라서 저항의 크기는 C>B>A 순이고 전압이 같을 때 전류는 A>B>C 순이므로 전압이 같을 때 저항과 전류는 반비례한다.

채점 기준	배점
그래프의 기울기가 의미하는 것을 옳게 쓰고, 저항과 전류의 관계를 그래프를 이용하여 옳게 서술한 경우	100 %
그래프의 기울기가 의미하는 것만 옳게 쓴 경우	50 %

4 **모범 답안** 연결하는 전기 기구에 따라 각 전기 기구에 걸리는 전압이 달라진다. 각각의 전기 기구들을 따로 켜고 끌 수 없다. 등

채점 기준	배점
문제점 2가지를 모두 옳게 서술한 경우	100 %
문제점 1가지만 옳게 서술한 경우	50 %

4-1 **모범 답안** 각 전기 기구에 같은 크기의 전압이 걸린다. 전기 기구를 독립적으로 사용할 수 있다. 하나의 전기 기구를 꺼도 다른 전기 기구가 꺼지지 않는다. 등

03 전류의 자기 작용

1 (1) 자기력 (2) N극 (3) ㉠ 자기력선, ㉡ N극, ㉢ S극 (4) 촘촘
2 (1) × (2) ○ (3) × (4) ○ **3** ㄴ **4** (가) 서쪽, (나) 서쪽, (다) 동쪽
5 (1) 갖지 않는다 (2) 셀 (3) 반대가 된다 **6** ㉠ 자기장, ㉡ 힘, ㉢ 전류
7 (1) ○ (2) ○ (3) × (4) × **8** (가)>(나)>(다) **9** (1) 아래쪽 (2) 힘을
받지 않음 (3) 위쪽 **10** ㄱ, ㄴ, ㄹ, ㅂ

1 (1), (2) 자석 사이에 작용하는 힘을 자기력이라 하며, 자기력이 작용하는 공간을 자기장이라고 한다. 자기장의 방향은 나침반 자침의 N극이 가리키는 방향이다.
(3), (4) 자기장의 모양을 선으로 나타낸 자기력선은 N극에서 나와 S극으로 들어가며, 자기력선이 촘촘할수록 자기장의 세기가 세다.

2 오답 피하기| (1) 전류가 흐르는 직선 도선 주위에는 도선을 중심으로 하는 동심원 모양의 자기장이 생긴다.
(3) 직선 도선 주위에 생기는 자기장의 세기는 전류의 세기가 셀수록, 도선에 가까울수록 세다.

3 전류의 방향으로 오른손의 엄지손가락을 향하게 하고 네 손가락을 감아쥐면 손의 모양은 ㄴ과 같다.

4 오른손을 이용하여 자기장의 방향을 찾아보면 코일의 왼쪽이 N극, 오른쪽이 S극이 되므로 (가), (나) 지점에 있는 나침반 자침의 N극은 서쪽을, (다) 지점에 있는 나침반 자침의 N극은 동쪽을 가리킨다.

5 (1), (2) 전자석은 코일에 전류가 흐르는 동안에만 자석이 되며, 전자석의 세기는 코일에 흐르는 전류의 세기가 셀수록, 코일을 촘촘하게 감을수록 세다.
(3) 전류의 방향이 바뀌면 코일 내부의 자기장의 방향이 반대가 되어 전자석의 자극도 바뀐다.

7 오답 피하기| (3) 전류의 방향과 자기장의 방향이 나란할 때는 힘이 작용하지 않는다.
(4) 전류의 방향과 자기장의 방향이 모두 반대가 되면 힘의 방향은 변하지 않고 처음 그대로이다.

8 전류의 방향과 자기장의 방향이 수직일 때 도선이 받는 힘의 크기가 가장 크고, 나란할 때는 힘이 작용하지 않는다.

9 오른손을 이용하여 자기장의 방향으로 네 손가락을, AB에 흐르는 전류의 방향으로 엄지손가락을 향하면 손바닥이 향하는 아래쪽이 AB가 받는 힘의 방향이다. CD는 전류의 방향이 AB와 반대이므로 위쪽으로 힘을 받고, BC 부분은 자기장의 방향과 전류의 방향이 나란하므로 힘을 받지 않는다.

10 자기장에서 전류가 흐르는 도선이 받는 힘을 이용한 기기에는 전동기, 스피커, 전압계, 전류계 등이 있다. 전동기는 도선이 힘

을 받아 회전하는 것으로, 전동기를 이용한 기기에는 선풍기, 세탁기, 전기 자동차, 엘리베이터 등이 있다.

Ⓐ ㉠ 자기장, ㉡ 반대, ㉢ 막대자석
1 (1) ○ (2) ○ (3) × (4) × **2** ㄱ
Ⓑ ㉠ 힘, ㉡ 반대
1 (1) ○ (2) × (3) × **2** ②

Ⓐ
1 오답 피하기| (3) 코일에 흐르는 전류의 방향이 바뀌면 코일 내부에 생기는 자기장의 방향도 반대가 된다.
(4) 코일 주위에 생기는 자기장의 모양은 막대자석 주위에 생기는 자기장의 모양과 비슷하다.

2 오른손의 네 손가락을 코일에 흐르는 전류의 방향으로 감아쥘 때 엄지손가락이 가리키는 방향이 A 쪽인 경우인 ㄱ만 A 쪽에서 자기장이 나오는 경우이다.
오답 피하기| 엄지손가락이 B 쪽을 가리키는 ㄴ, ㄷ, ㄹ은 B 쪽에서 자기장이 나오는 경우이다.

Ⓑ
1 오답 피하기| (2) 전원 장치의 전압만 높이면 전기 그네에 더 센 전류가 흐르므로 전기 그네가 받는 힘의 크기는 커지지만, 힘의 방향은 변하지 않는다. 따라서 전기 그네는 원래 움직였던 방향으로 더 크게 움직인다.
(3) 과정 ❷에서 전류의 방향과 자기장의 방향을 모두 바꾸는 것은 과정 ❺와 같은 경우로 힘의 방향은 그대로이다. 따라서 전기 그네가 움직이는 방향은 바뀌지 않는다.

2 오른손의 엄지손가락을 전류의 방향과 일치시키고, 네 손가락을 자기장의 방향(C)과 일치시키면 손바닥이 향하는 방향(힘의 방향)은 B이다.

1 ④ **2** ③ **3** ② **4** B

1 오른손의 엄지손가락을 전류의 방향인 위쪽으로 향하고 도선을 감아쥘 때 네 손가락이 가리키는 방향이 자기장의 방향이다. 그림에서 나침반 자침의 N극이 가리키는 방향을 이어서 그린 곡선의 방향이 자기장의 방향과 같은 것을 찾으면 된다.

2 원형 도선의 왼쪽 부분에 흐르는 전류의 방향으로 오른손의 엄지손가락을 향하게 하면 시계 방향의 자기장이 생기고, 원형 도선의 오른쪽 부분에 흐르는 전류의 방향으로 오른손의 엄지손가락을 향하게 하면 시계 반대 방향의 자기장이 생긴다. 따라서 원형 도선의 가운데 부분에는 왼쪽과 오른쪽 도선에 의해 앞쪽으로 나오는 방향의 자기장이 생긴다.

3 코일의 앞쪽에서 뒤쪽으로 오른손의 네 손가락을 감아쥘 때 엄지손가락이 왼쪽을 향하므로 코일 내부에서 자기장의 방향은 왼쪽 방향이다. 따라서 자침의 N극은 왼쪽을 향한다.

4 코일의 오른쪽에서 자기장이 나와 왼쪽으로 들어간다. 코일의 뒤쪽에서 앞쪽으로 오른손의 네 손가락을 감아쥘 때 자기장의 방향이 오른쪽이므로 전류의 방향이 B임을 알 수 있다.

01 **오답 피하기** | ② 자기력선은 N극에서 나와 S극으로 들어간다.

02 자기력선은 N극에서 나와서 S극으로 들어간다. 따라서 자기력선이 들어가는 A와 B는 모두 S극이며, A와 B 사이에는 척력이 작용한다.

03 전류가 A에서 B 방향으로 흐르는 경우 도선 주위에 생기는 자기장에 의한 나침반의 자침의 방향은 그림과 같다. 따라서 나침반 자침의 변화가 거의 없는 것은 ⓒ이다.

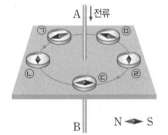

04 오른손의 엄지손가락을 전류의 방향으로 향하고 도선을 감아쥘 때 네 손가락이 감긴 방향이 자기장의 방향이다. 따라서 도선 아래에서 자기장의 방향은 동쪽이 되어 나침반 자침의 N극은 동쪽을 가리킨다.

05 직선 도선 주위에 생기는 자기장의 세기는 전류의 세기가 셀수록, 도선에 가까울수록 세다. 이 경우 전류의 세기가 일정하므로 도선에 가장 가까운 A에서 자기장의 세기가 가장 세고, 가장 먼 C에서 가장 약하다.

06 원형 도선에 화살표 방향으로 전류가 흐를 때 왼쪽 도선 주위에는 시계 반대 방향의 자기장이 생기고, 오른쪽 도선 주위에는 시계 방향의 자기장이 생긴다. 따라서 A의 N극은 앞쪽을, B의 N극은 뒤쪽을, C의 N극은 앞쪽을 향하므로 N극이 가리키는 방향이 같은 나침반은 A와 C이다.

07 ㄱ. 자기장의 세기는 전류의 세기가 셀수록, 코일을 촘촘하게 감을수록 세다.

ㄴ. 전류의 방향을 바꾸면 전류가 흐르는 코일에 의해 생기는 자기장의 방향도 바뀐다.

ㄷ. 코일 속에 철심을 넣으면 철심이 자석이 되므로 더 센 자기장이 생긴다.

오답 피하기 | ㄹ. 코일 주위에는 막대자석 주위와 비슷한 모양의 자기장이 생기며, 코일 내부에는 세기와 방향이 일정한 자기장이 직선 모양으로 생긴다.

08 전류가 흐르는 방향과 일치하도록 오른손의 네 손가락을 감아쥐면 엄지손가락이 가리키는 방향은 왼쪽이며, 이 방향이 자기장의 방향(N극의 방향)이다. 따라서 이 코일의 왼쪽에 나침반을 놓게 되면 나침반 자침의 N극은 왼쪽을 가리킨다.

09 전류가 흐르는 방향으로 오른손의 네 손가락을 감아쥘 때 엄지손가락이 가리키는 방향이 자기장의 방향(N극의 방향)이며, 자기장은 코일의 N극 쪽에서 나와 S극 쪽으로 들어가는 형태로 생긴다.

①, ②는 코일의 왼쪽이 N극이므로 자기장이 왼쪽에서 나와 오른쪽으로 들어가는 모습이어야 하고, ③, ④, ⑤는 코일의 오른쪽이 N극이므로 자기장이 오른쪽에서 나와 왼쪽으로 들어가는 모습이어야 한다.

10 오른손의 엄지손가락을 전류의 방향으로 향하고, 네 손가락을 자기장의 방향으로 향할 때 손바닥이 향하는 방향이 도선이 받는 힘의 방향이다. 따라서 오른손을 이용하여 세 방향을 옳게 나타낸 것을 고르면 ③이다.

11 자기장에서 전류가 흐르는 도선은 자기력을 받아 움직이는데, 전류가 종이면에서 나오는 방향이고 자기장이 오른쪽 방향이므로 자기력은 위쪽으로 작용한다.

12 ③ 전류의 세기가 같을 때 자기장의 방향과 전류의 방향이 수직이면 도선은 가장 큰 힘을 받는다.
오답 피하기 | ①, ② 자기장의 방향과 전류의 방향이 나란하면 도선은 힘을 받지 않는다.

13 오른손의 엄지손가락을 전류의 방향, 네 손가락을 자기장의 방향으로 향하게 할 때 손바닥이 향하는 방향인 오른쪽 방향이 힘의 방향이다. 따라서 알루미늄 막대는 오른쪽으로 움직인다.

14 ㄱ. 자석을 더 센 것으로 바꾸면 자기장의 세기가 세지므로 알루미늄 막대가 받는 힘의 크기가 커진다. 그러나 힘의 방향은 바뀌지 않으므로 알루미늄 막대는 오른쪽으로 움직인다.

ㄷ. 니크롬선의 집게를 b 쪽으로 움직이면 회로에 걸리는 저항이 커지므로 전류의 세기가 약해진다. 따라서 알루미늄 막대가 받는 힘의 크기는 작아지지만 힘의 방향은 바뀌지 않으므로 알루미늄 막대는 오른쪽으로 움직인다.

오답 피하기 | ㄴ, ㄹ. 자석의 극을 바꾸면 자기장의 방향이 바뀌고,

전원 장치의 단자를 반대로 연결하면 전류의 방향이 반대로 바뀌므로 힘을 받는 방향이 바뀌어 알루미늄 막대가 움직이는 방향이 바뀐다.

15 오른손의 엄지손가락을 전류의 방향, 네 손가락을 자기장의 방향으로 향하게 할 때 손바닥이 향하는 방향이 도선이 받는 힘의 방향이다. 따라서 (가)와 (라)는 오른쪽 방향으로 힘을 받고, (나)와 (다)는 왼쪽 방향으로 힘을 받는다.

16 전류가 (+)극에서 (−)극 쪽으로 흐르고, 자기장이 N극에서 S극 쪽으로 형성되므로 오른손을 이용하여 힘의 방향을 찾아보면 힘의 방향이 위쪽임을 알 수 있다. 따라서 알루미늄 박은 위쪽으로 움직인다.

17 ④ 코일이 90° 회전하는 순간 정류자가 코일에 흐르는 전류를 차단하여 코일에 흐르는 전류의 방향을 바꾸어 주기 때문에 코일이 한 방향으로 계속 회전할 수 있는 것이다.

오답 피하기 | ①, ②, ③ 오른손의 엄지손가락을 전류의 방향, 네 손가락을 자기장의 방향으로 향하게 할 때 손바닥이 향하는 방향이 도선이 받는 힘의 방향이다. 따라서 AB 부분은 위쪽으로 힘을 받고 CD 부분은 아래쪽으로 힘을 받아 코일은 시계 방향으로 회전한다. 이때 자기장의 방향과 나란한 BC 부분은 힘을 받지 않는다. ⑤ 코일이 90° 회전하면 정류자와 브러시가 연결되지 않아 코일에 전류가 흐르지 않는다. 그러나 코일은 관성에 의해 계속 같은 방향으로 회전한다.

18 ㄴ, ㄷ. 코일에 흐르는 전류의 세기를 세게 할수록, 더 센 자석을 사용하여 자기장의 세기가 셀수록 코일이 받는 힘의 크기가 커져 코일이 더 빠르게 회전한다.

오답 피하기 | ㄱ. 코일에 흐르는 전류의 방향이 바뀌면 코일이 받는 힘의 방향이 바뀌므로 코일의 회전 방향이 반대로 바뀐다. 그러나 힘의 크기는 변하지 않으므로 코일의 회전 속력은 그대로이다.

실력의 완성! 서술형 문제 　　　　개념 학습 교재 82쪽

1 **모범 답안** 오른손의 네 손가락을 오른쪽을 향하도록 하여 도선을 감아쥘 때 엄지손가락이 가리키는 방향인 위쪽이 직선 도선에 흐르는 전류의 방향이다.

채점 기준	배점
전류의 방향을 찾는 방법을 제시된 단어를 모두 포함하여 옳게 서술한 경우	100 %
위쪽이라고만 쓴 경우	30 %

1-1 **답** 왼쪽

2 **모범 답안** (다)−(나)−(가), 코일 주위에 생기는 자기장의 세기는 코일에 흐르는 전류의 세기가 셀수록, 코일의 감은 수가 많을수록 세기 때문이다.

채점 기준	배점
자기장의 세기가 큰 순서대로 쓰고, 그 까닭을 옳게 서술한 경우	100 %
자기장의 세기가 큰 순서만 옳게 쓴 경우	50 %

3 (1) 전자석 위쪽에 생긴 자기장의 방향이 왼쪽이 되려면 전자석의 오른쪽이 N극이 되어야 한다. 오른손의 엄지손가락이 오른쪽을 가리키도록 하여 코일을 감아쥐면 전류의 방향이 A에서 나와 B로 들어가야 하므로 A가 (+)극임을 알 수 있다.
(2) 전류의 방향이 반대가 되면 전자석의 왼쪽이 N극이 되므로 전자석 위쪽의 자기장의 방향이 반대로 바뀐다.

모범 답안 (1) A, 전자석의 오른쪽에서 자기장이 나와 왼쪽으로 들어가는 방향이다.
(2) 전류의 방향을 반대로 바꾼다.

	채점 기준	배점
(1)	A를 쓰고, 전자석의 자기장 방향을 옳게 서술한 경우	50 %
	A만 쓴 경우	20 %
(2)	전류의 방향을 바꾸거나 반대로 한다고 서술한 경우	50 %

4 도선이 받는 힘의 크기는 전류의 세기가 셀수록, 자기장의 세기가 셀수록 크다. 전류의 세기는 전압에 비례하고, 저항에 반비례하므로 전압은 크게 하고, 저항은 작게 하면 전류의 세기를 증가시킬 수 있다. 따라서 전원 장치의 전압을 높이거나 회로에 연결된 저항이 작아지도록 니크롬선에 연결된 집게를 a 쪽으로 옮기면 도선에 흐르는 전류가 세져 힘의 크기가 커진다. 그리고 자기장의 세기는 말굽자석을 더 센 것으로 바꾸면 세진다.

모범 답안 전원 장치의 전압을 높인다. 니크롬선의 집게를 a 쪽으로 옮긴다. 말굽자석을 더 센 것으로 바꾼다.

채점 기준	배점
3가지 방법 모두 옳게 서술한 경우	100 %
방법 1가지당	30 %

단원 정리하기
개념 학습 교재 83쪽

1 ❶ 마찰 전기 ❷ (+) ❸ (−) ❹ 대전 ❺ 대전체 ❻ 전기력 ❼ 인력 ❽ 척력

2 ❶ 정전기 유도 ❷ 다른 ❸ 같은 ❹ 검전기 ❺ 다른 ❻ 같은

3 ❶ 전하 ❷ (+) ❸ (−) ❹ (−) ❺ (+) ❻ 전류계 ❼ 전압계 ❽ 직렬 ❾ 병렬

4 ❶ 전기 저항 ❷ 길이 ❸ 굵기

5 ❶ 전류 ❷ 길어 ❸ 전압 ❹ 굵어

6 ❶ 자기장 ❷ 엄지손가락 ❸ 네 손가락 ❹ 네 손가락 ❺ 엄지손가락 ❻ 전자석

7 ❶ 엄지손가락 ❷ 자기장 ❸ 힘 ❹ 전동기

단원 평가하기
개념 학습 교재 84~87쪽

01 ② **02** 명주, 고무, 플라스틱 **03** ④ **04** ④ **05** (가) 금속판: (+)전하, 금속박: (−)전하, (나) 금속판: (−)전하, 금속박: (−)전하
06 D−C−A−B **07** ③ **08** ㄴ, ㄷ **09** ⑤ **10** ④ **11** ③
12 ⑤ **13** ①, ④ **14** ④ **15** ③ **16** ④ **17** ② **18** ② **19** ①
20 해설 참조 **21** 해설 참조

01 ① 마찰에 의해 발생한 전기는 다른 곳으로 흐르지 않고 발생된 자리에 머물러 있어 정전기라고도 한다.
③ 마찰 전기는 마찰 과정에서 한 물체에서 다른 물체로 전자가 이동하기 때문에 생긴다.
④, ⑤ 전자를 잃은 물체는 (−)전하의 양이 (+)전하의 양보다 적어 (+)전하를 띠고, 전자를 얻은 물체는 (−)전하의 양이 (+)전하의 양보다 많아 (−)전하를 띤다.
오답 피하기| ② 서로 같은 물체를 마찰한 경우 전자가 이동하지 않으므로 두 물체에는 마찰 전기가 발생하지 않는다.

02 마찰 과정에서 전자가 A에서 B로 이동하였으므로 마찰 후 A는 (+)전하로 대전되고, B는 (−)전하로 대전된다. 따라서 A가 유리라면 B는 A보다 전자를 얻기 쉬운 명주, 고무, 플라스틱이다.

03 대전되는 순서에서 (+) 쪽에 있는 물체일수록 (+)전하로 대전되고, (−) 쪽에 있는 물체일수록 (−)전하로 대전된다.
① 유리 막대는 털가죽보다 (−) 쪽에 있으므로 (−)전하로 대전된다.
② 고무풍선은 명주 헝겊보다 (−) 쪽에 있으므로 (−)전하로 대전된다.
③ 플라스틱 막대는 털가죽보다 (−) 쪽에 있으므로 (−)전하로 대전된다.
⑤ 플라스틱 막대는 명주 헝겊보다 (−) 쪽에 있으므로 (−)전하로 대전된다.
오답 피하기| ④ 고무풍선은 플라스틱 막대보다 (+) 쪽에 있으므로 (+)전하로 대전된다.

04 ㄱ, ㄴ. (가)에서 A에 있던 전자가 (+)전하로 대전된 막대와의 인력에 의해 B로 이동하므로, (나)에서 A는 (+)전하로, B는 (−)전하로 대전된다.
오답 피하기| ㄷ. (나)에서 A와 B가 다른 종류의 전하를 띠므로 A와 B 사이에는 인력이 작용한다.

05 (가)와 같이 (−)전하로 대전된 물체를 검전기에 가까이 하면 정전기 유도에 의해 금속판은 (+)전하로, 금속박은 (−)전하로 대전된다. 그러나 (나)와 같이 (−)전하로 대전된 물체를 접촉하면 물체에서 검전기로 전자가 이동하여 검전기의 금속판과 금속박은 모두 (−)전하로 대전된다.

06 **자료 분석**

	전자를 얻기 쉬운 물체	전자를 잃기 쉬운 물체
마찰한 물체	(−)전하를 띤 물체	(+)전하를 띤 물체
A와 B	B	A (+) A−B (−)
A와 C	A	C (+) C−A (−)
B와 C	B	C (+) C−B (−)
C와 D	C	D (+) D−C (−)

전자를 잃기 쉬운 것부터 차례로 쓰면 (+) D−C−A−B (−)이다.

두 물체를 마찰할 때 전자를 잃은 물체는 (+)전하로 대전되고, 전자를 얻은 물체는 (−)전하로 대전된다. 따라서 전자를 가장 잃기 쉬운 물체는 D이고, 전자를 가장 얻기 쉬운 물체는 B이다.

07 ③ 전류가 흐를 때 전자는 전지의 (−)극 쪽에서 (+)극 쪽으로 이동하므로 A 쪽에 (−)극이 연결되어 있다.
오답 피하기| ① 전류의 방향은 전자의 이동 방향과 반대이므로 B → A이다.
②, ⑤ 전자가 한쪽 방향으로 움직이므로 전류가 흐를 때의 모형을 나타낸다.
④ 전류가 흐를 때 원자는 이동하지 않는다.

08 ㄴ. 그림의 전기 기구는 전류계이므로 회로에 직렬로 연결해야 한다.
ㄷ. 전류계를 회로에 연결할 때 (+)단자는 전지의 (+)극 쪽에 연결하고, (−)단자는 전지의 (−)극 쪽에 연결해야 한다.
오답 피하기| ㄱ. (−)단자가 500 mA에 연결되어 있으므로 전류의 최댓값이 500 mA에 해당하는 부분의 눈금을 읽으면 300 mA이다.

09 전기 저항은 도선의 길이가 짧을수록, 도선의 굵기가 굵을수록 작다. 따라서 길이가 가장 짧고 굵기가 가장 굵은 ⑤의 전기 저항이 가장 작다.

10 ㄱ, ㄴ. 전압−전류 그래프의 기울기 $= \dfrac{전압}{전류} =$ 저항이므로 기울기가 큰 A의 저항이 B보다 크다.
ㄷ. 도선의 굵기가 같을 때 저항은 도선의 길이에 비례한다. A의 저항이 B의 2배이므로 A의 길이가 B의 2배이다.

오답 피하기| ㄹ. 전압이 일정할 때 전류의 세기는 저항에 반비례한다. 따라서 같은 크기의 전압을 걸어 주면 저항이 큰 A에 흐르는 전류의 세기가 더 약하다.

11 전류계와 전압계의 눈금을 읽을 때는 연결된 (−)단자에 해당하는 눈금을 읽는다. 전류계의 (−)단자가 500 mA에 연결되어 있으므로 흐르는 전류는 50 mA=0.05 A이고, 전압계의 (−)단자가 3 V에 연결되어 있으므로 걸리는 전압은 0.6 V이다. 따라서 니크롬선의 저항은 $\dfrac{0.6\ \text{V}}{0.05\ \text{A}}=12\ \Omega$이다.

12 저항을 병렬연결하면 각 저항에 걸리는 전압은 전체 전압과 같고, 각 저항에 흐르는 전류는 저항에 반비례한다. 따라서 각 저항에 걸리는 전압의 비는 1 : 1 : 1이고, 각 저항에 흐르는 전류의 비는 $\dfrac{1}{2\ \Omega} : \dfrac{1}{4\ \Omega} : \dfrac{1}{6\ \Omega}=6 : 3 : 2$이다.

13 ①, ④ 가정에서 사용하는 전기 기구들이 모두 직렬로 연결되어 있는 경우 한 개의 전기 기구를 끄면 다른 전기 기구도 사용할 수 없으며, 각 전기 기구에 걸리는 전압이 다르므로 제대로 작동하지 않는다.
오답 피하기| ②, ③ 전등을 끄면 다른 전기 기구에 전류가 흐르지 않아 전기 기구가 작동하지 않는다. 따라서 전압도 걸리지 않는다. ⑤ 직렬로 연결된 전기 기구가 많을수록 전체 저항이 커지므로 각 전기 기구에 흐르는 전류의 세기는 약해져 제대로 작동하지 않는다.

14

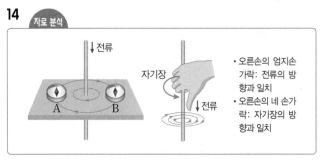

자료 분석

· 오른손의 엄지손가락: 전류의 방향과 일치
· 오른손의 네 손가락: 자기장의 방향과 일치

전류가 위에서 아래로 흐르므로 도선을 중심으로 시계 방향으로 자기장이 생긴다. 따라서 나침반 A의 N극은 뒤쪽, B의 N극은 앞쪽을 가리킨다.

15 두 도선의 가운데에서 자기장의 방향이 남쪽이 되려면 A에 의한 자기장은 시계 방향이 되어야 하고 B에 의한 자기장은 시계 반대 방향이 되어야 한다. 직선 도선 주위에 생기는 자기장의 방향으로 오른손의 네 손가락을 감아쥐면 A에는 아래쪽 방향, B에는 위쪽 방향으로 전류가 흐름을 알 수 있다.

16 **오답 피하기**| ④ 자기장은 중간에 끊어지거나 새로 생기지 않으므로 코일 외부에 생기는 자기장은 코일 내부의 자기장과 고리 형태를 이룬다. 따라서 코일에 전류가 흐르면 코일 외부와 내부에 모두 자기장이 생긴다.

17 오른손의 엄지손가락을 전류의 방향, 네 손가락을 자기장의 방향(N극 → S극)으로 향하게 할 때 손바닥이 향하는 방향인 a 방

향이 코일이 받는 힘의 방향이다.

18 오른손의 네 손가락을 코일에 흐르는 전류의 방향으로 하여 코일을 감아쥘 때 엄지손가락이 왼쪽을 향하므로 코일의 오른쪽은 S극이 된다. 따라서 직선 도선이 있는 곳에서 자기장의 방향은 ㉠ 방향이고 위쪽으로 전류가 흐르므로 직선 도선이 받는 힘의 방향은 ㉡ 방향이다.

19

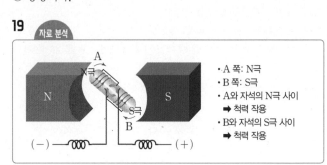

자료 분석

· A 쪽: N극
· B 쪽: S극
· A와 자석의 N극 사이 ➡ 척력 작용
· B와 자석의 S극 사이 ➡ 척력 작용

전류가 흐르는 전자석의 A 쪽은 N극, B 쪽은 S극이 되므로 전자석과 자석 사이에는 척력이 작용한다. 따라서 전자석은 시계 방향으로 회전한다.

20 **모범 답안** (1) (+)전하, 두 물체를 마찰할 때 (+) 쪽에 가까운 물체는 전자를 잃기 쉬워 (+)전하로 대전된다.
(2) 정전기 유도에 의해 (+)전하를 띤 유리 막대와 가까운 A 부분은 (−)전하로 대전되고, 먼 B 부분은 (+)전하로 대전되므로 고무풍선에는 척력이 작용하여 오른쪽으로 움직인다.

	채점 기준	배점
(1)	유리 막대가 띠는 전하의 종류와 그 까닭을 옳게 서술한 경우	50 %
	유리 막대가 띠는 전하의 종류가 (+)전하라고만 쓴 경우	20 %
(2)	고무풍선이 받는 힘의 방향을 A, B 부분이 띠는 전하의 종류를 이용하여 옳게 서술한 경우	50 %
	고무풍선은 척력을 받는다고만 서술한 경우	30 %

21 **모범 답안** (1) BC 구간, 전류의 방향이 자기장의 방향과 나란하기 때문이다.
(2) 코일이 반 바퀴 회전할 때마다 코일에 흐르는 전류를 순간적으로 차단하여 전류의 방향을 바꾸어 주는 역할을 한다.

	채점 기준	배점
(1)	힘을 받지 않는 구간과 그 까닭을 옳게 서술한 경우	50 %
	BC 구간이라고만 쓴 경우	20 %
(2)	정류자의 역할을 전류의 흐름과 관련지어 옳게 서술한 경우	50 %
	전류를 차단한다고만 쓴 경우	20 %

Ⅲ 태양계 >>>

01 지구의 크기와 운동

1 (1) ○ (2) ○ (3) × (4) × (5) ○   **2** ㉠ 7.2°, ㉡ 925 km   **3** ㉠ 서쪽,
㉡ 동쪽, ㉢ 1일   **4** (1) ○ (2) × (3) × (4) ○   **5** (1) 남쪽 (2) 동쪽
6 (1) 북극성 (2) 30° (3) B   **7** (1) 자 (2) 공 (3) 자 (4) 공   **8** ㉠ 황도, ㉡
황도 12궁

1 (5) 지구는 완전한 구형이 아니며, 두 지점 사이의 거리 측정값
이 정확하지 않았기 때문에 에라토스테네스가 구한 지구의 둘레는
실제 지구 둘레보다 약 15 % 크게 측정되었다.
오답 피하기 | (3) 알렉산드리아와 시에네 사이의 중심각의 크기를 구
하기 위해 엇각으로 같은 알렉산드리아에 세운 막대와 막대의 그
림자 끝이 이루는 각을 측정하였다.
(4) 알렉산드리아와 시에네 사이의 거리를 측정하였다.

2 원에서 호의 길이는 중심각의 크기에 비례한다는 원리를 이용
하였다. 에라토스테네스가 측정한 알렉산드리아와 시에네 사이의
중심각의 크기는 7.2°이고, 호의 길이에 해당하는 두 지역 사이의
거리는 925 km이므로, $360° : 2\pi R = 7.2° : 925$ km이다.

3 지구는 자전축을 중심으로 하루에 한 바퀴씩 서쪽에서 동쪽으
로 도는 운동을 하는데, 이것을 지구의 자전이라고 한다.

4 **오답 피하기** | (2) 달의 일주 운동은 지구가 자전하기 때문에 나
타나는 겉보기 운동이다.
(3) 북쪽 하늘의 별들은 북극성을 중심으로 하루에 한 바퀴씩 시계
반대 방향으로 일주 운동을 한다.

5 (1) 별들이 지평선과 거의 나란하게 일주 운동을 하였으므로
남쪽 하늘의 모습이다.
(2) 별들이 왼쪽 아래에서 오른쪽 위로 비스듬하게 일주 운동을 하
였으므로 동쪽 하늘의 모습이다.

6 (1) 북쪽 하늘에서 별들의 일주 운동 중심에 있는 별은 북극성
이다.
(2), (3) 별들은 북극성을 중심으로 1시간에 15°씩 시계 반대 방향으
로 일주 운동을 하므로, 별들의 일주 운동 방향은 B이고, θ는 30°
이다.

7 태양, 달, 별의 일주 운동, 낮과 밤의 반복은 지구의 자전에
의해 나타나는 현상이고, 태양과 별의 연주 운동, 별자리의 계절
변화는 지구의 공전에 의해 나타나는 현상이다.

8 태양은 황도를 따라 하루에 약 1°씩 서쪽에서 동쪽으로 이동
하여 1년 후 제자리로 되돌아온다.

Ⓐ ㉠ 구형, ㉡ ∠BB′C(θ'), ㉢ l
1 (1) ○ (2) × (3) × (4) ○ (5) ○   **2** ②, ③
Ⓑ ㉠ 서, ㉡ 동, ㉢ 동, ㉣ 서
1 (1) × (2) ○ (3) × (4) ×   **2** (다) → (가) → (나)

Ⓐ

1 **오답 피하기** | (2) 막대 AA′와 BB′는 경도는 같고 위도는 다른
곳에 세운다.
(3) 막대 AA′는 그림자가 생기지 않도록 하고, 막대 BB′는 그림
자가 지구 모형을 벗어나지 않도록 한다.

2 원에서 중심각의 크기는 호의 길이에 비례한다는 원리를 이용
하므로, 중심각의 크기와 호의 길이를 알아야 한다. 막대 AA′와
BB′ 사이의 중심각의 크기는 직접 측정할 수 없으므로 엇각으로
같은 ∠BB′C를 대신 측정한다.

Ⓑ

1 **오답 피하기** | (1) 매일 같은 시각에 별자리를 관측하면 별자리의
위치는 점차 서쪽으로 이동한다.
(3) 태양의 연주 운동 방향은 서쪽에서 동쪽이고, 별자리의 연주 운
동 방향은 동쪽에서 서쪽이다.
(4) 태양과 별자리의 연주 운동은 지구가 공전하기 때문에 나타나
는 겉보기 현상이다.

2 별자리는 태양을 기준으로 동쪽에서 서쪽으로 하루에 약 1°씩
이동한다.

1 ❶ 4.1° ❷ 452 km ❸ 4.1° : 452 km=360° : $2\pi R$ ❹ 약 39688 km
❺ 약 6615 km
2 ❶ 30° ❷ 6 cm ❸ 30° : 6 cm=360° : $2\pi R$ ❹ 72 cm ❺ 12 cm

1 ❶ 서울의 위도는 37.6°N이고, 우도의 위도는 33.5°N이므
로, 서울과 우도의 위도 차이는 37.6°N−33.5°N=4.1°이다.
❸ 원의 성질에서 중심각의 크기는 대응하는 호의 길이에 비례하
므로, 4.1° : 452 km=360° : $2\pi R$ 또는 4.1° : 360°=452 km
: $2\pi R$이 성립한다.
❹ 비례식으로부터 $2\pi R = \dfrac{360° \times 452 \text{ km}}{4.1°} ≒ 39688$ km이므로,
지구의 둘레는 약 39688 km이다.
❺ $2\pi R ≒ 39688$ km에서 $R ≒ \dfrac{39688 \text{ km}}{2 \times 3} ≒ 6615$ km이므로,
지구의 반지름(R)은 약 6615 km이다.

2 **❶** A 지점의 위도는 50°N이고, B 지점의 위도는 20°N이므로, 두 지점의 위도 차는 50°N−20°N=30°이다.

❸ 원의 성질에서 중심각의 크기는 대응하는 호의 길이에 비례하므로, 30° : 6 cm=360° : $2\pi R$ 또는 30° : 360°=6 cm : $2\pi R$이 성립한다.

❹ 비례식으로부터 $2\pi R = \dfrac{360° \times 6 \text{ cm}}{30°} = 72 \text{ cm}$이므로, 지구 모형의 둘레는 72 cm이다.

❺ $2\pi R = 72 \text{ cm}$에서 $R = \dfrac{72 \text{ cm}}{2 \times 3} = 12 \text{ cm}$이므로, 지구 모형의 반지름($R$)은 12 cm이다.

Beyond **특강** 개념 학습 교재 97쪽

1 서쪽 하늘, ＼ **2** ⑤

1 별들이 왼쪽 위에서 오른쪽 아래로 비스듬히 이동하는 모습이므로 서쪽 하늘의 일주 운동 모습이다.

2 북쪽 하늘에서 별들은 북극성을 중심으로 1시간에 15°씩 시계 반대 방향으로 일주 운동을 하므로, 5시간 동안 노출시켜 촬영한 사진에는 별들이 시계 반대 방향으로 75°만큼 이동하였다.

실력을 키워! **내신 잡기** 개념 학습 교재 98~100쪽

01 ① **02** ① **03** B, C **04** ④ **05** ② **06** ③ **07** ② **08** ②
09 ③ **10** ④ **11** 남서쪽 **12** ③ **13** ⑤ **14** ③ **15** ⑤ **16** ③
17 ④ **18** 3월, 사자자리

01 원의 성질을 이용하기 위해 지구는 완전한 구형이라는 가정을 하였고, 중심각의 크기를 엇각으로 구하기 위해 지구로 들어오는 햇빛은 평행하다는 가정을 하였다.

02 ② 에라토스테네스는 하짓날 정오에 시에네의 우물에는 햇빛이 수직으로 비추고, 알렉산드리아에는 수직으로 세운 막대에 그림자가 생기는 것을 보고 지구의 크기를 구하였다.
③ 원의 성질을 이용하여 지구의 크기를 구할 때 호의 길이에 해당하는 것은 알렉산드리아와 시에네 사이의 거리이므로, 두 지역 사이의 거리를 직접 측정하였다.
④ 태양은 지구에서 매우 멀리 떨어져 있기 때문에 지구로 입사하는 햇빛은 거의 평행하다.
⑤ 시에네와 알렉산드리아 사이의 중심각의 크기는 직접 측정할 수 없으므로, 엇각으로 같은 알렉산드리아에 세운 막대와 막대 그림자 끝이 이루는 각을 측정하였다.

오답 피하기| ① 알렉산드리아는 시에네에서 북쪽으로 약 925 km 떨어진 곳에 위치한다.

03 원의 성질과 엇각의 원리를 이용하기 위해 경도는 같고 위도가 다른 두 지역을 선택해야 한다. 따라서 B와 C 지역을 이용하여 지구의 크기를 구할 수 있다.

04 ① 원의 성질을 이용하기 위해 지구 모형은 완전한 구형이라고 가정한다.
② 막대 AA′와 BB′는 경도는 같고, 위도는 다른 곳에 세운다.
③ 막대 AA′와 BB′는 모두 지구 모형에 수직으로 세운다.
⑤ 막대 AA′는 그림자가 생기지 않도록 하고, BB′는 그림자가 지구 모형을 벗어나지 않도록 한다.
오답 피하기| ④ 중심각의 크기 θ는 직접 측정할 수 없으므로 엇각으로 같은 ∠BB′C(θ′)를 측정하고, 호의 길이 l은 직접 줄자로 측정한다.

05 원에서 호의 길이는 중심각의 크기에 비례한다. 따라서 θ : l =360° : $2\pi R$ 또는 θ : 360°=l : $2\pi R$의 비례식을 세울 수 있다.

06 지구 모형의 크기를 구하기 위해서는 θ와 같은 ∠BB′C의 크기와 호 AB의 길이를 측정해야 한다. 원의 성질을 이용해 지구 모형의 반지름을 구하기 위한 비례식을 세우면 θ : l=360° : $2\pi R$이고, $R = \dfrac{360° \times l}{2\pi \times \theta}$이므로, $R = \dfrac{360° \times 10 \text{ cm}}{2 \times 3 \times 30°} = 20 \text{ cm}$이다.

07 ㄱ, ㄷ. 지구가 자전축을 중심으로 서쪽에서 동쪽으로 하루에 한 바퀴씩 회전하는 현상을 지구의 자전이라고 한다.
오답 피하기| ㄴ. 지구의 자전 방향은 시계 반대 방향이다.
ㄹ. 지구가 자전하기 때문에 태양은 동쪽에서 떠서 서쪽으로 지는 일주 운동을 한다.

08 ① 지구가 자전하면서 태양을 향하는 쪽은 낮이 되고, 태양의 반대편을 향하는 쪽은 밤이 된다.
③ 지구가 서쪽에서 동쪽으로 자전하기 때문에 동쪽으로 갈수록 해가 뜨는 시각이 빨라진다.
④ 하루 동안 태양이 동쪽에서 떠서 서쪽으로 지는 일주 운동을 하는 것은 지구가 서쪽에서 동쪽으로 자전하기 때문에 나타나는 겉보기 운동이다.
⑤ 지구의 자전축은 북극성을 향해 있는데, 지구가 자전축을 중심으로 시계 반대 방향으로 자전하므로 북쪽 하늘의 별들은 북극성을 중심으로 시계 반대 방향으로 회전하는 것처럼 보인다.
오답 피하기| ② 달의 모양이 매일 달라지는 것은 달이 지구 주위를 공전하기 때문이다.

09 지구는 자전축을 중심으로 서쪽에서 동쪽으로 하루에 한 바퀴씩 자전을 하고, 지구가 자전하기 때문에 별들은 동쪽에서 서쪽으로 하루에 한 바퀴씩 일주 운동하는 것으로 관측된다.

10 ④ 우리나라의 동쪽 하늘에서는 별들이 왼쪽 아래에서 오른쪽 위를 향해 비스듬히 떠오른다.

오답 피하기| ① 별들이 왼쪽에서 오른쪽으로 이동하는 것은 남쪽 하늘의 일주 운동 모습이다.

② 별들이 동심원 모양으로 시계 반대 방향으로 회전하는 것은 북쪽 하늘의 일주 운동 모습이다.

③ 별들이 왼쪽 위에서 오른쪽 아래로 비스듬히 지는 것은 서쪽 하늘의 일주 운동 모습이다.

⑤ 별들이 오른쪽 위에서 왼쪽 아래로 비스듬히 지는 것은 우리나라에서 볼 수 없는 모습이다.

11 별들은 동쪽에서 서쪽으로 1시간에 15°씩 이동하므로, 4시간 후에는 서쪽으로 60° 이동한 곳에서 관측된다.

12 ①, ④ 북두칠성은 북극성을 중심으로 시계 반대 방향으로 일주 운동을 한다. 따라서 북두칠성의 일주 운동 방향은 A → B이며, 별 P는 북극성이다.

② 북두칠성은 북쪽 하늘의 별자리인 큰곰자리의 일부이다. 우리나라에서 북쪽 하늘의 별들의 일주 운동 경로는 동심원 형태로 나타난다.

⑤ 북두칠성이 북극성을 중심으로 하루에 한 바퀴 회전하는 겉보기 운동을 하는 것은 지구가 자전하기 때문이다.

오답 피하기| ③ 북두칠성은 북극성을 중심으로 1시간에 15°씩 시계 반대 방향으로 일주 운동을 한다. 북두칠성은 45° 이동하였으므로 3시간 동안 관측한 것이다.

13 ①, ③ 지구는 태양을 중심으로 1년에 한 바퀴씩 서쪽에서 동쪽으로 공전을 한다.

② 지구의 공전 방향은 자전 방향과 같은 시계 반대 방향(서쪽 → 동쪽)이다.

④ 지구가 공전하기 때문에 계절에 따라 지구에서 볼 수 있는 별자리가 달라진다.

오답 피하기| ⑤ 태양이 하루에 한 바퀴씩 동쪽에서 서쪽으로 이동하는 겉보기 운동은 태양의 일주 운동으로, 지구의 자전으로 인해 나타나는 현상이다.

14 지구는 태양을 중심으로 1년에 360°를 서쪽에서 동쪽으로 공전한다. 따라서 공전 속도는 약 1°/일이다.

15 ㄴ. 별자리는 태양을 기준으로 하루에 약 1°씩 동쪽에서 서쪽으로 이동하므로 쌍둥이자리는 태양을 기준으로 동쪽에서 서쪽으로 이동하였다.

ㄷ. 태양은 별자리 사이를 하루에 약 1°씩 서쪽에서 동쪽으로 이동하므로 태양은 쌍둥이자리를 기준으로 서쪽에서 동쪽으로 이동하였다.

오답 피하기| ㄱ. 쌍둥이자리는 태양을 기준으로 동쪽에서 서쪽으로 이동하였으므로 관측 순서는 (다) → (가) → (나)이다. 따라서 가장 먼저 관측한 것은 (다)이다.

16 ① 태양의 연주 운동은 지구가 태양 주위를 공전하기 때문에 나타나는 겉보기 현상이다.

② 태양의 연주 운동 속도는 지구의 공전 속도와 같은 약 1°/일이다.

④ 태양이 별자리 사이를 매일 약 1°씩 이동하여 1년 후 제자리로 되돌아오는 운동을 태양의 연주 운동이라고 한다.

⑤ 태양이 연주 운동을 하면서 별자리 사이를 지나가는 길을 황도라 하고, 황도 부근에 위치한 12개의 별자리를 황도 12궁이라고 한다. 황도는 지구의 공전 궤도면과 일치한다.

오답 피하기| ③ 태양의 연주 운동 방향은 지구의 공전 방향과 같은 서쪽에서 동쪽(시계 반대 방향)이다.

17 황도는 별자리 사이를 태양이 지나는 길로, 황도 12궁에 해당하는 월에 태양이 위치한다. 따라서 5월에 태양은 양자리 방향에 위치하고, 지구는 반대 방향인 천칭자리 방향에 위치하여 한밤중에 남쪽 하늘에서 천칭자리를 볼 수 있다. 이처럼 계절에 따라 볼 수 있는 별자리가 달라지는 것은 지구가 태양 주위를 1년을 주기로 공전하기 때문이다.

오답 피하기| ④ 12월에 태양은 전갈자리 부근에 위치하며, 한밤중에 남쪽 하늘에서 황소자리를 볼 수 있다.

18 태양은 3월에 물병자리 부근에 위치하며, 이날 한밤중에는 남쪽 하늘에서 태양의 반대 방향에 위치한 사자자리를 볼 수 있다.

실력의 완성! **서술형 문제** 개념 학습 교재 101쪽

1 원의 성질을 이용하면 $360° : 2\pi R = 7.2° : 925\,\mathrm{km}$의 관계가 성립한다.

모범 답안 (1) 원에서 호의 길이는 중심각의 크기에 비례한다. 평행한 두 직선에서 엇각의 크기는 같다.

(2) $R = \dfrac{360° \times 925\,\mathrm{km}}{2\pi \times 7.2°}$, 약 7708 km

(3) 지구는 완전한 구형이 아니다. 알렉산드리아와 시에네 사이의 거리 측정값이 정확하지 않았다.

	채점 기준	배점
(1)	원의 성질과 엇각의 원리를 모두 옳게 서술한 경우	30 %
	원의 성질과 엇각의 원리 중 1가지만 서술한 경우	15 %
(2)	식을 옳게 쓰고, 반지름을 옳게 구한 경우	40 %
	식과 반지름 중 1가지만 옳은 경우	20 %
(3)	오차 원인 2가지를 옳게 서술한 경우	30 %
	오차 원인 1가지만 옳게 서술한 경우	15 %

1-1 에라토스테네스는 원의 성질과 엇각의 원리를 이용하기 위해 지구는 완전한 구형이며, 지구로 들어오는 햇빛은 평행하다는 가정이 필요하였다.

모범 답안 지구는 완전한 구형이며, 햇빛은 지구에 평행하게 들어온다.

2 모범**답안** 지구가 자전축을 중심으로 하루에 한 바퀴 자전하기 때문에 별들은 북극성을 중심으로 1시간에 15°씩 시계 반대 방향으로 회전하는 것으로 나타난다.

채점 기준	배점
제시된 용어 3개를 모두 포함하여 옳게 서술한 경우	100 %
제시된 용어 중 2개만 포함하여 서술한 경우	70 %
제시된 용어 중 1개만 포함하여 서술한 경우	40 %

3 모범**답안** 지구가 태양 주위를 서쪽에서 동쪽으로 공전하기 때문에 별자리는 태양을 기준으로 동쪽에서 서쪽으로 이동한다.

채점 기준	배점
까닭과 이동 방향을 모두 옳게 서술한 경우	100 %
까닭과 이동 방향 중 1가지만 서술한 경우	50 %

02 달의 크기와 운동

기초를 튼튼히! **개념 잡기** 개념 학습 교재 103, 105쪽

1 (1) × (2) ○ (3) ○ **2** ⊙ D, ⓒ l **3** (1) × (2) ○ (3) ○ **4** (1) 삭 (2) 상현달 (3) 망(보름달) (4) 하현달 **5** (1)—ⓒ (2)—ⓛ (3)—⊙ **6** ⊙ 서, ⓒ 동 **7** (1) × (2) ○ (3) × (4) × (5) ○ **8** A: 개기 일식, B: 부분 일식

1 **오답 피하기** (1) 서로 닮은꼴인 삼각형에서 대응변의 길이의 비는 같다는 원리를 이용하여 달의 크기를 구한다.

2 서로 닮은꼴의 삼각형에서는 대응변의 길이의 비가 같으므로, d는 D에 비례하고, l은 L에 비례한다.

3 **오답 피하기** (1) 달은 지구 주위를 약 한 달에 한 바퀴 공전한다.

4 태양 – 달 – 지구 순으로 일직선에 위치할 때는 삭, 달 – 지구 – 태양이 직각으로 위치할 때는 상현달과 하현달, 달 – 지구 – 태양 순으로 일직선에 위치할 때는 망이다.

5 해가 진 직후 초저녁에 초승달은 서쪽 하늘에서, 상현달은 남쪽 하늘에서, 보름달은 동쪽 하늘에서 관측된다.

6 지구가 자전하는 동안 달은 지구 주위를 서쪽에서 동쪽으로 공전하므로 매일 같은 시각에 관측한 달의 위치는 점차 동쪽으로 이동한다.

7 **오답 피하기** (1) 일식은 태양이 달에 의해 가려지는 현상이다.
(3) 일식은 태양 – 달 – 지구 순으로 일직선에 위치할 때, 월식은 태양 – 지구 – 달 순으로 일직선에 위치할 때 일어난다.
(4) 달 전체가 지구의 반그림자 속으로 들어갔을 때는 월식이 일어나지 않는다. 부분 월식은 달의 일부가 지구의 본그림자 속으로 들어갔을 때 일어난다.

8 달의 본그림자 지역에서는 개기 일식을 관측할 수 있고, 달의 반그림자 지역에서는 부분 일식을 관측할 수 있다.

과학적 사고로! **탐구하기** 개념 학습 교재 106쪽

A ⊙ 지름, ⓒ 거리, ⓒ l, ⓔ L
1 (1) ○ (2) × (3) × (4) ○ **2** ②

A

1 **오답 피하기** (2) 이 실험과 같은 방법으로 달의 크기를 구할 때 직접 측정해야 하는 값은 구멍의 지름, 눈과 종이 사이의 거리이다.
(3) 이 실험과 같은 방법으로 달의 크기를 구할 때 미리 알고 있어야 하는 값은 지구에서 달까지의 거리이다.

2 삼각형의 닮음비를 이용하여 비례식을 세우면 $d:D=l:L$이므로, 달의 지름(D)은 $D=\dfrac{d\times L}{l}$이다.

---

1 삭 **2** ④ **3** E, 망(보름달)

1 A와 같이 달이 태양과 같은 방향에 있을 때 달은 보이지 않는 삭이다.

2 ④ 달이 C에 위치할 때는 오른쪽 절반이 밝게 보이는 상현달이다.

오답 피하기 ① 왼쪽 절반이 밝게 보이는 하현달로, 달이 G에 위치할 때이다.
② 왼쪽 일부가 얇게 보이는 그믐달로, 달이 H에 위치할 때이다.
③ 오른쪽 일부가 얇게 보이는 초승달로, 달이 B에 위치할 때이다.
⑤ 달 전체가 둥글게 보이는 보름달로, 달이 E에 위치할 때이다.

3 달이 E에 있을 때는 달을 해가 진 후부터 해가 뜨기 전까지 볼 수 있으며, 위상은 망이다.

---

01 ④ **02** ②, ③ **03** ③ **04** ④ **05** 10 cm **06** ④ **07** ③
08 ③ **09** ② **10** E **11** ⑤ **12** ④ **13** 하늘 **14** ① **15** D
16 ① **17** ③ **18** ② **19** ⑤

01 눈에서 종이까지의 거리, 구멍의 지름은 직접 측정해야 하는 값이고, 지구에서 달까지의 거리는 미리 알고 있어야 하는 값이다.

02 삼각형의 닮음비를 이용하여 달의 크기를 구해야 하므로, 동전의 지름과 눈과 동전 사이의 거리는 직접 측정해야 하고, 지구에서 달까지의 거리는 미리 알고 있어야 한다.

03 닮은꼴의 삼각형에서 대응변의 길이는 서로 비례하므로, 비례식은 $l:d=L:D$ 또는 $d:D=l:L$로 세울 수 있다.

04 ㄱ. θ는 지구에서 달을 바라본 겉보기 지름인 시지름이고, D는 달의 지름이다.
ㄷ. 원의 성질을 이용해 비례식을 세우면 $\theta:360°=D:2\pi L$이다. 따라서 $D=\dfrac{\theta}{360°}\times 2\pi L$이다.
ㄹ. 지구에서 달까지의 거리는 미리 알고 있어야 하는 값이다.

오답 피하기 ㄴ. 시지름은 중심각에 해당하고, 달의 지름은 시지름에 대한 호의 길이에 해당하므로, 원의 성질을 이용하여 달의 지름을 구한다.

05 '구멍의 지름 : 달 사진의 지름=눈에서 종이까지의 거리: 눈에서 달 사진까지의 거리'이므로,
달 사진의 지름=$\dfrac{0.6\text{ cm}\times 500\text{ cm}}{30\text{ cm}}=10\text{ cm}$이다.

06 달은 지구 주위를 약 한 달에 한 바퀴, 즉 하루에 약 13°씩 서쪽에서 동쪽으로 공전한다.

07 달은 스스로 빛을 내지 못하고 태양 빛을 반사하는 부분이 밝게 보이는데, 달이 지구 주위를 공전하기 때문에 달의 위치에 따라 지구에서 보는 달의 모양이 변한다.

08 달은 음력으로 약 한 달을 주기로 삭 → 초승달 → 상현달 → 망 → 하현달 → 그믐달 순으로 위상이 변한다.

09 A는 삭, B는 초승달, C는 상현달, E는 망, G는 하현달, H는 그믐달이다.

10 해가 진 후에 동쪽 지평선 부근에서 볼 수 있는 달은 보름달이다. 보름달일 때 달의 위치는 E이다.

11 ① A 위치는 달이 보이지 않는 삭이다.
② B 위치에서 달은 오른쪽 절반이 밝게 보이는 상현달이다.
③ C 위치는 달 전체가 둥글게 보이는 망(보름달)으로, 음력 15일경에 볼 수 있다.
④ 삭일 때는 음력 1일경이고, 망일 때는 음력 15일경이므로 A에서 C까지의 위상 변화는 약 15일이 걸린다.
오답 피하기 ⑤ D 위치에서 달은 왼쪽 절반이 밝게 보이는 하현달이다. 하현달은 자정 무렵에 동쪽 하늘에서 떠서 해가 뜰 무렵에 남쪽 하늘에서 볼 수 있다.

12 해가 진 후 초저녁에 초승달은 서쪽 하늘에서, 상현달은 남쪽 하늘에서, 보름달은 동쪽 하늘에서 볼 수 있다. 이와 같이 달의 위치는 매일 동쪽으로 조금씩 이동한 곳에서 관측되는데, 그 까닭은 달이 지구 주위를 하루에 약 13°씩 서쪽에서 동쪽으로 공전하기 때문이다.
오답 피하기 ④ 16일경에는 같은 시각에 달을 볼 수 없고, 이 시각 이후에 동쪽 하늘에서 보이기 시작한다.

13 •하늘: 달의 위상은 초승달에서 점점 상현달로 변하므로, 다음 날 달은 조금 더 부푼 모양으로 관측된다.
오답 피하기 •강이: 초승달은 음력 2일경에 초저녁 서쪽 하늘에서 볼 수 있다.
•산이: 달은 음력으로 약 한 달을 주기로 모양이 변하므로 한 달

후에는 초승달에 가까운 모양으로 보인다. 보름달은 이날로부터 약 13일 후에 볼 수 있다.

· 별이: 초승달은 초저녁에 서쪽 하늘에서 잠깐 동안 볼 수 있으므로 다음 날 새벽에는 볼 수 없다.

· 바다: 달은 하루에 약 50분씩 늦게 뜬다.

14 ㄱ. 일식은 달이 태양을 가리는 현상이다.
오답 피하기 | ㄴ. 일식은 태양 – 달 – 지구 순으로 위치할 때 일어난다. ㄷ. 일식은 달의 위상이 삭일 때 일어나므로, 이날 밤에는 달을 볼 수 없다.

15 A는 달의 본그림자 지역, D는 달의 반그림자 지역이다. (나)는 부분 일식으로, 달의 반그림자 지역에서 관측할 수 있다.

16 일식은 태양 – 달 – 지구 순으로 일직선에 위치하는 삭일 때, 월식은 태양 – 지구 – 달 순으로 일직선에 위치하는 망일 때 일어날 수 있다. A는 삭, B는 상현, C는 망, D는 하현이다.

17 ㄱ. 전등은 태양, 스타이로폼 공은 달, 사람은 지구를 의미한다. ㄴ. 태양 – 지구 – 달 순으로 위치하므로 지구의 그림자 속으로 달이 들어가 가려지는 월식이 일어나는 원리를 알 수 있다.
오답 피하기 | ㄷ. 시계 반대 방향으로 회전하는 것은 달의 공전 방향을 의미한다.

18 부분 월식은 달의 일부가 지구의 본그림자 속에 들어갔을 때, 개기 월식은 달 전체가 지구의 본그림자 속에 들어갔을 때 일어난다. 따라서 B에서 부분 월식이 일어난다.

19 일식은 삭일 때, 월식은 망일 때 일어나지만, 지구의 공전 궤도면과 달의 공전 궤도면이 어긋나 있기 때문에 매달 태양, 지구, 달이 일직선이 되지 않아 삭과 망일 때마다 일식과 월식이 일어나지 않는다.

2 **모범 답안** 달이 지구 주위를 공전하면서 위치에 따라 햇빛이 반사되어 보이는 부분이 달라지기 때문이다.

채점 기준	배점
제시된 용어 3개를 모두 포함하여 옳게 서술한 경우	100 %
제시된 용어 중 2개만 포함하여 서술한 경우	70 %
제시된 용어 중 1개만 포함하여 서술한 경우	40 %

2-1 **모범 답안** 달의 자전 주기와 공전 주기가 같기 때문이다.

3 **모범 답안** A, 월식이 일어나는 동안 달이 지구 주위를 서쪽에서 동쪽으로 공전하기 때문에 월식이 일어날 때는 달의 왼쪽부터 가려지기 시작한다.

채점 기준	배점
월식의 진행 방향을 옳게 고르고, 까닭을 옳게 서술한 경우	100 %
월식의 진행 방향과 까닭 중 1가지만 옳게 쓴 경우	50 %

실력의 완성! 서술형 문제 개념 학습 교재 111쪽

1 (1) 닮은꼴 삼각형에서 대응하는 변의 길이의 비는 일정하다는 원리를 이용하므로, 물체의 지름, 눈과 물체 사이의 거리, 지구에서 달까지의 거리를 알아야 달의 지름을 구할 수 있다.
(2) 원에서 중심각의 크기는 호의 길이에 비례하므로, 중심각에 해당하는 시지름과 지구와 달 사이의 거리를 알아야 한다.
모범 답안 (1) d, l, L
(2) θ, L
(3) $d : l = D : L$이므로, 달의 지름은

$$D = \frac{d \times L}{l} = \frac{0.8 \text{ cm} \times 380000 \text{ km}}{88 \text{ cm}} = 3455 \text{ km}$$이다.

03 태양계의 구성

1 (1) × (2) ○ (3) ○ (4) ×　**2** ④　**3** (가) 금성, (나) 화성, (다) 목성
4 (1) 목성 (2) 수성 (3) 화성 (4) 목성 (5) 토성 (6) 금성 (7) 지구 (8) 화성
5 ㉠ 내행성과 외행성, ㉡ 지구형 행성과 목성형 행성　**6** (1) 목성 (2)
목성 (3) 지구 (4) 목성 (5) 목성　**7** (1) 지구 (2) 지구 (3) 목성 (4) 목성 (5)
지구 (6) 목성　**8** ⑤　**9** (1) × (2) ○ (3) ○ (4) × (5) ×　**10** (1) 표 (2)
기 (3) 대 (4) 대 (5) 기 (6) 표　**11** (1) × (2) ○ (3) × (4) × (5) ○　**12** ②
13 A: 보조 망원경(파인더), B: 접안렌즈, C: 가대, D: 경통, E: 대
물렌즈, F: 균형추, G: 삼각대

1 **오답 피하기**| (1) 태양계의 중심에는 태양이 있다.
(4) 태양계에서 행성, 소행성, 왜소 행성, 혜성은 태양 주위를 돌지
만, 위성은 행성 주위를 돈다.

2 태양계를 구성하는 행성은 수성, 금성, 지구, 화성, 목성, 토
성, 천왕성, 해왕성이다.
오답 피하기| ④ 타이탄은 토성의 위성이다.

3 (가)는 두꺼운 대기층을 가지고 있는 금성이고, (나)는 표면이
붉게 보이는 화성이며, (다)는 표면에 가로줄 무늬와 대적점이 나
타나는 목성이다.

4 (1), (4) 목성은 태양계 행성 중 크기가 가장 크고, 빠른 자전 속
도로 인해 표면에 가로줄 무늬가 나타나고, 대기의 소용돌이로 생
긴 대적점이 나타난다.
(2) 수성은 물과 대기가 없어 풍화와 침식 작용이 일어나지 않으므로
표면에 운석 구덩이가 많이 남아 있어 달의 표면 모습과 비슷하다.
(3), (8) 화성의 표면에는 과거에 물이 흘렀던 흔적이 남아 있고, 양
극 지방에 얼음과 드라이아이스로 이루어진 극관이 있다.
(5) 토성은 적도 둘레에 얼음과 암석 조각으로 이루어진 두꺼운 고
리가 있다.
(6) 금성의 표면에는 화산 활동의 흔적이 있으며, 두꺼운 이산화 탄
소 대기를 가지고 있어 온실 효과가 크게 나타나므로 표면 온도가
매우 높다.
(7) 지구는 액체 상태의 물과 대기 중에 산소를 가지고 있어 태양계
행성 중 유일하게 생명체가 존재하는 것으로 추정하고 있다.

5 태양계 행성은 지구의 공전 궤도를 기준으로 안쪽에서 공전
하는 내행성과 바깥쪽에서 공전하는 외행성으로 구분하고, 물리적
특성에 따라 지구형 행성과 목성형 행성으로 구분한다.

6 (1), (2), (3) 지구형 행성은 목성형 행성보다 질량과 반지름이
작고, 평균 밀도가 크다.
(4) 지구형 행성은 위성이 없거나 위성 수가 적지만 목성형 행성은
위성을 많이 가지고 있다.
(5) 지구형 행성은 자전 주기가 길고 목성형 행성은 자전 주기가 짧

다. 자전 주기가 짧을수록 자전 속도는 빠르다.

7 수성, 금성, 지구, 화성은 지구형 행성이고, 목성, 토성, 천왕
성, 해왕성은 목성형 행성이다.

8 ⑤ 태양의 표면에서는 흑점과 쌀알 무늬를 볼 수 있다.
오답 피하기| ①, ④ 홍염과 플레어는 태양의 대기에서 볼 수 있는
현상이다.
② 코로나는 태양의 상층 대기이다.
③ 대적점은 목성의 표면에서 볼 수 있는 소용돌이 현상이다.

9 **오답 피하기**| (1) 흑점은 주위보다 온도가 약 2000 ℃ 낮아 검게
보인다.
(4) 광구 아래의 대류 현상에 의해 나타나는 것은 쌀알 무늬이다.
(5) 흑점의 수명은 약 1일~수개월이며, 흑점의 개수가 많아졌다 적
어졌다 하는 주기는 약 11년이다.

10 흑점과 쌀알 무늬는 태양의 표면에서 볼 수 있는 현상이고, 채
층과 코로나는 태양의 대기이며, 홍염과 플레어는 태양의 대기에
서 볼 수 있는 현상이다.

11 **오답 피하기**| (1) 태양의 대기는 평소에는 매우 밝기 때문에 개
기 일식이 일어났을 때 볼 수 있다.
(3) 채층 위로 멀리까지 뻗어 있는 희박한 대기를 코로나라고 하며,
온도가 100만 ℃ 이상으로 매우 높다.
(4) 흑점 주위에서 일어나는 에너지 폭발 현상은 플레어이며, 흑점
주위에서 고온의 가스 물질이 채층 위로 솟아오르는 거대한 불기
둥을 홍염이라고 한다.

12 태양의 활동이 활발할 때 태양에서는 흑점 수가 증가하고, 코
로나의 크기가 커지며, 홍염과 플레어가 자주 발생한다. 또한 지구
에서는 오로라가 자주 발생하고, 자기 폭풍, 무선 통신 장애, 인공
위성이나 송전 시설 고장 등이 발생한다.

13 A: 시야가 넓어 관측하고자 하는 천체를 찾을 때 사용하는
소형 망원경인 보조 망원경(파인더)이다.
B: 상을 확대해서 볼 수 있는 접안렌즈이다.
C: 경통과 삼각대를 연결해 주는 받침대인 가대이다.
D: 대물렌즈와 접안렌즈를 연결해 주는 경통이다.
E: 빛을 모으는 대물렌즈이다.
F: 망원경의 균형을 잡아 주는 균형추(무게추)이다.
G: 경통과 가대를 흔들리지 않게 지지해 주는 삼각대이다.

❹ ㉠ 지구, ㉡ 목성
1 (1) ○ (2) × (3) ○ (4) ×　**2** (1) 목성, 토성, 천왕성, 해왕성 (2) A
❺ ㉠ 흑점, ㉡ 운석 구덩이, ㉢ 극관, ㉣ 대적점, ㉤ 고리
1 (1) × (2) ○ (3) × (4) ○ (5) ○ (6) ×　**2** (마)

A

1 오답 피하기 | ⑵ 지구형 행성 중 수성과 금성은 위성이 없고, 지구는 1개, 화성은 2개의 위성을 가지고 있으며, 목성형 행성은 위성을 많이 가지고 있다.
⑷ 금성은 표면이 단단한 암석으로 이루어져 있으며, 두꺼운 이산화 탄소 대기를 가지고 있다.

2 ⑴ 질량과 반지름이 큰 A는 목성형 행성, 질량과 반지름이 작은 B는 지구형 행성이다. 목성형 행성에는 목성, 토성, 천왕성, 해왕성이 속하고, 지구형 행성에는 수성, 금성, 지구, 화성이 속한다.
⑵ 고리를 가지고 있는 행성 집단은 목성형 행성이므로 A이다.

B

1 오답 피하기 | ⑴ 태양 관측 시 보조 망원경은 뚜껑을 닫아 두고, 접안렌즈로 직접 들여다보지 않으며, 투영판에 태양의 상을 투영시켜 관측한다.
⑶ 달의 표면에는 많은 운석 구덩이가 관측된다.
⑹ 천왕성은 망원경으로 관측할 수 있다.

2 접안렌즈로 태양을 들여다보면 실명할 위험이 있으므로 절대 태양은 직접 관측하지 않도록 한다.

실력을 키워! **내신 잡기** 개념 학습 교재 120~123쪽

01 ④ **02** ③ **03** (다)-(라)-(가)-(나) **04** ④ **05** F, 토성
06 ③ **07** ③, ④ **08** ① **09** ① **10** ①, ② **11** ③ **12** ⑤
13 ④ **14** 화성 **15** ② **16** ⑤ **17** ⑤ **18** ③ **19** ④ **20** ⑤
21 ④ **22** ③ **23** ④

01 ① 행성은 모두 태양 주위를 서쪽에서 동쪽(시계 반대 방향)으로 공전한다.
② 태양 주위를 공전하는 행성은 수성, 금성, 지구, 화성, 목성, 토성, 천왕성, 해왕성으로 8개이다.
③ 태양은 태양계의 중심에 있으며, 태양계에서 유일하게 빛을 내는 천체이다.
⑤ 지구의 공전 궤도보다 안쪽에서 공전하는 행성을 내행성이라고 하며, 수성과 금성이 있다.
오답 피하기 | ④ 달과 같이 행성 주위를 공전하는 천체를 위성이라고 한다.

02 ③ 금성의 표면을 나타낸 것이다. 금성은 짙은 이산화 탄소 대기를 가지고 있어 온실 효과가 크게 나타나므로 태양계 행성 중 표면 온도가 가장 높다.
오답 피하기 | ①, ②, ⑤ 계절 변화, 물 흐른 흔적, 희박한 이산화 탄소의 대기는 화성의 특징이다.

④ 태양에서 가장 가까운 행성은 수성이다. 금성은 태양에서 두 번째로 가까운 행성이다.

03 (가)는 토성, (나)는 해왕성, (다)는 화성, (라)는 목성의 특징이다. 태양계 행성은 태양에 가까운 순서대로 수성, 금성, 지구, 화성, 목성, 토성, 천왕성, 해왕성 순이다.

04 ①은 대협곡, ②는 태양계에서 가장 큰 화산인 올림퍼스 화산, ③은 극관, ⑤는 물이 흐른 흔적으로, 모두 화성에서 볼 수 있는 특징이다.
오답 피하기 | ④는 수성 표면의 운석 구덩이이다.

05 태양계 행성 중 두 번째로 크고, 물보다 밀도가 작으며, 고리를 가지고 있는 행성은 태양에서 6번째로 먼 행성인 토성이다.

06 A는 수성, B는 금성, C는 지구, D는 화성, E는 목성, F는 토성, G는 천왕성, H는 해왕성이다.
③ 태양계에서 가장 큰 화산은 화성(D)에 있다.
오답 피하기 | ① 짙은 이산화 탄소 대기를 가지고 있는 행성은 금성(B)이다.
② 물이 흐른 흔적이 있는 행성은 화성(D)이다.
④ 메테인 성분에 의해 청록색으로 보이는 행성은 천왕성(G)이다.
⑤ 표면에 대기의 소용돌이 현상인 대적점이 나타나는 행성은 목성(E)이다.

07 그림은 토성의 고리로, 주로 얼음과 암석 조각으로 이루어져 있다.

08 목성은 빠른 자전 속도로 인해 표면에 적도와 나란한 가로줄 무늬가 나타난다.

09 지구형 행성은 목성형 행성보다 질량과 반지름이 작고, 평균 밀도가 크다. 지구형 행성은 고리가 없고, 위성이 없거나 적지만, 목성형 행성은 고리를 가지고 있고, 위성 수가 많다.

10 평균 밀도가 크고, 자전 주기가 긴 A 집단은 지구형 행성이고, B 집단은 목성형 행성이다. 지구형 행성에는 수성, 금성, 지구, 화성이 있다.

11 (가)는 지구의 공전 궤도 안쪽에서 공전하는 내행성이고, (나)는 지구의 공전 궤도 바깥쪽에서 공전하는 외행성이다.

12 A는 화성, B는 목성, C는 금성이다.
ㄴ. 목성형 행성인 목성(B)은 많은 위성을 가지고 있다.
ㄷ. 금성(C)은 두꺼운 이산화 탄소 대기를 가지고 있다.
ㄹ. 단단한 표면을 가지고 있는 행성은 지구형 행성인 금성(C)과 화성(A)이다.
오답 피하기 | ㄱ. 화성(A)은 고리가 없다. A, B, C 중 희미한 고리가 있는 행성은 목성(B)이다.

13 목성, 토성, 천왕성, 해왕성은 모두 목성형 행성에 속한다.
④ 목성, 천왕성, 해왕성은 희미한 고리를 가지고 있고, 토성은 크

고 뚜렷한 고리를 가지고 있다.

오답 피하기 | ① 청록색을 띠는 행성은 천왕성이다.

② 목성형 행성들은 반지름이 크고 기체로 이루어져 있어 평균 밀도가 작다.

③ 목성형 행성들은 자전 속도가 빠르다.

⑤ 목성형 행성들은 단단한 표면이 없다.

14 지구형 행성에는 수성, 금성, 지구, 화성이 있고, 외행성에는 화성, 목성, 토성, 천왕성, 해왕성이 있다. 이 두 행성 집단에 공통으로 해당하는 행성은 화성이다.

15 • 승철: 우리 눈에 보이는 둥글고 매끈한 태양의 표면을 광구라고 한다.

• 세호: 평소에는 광구가 매우 밝기 때문에 태양의 대기를 볼 수 없지만 개기 일식이 일어나 광구가 가려지면 볼 수 있다. 코로나는 태양의 대기이므로 개기 일식 때 볼 수 있다.

오답 피하기 | • 유리: 태양의 대기에는 채층과 코로나가 있고, 대기에서는 홍염과 플레어 현상이 나타난다.

• 은아: 흑점은 지구에서 보았을 때 동쪽에서 서쪽으로 이동한다.

16 ①, ② 흑점은 태양의 광구에서 나타나는 현상으로, 주위보다 온도가 약 2000 °C 낮아 검게 보이는 부분이다.

③ 태양의 활동이 활발해지면 흑점 수가 증가한다.

④ 태양이 자전하기 때문에 흑점은 지구에서 볼 때 동쪽에서 서쪽으로 이동한다.

오답 피하기 | ⑤ 흑점은 약 11년을 주기로 개수가 증감한다.

17 ⑤ B는 쌀알 무늬로, 광구 아래에서 일어나는 대류 현상에 의해 생성된다.

오답 피하기 | ①, ③ A는 주위보다 온도가 낮아 검게 보이는 흑점이다.

② B는 광구 아래에서 일어나는 대류 현상에 의해 생성되는 쌀알 무늬이다.

④ 흑점의 수명은 약 1일~수개월이다.

18 ㄴ. 태양의 대기는 개기 일식 때 볼 수 있으므로, (가)는 개기 일식 때 볼 수 있다.

ㄹ. 흑점 수가 많아지면 플레어의 발생 횟수가 증가한다.

오답 피하기 | ㄱ. (가)는 광구 위의 얇은 대기층인 채층이고, (나)는 흑점 부근에서 일어나는 폭발 현상인 플레어이다.

ㄷ. (나)의 플레어는 태양의 대기에서 볼 수 있는 현상이다.

19 ① A 시기는 흑점 수가 가장 많은 시기로, 극대기라고 한다.

② 흑점 수는 약 11년을 주기로 많아졌다 적어졌다를 반복한다.

③ 흑점 수의 극대기 때는 태양의 활동이 활발해진다.

⑤ 흑점 수의 극대기 때 지구에서는 자기 폭풍, 델린저 현상 등이 발생한다.

오답 피하기 | ④ 흑점 수의 극대기 때는 홍염과 플레어가 자주 발생하며, 코로나의 크기가 커진다. 반면 쌀알 무늬가 더욱 뚜렷해지지는 않는다.

20 태양 복사 폭풍이 발생하였다는 것은 태양의 활동이 활발하다는 것을 의미한다. 태양의 복사 폭풍으로 지구에서는 인공위성의 오작동이 일어나거나, 무선 통신 장애 및 GPS(위성 위치 확인 시스템)의 수신 장애가 발생하고, 오로라가 자주 발생하며, 오로라가 발생하는 범위가 평소보다 저위도 지역까지 확대되어 오로라를 볼 수 있는 지역이 넓어질 수 있다.

오답 피하기 | ⑤ 지진이나 화산 활동, 태풍 등의 현상은 태양 활동의 직접적인 영향으로 발생하는 것이 아니다.

21 ④ D는 가대로, 경통과 삼각대를 연결해 준다.

오답 피하기 | ① A는 접안렌즈로, 상을 확대하는 역할을 한다.

② B는 보조 망원경(파인더)으로, 시야가 넓어 관측할 천체를 찾는 데 이용된다.

③ C는 대물렌즈로, 천체에서 오는 빛을 모으는 역할을 한다.

⑤ E는 균형추로, 망원경의 균형을 잡아 준다.

22 태양을 관측할 때는 접안렌즈로 직접 관측하면 실명의 위험이 있으므로 절대 망원경을 직접 들여다보지 않아야 하며, 태양 필터나 투영판 등을 끼워서 관측하고, 보조 망원경의 뚜껑은 닫아 두어야 한다. 태양 투영판에 투영된 태양의 상에는 흑점이 나타난다.

23 ① 편평하고 시야가 넓으며, 주변에 불빛이 없는 어두운 곳에 망원경을 설치한다.

② 저배율일수록 시야가 넓고, 고배율일수록 시야가 좁으므로, 망원경으로 천체를 관측할 때는 저배율에서 고배율로 배율을 올려가면서 관측한다.

③ 행성은 주로 황도 부근에서 관측할 수 있으며, 행성이 위치한 주변 별자리를 미리 알아두면 행성을 쉽게 찾을 수 있다.

⑤ 보름달이 너무 밝으면 필터를 사용하거나 대물렌즈 앞을 종이로 가려 들어오는 빛의 양을 조절하여 관측한다.

오답 피하기 | ④ 태양을 접안렌즈로 직접 관측하면 실명의 위험이 있으므로 절대 망원경을 직접 들여다보지 않도록 한다.

실력의 완성! 서술형 문제 개념 학습 교재 **124쪽**

1 **모범답안** 두꺼운 이산화 탄소 대기로 인해 온실 효과가 크게 일어나기 때문이다.

채점 기준	배점
대기가 두껍고 이산화 탄소에 의한 온실 효과가 크다는 것을 모두 서술한 경우	100 %
대기가 두껍기 때문이라고만 서술한 경우	50 %
온실 효과가 크기 때문이라고만 서술한 경우	50 %
이산화 탄소 대기로 이루어졌다고만 서술한 경우	30 %

2 　**모범 답안** 　수성, 단단한 표면으로 이루어져 있고, 물과 대기가 없어 풍화 · 침식 작용이 일어나지 않기 때문이다.

채점 기준	배점
행성을 옳게 쓰고, 제시된 용어 3개를 모두 포함하여 옳게 서술한 경우	100 %
행성을 옳게 쓰고, 제시된 용어 중 2개만 포함하여 서술한 경우	80 %
행성을 옳게 쓰고, 제시된 용어 중 1개만 포함하여 서술한 경우	60 %
행성을 옳게 쓰고, 까닭을 서술하지 못한 경우	40 %

3 　흑점은 태양의 표면에서 나타나는 현상인데, 태양이 자전함에 따라 지구에서 볼 때 흑점이 이동하는 것처럼 관측된다.

모범 답안 (1) 동쪽 → 서쪽, 태양이 자전하기 때문이다.
(2) 고위도보다 저위도에서 더 빠르다. 태양의 표면이 고체 상태가 아니라는 것을 알 수 있다.

	채점 기준	배점
(1)	흑점의 이동 방향과 흑점이 이동하는 까닭을 모두 옳게 서술한 경우	50 %
	흑점의 이동 방향과 흑점이 이동하는 까닭 중 1가지만 옳게 서술한 경우	25 %
(2)	위도에 따른 흑점의 이동 속도를 옳게 비교하고, 이로부터 알 수 있는 사실을 옳게 서술한 경우	50 %
	위도에 따른 흑점의 이동 속도만 옳게 비교한 경우	25 %

3-1 　**모범 답안** 　주변보다 온도가 낮기 때문이다.

1 ❶ 구형 ❷ 평행 ❸ 중심각 ❹ l
2 ❶ 일주 운동 ❷ 연주 운동 ❸ 공전
3 ❶ 닮음비 ❷ 지름 ❸ 달
4 ❶ 망 ❷ 동
5 ❶ 달 ❷ 지구 ❸ 지구 ❹ 달
6 ❶ 수성 ❷ 금성 ❸ 화성 ❹ 목성 ❺ 토성 ❻ 천왕성 ❼ 해왕성
7 ❶ 지구형 행성 ❷ 목성형 행성
8 ❶ 광구 ❷ 채층 ❸ 코로나 ❹ 홍염 ❺ 플레어 ❻ 흑점 ❼ 자기

01 ② 　**02** $360° : 2\pi R = 7.2° : 925\ km$ 　**03** ②, ③ 　**04** ④ 　**05** ③ 　**06** 염소자리 　**07** ③ 　**08** ① 　**09** ④ 　**10** ③ 　**11** ① 　**12** 망(보름달), 서쪽 하늘 　**13** ① 　**14** ①, ⑤ 　**15** ① 　**16** ⑤ 　**17** ④ 　**18** ④ 　**19** ② 　**20** ④ 　**21** ㉠ C, ㉡ A 　**22** 해설 참조 　**23** (1) 해설 참조 (2) 해설 참조 　**24** (1) 해설 참조 (2) 해설 참조

01 　에라토스테네스는 지구는 완전한 구형이며, 햇빛은 지구에 평행하게 들어온다는 가정을 세우고, 시에네와 알렉산드리아 사이의 거리와 중심각의 크기를 측정하여 지구의 크기를 구하였다. 이때 중심각의 크기는 직접 구할 수 없으므로 엇각의 원리를 이용하여 하짓날 알렉산드리아에 세운 막대와 막대 그림자 끝이 이루는 각을 측정하였다.
오답 피하기 ② 원에서 호의 길이는 중심각의 크기에 비례한다는 원의 성질을 이용하였다.

02 　원에서 중심각의 크기는 호의 길이에 비례한다. 에라토스테네스가 측정한 알렉산드리아와 시에네 사이의 중심각의 크기는 7.2°이고, 호의 길이에 해당하는 두 지역 사이의 거리는 925 km이므로, $360° : 2\pi R = 7.2° : 925\ km$이다.

03 　지구 모형의 크기를 구하기 위해 중심각의 크기(θ)와 두 막대 사이의 거리를 알아야 하며, 중심각의 크기는 직접 측정할 수 없으므로 엇각으로 같은 θ'를 측정한다.

04 　ㄴ, ㄷ. 지구가 자전하기 때문에 북극성 주변의 별들은 북극성을 중심으로 시계 반대 방향으로 하루에 한 바퀴씩 일주 운동을 한다.
오답 피하기 ㄱ. 관측 순서는 (가) → (다) → (나)이다.

05 　ㄷ. 지구가 공전함에 따라 태양과 별의 연주 운동이 일어나면서 계절별 별자리의 변화가 나타난다.
오답 피하기 ㄱ. 달의 모양 변화는 달이 지구 주위를 공전하기 때문에 나타나는 현상이다.
ㄴ. 태양의 일주 운동은 지구가 자전하기 때문에 나타나는 현상이다.

06 　지구가 A에 위치할 때 태양은 게자리를 지나고 있으므로 한밤중에 남쪽 하늘에서는 염소자리를 관측할 수 있다.

07 ㄷ. 동전의 지름과 눈에서 동전까지의 거리는 직접 측정해야 하는 값이고, 지구에서 달까지의 거리는 미리 알고 있어야 하는 값이다.

오답 피하기 ㄱ. 삼각형의 닮음비를 이용하여 비례식을 세우면 $d : D = l : L$이므로, 달의 지름(D)은 $D = \dfrac{d \times L}{l}$이다.

ㄴ. 동전의 크기가 작을수록 눈과 동전 사이의 거리는 가까워진다.

08 달은 동쪽에서 떠서 서쪽으로 지며, 보름달(A)은 초저녁에 동쪽 하늘에서, 상현달(C)은 초저녁에 남쪽 하늘에서, 초승달(E)은 초저녁에 서쪽 하늘에서 관측되므로, 약 6시간 후 밤 12시경에는 서쪽으로 약 90° 이동하여 A는 남쪽 하늘, B는 남서쪽 하늘, C는 서쪽 하늘에서 관측할 수 있다.

09 ① 지구가 한 바퀴 자전하는 동안 달은 약 13° 지구 주위를 공전하므로, 달이 뜨는 시각은 매일 약 50분씩 늦어진다.

② 달은 자전 주기와 공전 주기가 같기 때문에 지구에서 달을 보면 항상 한쪽 면만 보인다.

③ 달이 뜨는 위치는 매일 조금씩 동쪽으로 이동하므로, 초저녁에 초승달은 서쪽 하늘에서 볼 수 있지만, 보름달은 동쪽 하늘에서 볼 수 있다.

⑤ 달의 모양은 초승달 → 상현달 → 보름달 → 하현달 → 그믐달 순으로 변해 간다.

오답 피하기 ④ 달은 지구 주위를 하루에 약 13°씩 서쪽에서 동쪽으로 공전한다.

10 자료 분석

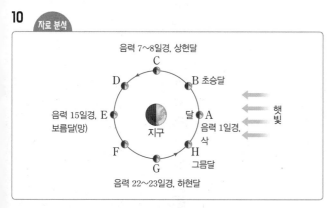

C는 달의 오른쪽 절반이 둥근 상현달이고, G는 달의 왼쪽 절반이 둥근 하현달이다.

11 부분 일식이 일어났을 때의 모습이다. 일식은 태양 − 달 − 지구 순으로 일직선에 위치할 때 달이 태양을 가리는 현상으로, 삭(A)일 때 일어난다.

12 개기 월식은 태양 − 지구 − 달 순으로 일직선에 위치하여 달 전체가 지구의 본그림자 속으로 들어가 가려지는 현상으로, 망(보름달)일 때 일어난다. 보름달은 초저녁에 동쪽 하늘에서 떠서 해가 뜰 무렵에는 서쪽 하늘로 지므로, 이날 개기 월식은 서쪽 하늘에서 볼 수 있다.

13 ㄱ. 토성은 태양계 행성 중 평균 밀도가 가장 작으며, 물보다도 밀도가 작다.

오답 피하기 ㄴ. 토성은 단단한 표면이 없어 운석 구덩이가 생기지 않는다.

ㄷ. 갈릴레이가 망원경으로 발견한 위성은 목성의 위성이다.

14 수성과 달은 모두 대기와 물이 없어 풍화 · 침식 작용이 일어나지 않아 표면에 운석 구덩이가 많고, 한번 생긴 운석 구덩이는 잘 없어지지 않고 남아 있게 된다. 또한 대기가 없어 낮과 밤의 온도 차가 크다.

15 자료 분석

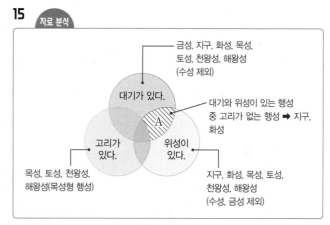

대기와 위성을 가지고 있는 행성 중에 고리를 가지고 있지 않은 행성은 지구와 화성이다. 지구와 화성에는 화산과 계곡이 있다.

16 자료 분석

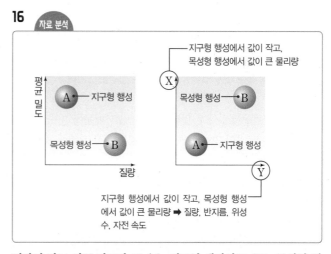

질량이 작고 평균 밀도가 큰 A는 지구형 행성이고, B는 목성형 행성이다.

ㄴ. 자전 속도는 목성형 행성(B)이 지구형 행성(A)보다 빠르다.

ㄷ. A는 B보다 X와 Y가 모두 작다. 따라서 X에 반지름, Y에 위성 수가 들어갈 수 있다.

오답 피하기 ㄱ. 지구형 행성은 질량과 반지름이 작고, 위성이 없거나 1~2개 가지고 있다.

17 ① 채층은 광구 바로 위의 붉은색 대기층이고, 코로나는 채층 위로 넓게 퍼져 있는 청백색의 대기층이다.

② 흑점은 주변보다 온도가 약 2000 ℃ 낮아서 검게 보인다.

③ 흑점 수가 많아지는 시기에는 태양의 활동이 활발해서 홍염과 플레어가 자주 발생한다.

⑤ 쌀알 무늬는 광구 아래에서 일어나는 대류 현상에 의해 고온의 물질이 상승하는 곳은 밝게 보이고, 저온의 물질이 하강하는 곳은 어둡게 보여 마치 쌀알을 뿌려놓은 것처럼 보이는 현상이다.

오답 피하기 ④ 개기 일식이 일어나면 광구가 가려지므로 흑점과 쌀알 무늬를 관측할 수 없다. 개기 일식 때 관측할 수 있는 것은 태양의 대기와 대기에서 일어나는 현상이다.

18 A는 채층 밖으로 넓게 퍼져 있는 청백색의 가스층인 코로나이고, B는 채층 위로 솟아오르는 가스 분출물인 홍염이며, C는 태양의 표면에서 주위보다 온도가 낮아 검게 보이는 흑점이다.

19 지구에서 볼 때 흑점이 동쪽에서 서쪽으로 이동하는 것은 태양이 자전하기 때문이며, 저위도로 갈수록 이동 속도가 빠른 것은 표면이 고체 상태가 아니기 때문이다.

20 ㄱ. (가)에서 흑점 수가 증가할 때 (나)에서 자기 폭풍 발생 일수가 증가하는 것을 알 수 있다.

ㄴ. 1989년경에는 흑점 수의 극대기이므로 태양 활동이 활발해 지구에서는 인공위성이 고장 나는 사례가 자주 발생하였을 것이다.

오답 피하기 ㄷ. 1996년경에는 흑점 수의 극소기이지만 개기 일식이 일어나 광구가 가려지면 코로나를 볼 수 있다. 코로나는 흑점 수의 극대기에는 커지고, 흑점 수의 극소기에는 작아진다.

21 A는 접안렌즈, B는 보조 망원경(파인더), C는 대물렌즈, D는 가대, E는 균형추이다. 빛을 모으는 역할을 하는 것은 대물렌즈이고, 상을 확대하는 역할을 하는 것은 접안렌즈이다.

22 태양은 지구에서 매우 멀리 떨어져 있기 때문에 지구에 들어오는 태양 빛은 거의 평행하지만, 전등 빛은 지구 모형에 평행하게 들어오지 않는다.

모범 답안 전등이 너무 가까워서 전등 빛이 지구 모형에 평행하게 들어오지 않기 때문이다.

채점 기준	배점
햇빛 대신 전등을 사용했을 때의 문제점을 옳게 서술한 경우	100 %
전등을 사용했기 때문이라고만 서술한 경우	30 %

23 **모범 답안** (1) (가) 대적점, (나) 대흑점
(2) 대기의 소용돌이 현상으로 생성된 것이다.

	채점 기준	배점
(1)	(가), (나)를 모두 옳게 쓴 경우	40 %
	(가), (나) 중 1개만 옳게 쓴 경우	20 %
(2)	(가), (나)의 공통적인 생성 과정을 옳게 서술한 경우	60 %
	그 외의 경우	0 %

24 **모범 답안** (1) 태양의 활동이 활발해졌기 때문이다.
(2) 흑점 수가 많아지고, 코로나의 크기가 커지며, 홍염과 플레어의 발생 횟수가 증가한다.

	채점 기준	배점
(1)	태양의 활동이 활발해졌기 때문이라고 서술한 경우	40 %
	흑점 수가 많아졌기 때문이라고 서술한 경우	20 %
(2)	제시된 용어 4개를 모두 포함하여 옳게 서술한 경우	60 %
	제시된 용어 중 2개만 포함하여 서술한 경우	30 %

01 광합성

1 ㉠ 이산화 탄소, ㉡ 포도당 **2** (1) × (2) ○ (3) × (4) ○ (5) × **3** A: 이산화 탄소, B: 포도당, C: 녹말 **4** (1) B (2) 이산화 탄소 (3) B와 C **5** A: 빛의 세기, B: 온도 **6** ㉠ 기공, ㉡ 뒷, ㉢ 공변세포 **7** (1) A: 기공, B: 공변세포, C: 엽록체 (2) (가) (3) ㉠ 포도당, ㉡ 높아짐, ㉢ 바깥쪽 **8** A

1 광합성은 식물이 빛에너지를 이용하여 물과 이산화 탄소를 원료로 양분을 만드는 과정이다.

2 (2), (4) 광합성은 식물 세포에 들어 있는 엽록체에서 일어나며, 엽록체에 들어 있는 초록색 색소인 엽록소에서 빛을 흡수한다.
오답 피하기 (1) 빛이 있을 때(주로 낮) 광합성이 일어난다.
(3) 광합성 결과 생성된 산소의 일부는 식물의 호흡에 사용되고, 나머지는 잎의 기공을 통해 공기 중으로 방출된다.
(5) 광합성에 필요한 물은 뿌리에서 흡수되어 물관을 통해 잎으로 이동한다.

3 광합성은 빛에너지를 이용하여 물과 이산화 탄소(A)를 원료로 양분을 생성하는 과정이다. 광합성 결과 포도당(B)이 만들어지는데, 포도당(B)은 곧바로 녹말(C)로 바뀌어 잎의 세포에 저장된다.

4 (1), (2) B의 검정말에서는 광합성이 일어나 이산화 탄소를 사용하므로 BTB 용액의 색이 파란색으로 변한다.
(3) B와 C는 모두 검정말이 들어 있지만 B는 햇빛을 잘 받고, C는 알루미늄 포일에 싸여 있어 햇빛을 잘 받지 못한다. 그러므로 광합성에 빛에너지가 필요하다는 것을 알기 위해서는 B와 C를 비교해야 한다.

5 광합성량은 빛의 세기가 셀수록 증가하며, 빛이 일정 세기 이상이 되면 더 이상 증가하지 않는다. 광합성량은 온도가 높을수록 증가하며, 일정 온도 이상에서는 급격하게 감소한다.

6 식물체 속의 물이 수증기로 변하여 주로 잎의 뒷면 표피에 있는 기공을 통해 공기 중으로 빠져나가는 현상은 증산 작용이다.

7 (1) A는 기공, B는 공변세포, C는 엽록체이다.
(2) 빛이 있는 낮에는 공변세포의 엽록체에서 광합성이 일어나 기공이 열린다.
(3) 공변세포에는 주변에 있는 표피 세포와 달리 엽록체가 있어 광합성이 일어난다. 광합성 결과 포도당이 만들어져 세포 내 농도가 높아지면 주위 세포로부터 공변세포로 물이 들어와 팽창하고 바깥쪽으로 휘어져 기공이 열리게 된다.

8 남은 물의 양은 A<B<C 순이다.
A와 B를 비교하면 증산 작용은 습도가 낮을수록 잘 일어난다는 것을 알 수 있다. A와 C를 비교하면 증산 작용은 잎에서 일어난다는 것을 알 수 있다. 증산 작용은 잎의 기공을 통해 일어나므로 A와 B에서 증산 작용이 일어난다. 증산 작용은 습도가 낮을 때 활발하게 일어나므로 A가 B보다 증산 작용이 활발하게 일어난다.

Ⓐ ㉠ 엽록체, ㉡ 녹말
1 (1) ○ (2) ○ (3) ○ (4) × **2** ㄱ
Ⓑ ㉠ 세기, ㉡ 산소
1 (1) ○ (2) × (3) ○ (4) × **2** 빛의 세기

Ⓐ

1 (1) 과정 ❶에서 B를 햇빛이 없는 곳에 하루 동안 놓아둔 까닭은 이미 만들어진 양분을 다른 곳으로 옮겨 A와 조건이 다르게 하기 위해서이다.
(2) 햇빛을 받은 A의 잎은 아이오딘 반응이 일어나므로 광합성 결과 녹말이 만들어진다는 것을 알 수 있다.
(3) A의 검정말 잎에서 아이오딘 반응이 일어나므로 광합성은 잎 세포의 엽록체에서 일어난다는 것을 알 수 있다.
오답 피하기 (4) 녹말이 생성된 것을 확인하기 위해 아이오딘 – 아이오딘화 칼륨 용액을 이용한다.

2 ㄱ. A의 검정말 잎은 햇빛을 충분히 받아 광합성이 일어난다.
오답 피하기 ㄴ. B를 어둠상자에 하루 동안 두는 까닭은 이미 만들어진 양분을 다른 곳으로 옮기기 위해서이다.
ㄷ. A와 B의 검정말 잎을 에탄올에 물중탕하고 아이오딘 반응을 하면 A의 엽록체만 청람색으로 변한다.

Ⓑ

1 (1), (3) A와 전등 사이의 거리가 B와 전등 사이의 거리보다 가까우므로 빛의 세기가 더 강해서 광합성이 더 활발하게 일어난다.
오답 피하기 (2) 시금치의 잎 조각이 모두 떠오르는 데 걸리는 시간은 B보다 A에서 더 짧다.
(4) 1 %의 탄산수소 나트륨 용액을 넣는 까닭은 시금치 잎의 광합성에 필요한 이산화 탄소를 공급하기 위해서이다.

2 A가 B보다 전등 사이의 거리가 가까워 빛의 세기가 강하고 광합성이 더 활발하게 일어나 시금치 잎 조각이 떠오르는 데 걸리는 시간이 짧다.

01 ⑤ **02** 엽록체 **03** ③ **04** ③ **05** ② **06** ④ **07** ④ **08** ⑤
09 ㉠ A의 검정말, ㉡ 청람색 **10** ①, ③ **11** ② **12** ④ **13** ③, ④
14 ② **15** ③ **16** (가)<(나)<(다)(또는 (다)>(나)>(가)) **17** ④

01 ① 광합성은 식물이 빛에너지를 이용하여 물과 이산화 탄소를 원료로 양분을 만드는 과정이다.

② 광합성은 빛에너지를 이용하므로 주로 빛이 있는 낮에 활발하게 일어난다.

③, ④ 광합성은 식물 세포에 들어 있는 엽록체에서 일어나며, 엽록체 속의 초록색 색소인 엽록소가 빛을 흡수한다.

오답 피하기 | ⑤ 광합성은 물과 이산화 탄소를 원료로 하여 양분을 만드는 과정이다.

02 엽록체(A)는 식물 세포에 들어 있는 초록색 알갱이로, 광합성이 일어나는 장소이고, 초록색 색소인 엽록소가 들어 있어 빛을 흡수한다.

03 물이 이동하는 통로인 ㉠은 물관이고, 양분이 이동하는 통로인 ㉡은 체관이다. A는 광합성의 원료이며 기공을 통해 들어오는 이산화 탄소이고, D는 광합성 결과 생성되며 기공을 통해 공기 중으로 방출되는 산소이다. B는 광합성으로 만들어진 양분인 포도당이며, 포도당은 곧바로 녹말로 바뀌어 잎의 세포에 저장되므로 C는 녹말이다.

04 ㄱ. 물은 뿌리에서 흡수되어 물이 이동하는 통로인 물관(㉠)을 통해 잎까지 이동한다.

ㄴ. 광합성으로 생성된 포도당(B)은 곧바로 녹말(C)로 바뀌어 잎의 세포에 저장된다.

오답 피하기 | ㄷ. 광합성으로 생성된 산소(D) 중 일부는 식물의 호흡에 사용되고, 나머지는 잎의 기공을 통해 공기 중으로 방출된다.

05 이 실험을 통해 광합성에 빛이 필요하고, 광합성에 이산화 탄소가 필요하다는 것을 알 수 있다.

06 ①, ② 햇빛을 받은 C의 검정말에서 광합성이 일어나 노란색 BTB 용액이 파란색으로 변한다.

③ 파란색 BTB 용액에 숨을 불어넣어 이산화 탄소가 많아지면 노란색으로 변한다.

⑤ B는 알루미늄 포일에 싸여 검정말이 햇빛을 받지 못해 광합성이 일어나지 않고, C는 검정말이 햇빛을 받으므로 광합성이 일어난다. 그러므로 B와 C를 비교하면 광합성에 빛이 필요하다는 것을 알 수 있다.

오답 피하기 | ④ A와 C를 비교하면 광합성에 이산화 탄소가 필요하다는 것을 알 수 있다.

07 ①, ② 검정말에서 광합성이 일어나 산소가 발생하므로 핀치 집게를 열어 고무관 끝에 향의 불씨를 가까이 대면 향의 불꽃이 다시 타오른다.

③ 광합성 결과 산소가 발생하므로 실험 결과와 관계있는 기체는 산소이다.

⑤ 1 % 탄산수소 나트륨 용액은 광합성에 필요한 이산화 탄소를 공급한다.

오답 피하기 | ④ 검정말 근처에 붙어 있는 기체는 광합성 결과 생성된 기체인 산소이다.

08 A는 햇빛을 받아 광합성이 일어나며, B는 광합성이 일어나지 않는다. B를 어둠상자에 하루 동안 두는 까닭은 이미 만들어져 있던 양분을 다른 곳으로 이동시키기 위해서이다.

ㄴ. 에탄올에 검정말을 넣고 물중탕하는 과정은 검정말 잎의 엽록소를 제거하는 과정이다. 엽록소를 제거하면 아이오딘 반응 결과를 확실히 관찰할 수 있다.

ㄷ. (다)는 아이오딘 – 아이오딘화 칼륨 용액을 이용하여 녹말을 검출하는 아이오딘 반응이다. 아이오딘 반응을 통해 광합성 결과 녹말이 만들어진다는 것을 알 수 있다.

오답 피하기 | ㄱ. (가)의 A에서 검정말이 광합성을 하며, B에서 검정말에 이미 만들어져 있던 양분이 다른 곳으로 이동한다.

09 A의 검정말에서 광합성이 일어나 녹말이 생성되므로 엽록체는 아이오딘 반응에 의해 청람색으로 색깔 변화가 나타난다.

10 ① 광합성량은 빛의 세기가 셀수록 증가하며, 빛이 일정 세기 이상이 되면 더 이상 증가하지 않는다.

③ 광합성량은 온도가 높을수록 증가하며, 일정 온도 이상에서는 급격하게 감소한다.

오답 피하기 | ⑤ 광합성량은 이산화 탄소의 농도가 높을수록 증가하며, 이산화 탄소가 일정 농도 이상이 되면 더 이상 증가하지 않는다.

11 ①, ④ A와 전등 사이의 거리가 B와 전등 사이의 거리보다 가까우므로 빛의 세기가 더 강하여 광합성이 더 활발하게 일어난다. 그러므로 B보다 A의 시금치 잎 조각이 떠오르는 데 걸리는 시간이 짧다.

③ 비커와 전등 사이의 거리가 가까울수록 빛의 세기가 강하고, 거리가 멀수록 빛의 세기가 약하다. 이 실험은 비커와 전등 사이의 거리를 다르게 하여 결과를 비교하므로 빛의 세기가 광합성에 미치는 영향을 알아보는 실험이다.

⑤ 1 % 탄산수소 나트륨 용액을 넣는 것은 광합성에 필요한 이산화 탄소를 공급하는 것이므로 숨을 불어넣는 것과 같은 효과가 있다.

오답 피하기 | ② 시금치 잎 조각에서 광합성이 일어나 발생하는 기체는 산소이다.

12 ① 증산 작용으로 식물 내부의 물이 밖으로 나가므로 증산 작용은 식물체 내부의 수분량을 조절하는 역할을 한다.

② 물이 증발하면서 주변의 열을 흡수하므로, 증산 작용은 식물의 체온이 높아지는 것을 막는 효과가 있다.

④ 증산 작용은 뿌리에서 흡수한 물을 잎까지 끌어올리는 역할을 한다.

⑤ 증산 작용은 식물체 속의 물이 수증기로 변하여 잎의 기공을 통해 공기 중으로 빠져나가는 현상이다.

오답 피하기| ③ 증산 작용은 주로 광합성이 활발하게 일어나는 낮에 활발하게 일어난다.

13 A는 공변세포로 주로 잎의 뒷면에 분포하며, 엽록체가 있다. B는 기공으로 주로 잎의 뒷면 표피에 있는 작은 구멍이며, 기체가 출입하는 통로 역할을 한다. C는 표피 세포로 엽록체가 없어 투명하고, 광합성이 일어나지 않는다.

③, ④ 기공(B)은 주로 빛이 있는 낮에 열리며, 증산 작용이 일어나고, 기체가 출입하는 통로 역할을 한다.

오답 피하기| ① A는 공변세포, C는 표피 세포이다.
② 공변세포(A)에는 엽록체가 있어 광합성이 일어난다.
⑤ 표피 세포(C)에는 엽록체가 없어 광합성이 일어나지 않는다.

14 (가)는 기공이 열린 상태이고, (나)는 기공이 닫힌 상태이다. 증산 작용이 잘 일어나는 조건은 빛이 강할 때, 온도가 높을 때, 바람이 잘 불 때, 식물체 내 수분량이 많을 때이다.

오답 피하기| ② 습도가 낮을 때 증산 작용이 잘 일어난다.

15 공변세포에서 광합성이 일어나면 포도당이 만들어져 세포 내 농도가 높아지고, 주위 세포로부터 공변세포로 물이 들어온다. 그 결과 공변세포가 팽창하여 바깥쪽으로 휘어지고 기공이 열리게 된다.

16 잎이 달린 가지가 있고 비닐봉지를 씌우지 않은 (가)에서 증산 작용이 가장 활발하게 일어나며, 잎이 없는 가지가 있는 (다)에서는 증산 작용이 일어나지 않는다.

17 ㄱ. (나)에 들어 있는 가지의 잎에서 증산 작용이 일어나므로 비닐봉지 안에 물방울이 맺힌다.
ㄷ. (가)에는 잎이 달린 가지가 있어 증산 작용이 일어나며, (다)에는 잎이 없는 가지가 있어 증산 작용이 일어나지 않는다. 그러므로 (가)와 (다)를 비교하면 증산 작용이 식물의 잎에서 일어난다는 것을 알 수 있다.

오답 피하기| ㄴ. (가)에서 증산 작용이 가장 활발하게 일어나며, (다)에서는 증산 작용이 일어나지 않는다.

실력의 완성! **서술형 문제** 개념 학습 교재 **141**쪽

1 식물은 잎 세포에 엽록체가 있어 광합성을 하여 스스로 양분을 만들 수 있다. 그러므로 식물은 먹이를 먹지 않아도 잘 자란다.

모범 답안 식물은 세포에 엽록체가 있어 광합성을 하여 스스로 양분을 만들기 때문이다.

채점 기준	배점
제시된 단어를 모두 포함하여 옳게 서술한 경우	100 %
제시된 단어 중 2가지만 사용하여 서술한 경우	50 %

2 시금치 잎 조각에서 광합성이 일어나 산소가 발생하여 잎 조각이 떠오르게 된다. 전등이 켜진 수가 많을수록 빛의 세기가 강하므로 광합성이 활발하게 일어나 발생하는 산소의 양이 많아진다. 그러므로 전등이 켜진 수가 많을수록 시금치 잎 조각이 모두 떠오르는 데 걸리는 시간은 짧아진다.

모범 답안 (1) 전등이 켜진 수가 많아질수록 시금치 잎 조각이 모두 떠오르는 데 걸리는 시간이 짧아진다.
(2) 빛의 세기가 강할수록 광합성이 활발하게 일어나 발생하는 산소의 양이 많아지기 때문이다.

	채점 기준	배점
(1)	전등이 켜진 수와 시금치 잎 조각이 모두 떠오르는 데 걸리는 시간의 관계를 연관 지어 옳게 해석하여 서술한 경우	50 %
	전등이 켜진 수와 시금치 잎 조각이 모두 떠오르는 데 걸리는 시간을 연관 짓지 않고 결과를 해석하여 서술한 경우	20 %
(2)	광합성에 영향을 미친 요인과 광합성 결과 생성되는 물질을 모두 포함하여 옳게 서술한 경우	50 %
	광합성에 영향을 미친 요인과 광합성 결과 생성되는 물질 중 1가지만 포함하여 옳게 서술한 경우	25 %

2-1 1 % 탄산수소 나트륨 용액을 넣어주는 까닭은 광합성에 필요한 이산화 탄소를 공급하기 위해서이다.
모범 답안 이산화 탄소

3 (가)와 (나)를 비교하면 증산 작용은 잎에서 일어난다는 것을 알 수 있다. (가)와 (다)를 비교하면 증산 작용은 바람이 잘 불수록 잘 일어나는 것을 알 수 있다. (가)와 (라)를 비교하면 증산 작용은 빛이 있을 때 일어난다는 것을 알 수 있다.

증산 작용은 식물의 잎에서 일어나며, 빛이 강할 때, 습도가 낮을 때, 온도가 높을 때, 바람이 잘 불 때 활발하게 일어난다.

모범 답안 (다), 잎에서 증산 작용이 일어나며, 빛이 있고 바람이 잘 불 때 증산 작용이 잘 일어나기 때문이다.

채점 기준	배점
(다)를 쓰고, 까닭을 옳게 서술한 경우	100 %
(다)만 쓴 경우	30 %

02 식물의 호흡

1 ⊙ 포도당, ⓒ 이산화 탄소 **2** A: 이산화 탄소, B: 산소, C: 이산화 탄소, D: 산소 **3** ⊙ 엽록체, ⓒ 빛, ⓒ 이산화 탄소, ⓔ 산소, ⓜ 산소, ⓗ 이산화 탄소, ⓢ 저장, ⊙ 방출 **4** ⊙ 설탕, ⓒ 체관, ⓒ 에너지

1 호흡은 세포에서 산소를 이용해서 양분을 분해하여 생명 활동에 필요한 에너지를 얻는 과정이다.

2 낮에는 광합성이 호흡보다 활발하게 일어나 이산화 탄소를 흡수하고 산소를 방출한다. 밤에는 호흡이 광합성보다 활발하게 일어나 산소를 흡수하고 이산화 탄소를 방출한다.

3 광합성은 엽록체가 있는 세포에서 빛에너지를 흡수하여 물과 이산화 탄소를 재료로 양분을 생성하는 과정이고, 호흡은 살아 있는 모든 세포에서 산소를 이용해서 양분을 분해하여 생활에 필요한 에너지를 생성하는 과정이다.

4 낮에 잎에서 광합성에 의해 포도당이 만들어지고, 포도당은 곧바로 물에 녹지 않는 녹말로 저장된다. 녹말은 밤에 물에 잘 녹는 설탕으로 바뀌어 체관을 통해 식물체의 각 기관으로 이동하여 식물의 생명 활동에 사용되거나 세포를 구성하는 물질로 사용되고, 남은 것은 식물의 저장 기관에 저장된다.

1 ④ **2** (가) E, 녹말, (나) F, 설탕 **3** ②, ⑤

1 ㄱ. 물(A)은 뿌리에서 흡수되어 물관을 통해 잎으로 이동한다.
ㄷ. 포도당(C)은 광합성으로 생성되며, 호흡에 필요한 양분이다.
오답 피하기 ㄴ. B는 광합성에 필요한 기체인 이산화 탄소이며, D는 호흡에 필요한 기체인 산소이다.

2 낮에 잎에 저장되어 있고, 물에 잘 녹지 않는 물질은 녹말(E)이다. 밤에 체관을 통해 이동하며, 물에 잘 녹는 물질은 설탕(F)이다.

3 감자와 고구마는 광합성 결과 생성된 산물이 각각 줄기와 뿌리에 녹말의 형태로 저장된다.
오답 피하기 ①, ④ 콩과 땅콩은 씨(종자)에 각각 단백질과 지방의 형태로 저장된다.
③ 포도는 열매에 포도당의 형태로 저장된다.

01 ⑤ **02** (가) **03** ①, ④ **04** ⑤ **05** ③ **06** ⑤ **07** ② **08** ④ **09** ⊙ C, 포도당, ⓒ E, 녹말, ⓒ F, 설탕 **10** ⑤ **11** ⑤ **12** ①

01 ① ⊙은 산소로, 광합성으로 생성되는 기체이다.
② ⓒ은 이산화 탄소로, 잎의 기공을 통해 공기 중으로 방출된다.
③ 포도당은 광합성으로 생성되며, 식물의 호흡 과정에 사용되는 양분이다.
④ 호흡 과정에서 생성된 물은 식물에서 사용되거나 증산 작용으로 방출된다.
오답 피하기 ⑤ 식물의 호흡 과정에서 에너지를 생성하고 방출한다. 광합성 과정에서 빛에너지를 흡수한다.

02 어두운 곳에 둔 페트병 (가)에 들어 있는 시금치에서 호흡이 일어나 이산화 탄소가 발생하고, 이산화 탄소가 석회수와 만나 석회수가 뿌옇게 흐려진다.

03 시금치를 어두운 곳에 두면 호흡만 일어나 이산화 탄소가 발생한다. 따라서 이 실험을 통해서 빛이 없을 때 식물은 호흡만 하며, 식물의 호흡으로 이산화 탄소가 발생한다는 것을 알 수 있다.

04 빛이 있는 낮에만 일어나는 (가)는 광합성이며, 낮과 밤에 모두 일어나는 (나)는 호흡이다. A는 광합성에 이용되고 호흡으로 생성되는 이산화 탄소이며, B는 광합성으로 생성되고 호흡에 이용되는 산소이다.

05 아침이나 저녁과 같이 빛이 약할 때는 광합성이 활발하지 않아 광합성량과 호흡량이 같아지는 시점이 있다. 이때 광합성으로 생성된 산소는 호흡에, 호흡으로 생성된 이산화 탄소는 광합성에 이용되므로 외관상 기체 출입이 없는 것처럼 보이게 된다.

06 A는 산소로, 광합성으로 생성되거나 잎의 기공을 통해 공기 중에서 흡수된다. B는 이산화 탄소로, 광합성에 이용되거나 잎의 기공을 통해 공기 중으로 방출된다. (가)는 에너지로, 호흡으로 생성되며, 생명 활동에 사용된다.
① A는 광합성으로 생성되며, 호흡에 필요한 기체인 산소이다.
② B는 호흡으로 생성되며, 광합성에 필요한 기체인 이산화 탄소이다.
③ 광합성 과정에는 반드시 빛에너지가 필요하다.
④ (가)는 호흡 과정에서 생성되는 에너지로, 식물의 생명 활동에 사용된다.
오답 피하기 ⑤ 빛이 있는 낮에는 식물에서 광합성과 호흡이 모두 일어난다.

07 A에서는 검정말의 광합성과 호흡이 모두 일어나며, 광합성이 호흡보다 활발하여 이산화 탄소가 소모되어 BTB 용액이 파란색으로 변한다. B에서는 빛이 차단되어 검정말의 호흡만 일어나며, 호흡에 의해 이산화 탄소가 방출되어 BTB 용액이 노란색으로 변

한다. C에서는 금붕어의 호흡이 일어나 BTB 용액이 노란색으로 변한다. D에서는 광합성과 호흡이 모두 일어나지 않으므로 BTB 용액의 색깔 변화가 없다.

① 햇빛을 받은 A에서만 광합성이 일어난다.

③ A에서는 광합성이 일어나 이산화 탄소가 소모되어 BTB 용액이 파란색으로 변한다.

④ B와 C에서는 호흡만 일어나 이산화 탄소가 방출되어 BTB 용액이 노란색으로 변한다.

⑤ D는 그대로 두었으므로 BTB 용액의 색깔 변화가 없다.

오답 피하기 | ② A의 검정말은 광합성을 하며, 호흡도 하므로 A에서는 광합성과 호흡이 모두 일어난다.

08 표는 광합성과 호흡을 비교하여 나타낸 것이다.

구분	광합성	호흡
시기	빛이 있을 때	항상
장소	엽록체가 있는 세포	살아 있는 모든 세포
생성물	포도당, 산소	물, 이산화 탄소, 에너지
물질 변화	양분 생성	양분 분해
에너지 관계	에너지 저장	에너지 방출

09 C는 광합성으로 최초로 만들어지는 산물인 포도당, E는 낮 동안 잎에 저장되는 형태인 녹말, F는 밤에 체관을 통해 각 기관으로 이동하는 형태인 설탕이다.

10 A는 물, B는 이산화 탄소, C는 포도당, D는 산소, E는 녹말, F는 설탕이다.

⑤ 물에 잘 녹지 않는 녹말(E)은 밤에 물에 잘 녹는 설탕(F)으로 바뀌어 체관을 통해 식물의 각 기관으로 이동한다.

오답 피하기 | ① 물(A)은 뿌리에서 흡수되어 물관을 통해 이동한다.

② 공기 중의 이산화 탄소(B)는 잎의 기공을 통해 흡수된다.

③ 포도당(C)은 낮 동안 물에 잘 녹지 않는 녹말(E)로 바뀌어 잎에 저장된다.

④ D는 광합성으로 생성되는 기체인 산소이다.

11 ㄱ, ㄷ. 광합성 산물은 식물의 생명 활동에 필요한 에너지를 내는 데 사용하거나 세포를 구성하는 물질로 사용한다.

ㄴ. 사용하고 남은 광합성 산물은 뿌리, 줄기, 열매 등의 저장 기관에 녹말, 단백질, 지방 등의 형태로 저장된다.

12 감자는 녹말의 형태로 줄기에, 고구마는 녹말의 형태로 뿌리에, 포도는 포도당의 형태로 열매에, 콩은 단백질의 형태로 씨(종자)에 광합성 산물을 저장한다.

오답 피하기 | ① 땅콩은 지방의 형태로 씨(종자)에 광합성 산물을 저장한다.

1 싹이 트고 있는 콩에서는 호흡도 일어나지만 다른 물질대사 과정도 일어나 열이 발생한다.

모범 답안 싹이 트고 있는 콩에서 양분을 분해하여 에너지를 얻는 호흡이 일어났기 때문이다.

채점 기준	배점
제시된 단어를 모두 포함하여 옳게 서술한 경우	100 %
제시된 단어 중 2가지만 포함하여 서술한 경우	50 %

1-1 식물의 호흡에 필요한 물질은 포도당과 산소이며, 식물의 호흡으로 생성되는 요소는 이산화 탄소, 물, 에너지이다.

모범 답안 이산화 탄소, 물, 에너지

2 일정 시간이 지나면 (가)의 촛불은 산소가 부족하여 꺼지지만 (나)의 촛불은 (나) 속 식물의 광합성에 의해 산소가 발생하여 (가)의 촛불보다 더 오래 탄다.

모범 답안 (1) 식물이 광합성을 하여 산소를 방출하기 때문이다.

(2) (나)

(3) 식물이 호흡을 하여 유리종 속 산소가 더 빠르게 소모되기 때문이다.

	채점 기준	배점
(1)	광합성과 산소를 모두 포함하여 옳게 서술한 경우	40 %
	광합성과 산소 중 1가지만 포함하여 서술한 경우	20 %
(2)	(나)라고 쓴 경우	20 %
(3)	호흡과 산소 소모를 모두 포함하여 옳게 서술한 경우	40 %
	호흡과 산소 소모 중 1가지만 포함하여 서술한 경우	20 %

3 식물 줄기의 바깥쪽 껍질을 고리 모양으로 벗겨내면 체관이 제거되어 양분이 아래로 이동하지 못하여 벗겨낸 부분의 위쪽이 부풀어 오르고 윗부분의 열매가 크게 자란다.

모범 답안 체관이 제거되어 양분이 아래로 이동하지 못하고 벗겨낸 부분의 위쪽에 쌓이기 때문이다.

채점 기준	배점
체관 제거와 양분이 쌓이는 부분에 대한 내용을 모두 포함하여 옳게 서술한 경우	100 %
체관 제거와 양분이 쌓이는 부분에 대한 내용 중 1가지만 포함하여 옳게 서술한 경우	50 %

1 ❶ 광합성 ❷ 엽록체 ❸ 빛
2 ❶ 빛에너지 ❷ 물 ❸ 이산화 탄소 ❹ 포도당 ❺ 산소
3 ❶ 빛 ❷ 이산화 탄소 ❸ 온도
4 ❶ 증산 작용 ❷ 기공
5 ❶ 호흡 ❷ 호흡
6 ❶ 이산화 탄소 ❷ 산소 ❸ 산소 ❹ 이산화 탄소
7 ❶ 포도당 ❷ 산소 ❸ 이산화 탄소 ❹ 물 ❺ 에너지
8 ❶ 설탕 ❷ 체관 ❸ 에너지

실전에 도전! **단원 평가하기** 개념 학습 교재 149~152쪽

01 ④ **02** ②, ⑤ **03** ①, ② **04** ㉠ 산소, ㉡ 다시 타오른다.
05 ③ **06** 엽록체 **07** ① **08** ③ **09** ④ **10** (가) **11** ④ **12** ③
13 ② **14** (가) **15** ⑤ **16** ③ **17** ④ **18** ㉠ D, 산소, ㉡ D, 산소
19 ③ **20** ③ **21** ④ **22** 해설 참조 **23** 해설 참조 **24** 해설 참조

01 ① ㉠은 광합성에 필요한 이산화 탄소이다.
② ㉡은 빛으로, 빛에너지는 광합성에 반드시 필요하다. 엽록체에 들어 있는 엽록소에서 빛에너지를 흡수한다.
③ ㉢은 광합성으로 생성되는 양분인 포도당이다.
⑤ 광합성으로 생성된 산소 중 일부는 식물의 호흡에 사용되고, 나머지는 기공을 통해 공기 중으로 방출된다.
오답 피하기 | ④ 물은 뿌리에서 흡수되어 물관을 통해 잎까지 이동한다.

02 ① 시험관 A는 그대로 두었으므로 BTB 용액의 색깔에 변화가 없다.
③ 시험관 B에서는 빛이 차단되어 검정말의 호흡만 일어나므로 이산화 탄소가 방출되어 BTB 용액의 색깔에 변화가 없다.
④ 시험관 C는 검정말에서 광합성이 일어나 이산화 탄소를 소모하므로 BTB 용액의 색깔이 파란색으로 변한다.
오답 피하기 | ②, ⑤ 시험관 B는 변화가 없고, C는 파란색으로 변한다.

03 ① 시험관 B와 C의 색깔 변화를 통해 광합성에는 빛이 필요하다는 것을 알 수 있다.
② 시험관 A와 C의 색깔 변화를 통해 광합성에는 이산화 탄소가 필요하다는 것을 알 수 있다.
오답 피하기 | ③, ④, ⑤ 광합성 결과 포도당과 산소가 생성되지만 이 실험 결과를 통해 알 수 있는 것이 아니다.

04 검정말의 광합성 결과 발생하는 기체는 산소이다. 산소에 향의 불씨를 가까이 대어보면 향의 불꽃이 다시 타오른다.

05 자료 분석

① 햇빛을 받은 A의 잎에서 광합성이 일어나 녹말이 생성되었다.
② A의 잎에는 녹말이 생성되었으므로 아이오딘 반응에 청람색으로 색깔 변화가 나타난다.
④ 광합성 결과 생성되는 양분인 녹말을 알아보는 실험이다.
⑤ A는 빛을 받게 하고, B는 빛을 차단하였으므로 실험을 통해 광합성이 일어나기 위해서는 빛이 필요하다는 것을 알 수 있다.
오답 피하기 | ③ 광합성이 일어난 A의 잎에 녹말이 생성되었으므로 아이오딘 반응이 나타나 청람색으로 색깔이 변한다. B의 잎에서는 색깔 변화가 나타나지 않는다.

06 식물의 잎 세포에서 광합성이 일어나는 장소는 엽록체이다. 엽록체에 들어 있는 초록색 색소인 엽록소에서 빛에너지를 흡수한다.

07 ㄴ. 빛의 세기가 셀수록 광합성량이 증가하지만, 일정 세기 이상이 되면 광합성량이 더 이상 증가하지 않는다.
오답 피하기 | ㄱ. 이산화 탄소의 농도가 높을수록 광합성량이 증가하다가 일정 농도 이상에서는 광합성량이 더 이상 증가하지 않고 일정해진다.
ㄷ. 온도가 높을수록 광합성량이 증가하다가 일정 온도 이상에서는 급격하게 감소한다.

08 ③ 광합성량은 온도가 높을수록 증가하다가 일정 온도 이상에서는 급격하게 감소한다.
오답 피하기 | ①의 그래프는 빛의 세기 또는 이산화 탄소의 농도에 따른 광합성량을 나타낸 것이다.

09 ㄴ. 증산 작용은 물 상승의 원동력이며, 식물체 내의 수분량을 조절하고, 식물의 체온을 조절하는 역할을 한다.
ㄷ. 공변세포의 모양에 따라 기공이 열리고 닫히면서 증산 작용이 조절된다.
오답 피하기 | ㄱ. 기공은 주로 광합성이 활발하게 일어나는 낮에 열린다. 기공이 열리면 증산 작용이 활발하게 일어난다.

10

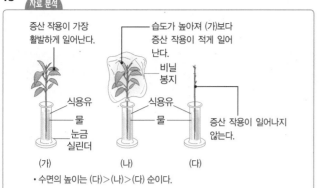

증산 작용이 가장 활발하게 일어난다.

습도가 높아져 (가)보다 증산 작용이 적게 일어난다.

비닐 봉지

식용유
물
눈금 실린더

식용유
물

증산 작용이 일어나지 않는다.

(가)　(나)　(다)

• 수면의 높이는 (다)>(나)>(다) 순이다.

(가)에서 증산 작용이 가장 활발하게 일어나 수면의 높이가 가장 낮아진다.

11　① 식물에서 잎을 통해 증산 작용이 일어나는 것을 알아보기 위한 실험이다.

② 식용유를 떨어뜨리는 까닭은 눈금실린더 속 물의 증발을 막기 위해서이다. 이는 증산 작용에 의해서만 물이 방출되도록 하여 실험 결과를 분석하기 위해서이다.

③ (나)에서는 증산 작용이 일어나 비닐봉지 안쪽에 물방울이 맺힌다.

⑤ 잎이 달린 가지가 있는 (가)와 잎이 없는 가지가 있는 (다)를 비교하면 증산 작용이 잎에서 일어난다는 것을 알 수 있다.

오답 피하기| ④ (가)와 (나)를 비교하면 증산 작용이 습도가 낮을 때 활발하게 일어난다는 것을 알 수 있다.

12

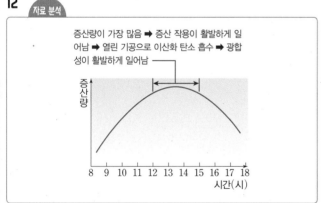

증산량이 가장 많음 ➡ 증산 작용이 활발하게 일어남 ➡ 열린 기공으로 이산화 탄소 흡수 ➡ 광합성이 활발하게 일어남

증산량

8　9　10　11　12　13　14　15　16　17　18
시간(시)

12~15시에 식물 잎에서의 증산량이 가장 많으므로 한낮에 증산 작용이 가장 활발하게 일어난다. 기공이 열리면 광합성에 필요한 이산화 탄소를 흡수하므로 광합성도 활발하게 일어난다.

13　① 호흡 결과 에너지가 생성되며, 이 에너지는 식물의 생명 활동에 이용된다.

③ 호흡은 세포에서 산소를 이용해서 광합성 산물인 양분을 분해하여 생명 활동에 필요한 에너지를 얻는 과정이다.

④ 호흡 결과 생성된 물은 식물에서 사용되거나 증산 작용을 통해 공기 중으로 방출된다.

⑤ 호흡에 필요한 산소는 광합성으로 생성된 것을 이용하거나 잎의 기공을 통해 공기 중에서 흡수한다.

오답 피하기| ② 호흡은 살아 있는 모든 세포에서 낮과 밤에 관계없이 항상 일어난다.

14

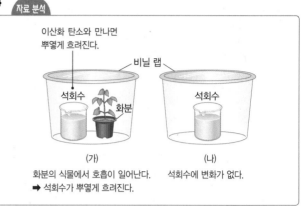

이산화 탄소와 만나면 뿌옇게 흐려진다.

비닐 랩

석회수　화분　석회수

(가)　(나)

화분의 식물에서 호흡이 일어난다.
➡ 석회수가 뿌옇게 흐려진다.

석회수에 변화가 없다.

어두운 곳에 두면 (가)에 들어 있는 화분의 식물에서 호흡이 일어나 이산화 탄소가 방출되어 석회수가 뿌옇게 흐려진다.

15　식물을 어두운 곳에 두면 광합성은 일어나지 않고 호흡만 일어나 이산화 탄소가 방출된다.

16　①, ④ (가)의 싹튼 콩에서 호흡이 일어나 에너지가 발생하여 온도가 올라간다.

②, ⑤ (나)의 삶은 콩은 살아 있는 세포가 아니므로 호흡이 일어나지 않아 온도가 변하지 않는다.

오답 피하기| ③ 광합성은 식물의 잎에서 일어나므로 (가)의 싹튼 콩에서 광합성은 일어나지 않으며 호흡만 일어난다.

17

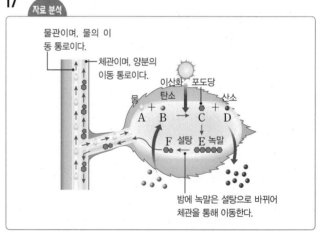

물관이며, 물의 이동 통로이다.

체관이며, 양분의 이동 통로이다.

이산화 탄소　포도당

물　산소

A　B　C　D

F　설탕　E　녹말

밤에 녹말은 설탕으로 바뀌어 체관을 통해 이동한다.

① A는 물로, 뿌리에서 흡수되어 물관을 통해 줄기를 거쳐 잎으로 이동한다.

② 이산화 탄소(B)는 공기 중에서 기공을 통해 들어오고, 산소(D)는 기공을 통해 공기 중으로 나간다.

③ 포도당(C)은 광합성 결과 최초로 생성되는 양분이다.

⑤ 녹말(E)은 밤에 설탕(F)으로 바뀐 후 체관을 통해 이동한다.

오답 피하기| ④ 녹말(E)은 물에 잘 녹지 않으며, 설탕(F)은 물에 잘 녹는다.

18　광합성으로 산소(D)가 생성되며, 호흡에는 산소(D)가 필요하다.

19 ③ 빛이 없는 밤에는 식물에서 광합성은 일어나지 않고 호흡만 일어난다.

오답 피하기 ①, ② A는 이산화 탄소, B는 산소, (가)는 광합성, (나)는 호흡이다.

④ 빛이 강한 낮에는 광합성과 호흡이 모두 일어난다.

⑤ 빛이 약한 아침과 저녁에는 광합성량과 호흡량이 같아 외관상 기체의 출입이 없는 시기가 있다.

20

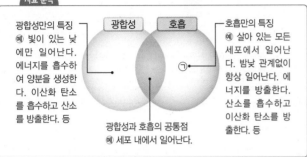

③ ㉠은 호흡에만 해당하는 특징으로, '살아 있는 모든 세포에서 일어난다.'가 해당한다.

오답 피하기 ① '세포 내에서 일어난다.'는 광합성과 호흡의 공통점이다.

② '빛이 있는 낮에만 일어난다.'는 광합성에만 해당하는 특징이다.

④ '에너지를 흡수하여 양분을 생성한다.'는 광합성에만 해당하는 특징이다.

⑤ '이산화 탄소를 흡수하고 산소를 방출한다.'는 광합성에만 해당하는 특징이다.

21 ①, ⑤ 광합성 산물은 식물의 생명 활동에 필요한 에너지를 얻는 데 사용하거나 세포를 구성하는 물질로 사용한다.

②, ③ 고구마는 녹말의 형태로 뿌리에, 포도는 포도당의 형태로 열매에 광합성 산물을 저장한다.

오답 피하기 ④ 콩은 광합성 산물을 단백질의 형태로 씨(종자)에 저장한다.

22 광합성에 영향을 미치는 요인에는 빛의 세기, 이산화 탄소의 농도, 온도가 있다.

모범 답안 산소, LED 전등을 표본병에 가까이 둔다. LED 전등을 더 밝게 한다. 표본병 속 1 % 탄산수소 나트륨 용액의 온도를 30~35 ℃ 정도로 높여준다. 중 2가지

채점 기준	배점
산소를 쓰고, 기포 수를 증가시키기 위한 방법을 2가지 모두 옳게 서술한 경우	100 %
산소를 쓰고, 기포 수를 증가시키기 위한 방법을 1가지만 옳게 서술한 경우	60 %
산소만 쓴 경우	30 %

23 기공은 주로 광합성이 활발하게 일어나는 낮에 열린다. 기공이 열리면 증산 작용이 활발하게 일어난다.

모범 답안 (1) (가), 기공이 열려 있기 때문이다.

(2) 빛이 강할 때, 온도가 높을 때, 바람이 잘 불 때, 습도가 낮을 때 증산 작용이 잘 일어난다.

	채점 기준	배점
(1)	(가)를 쓰고, 까닭을 옳게 서술한 경우	50 %
	(가)만 쓴 경우	20 %
(2)	제시된 단어를 모두 포함하여 옳게 서술한 경우	50 %
	제시된 단어 중 2가지만 포함하여 옳게 서술한 경우	20 %

24 식물의 잎에서 광합성 결과 최초로 생성된 산물은 포도당이며, 포도당은 곧바로 물에 잘 녹지 않는 녹말로 바뀐 후 잎 세포에 저장된다. 녹말은 밤에 물에 잘 녹는 설탕으로 바뀌어 체관을 통해 각 기관으로 이동한다.

모범 답안 광합성 결과 생성된 포도당은 낮에는 잎에 녹말로 저장되어 있다가 밤에 설탕으로 바뀌어 체관을 통해 식물체의 각 기관으로 이동한다.

채점 기준	배점
5가지를 모두 포함하여 옳게 서술한 경우	100 %
3가지만 포함하여 옳게 서술한 경우	50 %

Ⅰ 물질의 구성

01 원소

중 단 원 **핵심 정리**　　　　　시험 대비 교재 2쪽

❶ 아리스토텔레스　❷ 원소　❸ 산소　❹ 수소　❺ 원소　❻ 헬륨　❼ 탄소　❽ 칼륨　❾ 빨간색　❿ 구리　⓫ 선 스펙트럼　⓬ 리튬(또는 칼슘)　⓭ 칼슘(또는 리튬)

중단원 **퀴즈**　　　　　시험 대비 교재 3쪽

1 ㉠ 원소, ㉡ 아리스토텔레스　**2** (1) ㉠ 수소, ㉡ 산소 (2) B극
3 물, 소금, 설탕　**4** (1) 산소 (2) 금 (3) 질소　**5** 리튬, 스트론튬
6 (1) 황록색 (2) 보라색 (3) 노란색 (4) 청록색　**7** A, C

중단원 **기출 문제**　　　　　시험 대비 교재 4~7쪽

01 ⑤　**02** ③　**03** ④　**04** 원소　**05** ④　**06** ⑤　**07** ②　**08** ⑤
09 ③　**10** ①　**11** ②　**12** ②, ④　**13** ②　**14** ②　**15** ④　**16** ③
17 ①　**18** ③　**19** ②, ③　**20** ②　**21** ③　**22** 해설 참조　**23** 해설 참조　**24** 해설 참조

01 주철관을 가열하면서 주철관 안으로 물을 통과시키면, 주철관은 녹이 슬고 집기병에 수소 기체가 모인다. 이로부터 물이 분해되어 산소 기체와 수소 기체가 발생했음을 알 수 있다. 라부아지에는 물이 산소와 수소로 분해되는 이 실험을 통해 물이 물질을 이루는 기본 성분이라고 주장한 아리스토텔레스의 주장이 옳지 않음을 증명하였다.

02 원소는 더 이상 분해되지 않는 물질의 기본 성분이다. 물에 전기를 흘려 주면 물이 산소와 수소로 분해되므로 물은 원소가 아니다.

03 ④ 물을 전기 분해하면 수소 기체(A극에서 발생)가 산소 기체(B극에서 발생)보다 더 많이 발생한다.
오답 피하기| ① 순수한 물은 전류가 잘 흐르지 않으므로 수산화 나트륨을 조금 넣어 주어야 한다.
② 성냥불을 가까이했을 때 '퍽' 소리를 내며 타는 기체는 수소이다. 따라서 A극에서는 수소 기체가 발생하였다.
③ 불씨만 남은 향불이 다시 타오르게 하는 기체는 산소이다. 따라서 B극에서는 산소 기체가 발생하였다.
⑤ 이 실험을 통해 물은 물질을 이루는 기본 성분이 아님을 알 수 있다.

05 원소는 다른 물질로 분해되지 않으면서 물질의 기본이 되는 성분이다. 물질에는 한 가지 원소로 이루어진 물질도 있고, 여러 가지 원소로 이루어진 물질도 있다.
오답 피하기| ㄴ, ㅁ. 현재까지 알려진 원소의 종류는 118가지이며, 약 90가지는 자연에서 발견되었고, 나머지는 인공적으로 만든 것이다.

06 원소는 더 이상 분해되지 않는 물질이므로 B, D, E가 해당된다.
오답 피하기| A는 B와 C로 분해되므로 원소가 아니고, C는 D와 E로 분해되므로 원소가 아니다.

07 더 이상 다른 물질로 분해되지 않으면서 물질을 이루는 기본 성분을 원소라고 한다.
오답 피하기| 물, 공기, 암모니아, 나무, 에탄올은 다른 물질로 분해될 수 있으므로 원소가 아니다.

08 **오답 피하기**| 우주 왕복선의 연료로 이용되는 원소는 수소, 기계나 건축물의 재료로 이용되는 원소는 철, 과자 봉지의 충전 기체로 이용되는 원소는 질소, 생물의 호흡이나 물질의 연소에 이용되는 원소는 산소이다.

09 **오답 피하기**| ③ 소금은 염소와 나트륨으로 이루어진 물질이다.

10 **오답 피하기**| 리튬은 빨간색, 칼슘은 주황색, 나트륨은 노란색, 칼륨은 보라색을 나타낸다.

11 같은 금속 원소를 포함한 물질은 같은 불꽃 반응 색을 나타낸다. 황산 구리와 염화 구리는 모두 구리 원소를 포함하므로 청록색을 나타낸다.
오답 피하기| 칼륨을 포함한 질산 칼륨과 탄산 칼륨은 보라색, 칼슘을 포함한 염화 칼슘은 주황색, 나트륨을 포함한 염화 나트륨과 탄산 나트륨은 노란색을 나타낸다. 또한 리튬을 포함한 염화 리튬, 질산 리튬과 스트론튬을 포함한 질산 스트론튬은 빨간색을 나타낸다.

12 ②, ④ 불꽃 반응은 특정 불꽃 반응 색을 가지는 몇몇 금속 원소만을 구별할 수 있으며, 리튬과 스트론튬처럼 불꽃 반응 색이 비슷한 원소는 구별할 수 없다.
오답 피하기| ①, ③ 불꽃 반응 실험은 간단하고, 시료의 양이 적어도 원소를 구별할 수 있다.
⑤ 같은 금속 원소를 포함하면 같은 불꽃 반응 색이 나타난다.

13 불꽃 반응 색이 빨간색인 원소는 리튬 또는 스트론튬이고, 불꽃 반응 색이 청록색인 원소는 구리이다. 따라서 리튬과 구리, 또는 스트론튬과 구리를 사용해야 한다.

14 나트륨의 불꽃 반응 색은 노란색이다. 찌개 국물이 넘쳐 가스레인지의 불꽃이 노란색이 되었으므로 찌개 국물 속에는 나트륨이 들어 있을 것으로 예상할 수 있다.

15 ④ 질산 스트론튬의 불꽃 반응 색이 빨간색이므로 염화 스트론튬의 불꽃 반응 색도 빨간색일 것이다.

오답 피하기 | ①, ② 염화 구리의 불꽃 반응 색 (가)는 구리 원소에 의해 청록색이며, 염소 원소는 불꽃 반응 색을 나타내지 않는다.
③ 질산 칼륨의 불꽃 반응 색은 칼륨에 의해 보라색일 것이다.
⑤ 스트론튬과 리튬의 불꽃 반응 색은 비슷하므로 이 두 원소가 포함된 물질을 불꽃 반응으로 구별하기는 어렵다.

16 **오답 피하기** | ㄱ. 햇빛을 관찰하면 연속 스펙트럼이 나타나고, 금속 원소의 불꽃을 관찰하면 선 스펙트럼이 나타난다.
ㄷ. 시료의 양이 많아도 선 스펙트럼에 나타나는 선의 개수는 일정하다.

17 선 스펙트럼은 원소의 종류에 따라 선의 위치, 개수, 굵기, 색깔 등이 다르게 나타나므로 원소를 구별할 수 있다.

18 원소 A와 B의 선 스펙트럼에 있는 선의 위치, 개수, 색깔 등이 물질 (가)와 (다)의 선 스펙트럼에 모두 포함되므로 물질 (가)와 (다)는 원소 A와 B를 모두 포함한다.

19 ②와 ③의 선 스펙트럼이 물질 (가)의 선 스펙트럼에 모두 포함되므로 물질 (가)에 ②와 ③의 원소가 포함되어 있음을 알 수 있다.

20 ② 물은 수소와 산소로 이루어진 물질이므로 물을 분해하면 수소와 산소를 얻을 수 있다.

오답 피하기 | ①, ③ 다이아몬드는 탄소로만 이루어진 물질이므로 ㉠에 해당하는 원소는 탄소이고, 소금은 염소와 나트륨으로 이루어진 물질이므로 ㉡에 해당하는 원소는 나트륨이다.
④ 물을 이루는 산소와 설탕을 이루는 산소는 같은 원소이다.
⑤ 다이아몬드와 같이 한 가지 원소로 이루어진 물질도 있다.

21

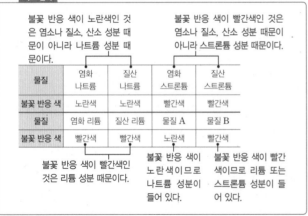

③ 물질 A의 불꽃 반응 색이 노란색인 것은 나트륨 성분 때문이다.
오답 피하기 | ①, ② 불꽃 반응 색은 금속 원소가 나타내는 것이므로 물질 A와 B에 각각 염소, 질소와 산소 성분이 들어 있다고 할 수 없다.
④ 물질 B의 불꽃 반응 색은 빨간색이므로 물질 B에는 리튬 또는 스트론튬 성분이 포함되어 있을 것이다. 하지만 스트론튬과 리튬

성분이 섞여 있다고 말할 수는 없다.
⑤ 물질 B의 불꽃 반응 색은 빨간색이지만 리튬 성분이 들어 있는지 스트론튬 성분이 들어 있는지 알 수 없다. 따라서 물질 B와 질산 스트론튬의 스펙트럼이 똑같이 나타난다고 할 수 없다.

22 발생한 기체의 양이 많은 (가)에서 수소 기체가, 발생한 기체의 양이 적은 (나)에서 산소 기체가 발생하였다.
모범 답안 수소, 성냥불을 가까이하면 '퍽' 소리를 내며 탄다.

채점 기준	배점
(가)에 모인 기체의 이름을 쓰고, 기체 확인 방법을 옳게 서술한 경우	100 %
(가)에 모인 기체의 이름만 옳게 쓰거나 기체 확인 방법만 옳게 서술한 경우	50 %

23 **모범 답안** (1) 니크롬선에 묻어 있는 불순물을 제거하기 위해서이다.
(2) 겉불꽃은 속불꽃보다 온도가 높고 무색이어서 불꽃 반응 색을 관찰하기에 좋기 때문이다.

	채점 기준	배점
(1)	(가) 과정의 역할을 옳게 서술한 경우	50 %
(2)	겉불꽃 속에 넣는 까닭을 옳게 서술한 경우	50 %

24 **모범 답안** (1) 불꽃 반응 실험에서 불꽃 반응 색을 확인한다.
(2) 불꽃 반응에서 나타나는 불꽃을 분광기로 관찰하여 선 스펙트럼으로 구별한다.

	채점 기준	배점
(1)	(가)에서 사용할 수 있는 방법을 옳게 서술한 경우	50 %
(2)	(나)에서 사용할 수 있는 방법을 옳게 서술한 경우	50 %

02 원자와 분자

중단원 핵심 정리

❶ 원자 ❷ 원자핵 ❸ 전자 ❹ 분자 ❺ 수소 원자 2개 ❻ 산소 원자 2개 ❼ 원소 기호 ❽ Li ❾ F ❿ P ⓫ K ⓬ Cu ⓭ CO_2 ⓮ CH_4 ⓯ H_2O_2

중단원 퀴즈

1 (1) ㉠ 전자, ㉡ 원자핵 (2) ㉠ (−), ㉡ (+), ㉢ 중성 **2** (1) 2개 (2) +6 **3** ㉠ 탄소, ㉡ 산소 **4** ㉠ 원소 기호, ㉡ 베르셀리우스 **5** ㉠ He, ㉡ 염소, ㉢ Mg, ㉣ 플루오린, ㉤ Si, ㉥ 칼슘 **6** ㉠ HCl, ㉡ 산소, ㉢ NH_3, ㉣ 일산화 탄소, ㉤ H_2O_2 **7** $2H_2O$

개념 문제 공략

1 ②, ③, ⑦, ⑨ **2** ①, ③, ⑤, ⑦, ⑧ **3** ①, ③, ⑥, ⑦, ⑧

1 ④ 원자에서 원자핵의 (+)전하량과 전자의 총 (−)전하량의 크기가 같으므로 원자는 전기적으로 중성이다.
⑩ 원자의 크기에 비해 원자핵과 전자의 크기는 매우 작으므로 원자의 대부분은 빈 공간이다.
오답 피하기 | ② 물질의 성질을 나타내는 가장 작은 입자는 분자이다.
③ 원자는 셀 수 있는 개념이고, 물질을 이루는 기본 성분으로서 셀 수 없는 개념은 원소이다.
⑦ 전자는 원자 부피의 매우 작은 부분을 차지한다.
⑨ 원자의 종류에 따라 전자의 개수가 다르다.

2 **오답 피하기** | ① 원자의 중심에 있는 A는 원자핵, 원자핵 주위에 있는 B는 전자이다.
③ A(원자핵)와 B(전자)는 원자 부피에 비해 매우 작아 원자의 대부분은 빈 공간이다.
⑤ A(원자핵)의 전하량은 원자의 종류에 따라 다르다.
⑦ B(전자)는 A(원자핵) 주위에서 끊임없이 움직이고 있다.
⑧ B(전자) 1개의 전하량은 −1이다.

3 **오답 피하기** | ① 물질을 이루는 기본 입자는 원자이고, 분자는 물질의 성질을 나타내는 가장 작은 입자이다.
③ 중성 원자가 전자를 잃거나 얻어 전하를 띠게 된 입자는 이온이다.
⑥ 헬륨 분자와 같이 원자 1개로 이루어진 분자도 있다.
⑦ 수소 분자와 같이 같은 종류의 원자가 결합하여 만들어진 분자도 있다.
⑧ 분자를 이루는 원소의 종류가 같아도 원자의 개수가 다르면 다른 분자이다.

암기 문제 공략

1 ㉠ H, ㉡ Be, ㉢ C, ㉣ O, ㉤ Ne, ㉥ Si, ㉦ S, ㉧ Li, ㉨ Mg, ㉩ Ca, ㉪ Fe, ㉫ Zn, ㉬ Pb, ㉭ I **2** ㉠ 헬륨, ㉡ 붕소, ㉢ 질소, ㉣ 플루오린, ㉤ 아르곤, ㉥ 인, ㉦ 염소, ㉧ 나트륨(소듐), ㉨ 알루미늄, ㉩ 칼륨(포타슘), ㉪ 망가니즈, ㉫ 구리, ㉬ 은, ㉭ 금 **3** ① Na → Ne ③ Fl → F, ⑤ S → Si ⑦ AL → Al ⑩ Gu → Cu **4** ㉠ H_2, ㉡ N_2, ㉢ H_2O, ㉣ CO, ㉤ NH_3, ㉥ CH_4 **5** ㉠ 산소, ㉡ 염화 수소, ㉢ 이산화 탄소, ㉣ 과산화 수소, ㉤ 오존 **6** ④, ⑤, ⑥, ⑨, ⑩

6 **오답 피하기** | ④ 원자의 총 개수는 (분자의 개수)×(분자 1개를 이루는 원자의 개수)=3×5개=15개이다.
⑤ 분자 1개를 이루는 원자의 개수는 C 원자 1개+H 원자 4개=총 5개이다.
⑥ 분자 1개를 이루는 탄소 원자의 개수는 1개이다.
⑨ 수소 원자의 총 개수는 3×4개=12개이다.
⑩ 분자를 이루는 원자의 종류는 탄소와 수소 2가지이다.

중단원 기출 문제

01 ④	02 ③	03 ③	04 ③	05 ④	06 ④	07 ③	08 ①
09 ⑤	10 ①	11 ③, ④	12 하연	13 ①	14 ⑤	15 ②	16 ②
17 ③	18 ⑤	19 ②, ③	20 ③	21 ②	22 ④	23 해설 참조	
24 해설 참조	25 해설 참조	26 해설 참조					

01 ㄴ. 물질을 계속 쪼개면 더 이상 쪼개지지 않는 입자에 도달하는데, 이는 물질이 입자로 이루어져 있기 때문이다.
ㄹ. 물 50 mL와 에탄올 50 mL를 섞으면 전체 부피는 100 mL보다 작다. 이는 물과 에탄올이 각각 입자로 되어 있고, 큰 입자 사이로 작은 입자가 끼어 들어가기 때문이다.

02 ③ 원자의 종류에 따라 전자의 개수가 다르다.
오답 피하기 | ① 원자는 물질을 이루는 기본 입자이고, 물질의 성질을 가진 가장 작은 입자는 분자이다.
② 원자는 전기적으로 중성이다.
④ 원자핵과 전자는 원자의 부피에 비해 매우 작으므로 원자 내부는 대부분 빈 공간이다.
⑤ 원자는 일반 현미경으로도 볼 수 없을 만큼 크기가 작다.

03 ③ A(원자핵)의 전하량은 원자의 종류에 따라 다르다.
오답 피하기 | ①, ② A는 원자핵, B는 전자이다.
④ 전자인 B 1개의 전하량은 −1로 동일하다.
⑤ 원자핵인 A는 다른 원자로 이동할 수 없고, 전자인 B는 이동할 수 있다.

04 원자핵의 전하량은 +8이고, 전자 1개의 전하량은 −1이므로 전자 8개의 총 전하량은 −8이 되어 원자 전체적으로는 중성이다.
오답 피하기 | ③ 전자 1개의 전하량은 −1이다.

05 리튬 원자의 원자핵의 전하량은 +3이고, 원자핵 주변을 움직이고 있는 전자의 개수는 3개이다. 따라서 ④가 옳은 모형이다.

06 오답 피하기ㅣ ④ 원자 모형은 원자의 크기가 매우 작아 눈으로 볼 수 없으므로 원자의 구조를 이해하기 쉽게 모형을 이용하여 나타낸 것으로, 원자의 실제 모양과 같지는 않다.

07 한 원자에서 원자핵의 (+)전하량과 전자의 총 (−)전하량은 같아 원자는 전기적으로 중성이다. 플루오린의 전자의 개수가 9개이므로 전자의 총 전하량은 −9이다. 따라서 원자핵의 전하량은 +9이다.
오답 피하기ㅣ ㉠은 +2, ㉡은 7, ㉢은 10, ㉣은 +12이다.

08 ① 분자는 물질의 성질을 가진 가장 작은 입자이다.
오답 피하기ㅣ ② 분자는 원자로 나누어질 수 있다.
③ 물질들 중에는 구리, 염화 나트륨과 같이 분자로 이루어지지 않은 물질들도 있다.
④ 분자 중에는 헬륨 분자와 같이 한 개의 원자로 이루어진 분자도 있다.
⑤ 분자 중에는 수소 분자와 같이 같은 종류의 원자가 결합하여 이루어진 것도 있고, 염화 수소 분자와 같이 서로 다른 종류의 원자가 결합하여 이루어진 것도 있다.

09 메테인 분자는 2종류의 원자로 이루어져 있고, 원자의 개수가 각각 1개, 4개이므로 이를 모형으로 나타내면 ⑤와 같다.

10 돌턴은 원 안에 알파벳이나 다른 표시를 덧붙여 원소를 구별하였다. 중세 시대에는 발견된 원소의 수가 많지 않았기 때문에 연금술사들은 발견된 원소를 자신들만이 알 수 있는 그림으로 나타내었다. 베르셀리우스는 원소의 라틴어나 영어 이름의 첫 글자를 알파벳 대문자로 나타내고, 첫 글자가 같을 때에는 중간 글자를 택하여 첫 글자 다음에 소문자로 나타내었다.

11 오답 피하기ㅣ 구리의 원소 기호는 Cu, 알루미늄의 원소 기호는 Al, 아이오딘의 원소 기호는 I이며, Ar은 아르곤의 원소 기호이다.

12 오답 피하기ㅣ 하연: 분자를 이루는 원자의 종류가 같아도 원자의 개수가 다르면 성질이 다르다. 따라서 물과 과산화 수소는 성질이 다르다.

13 (가)는 염소, (나)는 규소, (다)는 헬륨에 관한 설명이며, 각각을 원소 기호로 나타내면 (가) Cl, (나) Si, (다) He이다.

14 오답 피하기ㅣ 수소의 분자식은 H_2, 산소의 분자식은 O_2, 메테인의 분자식은 CH_4, 염화 수소의 분자식은 HCl이다. H는 수소 원자의 원소 기호이고, O_3는 오존의 분자식이다.

15 암모니아 분자를 이루는 원자의 종류는 질소와 수소 2종류이다. 암모니아 분자 1개를 이루는 원자의 개수는 4개(질소 원자 1개, 수소 원자 3개)이고 분자의 개수는 3개이므로 원자의 총 개수는 12개이다.

16 오답 피하기ㅣ (가)는 산소 분자(O_2), (나)는 오존 분자(O_3)를 나타낸 모형이다. 산소와 오존은 같은 산소 원자로 이루어진 물질이지만, 산소 원자의 개수가 다르므로 성질이 다르다.

17 수소의 분자식은 H_2, 염소의 분자식은 Cl_2, 메테인의 분자식은 CH_4, 염화 수소의 분자식은 HCl, 과산화 수소의 분자식은 H_2O_2이므로 분자 1개를 이루는 원자의 개수가 가장 많은 것은 메테인이다.

18 탄소는 C, 산소는 O이고, 분자 1개를 이루는 원자의 개수를 원소 기호 오른쪽 아래에 작은 숫자로 나타내면 CO_2가 된다. 분자의 개수는 맨 앞에 숫자로 나타내므로 $3CO_2$가 된다.

19 ②, ③ 주어진 분자식은 암모니아 분자 3개를 나타낸다. 암모니아는 질소와 수소로 이루어져 있다.
오답 피하기ㅣ ①, ④ 분자의 종류는 암모니아이며, 분자 1개를 이루는 원자는 질소 원자 1개와 수소 원자 3개로 총 4개이다.
⑤ 수소 원자의 총 개수는 3×3개=9개이다.

20

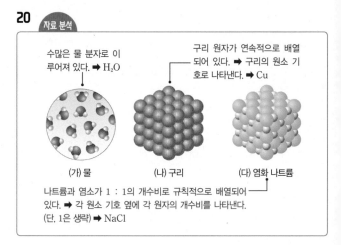

오답 피하기ㅣ ① (가)는 분자로 이루어져 있지만, (나)와 (다)는 분자로 이루어져 있지 않다.
② (가)와 (다)는 2종류의 원소로 이루어져 있고, (나)는 한 종류의 원소로 이루어져 있다.
④ (다)는 나트륨과 염소가 1 : 1의 개수비로 결합되어 있다.
⑤ 각각의 화학식은 (가) H_2O, (나) Cu, (다) NaCl이다.

21 원자의 총 개수는 6개, 분자의 개수는 2개이므로 분자 1개를 이루는 원자의 개수는 3개이다. 분자를 이루는 구성 원소는 황과 수소이고, 분자 1개를 이루는 황 원자의 개수가 1개이므로 분자 1개를 이루는 수소 원자의 개수는 2개이다. 따라서 분자식은 $2H_2S$이다.

22

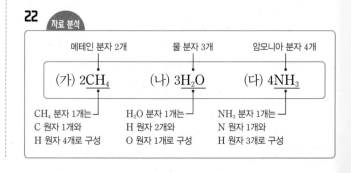

④ 원자의 총 개수는 (가) 2×5개$=10$개, (나) 3×3개$=9$개, (다) 4×4개$=16$개이다.

오답 피하기| ① 분자의 개수는 (가) 2개, (나) 3개, (다) 4개이다.

② 수소 원자의 총 개수는 (가) 2×4개$=8$개, (나) 3×2개$=6$개, (다) 4×3개$=12$개이다.

③ 분자 1개를 구성하는 원자의 개수는 (가) 5개, (나) 3개, (다) 4개이다.

⑤ 분자를 구성하는 원소의 종류는 모두 2종류이다.

23 두 액체를 섞으면 크기가 작은 입자가 큰 입자 사이로 끼어 들어가므로 전체 부피는 두 액체의 부피의 합보다 작다. 이는 물질이 입자로 이루어져 있다는 증거가 된다.

모범 답안 (1) 두 액체의 부피의 합인 100 mL보다 작다.

(2) 작은 입자가 큰 입자 사이로 끼어 들어가기 때문에 전체 부피가 각 부피의 합보다 작아진다.

	채점 기준	배점
(1)	전체 부피를 옳게 예상한 경우	50 %
(2)	(1)과 같이 예상한 까닭을 옳게 서술한 경우	50 %

24 원자는 전기적으로 중성이다.

모범 답안 6개, 원자핵의 (+)전하량과 전자의 총 (−)전하량이 같아야 하며, 전자 1개의 전하는 −1이므로 전자의 개수는 6개이다.

채점 기준	배점
전자의 개수를 쓰고, 그 까닭을 옳게 서술한 경우	100 %
전자의 개수만 옳게 쓴 경우	50 %

25 **모범 답안** 원소 이름의 첫 글자를 알파벳의 대문자로 나타내고, 첫 글자가 같을 때는 적당한 중간 글자를 택하여 첫 글자 다음에 소문자로 나타낸다.

채점 기준	배점
원소 기호의 첫 글자와 두 번째 글자를 나타내는 방법을 모두 옳게 서술한 경우	100 %
원소 기호의 첫 글자를 나타내는 방법만 옳게 서술한 경우	50 %

26 **모범 답안** (1) $3CH_4$

(2) 탄소 원자 3개, 수소 원자 12개

	채점 기준	배점
(1)	분자식을 옳게 나타낸 경우	50 %
(2)	필요한 탄소 원자와 수소 원자의 개수를 옳게 쓴 경우	50 %

03 이온

중 단 원 핵심 정리
시험 대비 교재 16쪽

❶ (+) ❷ (−) ❸ 마그네슘 이온 ❹ 산화 이온 ❺ Ca^{2+} ❻ 염화 이온 ❼ (−) ❽ (+) ❾ 구리 이온(Cu^{2+}) ❿ $CaCO_3$ ⓫ SO_4^{2-} ⓬ PbI_2 ⓭ S^{2-} ⓮ PbS

중단원 퀴즈
시험 대비 교재 17쪽

1 (가) 음이온 (나) 양이온 **2** ㉠ Al^{3+}, ㉡ 칼륨 이온, ㉢ I^-, ㉣ 황화 이온, ㉤ CO_3^{2-} **3** $Li \longrightarrow Li^+ + \ominus$ **4** (1) (−)극, 구리 이온 (2) (+)극, 과망가니즈산 이온 **5** $AgCl$, 염화 은 **6** (1) $BaSO_4$, 흰색 (2) CuS, 검은색

모형 문제 공략
시험 대비 교재 18쪽

1 ③ **2** ③, ④ **3** ④ **4** ②

1 **오답 피하기**| ①, ② (가)는 전기적으로 중성인 원자, (나)는 (+)전하를 띠는 양이온, (다)는 (−)전하를 띠는 음이온이다.

④ (나)는 리튬 원자가 전자 1개를 잃어 형성된 양이온으로 리튬 이온(Li^+)이다.

⑤ (다)는 플루오린 원자가 전자 1개를 얻어 형성된 음이온으로 플루오린화 이온(F^-)이다.

2 **오답 피하기**| ③, ④ (가)는 산소 원자가 전자 2개를 얻어 형성된 음이온인 산화 이온(O^{2-})이고, (나)는 마그네슘 원자가 전자 2개를 잃어 형성된 양이온인 마그네슘 이온(Mg^{2+})이다.

3 리튬 원자는 전자 1개를 잃고 (+)전하를 띤 양이온이 되므로 $Li \longrightarrow Li^+ + \ominus$로 나타낼 수 있다.

산소 원자는 전자 2개를 얻어 (−)전하를 띤 음이온이 되므로 $O + 2\ominus \longrightarrow O^{2-}$로 나타낼 수 있다.

4 (가)는 원자가 전자 2개를 잃고 형성된 양이온이므로 Mg^{2+}을 예로 들 수 있다.

오답 피하기| ①은 원자가 전자 1개를 잃고 형성된 양이온, ③은 원자가 전자 3개를 잃고 형성된 양이온, ④는 원자가 전자 1개를 얻어 형성된 음이온, ⑤는 원자가 전자 2개를 얻어 형성된 음이온이다.

암기 문제 공략
시험 대비 교재 19쪽

1 ② **2** ④ **3** ① **4** ② **5** ㄱ, ㄹ

1 ①에서는 염화 은의 흰색 앙금이, ③에서는 탄산 칼슘의 흰색 앙금이, ④에서는 황산 바륨의 흰색 앙금이, ⑤에서는 황화 카드뮴의 노란색 앙금이 생성된다.

2 **오답 피하기**| ①에서 생성되는 앙금은 AgCl의 흰색 앙금, ②에서 생성되는 앙금은 $BaSO_4$의 흰색 앙금, ③에서 생성되는 앙금은 PbS의 검은색 앙금, ⑤에서 생성되는 앙금은 PbI_2의 노란색 앙금이다.

3 ① Pb^{2+}과 I^-이 반응하면 PbI_2의 노란색 앙금이 생성된다.

4 ② 탄산 칼륨 수용액의 탄산 이온(CO_3^{2-})과 칼슘 이온(Ca^{2+})이 반응하여 탄산 칼슘($CaCO_3$)의 흰색 앙금을 생성한다.

오답 피하기| 미지의 수용액에 Ag^+이 들어 있다면 염화 바륨 수용액과 흰색 앙금을 생성했을 것이고, Cl^-이 들어 있다면 질산 은 수용액과 흰색 앙금을 생성했을 것이다. 또한 CO_3^{2-}이나 SO_4^{2-}이 들어 있다면 염화 바륨 수용액과 흰색 앙금을 생성했을 것이다.

5 질산 납 수용액의 Pb^{2+}과 노란색 앙금을 생성하는 이온은 I^-이므로 (가) 수용액에는 I^-이 존재한다. 또한 혼합 용액에는 질산 납 수용액 속에 들어 있던 NO_3^- 외에도 K^+이 들어 있으므로 (가) 수용액에는 K^+이 존재한다.

중단원 **기출 문제**   시험 대비 교재 20~23쪽

01 ③ 02 ⑤ 03 ① 04 ② 05 ④ 06 ② 07 ① 08 ③
09 ④ 10 ① 11 ③ 12 ②, ③ 13 ⑤ 14 ④ 15 ㄱ, ㄴ 16 ③
17 ③ 18 ② 19 ③ 20 ④ 21 해설 참조 22 해설 참조 23 해설 참조

01 **오답 피하기**| ③ 원자가 전자를 잃으면 (+)전하를 띠는 양이온이 형성되는데, 이때 원자핵의 전하량은 변하지 않는다.

02 **오답 피하기**| ①, ② (가)는 음이온 형성 과정, (나)는 양이온 형성 과정이다.
③ A 이온은 원자 A가 전자 2개를 얻었으므로 (+)전하량<(−)전하량이다.
④ B 이온은 원자 B가 전자 1개를 잃었으므로 (+)전하량>(−)전하량이다.

03 원자가 전자 2개를 얻어 형성된 A 이온의 예로는 O^{2-}이 있고, 원자가 전자 1개를 잃어 형성된 B 이온의 예로는 K^+이 있다.

04 ㄱ, ㄷ. (가)는 (+)전하량>(−)전하량인 양이온이며, 리튬은 원자핵의 전하량이 +3이므로 리튬 원자의 전자의 개수는 3개이다.
오답 피하기| ㄴ. (나)는 (+)전하량<(−)전하량인 음이온이다.
ㄹ. (나)는 원자핵의 전하량이 +9이고 전자의 개수가 10개이므로 플루오린 원자가 전자 1개를 얻어서 형성된 이온이다.

05 원자핵의 (+)전하량이 전자의 총 (−)전하량보다 큰 (다)와 (라)는 양이온이다.
오답 피하기| 원자핵의 (+)전하량과 전자의 총 (−)전하량이 같은 (가)는 원자이고, 원자핵의 (+)전하량이 전자의 총 (−)전하량보다 작은 (나)는 음이온이다.

06 **오답 피하기**| O^{2-}−산화 이온, K^+−칼륨 이온, Na^+−나트륨 이온, CO_3^{2-}−탄산 이온

07 알루미늄 원자(Al)의 원자핵 전하량이 +13이므로 알루미늄 원자(Al)가 가지고 있는 전자의 개수는 13개이다. 알루미늄 이온(Al^{3+})은 알루미늄 원자가 전자 3개를 잃고 형성되므로 알루미늄 이온(Al^{3+})이 가지는 전자의 개수는 10개이다.

08 **오답 피하기**| ③ Ca 원자의 원자핵 전하량이 +20이므로 Ca 원자가 가지는 전자의 개수는 20개이며, 주어진 이온은 Ca 원자가 전자 2개를 잃어 형성된 이온이므로 이온이 가지는 전자의 개수는 18개이다.

09 (+)전하를 띠는 양이온은 (−)극으로, (−)전하를 띠는 음이온은 (+)극으로 이동한다. 따라서 (−)극으로 이동하는 파란색 입자는 황산 구리(Ⅱ) 수용액 속의 양이온인 구리 이온이고, (+)극으로 이동하는 보라색 입자는 과망가니즈산 칼륨 수용액 속의 음이온인 과망가니즈산 이온이다.
오답 피하기| ④ 색을 띠지 않는 이온도 각각 반대 전하를 띤 전극으로 이동하지만, 색을 띠지 않으므로 눈으로 확인할 수 없을 뿐이다.

10 이온이 들어 있는 수용액에 전원을 연결하면 양이온은 (−)극으로, 음이온은 (+)극으로 이동한다. 따라서 양이온인 Na^+은 (−)극으로, 음이온인 Cl^-은 (+)극으로 이동한다.

11 ③ 나트륨 이온과 질산 이온은 서로 반응하지 않으므로 혼합 용액 속에 이온 상태로 존재한다.
오답 피하기| ①, ② 생성된 앙금은 흰색이고 이름은 염화 은(AgCl)이다.
④ 염화 은(AgCl)은 양이온인 은 이온(Ag^+)과 음이온인 염화 이온(Cl^-)이 1 : 1의 개수비로 반응하여 생성된다.
⑤ 혼합 용액에는 나트륨 이온(Na^+)과 질산 이온(NO_3^-)이 이온 상태로 존재하므로 전기 전도성이 있다.

12 **오답 피하기**| 염화 은은 흰색, 황산 바륨은 흰색, 아이오딘화 납은 노란색 앙금이다.

13 염화 칼슘 수용액의 염화 이온(Cl^-)은 은 이온(Ag^+)과 반응하여 염화 은(AgCl)의 흰색 앙금을 생성하고, 칼슘 이온(Ca^{2+})은 황산 이온(SO_4^{2-}) 또는 탄산 이온(CO_3^{2-})과 반응하여 황산 칼슘($CaSO_4$) 또는 탄산 칼슘($CaCO_3$)의 흰색 앙금을 생성한다. 따라서 은 이온을 포함한 질산 은 수용액 또는 황산 이온을 포함한 황산 나트륨 수용액 또는 탄산 이온을 포함한 탄산 칼륨 수용액으로 예상할 수 있다.

14 질산 납 수용액 속의 납 이온(Pb^{2+})과 아이오딘화 칼륨 수용액 속의 아이오딘화 이온(I^-)이 반응하여 아이오딘화 납(PbI_2)의 노란색 앙금을 생성하며, A인 질산 이온(NO_3^-)과 B인 칼륨 이온(K^+)은 앙금을 생성하지 않고 이온 상태로 존재한다.

오답 피하기│ ④ 앙금의 화학식은 PbI_2이다.

15 K^+과 NO_3^-은 다른 이온과 앙금을 생성하지 않으므로 앙금 생성 반응으로 확인할 수 없다.

16 (가)와 (다)에서는 Ag^+과 Cl^-이 반응하여 AgCl의 흰색 앙금이 생성되고, (사)와 (아)에서는 Ca^{2+}과 CO_3^{2-}이 반응하여 $CaCO_3$의 흰색 앙금이 생성된다.

17 불꽃 반응 색이 청록색인 원소는 구리이고, 질산 은 수용액의 은 이온과 반응하여 흰색 앙금을 생성하는 이온은 염화 이온이다. 따라서 물질 X는 구리 이온과 염화 이온을 포함하는 염화 구리(Ⅱ)라고 할 수 있다.

18 아이오딘화 칼륨 수용액 속의 아이오딘화 이온이 공장 폐수 속의 납 이온과 반응하여 아이오딘화 납의 노란색 앙금을 생성한 것이다. 따라서 공장 폐수 속에는 납 이온이 들어 있을 것으로 예상할 수 있다.

19 수용액 속에 이온이 들어 있으면 전기가 통한다. 증류수와 설탕 수용액에는 이온이 들어 있지 않으므로 전기가 통하지 않고, 염화 나트륨 수용액과 이온 음료 속에는 이온이 들어 있으므로 전기가 통한다.

오답 피하기│ ③ 설탕 수용액에는 이온이 존재하지 않으므로 농도를 진하게 해도 전기가 통하지 않는다.

20 《자료 분석》

수용액	Ag^+, NO_3^- AgNO_3	Na^+, CO_3^{2-} Na_2CO_3	Na^+, SO_4^{2-} Na_2SO_4
K^+, Cl^- → KCl	(가)AgCl	×	×
Ca^{2+}, Cl^- → $CaCl_2$	(나)AgCl	(다)$CaCO_3$	(라)$CaSO_4$
Ba^{2+}, Cl^- → $BaCl_2$	(마)AgCl	(바)$BaCO_3$	(사)$BaSO_4$
Na^+, NO_3^- → $NaNO_3$	×	×	×

(가), (나), (마)는 $Ag^+ + Cl^- \longrightarrow$ AgCl(흰색 앙금), (다)는 $Ca^{2+} + CO_3^{2-} \longrightarrow CaCO_3$(흰색 앙금), (라)는 $Ca^{2+} + SO_4^{2-} \longrightarrow CaSO_4$(흰색 앙금), (바)는 $Ba^{2+} + CO_3^{2-} \longrightarrow BaCO_3$(흰색 앙금), (사)는 $Ba^{2+} + SO_4^{2-} \longrightarrow BaSO_4$(흰색 앙금)의 반응에 의해 각각 생성된 앙금이다.

21 《모범 답안》 (1) (가) 양이온 (나) 원자 (다) 음이온
(2) (가)는 원자가 전자 1개를 잃어 형성된 양이온이다. (다)는 원자가 전자 2개를 얻어 형성된 음이온이다.

	채점 기준	배점
(1)	(가)∼(다)를 옳게 구분한 경우	50 %
(2)	(가)와 (다)의 형성 과정을 옳게 서술한 경우	50 %

22 Ca^{2+}과 CO_3^{2-}이 반응하여 $CaCO_3$의 흰색 앙금을 생성하고, Cl^-과 K^+은 혼합 용액 속에 이온 상태로 존재한다.

《모범 답안》

채점 기준	배점
앙금의 화학식과 이온식을 모두 옳게 써 넣은 경우	100 %
그 외의 경우	0 %

23 Ag^+, Ca^{2+}, Cu^{2+}이 들어 있는 수용액에 염화 나트륨 수용액을 넣으면 Ag^+이 Cl^-과 반응하여 AgCl의 흰색 앙금을 생성하고, 거른 용액에는 Ca^{2+}과 Cu^{2+}이 남아 있다. 이 거른 용액에 황산 나트륨 수용액을 넣으면 Ca^{2+}이 SO_4^{2-}과 반응하여 $CaSO_4$의 흰색 앙금을 생성하고, 거른 용액에는 Cu^{2+}이 남는다.

《모범 답안》 (1) 앙금 (가): AgCl, 앙금 (나): $CaSO_4$
(2) Cu^{2+}

	채점 기준	배점
(1)	앙금 (가)와 앙금 (나)의 화학식을 옳게 쓴 경우	50 %
(2)	거른 용액 (다)에 남은 이온의 이온식을 옳게 쓴 경우	50 %

Ⅱ 전기와 자기 　　　　　》》》

01 전기의 발생

중단원 퀴즈 　　　　시험 대비 교재 25쪽

1 (1) ㉠ 원자, ㉡ 전자, ㉢ 원자핵 (2) ㉠ C, ㉡ B 　**2** 전자 　**3** ㉠ 대
전, ㉡ 대전체 　**4** ㉠ 전기력, ㉡ 인력, ㉢ 척력 　**5** ㉠ 정전기 유도,
㉡ 다른 　**6** ㉠ B, ㉡ A, ㉢ (−), ㉣ (+) 　**7** 검전기 　**8** ㉠ 금속판,
㉡ 금속 막대, ㉢ 금속박 　**9** 벌어진다 　**10** ㉠ 더 벌어진다, ㉡ 오므라
든다

개념 문제 공략 　　　　시험 대비 교재 26쪽

1 (1) 털가죽 (2) 플라스틱 (3) ㉠ (+), ㉡ (−) 　**2** ④ 　**3** (1) (−)전하
(2) (+)전하 (3) (+)전하 (4) (+)전하 (5) (−)전하 　**4** ⑤ 　**5** C−D−
B−A 　**6** B: (−)전하, C: (+)전하 　**7** A: (−)전하, D: (+)전하

1 (+) 쪽에 있는 물체는 전자를 잃기 쉽고, (−) 쪽에 있는 물
체는 전자를 얻기 쉽다. 따라서 두 물체를 마찰할 때 전자가 (+)
쪽에 있는 물체에서 (−) 쪽에 있는 물체로 이동하여 두 물체가 대
전되는 것이다.

2 유리 막대를 (−)전하로 대전시키려면 유리보다 (+) 쪽에 가
까운 물체와 마찰하면 된다. 따라서 털가죽과 마찰할 때 유리 막대
가 (−)전하로 대전된다.

3 두 물체를 마찰할 때 물체가 (+) 쪽에 있으면 (+)전하를 띠
고, (−) 쪽에 있으면 (−)전하를 띤다.

4 대전되는 순서에서 멀리 떨어져 있는 물체끼리 마찰할수록 대
전이 잘 된다. 따라서 털가죽과 플라스틱을 마찰할 때 대전이 가장
잘 된다.

5 두 물체를 마찰할 때 전자를 잃는 물체는 (+)전하로 대전되
고, 전자를 얻는 물체는 (−)전하로 대전된다. 따라서 전자를 가장
잃기 쉬운 물체는 C이고, 전자를 가장 얻기 쉬운 물체는 A이므로
대전되는 순서는 (+) C−D−B−A (−)이다.

6 C가 B보다 전자를 잃기 쉬우므로 C는 (+)전하로 대전되고,
B는 (−)전하로 대전된다.

7 D가 A보다 전자를 잃기 쉬우므로 D는 (+)전하로 대전되고,
A는 (−)전하로 대전된다.

중단원 기출 문제 　　　　시험 대비 교재 27~31쪽

01 ⑤ 　**02** ㄴ, ㄷ, ㄹ 　**03** ④ 　**04** ② 　**05** 척력 　**06** ② 　**07** ③, ⑤
08 ③ 　**09** ② 　**10** (−)전하 　**11** B, D 　**12** ⑤ 　**13** ③ 　**14** ②
15 ③, ⑤ 　**16** ⑤ 　**17** ⑤ 　**18** ㄱ, ㄴ, ㄷ 　**19** ② 　**20** ④ 　**21** ⑤
22 ② 　**23** ④ 　**24** 해설 참조 　**25** 해설 참조 　**26** 해설 참조
27 해설 참조 　**28** 해설 참조 　**29** 해설 참조

01 모든 물질은 원자로 이루어져 있고, 원자는 원자핵과 전자로
이루어져 있다. 전자는 (−)전하를 띠고, 원자핵은 (+)전하를 띠
며, 일반적으로 원자는 (+)전하의 양과 (−)전하의 양이 같아 전
하를 띠지 않는다.

02 ㄴ, ㄷ, ㄹ. 고무풍선과 털가죽을 마찰하면 두 물체 사이에서
전자가 이동하여 한 물체는 (+)전하로, 다른 한 물체는 (−)전하
로 대전된다. 따라서 마찰한 고무풍선과 털가죽을 가까이 하면 서
로 끌어당기는 인력이 작용한다.
오답 피하기 ㄱ. 마찰한 후 두 물체가 전하를 띠는 것은 마찰 과정
에서 원래 있던 전자가 두 물체 사이에서 이동하기 때문이다.

03 머리를 빗을 때 머리카락이 빗에 달라붙는 것은 마찰 전기에
의한 현상이다.
ㄱ, ㄴ, ㄷ. 모두 마찰 전기에 의한 현상이다.
오답 피하기 ㄹ. 자석의 N극과 S극을 가까이 할 때 서로 끌어당겨
붙는 것은 자기력 때문이다.

04 유리와 명주를 마찰할 때 유리에서 명주로 전자가 이동하여
유리는 (+)전하로, 명주는 (−)전하로 대전되는 것이다. 따라서
유리는 (+)전하의 양이 (−)전하의 양보다 많고, 명주는 (+)전하
의 양이 (−)전하의 양보다 적다.
오답 피하기 두 물체를 마찰할 때 전자나 원자핵은 없어지거나 새로
생기지 않으며, 원자핵은 이동하지 않는다.

05 두 빨대 A, B를 각각 털가죽으로 문질렀으므로 A와 B는 모
두 같은 종류의 전하로 대전된다. 따라서 A와 B 사이에는 서로 밀
어내는 척력이 작용한다.

06 다른 종류의 전하를 띤 A와 B, C와 D 사이에는 서로 끌어당
기는 힘인 인력이 작용하고, 같은 종류의 전하를 띤 B와 C 사이에
는 서로 밀어내는 힘인 척력이 작용한다.

07 ③, ⑤ 정전기 유도는 대전체와의 전기력에 의해 금속 내부의
전자가 이동하기 때문에 나타나며, 대전체와 가까운 쪽은 대전체
와 다른 종류의 전하로, 먼 쪽은 대전체와 같은 종류의 전하로 대
전되므로 물체의 양 끝은 다른 종류의 전하를 띤다.
오답 피하기 ① 정전기 유도는 전자가 이동할 수 있는 금속에서 나
타난다.

② 두 물체를 마찰할 때 발생하는 것은 마찰 전기이다.

④ 대전체를 치우면 전기력이 작용하지 않으므로 전자는 원래의 위치로 이동한다. 따라서 물체는 전하를 띠지 않는다.

08 털가죽으로 플라스틱 막대를 문지르면 마찰 전기가 발생하여 털가죽과 플라스틱 막대는 각각 대전된다. 이렇게 대전된 물체를 알루미늄 캔에 가까이 하면 정전기 유도가 일어나므로 털가죽이나 플라스틱 막대와 알루미늄 캔 사이에 인력이 작용한다. 따라서 (가)와 (나)에서 알루미늄 캔은 털가죽과 막대 쪽으로 끌려온다.

09 ② 정전기 유도에 의해 금속 막대의 A 부분은 (+)전하로, B 부분은 (−)전하로 대전되므로, (−)대전체와 인력이 작용하여 금속 막대는 대전체 쪽으로 끌려온다.

오답 피하기 ① A 부분은 (+)전하를 띤다.

③, ④ 대전체와의 척력에 의해 전자가 A에서 B 쪽으로 이동하므로 A와 B는 다른 종류의 전하를 띤다.

⑤ 정전기 유도에 의해 금속 막대 내부의 전자가 이동하여 대전되는 것이다.

10 휴지가 플라스틱 막대보다 전자를 잃기 쉬우므로, 휴지로 플라스틱 막대를 문지르면 플라스틱 막대는 (−)전하를 띠고, 휴지는 (+)전하를 띤다.

11 정전기 유도에 의해 대전체와 먼 쪽이 대전체와 같은 종류의 전하를 띤다. 따라서 플라스틱 막대에 의해 알루미늄 막대의 B 부분이, 알루미늄 막대의 B 부분에 의해 고무풍선의 D 부분이 플라스틱 막대와 같은 종류의 전하를 띤다.

12 ㄱ, ㄴ, ㄷ. 정전기 유도에 의해 대전체와 가까운 금속판은 대전체와 다른 종류의 전하를 띠고, 금속박은 대전체와 같은 종류의 전하를 띤다. 따라서 금속판과 금속박은 다른 종류의 전하를 띤다.

ㄹ. 같은 종류의 전하를 띤 두 장의 금속박 사이에는 척력이 작용하므로 금속박은 벌어지게 된다.

13 (−)전하로 대전된 검전기에 (−)대전체를 가까이 하면 금속판의 전자들이 척력을 받아 금속박으로 이동하므로 금속박이 띠는 (−)전하의 양이 많아진다. 따라서 금속박은 더 벌어지게 된다.

14 정전기 유도에 의해 대전체와 가까운 쪽은 다른 종류의 전하로 대전되고, 먼 쪽은 같은 종류의 전하로 대전된다. 따라서 A와 먼 C와 C와 먼 E가 (−)전하를 띠고, B와 D는 (+)전하를 띤다.

15 ①, ④ 정전기 유도에 의해 금속 막대와 검전기가 대전되므로 금속박 E는 벌어지며, 플라스틱 막대에 대전된 전하의 양이 많을수록 금속박은 더 많이 벌어진다.

② (−)대전체와의 척력에 의해 금속 막대에서 전자는 B에서 C로 이동한다.

오답 피하기 ③ 금속 막대에서 C 부분이 A와 같은 (−)전하를 띠므로 대전체와의 척력에 의해 금속판 D의 전자가 금속박 E로 이동한다.

⑤ (−)대전체 대신 (+)대전체를 가까이 하면 금속박 E가 (+)전하로 대전되어 벌어지게 된다.

16 금속판에 대전체를 가까이 하면 정전기 유도에 의해 금속박이 벌어진다. 따라서 금속박이 벌어진 B와 C가 대전된 물체이다.

17 ⑤ 대전체에 대전된 전하의 양이 많을수록 금속박이 많이 벌어지므로 C에 대전된 전하의 양이 B에 대전된 전하의 양보다 많다는 것을 알 수 있다.

오답 피하기 ① A는 대전체가 아니다.

②, ③ 표의 관찰 결과만으로는 B와 C가 어떤 종류의 전하로 대전되어 있는지 알 수 없다.

④ 대전된 전하의 양은 C가 더 많다.

18 ㄱ, ㄴ. 대전체를 가까이 할 때 금속박이 벌어지는 것으로 물체의 대전 여부를 알 수 있는데, 이때 금속박이 벌어진 정도를 비교하면 대전체에 대전된 전하의 양을 비교할 수 있다.

ㄷ. 대전된 검전기에 검전기와 같은 종류의 전하로 대전된 대전체를 가까이 하면 금속박이 더 벌어지고, 다른 종류의 전하로 대전된 대전체를 가까이 하면 금속박이 오므라든다. 따라서 대전된 검전기로 대전체에 대전된 전하의 종류를 알 수 있다.

오답 피하기 ㄹ. 대전체를 멀리 하면 검전기 내의 전자들이 다시 원래의 상태로 되돌아오므로 금속박은 오므라든다.

19

자료 분석

마찰한 물체	전자를 얻기 쉬움 (−)전하를 띤 물체	전자를 잃기 쉬움 (+)전하를 띤 물체
A와 B	B	A (+) A−B (−)
A와 C	C	A (+) A−C (−)
B와 C	C	B (+) A−B−C (−)
C와 D	D	C (+) A−B−C−D (−)

전자를 잃기 쉬운 것부터 순서대로 쓰면 (+) A−B−C−D (−)이다.

두 물체를 마찰할 때 전자를 잃은 물체는 (+)전하로 대전되고, 전자를 얻은 물체는 (−)전하로 대전된다. 따라서 전자를 잃기 쉬운 것부터 순서대로 쓰면 (+) A−B−C−D (−)이므로, B와 D를 마찰하면 B는 (+)전하를, D는 (−)전하를 띤다.

20 **자료 분석**

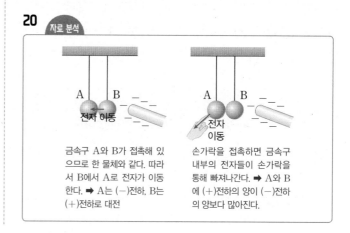

금속구 A와 B가 접촉해 있으므로 한 물체와 같다. 따라서 B에서 A로 전자가 이동한다. ➡ A는 (−)전하, B는 (+)전하로 대전

손가락을 접촉하면 금속구 내부의 전자들이 손가락을 통해 빠져나간다. ➡ A와 B에 (+)전하의 양이 (−)전하의 양보다 많아진다.

금속구 B에 (−)대전체를 가까이 하면 금속구 내부의 전자는 척력을 받아 B에서 A로 이동한다. 이때 손가락을 금속구 A에 접촉시키면 금속구 내부의 전자들이 손가락을 통해 빠져나가므로 금속구 내부에는 (+)전하의 양이 (−)전하의 양보다 많아진다. 따라서 손가락과 대전체를 동시에 치우면 두 금속구 모두 (+)전하를 띠므로 서로 밀어내는 척력이 작용하여 A와 B 사이는 멀어진다.

21

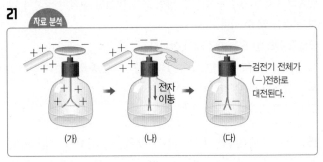

자료 분석

검전기 전체가 (−)전하로 대전된다.

(가) → 전자 이동 (나) → (다)

(나)에서 손가락의 전자가 금속박으로 이동하므로 금속박은 전하를 띠지 않아 오므라든다.

22 (+)대전체로부터 전기력을 받아 금속판에 모여 있던 전자가 손가락과 대전체를 동시에 치우면 검전기 전체로 퍼진다. 따라서 (다)에서 검전기는 전체적으로 (−)전하를 띤다.

23 ④ (다)에서 검전기가 (−)전하로 대전되므로 (−)대전체를 가까이 하면 금속판의 전자가 금속박으로 이동하여 금속박의 (−)전하의 양이 더 많아진다. 따라서 금속박이 더 벌어지게 된다.
오답 피하기 | ① 금속판에 손가락을 접촉하면 검전기의 전자가 손가락을 통해 빠져나가므로 금속박은 오므라든다.
② 금속판에 (+)대전체를 접촉시키면 전자가 검전기에서 (+)대전체로 이동하므로 금속박은 오므라든다.
③ 금속판에 (+)대전체를 가까이 하면 금속박의 전자가 금속판으로 이동하므로 금속박은 오므라든다.

24 **모범 답안** A: (+)전하, B: (−)전하, 두 물체를 마찰할 때 전자가 A에서 B로 이동하여 A, B가 대전되기 때문이다.

채점 기준	배점
A, B가 띠는 전하의 종류를 쓰고, 그 까닭을 전자의 이동을 포함하여 옳게 서술한 경우	100 %
A, B가 띠는 전하의 종류만 옳게 쓴 경우	40 %

25 **모범 답안** 나일론 끈과 손이 마찰할 때 전자가 이동하여 나일론 끈이 대전된다. 이때 여러 가닥의 나일론 끈이 같은 종류의 전하로 대전되어 척력이 작용하기 때문이다.

채점 기준	배점
나일론 끈이 퍼지는 까닭을 제시된 단어를 모두 포함하여 옳게 서술한 경우	100 %
제시된 단어의 일부만 포함하여 서술한 경우	50 %

26 **모범 답안** 인력, 빨대를 면장갑으로 문지르면 전자가 이동하여 빨대와 면장갑은 서로 다른 종류의 전하로 대전되기 때문이다.

채점 기준	배점
작용하는 전기력의 종류를 쓰고, 그 까닭을 옳게 서술한 경우	100 %
작용하는 전기력의 종류만 옳게 쓴 경우	40 %

27 **모범 답안** (1) 탁구공이 유리 막대를 따라 움직인다. 정전기 유도에 의해 탁구공의 오른쪽이 (+)전하로 대전되어 탁구공과 유리 막대 사이에 끌어당기는 힘이 작용하기 때문이다.
(2) 탁구공이 (+)대전체를 따라 움직인다. 정전기 유도에 의해 탁구공의 오른쪽이 (−)전하로 대전되어 탁구공과 (+)대전체 사이에 끌어당기는 힘이 작용하기 때문이다.

	채점 기준	배점
(1)	탁구공의 움직임을 쓰고, 그 까닭을 탁구공의 대전 상태와 관련지어 옳게 서술한 경우	50 %
	탁구공의 움직임만 옳게 서술한 경우	20 %
(2)	(+)대전체로 바꾸었을 때의 탁구공의 움직임을 쓰고, 그 까닭을 탁구공의 대전 상태와 관련지어 옳게 서술한 경우	50 %
	탁구공의 움직임만 옳게 서술한 경우	20 %

28 **모범 답안** 대전체와의 인력에 의해 금속박의 전자가 금속판으로 이동하여 금속박이 (+)전하로 대전된다. 따라서 두 금속박 사이에 척력이 작용하여 벌어진다.

채점 기준	배점
금속박의 변화를 제시된 단어를 모두 포함하여 옳게 서술한 경우	100 %
제시된 단어의 일부만 포함하여 서술한 경우	50 %

29 대전체를 검전기의 금속판에 가까이 했을 때 금속박이 벌어진다. 이때 대전체의 대전된 전하량이 많을수록 금속박이 더 많이 벌어진다.
모범 답안 검전기에 가까이 한 대전체의 전하량이 다르기 때문이다. 대전체의 전하량은 (나)에서가 (가)에서보다 많다.

채점 기준	배점
차이가 나는 까닭과 차이점을 모두 옳게 서술한 경우	100 %
차이가 나는 까닭만 옳게 서술한 경우	50 %

02 전류, 전압, 저항

중 단 원 핵심 정리
시험 대비 교재 32쪽

❶ 전류 ❷ 전자 ❸ 전구 ❹ 전압 ❺ 전류계 ❻ 전압계
❼ (+)극 ❽ (−)극 ❾ 300 mA ❿ 길이 ⓫ 굵기 ⓬ 비례
⓭ 반비례 ⓮ 감소 ⓯ 증가

중단원 퀴즈
시험 대비 교재 33쪽

1 ㉠ (+)극, ㉡ (−)극, ㉢ (−)극, ㉣ (+)극 2 ㉠ 전지, ㉡ 물레방
아, ㉢ 밸브, ㉣ 도선, ㉤ 전압 3 ㉠ (+), ㉡ (−) 4 200 5 ㉠ 비
례, ㉡ 반비례 6 ㄱ, ㄷ 7 3 8 ㉠ 3, ㉡ 6, ㉢ 3 9 ㄴ, ㄷ

계 산 문제 공략
시험 대비 교재 34쪽

1 (1) 2배 (2) $\frac{1}{2}$배 (3) $\frac{2}{3}$배 2 1 : 1 3 B: 40 Ω, C: 80 Ω, D: 20 Ω
4 50 Ω 5 15 Ω 6 (1) 1 : 2 (2) 2 : 1

1 (1) A, B의 굵기가 같고 B의 길이가 A의 2배이므로 전기 저
항은 B가 A의 2배이다.
(2) A, B의 길이가 같고 B의 굵기가 A의 2배이므로 전기 저항은
B가 A의 $\frac{1}{2}$배이다.
(3) B의 길이가 A의 2배이고, B의 굵기가 A의 3배이므로 B의 전
기 저항은 A의 $\frac{2}{3}$배이다.

2 도선의 전기 저항은 길이에 비례하고 굵기에 반비례하므로 전
기 저항의 비는 $\frac{1}{2} : \frac{2}{4} = 1 : 1$이다.

3 • B의 전기 저항: 길이는 A의 2배, 굵기는 A의 $\frac{1}{2}$배이므로
전기 저항은 A의 4배이다. 즉, 10 Ω×4=40 Ω이다.
• C의 전기 저항: 길이는 A의 4배, 굵기는 A의 $\frac{1}{2}$배이므로 전기
저항은 A의 8배이다. 즉, 10 Ω×8=80 Ω이다.
• D의 전기 저항: 길이는 A의 4배, 굵기는 A의 2배이므로 전기
저항은 A의 2배이다. 즉, 10 Ω×2=20 Ω이다.

4 전압이 1 V일 때 20 mA=0.02 A의 전류가 흐르므로
$R = \frac{V}{I} = \frac{1\ V}{0.02\ A} = 50\ Ω$이다.

5 전압이 3 V일 때 0.2 A의 전류가 흐르므로 $R = \frac{V}{I} = \frac{3\ V}{0.2\ A}$
$= 15\ Ω$이다.

6 (1) 2 V의 전압이 걸릴 때 2 A의 전류가 흐르는 A의 저항은
$R = \frac{V}{I} = \frac{2\ V}{2\ A} = 1\ Ω$이고, 2 V의 전압이 걸릴 때 1 A의 전류가

흐르는 B의 저항은 $R = \frac{V}{I} = \frac{2\ V}{1\ A} = 2\ Ω$이다.
(2) A와 B의 길이가 같으므로 저항의 비가 1 : 2이면 굵기의 비는
$1 : \frac{1}{2} = 2 : 1$이다.

중단원 기출 문제
시험 대비 교재 35~39쪽

01 ② 02 A: (−)극, B: (+)극 03 ③ 04 ㉠ 전압, ㉡ V(볼트)
05 ② 06 ⑤ 07 ㉠ 못, ㉡ 원자, ㉢ 전기 저항 08 ②, ⑤ 09 ⑤
10 ① 11 5 Ω 12 ③ 13 ③ 14 ② 15 6 V 16 ① 17 ③
18 ④ 19 ③ 20 ② 21 ④ 22 ⑤ 23 ① 24 해설 참조
25 해설 참조 26 해설 참조 27 해설 참조 28 해설 참조
29 해설 참조

01 ①, ③ 전류는 전하의 흐름이며, 전류의 단위로 A, mA를 사
용한다.
④, ⑤ 전류의 세기는 1초 동안 도선의 한 단면을 지나는 전하의
양으로 나타내며, 전류계를 이용하여 측정한다.
오답 피하기 ② 1 A=1000 mA이다.

02 전류가 흐를 때 전자는 (−)극 쪽에서 (+)극 쪽으로 이동한
다. 전자가 A에서 B 쪽으로 이동하므로 A는 (−)극, B (+)극 쪽
에 연결되어 있다.

03 A는 전지의 (−)극에서 (+)극 방향이므로 전자의 이동 방향
이고, B는 전지의 (+)극에서 (−)극 방향이므로 전류의 방향이다.

04 전기 회로에서 전류가 계속 흐를 수 있는 것은 전지에 의해 전
압이 유지되기 때문이며, 전압의 단위로는 V(볼트)를 사용한다.

05 수도관은 도선, 물의 흐름은 전류, 밸브는 스위치, 물레방아는
전구에 비유할 수 있다.
오답 피하기 ② 물의 높이 차가 있을 때 물이 흐르듯이 전압이 있어
야 전류가 흐른다. 따라서 물의 높이 차는 전압에 비유할 수 있다.
전지에 비유할 수 있는 것은 펌프이다.

06 **오답 피하기** ⑤ 회로에 걸리는 전압을 예측할 수 없을 경우
(−)단자는 최댓값이 가장 큰 단자부터 연결해야 한다. 만약 측정
할 수 있는 값보다 큰 전압이 걸리면 바늘이 측정할 수 있는 범위
를 벗어나 전압을 측정할 수 없기 때문이다.

07 못이 박혀 있는 빗면에 구슬이 굴러갈 때 구슬이 못과 충돌하
여 운동에 방해를 받는 것처럼, 전류가 흐르는 도선에서 전자의 움
직임은 원자의 방해를 받기 때문에 전기 저항이 생긴다. 빗면에서
구슬의 운동을 도선에서 전자의 운동에 비유하면 다음과 같다.

빗면에서 구슬의 운동	도선에서 전자의 운동
못의 배열	원자의 배열
못과 구슬의 충돌	원자와 전자의 충돌
빗면의 길이와 폭	도선의 길이와 굵기
빗면의 기울기	전지의 전압

08 도선의 저항은 도선의 길이에 비례한다. 즉, 도선의 길이가 길수록 저항이 커진다. 또, 도선의 저항은 도선의 굵기에 반비례한다. 즉, 도선의 굵기가 굵을수록 저항은 작아진다.

09 도선의 전기 저항은 도선의 길이에 비례하고, 도선의 굵기에 반비례한다. 따라서 길이가 길수록, 굵기가 가늘수록 저항이 크므로 C의 저항이 가장 크고, 도선의 길이가 짧을수록, 굵기가 굵을수록 저항이 작으므로 B의 저항이 가장 작다.

10 ㄱ, ㄴ. 니크롬선에 걸리는 전압이 2배, 3배, … 가 되면 전류의 세기도 2배, 3배, … 가 되므로 니크롬선에 흐르는 전류의 세기는 전압에 비례한다는 것을 알 수 있다. 따라서 전압이 1.5 V의 4배인 6.0 V가 되면 전류의 세기도 300 mA의 4배인 1200 mA가 된다.

오답 피하기 ㄷ. 니크롬선의 저항은 니크롬선의 굵기에 반비례하므로, 굵기가 굵은 니크롬선으로 바꾸면 저항이 작아진다. 따라서 걸어 준 전압에 따른 전류의 세기는 세진다.

ㄹ. 니크롬선의 저항은 니크롬선의 길이에 비례한다. 따라서 길이가 긴 니크롬선으로 바꾸면 저항이 커지므로 4.5 V를 걸어 줄 때 900 mA보다 약한 전류가 흐른다.

11 니크롬선의 저항$=\dfrac{전압}{전류}=\dfrac{1.5\ V}{0.3\ A}=5\ \Omega$이다.

12 니크롬선의 저항$=\dfrac{전압}{전류}=\dfrac{6\ V}{0.3\ A}=20\ \Omega$이다.

13 ㄷ. 니크롬선의 굵기가 같을 때 니크롬선의 저항은 니크롬선의 길이에 비례하므로, 저항의 크기가 큰 B의 길이가 A보다 길다.

ㄹ. 그래프에서 A, B에 같은 크기의 전압을 걸어 줄 때 A에 흐르는 전류의 세기는 B에 흐르는 전류의 세기의 2배이다. 따라서 6 V의 전압을 걸어 줄 때도 전류의 세기는 A가 B의 2배이다.

오답 피하기 ㄱ, ㄴ. 그래프의 기울기$=\dfrac{전류}{전압}=\dfrac{1}{저항}$이다. 그래프의 기울기는 A가 B의 2배이므로 저항의 크기는 B가 A의 2배이다.

14 저항의 직렬연결에서 각 저항에 흐르는 전류의 세기는 같고, 각 저항에 걸리는 전압은 저항의 크기에 비례한다. 따라서 2 Ω과 3 Ω에 흐르는 전류의 비(2 Ω : 3 Ω)는 1 : 1이고, 전압의 비(2 Ω : 3 Ω)는 2 : 3이다.

15 2 Ω의 저항에 흐르는 전류의 세기는 $\dfrac{4\ V}{2\ \Omega}=2\ A$이다. 저항의 직렬연결에서 각 저항에 흐르는 전류의 세기는 같으므로 3 Ω의 저항에도 2 A의 전류가 흐른다. 따라서 3 Ω의 저항에 걸리는 전압$=$전류$\times$저항$=2\ A\times3\ \Omega=6\ V$이다.

16 저항의 병렬연결에서 각 저항에 걸리는 전압은 같다.

17 각 저항에 12 V의 전압이 걸리므로 20 Ω에 흐르는 전류의 세기는 $\dfrac{12\ V}{20\ \Omega}=0.6\ A$이고, 30 Ω에 흐르는 전류의 세기는 $\dfrac{12\ V}{30\ \Omega}=$

0.4 A이다. 전류계에는 전체 전류가 측정되므로 전류계에 흐르는 전류의 세기는 0.6 A$+$0.4 A$=$1 A이다.

18 ㄱ, ㄴ. 동시에 반짝이는 장식용 전구들은 직렬로 연결되어 있다. 따라서 각각의 전구에 흐르는 전류의 세기는 같다.

ㄷ. 저항이 같은 동일한 전구에는 같은 세기의 전류가 흐르므로 동시에 반짝이는 장식용 전구들의 밝기는 같다.

오답 피하기 ㄹ. 전구들이 직렬로 연결된 경우 하나의 전구가 고장이 나서 전류가 흐르지 않으면 다른 전구들에도 모두 전류가 흐르지 않아 꺼진다.

19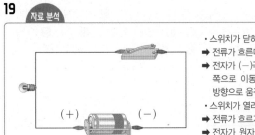

자료 분석

• 스위치가 닫혀 있는 경우
➡ 전류가 흐른다.
➡ 전자가 (−)극에서 (+)극 쪽으로 이동하므로 한쪽 방향으로 움직인다.
• 스위치가 열려 있는 경우
➡ 전류가 흐르지 않는다.
➡ 전자가 원자 주위에서 불규칙하게 움직인다.

(+)   (−)

오답 피하기 ③ 도선 속의 전자들은 스위치를 닫아 전류가 흐를 때는 한쪽 방향으로 움직이고, 스위치를 열어 전류가 흐르지 않을 때는 원자 주위에서 불규칙하게 움직인다.

20 자료 분석

길이가 1 m이고, 굵기가 1 mm²인 도선의 저항을 10 Ω이라고 하면 각 도선의 저항은 다음과 같다.

저항	길이(m)	굵기(mm²)	저항(Ω)
A	1	1	10
B	1	2	$10\times\dfrac{1}{2}=5$
C	2	3	$10\times\dfrac{2}{3}=\dfrac{20}{3}$
D	1	4	$10\times\dfrac{1}{4}=2.5$

➡ 도선의 저항의 크기는 A>C>B>D이다.

도선의 저항은 도선의 길이에 비례하고, 도선의 굵기에 반비례한다. 따라서 저항의 비는 A : B : C : D$=\dfrac{1}{1}:\dfrac{1}{2}:\dfrac{2}{3}:\dfrac{1}{4}=12:6:8:3$이다.

21 자료 분석

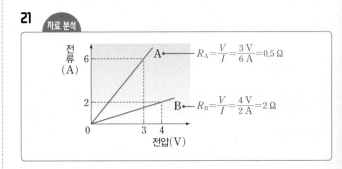

$R_A=\dfrac{V}{I}=\dfrac{3\ V}{6\ A}=0.5\ \Omega$

$R_B=\dfrac{V}{I}=\dfrac{4\ V}{2\ A}=2\ \Omega$

그래프에서 A의 저항은 $\dfrac{3\ V}{6\ A}=0.5\ \Omega$이고 B의 저항은 $\dfrac{4\ V}{2\ A}=2\ \Omega$

이므로 저항의 비(A : B)는 1 : 4이다. 재질과 길이가 같을 때 저항은 단면적에 반비례하므로 단면적의 비(A : B)는 $1 : \dfrac{1}{4} = 4 : 1$이다.

22 자료 분석

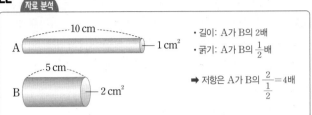

니크롬선의 저항은 니크롬선의 길이에 비례하고, 니크롬선의 굵기에 반비례한다. A의 길이는 B의 2배이고, 굵기는 B의 $\dfrac{1}{2}$배이므로 A의 저항은 B의 4배이다. 직렬로 연결된 두 니크롬선에 흐르는 전류가 같으므로 걸리는 전압은 저항의 크기에 비례한다.

23 자료 분석

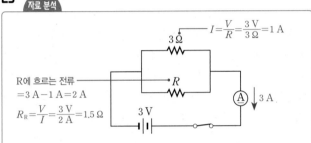

병렬로 연결된 두 저항에 걸리는 전압은 전지의 전압과 같다. 따라서 3 Ω의 저항에는 3 V의 전압이 걸리므로 3 Ω의 저항에 흐르는 전류는 $\dfrac{3 \text{ V}}{3 \text{ Ω}} = 1 \text{ A}$이다. 전류계에 흐르는 전류가 전체 전류이므로 저항 R에 흐르는 전류는 3 A−1 A=2 A이다. 저항 R에 걸린 전압이 3 V이므로 저항 R의 크기는 $\dfrac{V}{I} = \dfrac{3 \text{ V}}{2 \text{ A}} = 1.5 \text{ Ω}$이다.

24 【모범 답안】 저항에 흐르는 전류가 전류계가 측정할 수 있는 값보다 크기 때문이다. 저항에 흐르는 전류의 세기를 제대로 측정하려면 (−)단자를 5 A에 연결해야 한다.

채점 기준	배점
(나)와 같이 된 까닭과 전류의 세기를 제대로 측정하기 위한 방법을 모두 옳게 서술한 경우	100 %
(나)와 같이 된 까닭만 옳게 서술한 경우	40 %

25 【모범 답안】 빗면에서 굴러 내려오는 구슬이 못과 충돌하여 운동을 방해받는 것처럼 도선에서 전자가 이동하면서 원자와 충돌하여 운동을 방해받기 때문에 전기 저항이 생긴다.

채점 기준	배점
모형을 이용하여 저항이 생기는 까닭을 옳게 서술한 경우	100 %
저항이 생기는 까닭을 전자와 원자의 충돌로만 서술한 경우	40 %

26 저항 4개를 옆으로 이어서 직렬연결하면 길이가 길어지는 것과 같은데, 저항은 길이에 비례하므로 전체 저항이 커지는 효과가 있다. 저항 4개를 위아래로 병렬연결하면 굵기가 굵어지는 것과 같은데, 저항은 굵기(단면적)에 반비례하므로 전체 저항이 작아지는 효과가 있다.

【모범 답안】 저항을 직렬로 연결하면 도선의 길이가 길어지는 것과 같은 효과가 있으므로 전체 저항이 커지고, 저항을 병렬로 연결하면 도선의 굵기가 굵어지는 것과 같은 효과가 있으므로 전체 저항이 작아진다.

채점 기준	배점
전체 저항의 변화를 제시된 단어를 모두 포함하여 옳게 서술한 경우	100 %
직렬연결과 병렬연결 중 1가지만 옳게 서술한 경우	40 %

27 【모범 답안】 (1) 병렬로 연결된 두 저항에는 같은 크기의 전압이 걸리므로 각 저항에 흐르는 전류의 세기는 저항의 크기에 반비례한다. 따라서 $\dfrac{1}{1} : \dfrac{1}{2} = 2 : 1$이다.

(2) 병렬로 연결된 저항이 늘어나면 전체 저항이 작아지므로 전체 전류의 세기는 세진다.

	채점 기준	배점
(1)	전류의 세기의 비를 풀이 과정과 함께 옳게 구한 경우	50 %
	전류의 세기 비만 쓴 경우	30 %
(2)	전체 저항의 변화를 이용하여 전체 전류의 세기 변화를 옳게 서술한 경우	50 %
	전체 전류의 세기가 세졌다고만 서술한 경우	20 %

28 【모범 답안】 두 전구가 병렬로 연결되어 있으므로 전구 하나를 빼도 남은 전구에 걸리는 전압이 일정하여 전구의 밝기는 변하지 않는다.

채점 기준	배점
밝기 변화를 제시된 단어를 모두 포함하여 옳게 서술한 경우	100 %
제시된 단어의 일부만 포함하여 서술한 경우	40 %

29 【모범 답안】 병렬연결, 전기 기구의 개수에 관계없이 각 전기 기구에 같은 크기의 전압이 걸리기 때문이다.

채점 기준	배점
연결 방법을 옳게 쓰고, 그렇게 연결한 까닭을 전압과 관련지어 옳게 서술한 경우	100 %
연결 방법만 옳게 쓴 경우	40 %

03 전류의 자기 작용

01 ㄱ, ㄹ. 자석 주위나 전류가 흐르는 도선 주위에는 자기장이 생기며, 자기장의 방향은 나침반 자침의 N극이 가리키는 방향이다.
오답 피하기 ㄴ. 자석에 의한 자기장은 자석의 양 극에 가까울수록 세다.
ㄷ. 자기장의 방향은 N극에서 나와 S극으로 들어가는 방향이다.

02 자기력선은 N극에서 나와 S극으로 들어가므로 두 자석 사이의 자기력선으로 옳은 것은 ④이다.

03 전류의 방향이 아래쪽이므로 직선 도선 주위에 생기는 자기장의 방향은 위쪽에서 볼 때 시계 방향으로 생긴다. 따라서 나침반 A~D의 자침의 N극은 각각 자기장의 방향을 따라 회전한다.

04 전류의 방향이 남 → 북이므로 오른손의 엄지손가락을 북쪽으로 향하고 도선을 감아쥐면 도선 아래에서 자기장의 방향이 서쪽임을 알 수 있다. 따라서 나침반 자침의 N극은 서쪽을 가리킨다.

05 전류가 흐르는 직선 도선 주위의 자기장의 세기는 직선 도선에 흐르는 전류의 세기에 비례하고, 직선 도선으로부터의 거리에 반비례한다. 따라서 자기장의 세기가 가장 약한 곳은 직선 도선으로부터 가장 멀리 있는 E 지점이다.

06 **오답 피하기** ③ 원형 도선에 전류가 흐를 때 A, C의 자침의 N극은 남쪽을 가리키고, B의 자침의 N극은 북쪽을 가리킨다. 따라서 A와 C의 자침의 N극이 가리키는 방향은 같다.

07 ㄱ, ㄴ. 전류가 흐르는 코일 주위에는 자기장이 생긴다. 이때 나침반 자침의 N극이 가리키는 방향이 자기장의 방향이다.

ㄷ. 전류의 방향이 반대로 바뀌면 자기장의 방향이 반대로 바뀌므로 나침반 A의 자침의 N극은 오른쪽을 가리킨다.
오답 피하기 ㄹ. 전류의 방향이 반대로 바뀌면 자기장의 방향이 반대로 바뀌므로 나침반 B의 자침의 N극이 가리키는 방향은 왼쪽으로 바뀐다.

08 전류가 흐르는 방향으로 오른손의 네 손가락을 감아쥘 때 엄지손가락이 가리키는 방향이 자기장의 방향(N극의 방향)이다. 코일의 오른쪽에서 자기장의 방향이 오른쪽이므로 나침반 자침의 N극은 오른쪽을 향한다.

09 ③ 전류의 방향이 바뀌면 전자석의 극이 바뀐다.
오답 피하기 ①, ④ 전자석의 세기는 코일에 흐르는 전류의 세기가 셀수록, 코일을 촘촘하게 많이 감을수록 세다. 따라서 전류의 세기를 세게 하거나 코일의 감은 수를 늘리면 전자석의 세기가 세진다.
②, ⑤ 전류의 세기를 약하게 하거나 코일 속의 철심을 제거하면 전자석의 세기가 약해진다.

10 ①, ② 자기장에서 전류가 흐르는 도선이 받는 힘은 전류의 세기가 셀수록, 자기장의 세기가 셀수록 크다.
③, ④ 자기장에서 전류가 흐르는 도선이 받는 힘의 방향은 전류의 방향이 반대가 되거나 자기장의 방향이 반대가 되면 반대로 바뀐다.
오답 피하기 ⑤ 자기장에서 전류가 받는 힘은 전류와 자기장의 방향이 수직일 때 가장 크고, 서로 평행일 때는 힘을 받지 않는다.

11 오른손의 엄지손가락을 전류의 방향, 네 손가락을 자기장의 방향(N극 → S극)으로 향하게 할 때 손바닥이 향하는 방향이 힘의 방향이다.

12 고무 자석의 위쪽 면이 N극이므로 자기장의 방향(N극 → S극)은 A 방향이고, 구리선에 E 방향으로 전류가 흐르므로 구리선이 받는 힘의 방향은 D 방향이다. 따라서 구리선은 D 방향으로 움직인다.

13 고무 자석의 위쪽 면을 S극으로 바꾸면 자기장의 방향이 C 방향으로 반대가 되므로 구리선이 받는 힘의 방향은 B 방향, 즉 자석의 극을 바꾸기 전과 반대 방향이 된다. 따라서 구리선이 움직이는 방향도 반대가 된다.

14 ①, ③ 전동기는 영구 자석, 코일, 정류자, 브러시 등으로 구성되어 있으며, 자석 사이에 있는 코일에 전류가 흐를 때 코일이 받는 힘을 이용하여 코일이 회전하게 된다.
② 코일에 센 전류가 흐를수록 코일이 받는 힘의 크기가 커진다. 따라서 코일이 더 빠르게 회전한다.
④ 전동기는 전기를 이용하여 움직이는 대부분의 전기 기구에 이용된다.
오답 피하기 ⑤ 코일이 반 바퀴 회전하면 정류자가 순간적으로 전류를 차단하여 전류의 방향을 바꾸어 주므로 코일은 계속 같은 방향으로 회전하게 된다.

15 • AB 부분: 전류의 방향이 A → B이고, 자기장의 방향이 N극 → S극이므로 아래쪽(↓)으로 힘을 받는다.

• CD 부분: 전류의 방향이 C → D이고, 자기장의 방향이 N극 → S극이므로 위쪽(↑)으로 힘을 받는다.

16 코일의 AB 부분은 아래쪽으로, CD 부분은 위쪽으로 힘을 받으므로 코일은 시계 방향으로 회전한다.

17 ㄱ, ㄴ. 전지의 극이나 자석의 극을 바꾸면 코일이 받는 힘의 방향이 반대가 되어 코일의 회전 방향도 반대가 된다.

오답 피하기│ㄷ. 전지의 극과 자석의 극을 모두 바꾸면 회전 방향이 두 번 바뀌어 처음과 같다. 즉, 코일의 회전 방향은 그대로이다.

ㄹ. 도선 AB와 CD를 바꾸어도 전류의 방향은 같으므로 코일에 작용하는 힘의 방향이 같다. 즉, 코일의 회전 방향은 그대로이다.

18 전기 회로에 흐르는 전류의 방향이 시계 반대 방향이므로 전류의 방향이 A가 있는 곳에서는 남쪽, B, C가 있는 곳에서는 서쪽, D가 있는 곳에서는 북쪽, E가 있는 곳에서는 동쪽이다. 따라서 오른손의 엄지손가락을 전류의 방향으로 향하고 도선을 감아쥘 때 네 손가락의 방향이 자기장의 방향이므로 나침반 자침의 N극의 방향은 A가 서쪽, B가 남쪽, C가 북쪽, D가 서쪽, E가 남쪽이다. 따라서 A와 D의 방향이 같고, B와 E의 방향이 같다.

19 **자료 분석**

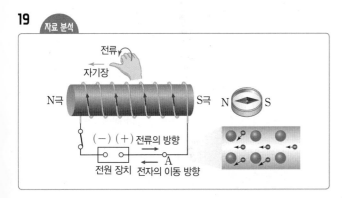

코일의 오른쪽에서 자기장이 방향이 왼쪽이므로 A 지점에서 전류는 오른쪽으로 흐른다. 전자의 이동 방향은 전류의 방향과 반대이므로 전자는 왼쪽으로 이동한다.

20 **자료 분석**

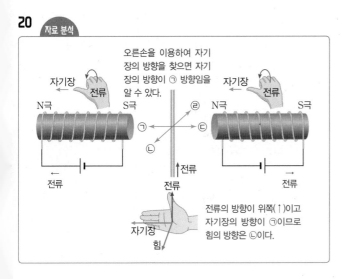

오른손의 네 손가락을 전류의 방향으로 감아쥘 때 엄지손가락이 가리키는 방향이 자기장의 방향이다. 따라서 두 코일 모두 왼쪽은 N극, 오른쪽은 S극이 되므로 직선 도선이 있는 곳에서 자기장의 방향은 ㉠ 방향이다. 오른손을 펴서 엄지손가락을 전류의 방향(↑)으로, 나머지 네 손가락을 자기장의 방향(㉠)으로 향하게 하면 손바닥이 향하는 방향이 ㉡ 방향이므로 도선은 ㉡ 방향으로 힘을 받는다.

21 두 나침반이 있는 위치에서 자기장의 방향이 다르기 때문에 자침의 N극이 가리키는 방향도 다르다.

모범 답안│(1) 두 나침반이 있는 위치에서 전류에 의한 자기장의 방향이 다르기 때문이다.

(2) A, 전류가 흐르는 도선으로부터의 거리가 가까울수록 자기장의 세기가 세기 때문이다.

	채점 기준	배점
(1)	전류에 의한 자기장의 방향이 다르기 때문이라고 옳게 서술한 경우	50 %
(2)	A를 고르고, 도선으로부터의 거리와 자기장의 세기의 관계를 옳게 서술한 경우	50 %
	A만 고른 경우	20 %

22 **모범 답안**│전류의 방향을 바꾸면 전자석의 극을 바꿀 수 있다. 전류의 세기를 조절하면 전자석의 세기를 조절할 수 있다.

채점 기준	배점
전자석의 특징 2가지를 제시된 단어를 모두 포함하여 옳게 서술한 경우	100 %
전자석의 특징 1가지만 옳게 서술한 경우	50 %

23 (가), (나)에서 자기장의 방향은 같고 코일에 흐르는 전류의 방향은 반대이다. 따라서 코일이 받는 힘의 방향이 반대이므로 회전 방향도 반대이다.

모범 답안│(가)에서는 ㉠ 방향, (나)에서는 ㉡ 방향으로 회전한다. (가)와 (나)에서 코일에 흐르는 전류의 방향이 다르기 때문이다.

채점 기준	배점
(가)와 (나)의 회전 방향을 옳게 쓰고, 그 까닭을 옳게 서술한 경우	100 %
(가)와 (나)의 회전 방향만 옳게 쓴 경우	40 %

01 지구의 크기와 운동

중 단 원 **핵심 정리**　　시험 대비 교재 46쪽

❶ 호의 길이　❷ 구형　❸ l　❹ 하루　❺ 15　❻ 자전　❼ 북극성
❽ 1년　❾ 서　❿ 동　⓫ 공전　⓬ 공전

중단원 **퀴 즈**　　시험 대비 교재 47쪽

1 ㉠ 구형, ㉡ 평행　**2** (1) $\theta'(\angle BB'C)$ (2) ㉠ θ, ㉡ l　**3** ㉠ 서,
㉡ 동, ㉢ 서, ㉣ 동　**4** ㉠ 자전, ㉡ 공전　**5** (1) 북극성 (2) A → B
(3) 45°　**6** ㉠ 게, ㉡ 염소

암 기 **문제 공략**　　시험 대비 교재 48쪽

우리나라에서 관측한 별의 일주 운동 모습과 일주 운동 방향
❶ 동쪽 ❷ A ❸ 서쪽 ❹ A ❺ 남쪽 ❻ A ❼ 북쪽 ❽ B
북쪽 하늘의 별의 일주 운동
❶ 1시간 ❷ 2시간 ❸ 60° ❹ 75°
황도 12궁과 계절에 따른 별자리
❶ 5월 ❷ 양자리 ❸ 천칭자리 ❹ 8월 ❺ 게자리 ❻ 염소자리 ❼ 12
월 ❽ 전갈자리 ❾ 황소자리

우리나라에서 관측한 별의 일주 운동 모습과 일주 운동 방향
❶, ❷ 동쪽 하늘에서는 별들이 왼쪽 아래에서 오른쪽 위로 비스듬
히 이동하는 일주 운동 모습을 보인다.

❸, ❹ 서쪽 하늘에서는 별들이 왼쪽 위에서 오른쪽 아래로 비스듬
히 이동하는 일주 운동 모습을 보인다.

❺, ❻ 남쪽 하늘에서는 별들이 왼쪽에서 오른쪽으로 지평선과 거
의 평행하게 이동하는 일주 운동 모습을 보인다.

❼, ❽ 북쪽 하늘에서는 별들이 북극성을 중심으로 시계 반대 방향
으로 동심원을 그리면서 이동하는 일주 운동 모습을 보인다.

북쪽 하늘의 별의 일주 운동
북쪽 하늘에서 별들은 북극성을 중심으로 1시간에 15°씩 시계 반
대 방향으로 일주 운동한다.

황도 12궁과 계절에 따른 별자리
황도 12궁에서 태양은 각 월에 해당하는 별자리 부근을 지나며,
한밤중에 남쪽 하늘에서 볼 수 있는 별자리는 지구를 기준으로 태
양의 반대편에 위치한 별자리이다.

중단원 **기출 문제**　　시험 대비 교재 49~53쪽

01 7.2°　**02** ⑤　**03** ①, ④　**04** ④　**05** ③, ④　**06** ④
07 40 cm　**08** ②　**09** ③　**10** ③　**11** ①　**12** ⑤　**13** ③　**14** ②
15 ④　**16** ②　**17** ①　**18** (다) → (나) → (가)　**19** ④, ⑤　**20** ③
21 ③, ④　**22** ③　**23** ②　**24** 1월　**25** ①　**26** ②　**27** 해설 참조
28 (1) 해설 참조 (2) 해설 참조　**29** (1) 해설 참조 (2) 해설 참조

01 시에네와 알렉산드리아 사이의 중심각의 크기는 알렉산드리
아에 세운 막대와 그림자 끝이 이루는 각의 크기와 엇각으로 같다.
따라서 시에네와 알렉산드리아 사이의 중심각의 크기는 7.2°이다.

02 원에서 호의 길이는 중심각의 크기에 비례한다는 원의 성질을
이용하여 지구의 크기를 구하였다. 중심각의 크기는 7.2°, 호의 길
이는 925 km에 해당하므로, $7.2° : 925\,km = 360° : 2\pi R$의 비
례식이 성립한다.

03 ① 실제 지구는 적도 쪽이 극 쪽보다 부푼 타원체이다. 실제
지구가 구형이 아니므로 원의 성질이 성립하지 않는다.
④ 당시에는 걸음으로 두 지역 사이의 거리를 측정하였으므로 두
지역 사이의 거리 측정값이 정확하지 않았다.
오답 피하기 ② 지구는 태양으로부터 매우 멀리 떨어져 있기 때
문에 지구에 들어오는 햇빛은 거의 평행하다. 햇빛이 지구에 평
행하게 들어오는 것은 지구 크기의 측정값에 오차가 생긴 원인
이 아니다.
③ 알렉산드리아와 시에네가 서로 다른 위도에 위치하는 것은 오
차의 원인이 되지 않는다.
⑤ 알렉산드리아에 세운 막대와 막대 그림자 끝이 이루는 각을 정
확하게 측정했다고 하더라도 이것이 오차의 원인은 아니다.

04 에라토스테네스는 원에서 호의 길이는 중심각의 크기에 비례
한다는 원리를 이용하여 지구의 크기를 측정하였다.

05 막대 AA′와 막대 BB′는 위도가 다르고 경도가 같은 두 지점
에 각각 지구 모형 표면에 수직으로 세워야 한다. 또한 막대 AA′
는 그림자가 생기지 않게 세우고, 막대 BB′는 그림자가 지구 모형
을 벗어나지 않게 세운다.

06 원의 성질을 이용해 비례식을 세우려면 두 막대 사이의 거리
와 중심각의 크기를 알아야 하는데, 중심각의 크기는 직접 측정할
수 없으므로 엇각으로 같은 ∠BB′C를 측정한다.

07 두 막대 사이의 중심각의 크기는 30°이고, 두 막대 사이의 거
리는 20 cm이므로, $R = \dfrac{360° \times l}{2\pi \times \theta}$로부터 $R = \dfrac{360° \times 20\,cm}{2 \times 3 \times 30°}$
$= 40\,cm$이다.

08 중심각의 크기는 두 지점의 위도 차에 해당하므로 2.5°이고,
호의 길이는 두 지점 사이의 거리에 해당하므로 270 km이다. 따
라서 $2.5° : 360° = 270\,km : 2\pi R$의 비례식이 성립한다.

09 위도는 다르고 경도가 같은 두 지점을 이용하면 두 지점의 위도 차는 중심각의 크기에 해당하므로 에라토스테네스의 지구 크기 측정 방법을 이용하여 지구의 크기를 구할 수 있다.

10 ㄱ, ㄴ. 낮과 밤이 생기는 현상, 태양과 달이 동쪽에서 떠서 서쪽으로 지는 현상 등은 지구가 자전하기 때문에 나타나는 현상이다.
오답 피하기| ㄷ. 태양이 별자리 사이를 하루에 약 1°씩 서쪽에서 동쪽으로 이동하는 겉보기 운동은 지구가 태양 주위를 공전하기 때문에 나타나는 현상이다.

11 ① 지구의 자전 방향과 공전 방향은 서쪽에서 동쪽(시계 반대 방향)으로 같다.
오답 피하기| ② 달의 위상 변화는 달이 지구 주위를 공전하기 때문이다.
③ 자전은 지구가 자전축을 중심으로 하루에 한 바퀴 도는 운동이다.
④ 계절에 따라 보이는 별자리가 달라지는 것은 지구가 공전하기 때문이다.
⑤ 지구가 자전축을 중심으로 시계 반대 방향으로 하루에 한 바퀴 회전하므로, 북두칠성은 북극성을 중심으로 시계 반대 방향으로 하루에 한 바퀴씩 회전한다.

12 북쪽 하늘에서 별들은 북극성을 중심으로 시계 반대 방향으로 한 시간에 15°씩 일주 운동을 한다. 따라서 3시간 동안 별 A는 시계 반대 방향으로 45° 회전하였다.

13 지구가 서쪽에서 동쪽으로 하루에 한 바퀴 자전하기 때문에 별들은 동쪽에서 서쪽으로 1시간에 15°씩 이동하는 것처럼 보이는 일주 운동을 한다.

14 (가)는 별들이 지평선과 거의 나란하게 이동하는 모습으로 나타나므로 남쪽 하늘의 일주 운동 모습이고, (나)는 별들이 왼쪽 위에서 오른쪽 아래로 비스듬히 지는 모습으로 나타나므로 서쪽 하늘의 일주 운동 모습이다.

15 북쪽 하늘에서 별들은 시계 반대 방향으로 1시간에 15°씩 이동하므로 60°를 이동하는 데는 4시간이 걸린다. 따라서 B는 4시간 후인 23시이다.

16 별은 1시간에 15°씩 동쪽에서 서쪽으로 일주 운동을 하므로, 현재 남쪽 하늘에 위치한 별은 2시간 후에는 서쪽으로 30° 이동한 곳에서 관측된다.

17 ① 지구가 서쪽에서 동쪽으로 자전하기 때문에 태양, 달, 별은 동쪽에서 서쪽으로 이동하는 것처럼 보이는 일주 운동을 한다.
오답 피하기| ② 천체의 일주 운동은 지구가 자전하기 때문에 나타나는 현상이다.

③ 계절에 따라 별자리의 위치가 달라지는 것은 지구가 공전하기 때문이다.
④ 북쪽 하늘에서는 별들이 시계 반대 방향으로 회전하는 일주 운동을 한다.
⑤ 일주 운동의 속도는 15°/시간이며, 별은 하루에 약 1°씩 동쪽에서 서쪽으로 연주 운동을 하므로, 오늘 밤 12시에 남쪽 하늘에서 본 별은 내일 밤 12시에도 남쪽 하늘에서 볼 수 있다.

18 지구가 공전하기 때문에 별자리는 태양을 기준으로 하루에 약 1°씩 동쪽에서 서쪽으로 이동한다.

19 ④, ⑤ 지구가 태양 주위를 1년에 한 바퀴 공전하기 때문에 태양의 연주 운동이 나타나고, 계절에 따라 볼 수 있는 별자리가 달라진다.
오답 피하기| ① 낮과 밤의 반복은 지구가 자전하기 때문에 나타나는 현상이다.
② 별의 일주 운동은 지구가 자전하기 때문에 나타나는 현상이다.
③ 달의 모양 변화는 달이 지구 주위를 공전하기 때문에 나타나는 현상이다.

20 태양의 연주 운동은 지구가 공전하기 때문에 나타나는 겉보기 운동이며, 황도는 태양이 별자리 사이를 이동하는 길이다.

21 지구의 자전과 공전, 태양의 연주 운동 방향은 서쪽에서 동쪽이고, 달의 일주 운동과 별의 연주 운동 방향은 동쪽에서 서쪽이다.

22 지구가 태양 주위를 1년에 한 바퀴 공전하므로 태양은 별자리 사이를 하루에 약 1°씩 서쪽에서 동쪽으로 이동하여 1년 후 제자리로 되돌아오는 겉보기 운동을 한다.
오답 피하기| ③ 4월에는 태양이 물고기자리 부근에 위치하며, 자정에 남쪽 하늘에서는 처녀자리를 볼 수 있다.

23 지구가 A에 있을 때 태양은 게자리 부근을 지나며, 한밤중에 남쪽 하늘에서는 태양의 반대편에 있는 염소자리를 볼 수 있다. 지구가 B에 있을 때 태양은 사자자리 부근을 지나며 한밤중에 남쪽 하늘에서는 태양의 반대편에 있는 물병자리를 볼 수 있다.

24 한밤중에 남쪽 하늘에서 쌍둥이자리를 볼 수 있으므로 태양은 쌍둥이자리의 반대편에 위치한 궁수자리 부근을 지난다. 따라서 이날은 1월이다.

25 자료 분석

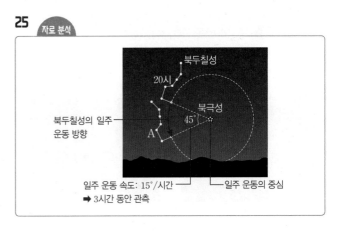

정답과 해설 59

① 북두칠성은 북극성을 중심으로 시계 반대 방향으로 1시간에 15°씩 회전하는 일주 운동을 한다. 관측 시간 동안 북두칠성은 45° 회전하였으므로 3시간 동안 관측한 것이다.

오답 피하기| ② 북두칠성이 북극성을 중심으로 동심원을 그리면서 일주 운동을 하고 있으므로 북쪽 하늘의 일주 운동 모습이다.

③ A는 20시보다 3시간 후인 23시에 관측한 위치이다.

④ 북두칠성은 북극성을 중심으로 시계 반대 방향으로 회전한다.

⑤ 지구가 자전축을 중심으로 시계 반대 방향으로 하루에 한 바퀴씩 자전하기 때문에 나타나는 겉보기 현상이다.

26 지구가 태양 주위를 1년에 한 바퀴씩 서쪽에서 동쪽으로 공전하기 때문에 별자리는 하루에 약 1°씩 동쪽에서 서쪽으로 이동하는 것처럼 보인다.

② 6개월 후 3월 1일에는 서쪽으로 약 180° 이동한 곳에 위치하여 새벽에 서쪽 하늘에서 관측되므로, 한밤중에 남쪽 하늘에서 관측할 수 있다.

오답 피하기| ① 4개월 후 1월 1일에는 서쪽으로 약 120° 이동한 곳에 위치하여 새벽에 남서쪽 하늘에서 관측되므로, 한밤중에는 남동쪽 하늘에서 관측할 수 있다.

③ 1개월 전인 8월 1일에는 동쪽으로 약 30° 이동한 곳에 위치하여 새벽에 관측할 수 없다.

④ 2개월 후 11월 1일에는 서쪽으로 약 60° 이동한 곳에 위치하여 새벽에 남동쪽 하늘에서 관측할 수 있다.

⑤ 3개월 후 12월 1일에는 서쪽으로 약 90° 이동한 곳에 위치하여 새벽에 남쪽 하늘에서 관측되므로, 초저녁에는 관측할 수 없다.

27 에라토스테네스는 원의 성질과 엇각의 원리를 이용해 지구의 크기를 구하였다.

모범 답안 (가) 원에서 중심각의 크기는 호의 길이에 비례한다는 성질을 이용하기 위해

(나) 시에네와 알렉산드리아 사이의 중심각의 크기는 알렉산드리아에 세운 막대와 막대 그림자 끝이 이루는 각과 엇각으로 같다는 것을 이용하기 위해

채점 기준	배점
(가), (나) 가정이 필요한 까닭을 모두 옳게 서술한 경우	100 %
(가)와 (나) 중 1가지 까닭만 옳게 서술한 경우	50 %

28 **모범 답안** (1) (가) 남쪽 하늘, (나) 북쪽 하늘

(2) (가)에서는 왼쪽이 동쪽, 오른쪽이 서쪽이고, (나)에서는 왼쪽이 서쪽, 오른쪽이 동쪽이다.

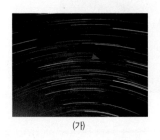
(가)

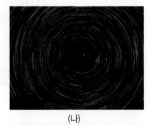
(나)

	채점 기준	배점
(1)	(가)와 (나)의 관측 방향을 모두 옳게 쓴 경우	40 %
	(가)와 (나) 중 1가지만 옳게 쓴 경우	20 %
(2)	(가)와 (나)에서 별의 이동 방향을 모두 옳게 나타내고, 방위를 옳게 서술한 경우	60 %
	(가)와 (나)에서 별의 이동 방향만 옳게 나타내고, 방위를 서술하지 못한 경우	30 %
	(가), (나) 중 1가지만 별의 이동 방향을 옳게 표시하고, 방위는 모두 옳게 서술한 경우	45 %
	(가), (나) 중 1가지만 별의 이동 방향을 옳게 표시하고, 방위도 1가지만 옳게 서술한 경우	30 %

29 **모범 답안** (1) 태양을 기준으로 했을 때 별자리는 동쪽에서 서쪽으로 이동하고, 별자리를 기준으로 했을 때 태양은 서쪽에서 동쪽으로 이동한다.

(2) 지구가 태양 주위를 공전하기 때문이다.

	채점 기준	배점
(1)	태양 기준과 별자리 기준의 이동 방향을 모두 옳게 서술한 경우	50 %
	태양 기준과 별자리 기준 중 1가지만 옳게 서술한 경우	25 %
(2)	지구가 태양 주위를 공전한다고 옳게 서술한 경우	50 %
	지구가 공전하기 때문이라고만 서술한 경우	40 %

02 달의 크기와 운동

시험 대비 교재 54쪽

중단원 핵심 정리

❶ 닮음비 ❷ 지구 ❸ 13 ❹ 삭 ❺ 하현달 ❻ 동쪽 ❼ 서쪽
❽ 본그림자 ❾ 본그림자

중단원 퀴즈

시험 대비 교재 55쪽

1 (1) 삼각형의 닮음비 (2) ㉠ 구멍의 지름, ㉡ 눈과 종이 사이의 거리
2 ㉠ 서쪽 → 동쪽, ㉡ 13 **3** 망 **4** ㉠ 남쪽, ㉡ 동쪽 **5** ㉠ 삭,
㉡ 하현달 **6** ㉠ A, ㉡ C **7** 본그림자

암기 문제 공략

시험 대비 교재 56쪽

달의 위상
❶ 초승달 ❷ 그믐달 ❸ 상현달 ❹ 하현달 ❺ 보름달(망)

달의 공전 궤도와 달의 모양
❶ 15일경 ❷ 망 ❸ 🌕 ❹ 🌔 ❺ 22~23일경 ❻ 하현달 ❼ 🌗

❽ 그믐달 ❾ 🌘 ❿ 1일경 ⓫ 삭 ⓬ 🌑 ⓭ 초승달 ⓮ 🌒

⓯ 7~8일경 ⓰ 상현달 ⓱ 🌓 ⓲ 🌔

달의 위상
❶ 오른쪽이 얇은 눈썹 모양으로 보이는 달은 초승달이다.

❷ 왼쪽이 얇은 눈썹 모양으로 보이는 달은 그믐달이다.

❸ 오른쪽 절반이 둥근 반달로 보이는 달은 상현달이다.

❹ 왼쪽 절반이 둥근 반달로 보이는 달은 하현달이다.

❺ 달 전체가 둥글게 보이는 달은 보름달(망)이다.

달의 공전 궤도와 달의 모양
달은 공전하는 동안 삭(E) → 초승달(F) → 상현달(G) → (H) → 보름달(망, A)로 가는 동안 점점 차오르는 위상 변화를 하고, 보름달(망, A) → (B) → 하현달(C) → 그믐달(D) → 삭(E)으로 가는 동안 점점 작아지는 위상 변화를 한다.

중단원 기출 문제

시험 대비 교재 57~61쪽

01 ④ **02** ⑤ **03** ④ **04** ⑤ **05** 3800 km **06** ④ **07** ①
08 ⑤ **09** ③ **10** ⑤ **11** (가) → (다) → (마) → (라) → (나) **12** ⑤
13 ⑤ **14** ⑤ **15** ② **16** ③ **17** ⑤ **18** ③ **19** ④ **20** ① **21** A
22 ③ **23** ① **24** ② **25** ① **26** 해설 참조 **27** 해설 참조
28 해설 참조 **29** 해설 참조

01 삼각형의 닮음비를 이용하여 달의 지름을 구해야 하므로, 눈과 종이 사이의 거리, 종이에 뚫은 구멍의 지름은 직접 측정해야 하고, 지구와 달 사이의 거리는 직접 측정할 수 없으므로 미리 알고 있어야 한다.

02 삼각형의 닮음비를 이용하여 비례식을 세우면 $d : D = l : L$ 이므로, 달의 지름(D)은 $D = \dfrac{d \times L}{l}$ 이다.

03 눈과 종이 사이의 거리, 종이 구멍의 지름, 달 사진까지의 거리를 이용하여 비례식을 세우면 5 mm : 달 사진의 지름 = 7.5 cm : 3 m이다. 따라서 달 사진의 지름 = $\dfrac{0.5\,cm \times 300\,cm}{7.5\,cm}$ = 20 cm이다.

04 삼각형의 닮음비를 이용하여 달의 크기를 구하는 실험이다. 눈과 동전 사이의 거리, 동전의 지름은 직접 측정해야 하는 값이고, 지구에서 달까지의 거리는 미리 알고 있어야 하는 값이다.
오답 피하기 ⑤ 동전과 달의 시지름을 일치시켜야 하므로 동전의 크기가 작을수록 눈과 동전 사이의 거리는 가까워진다.

05 삼각형의 닮음비를 이용하여 비례식을 세우면 $d : D = l : L$ 이므로, 달의 지름(D)은 $D = \dfrac{d \times L}{l}$ 이다.
따라서 $D = \dfrac{1.2\,cm \times 380000\,km}{120\,cm} = 3800\,km$이다.

06 ① 지구가 자전하는 동안 달이 지구 주위를 공전하므로 매일 달 뜨는 시각은 점점 늦어진다.
②, ③ 달의 자전 주기와 공전 주기가 같기 때문에 지구에서 달을 보면 항상 같은 면만 보인다.
⑤ 달이 지구 주위를 공전하기 때문에 달의 위상은 삭 → 상현달 → 망 → 하현달 순으로 변한다.
오답 피하기 ④ 달은 지구 둘레를 하루에 약 13°씩 이동하여 약 한 달을 주기로 공전한다.

07 삭은 태양 – 달 – 지구 순으로 배열되어 달이 보이지 않는 때로 A의 위치에 있을 때이고, 망은 태양 – 지구 – 달 순으로 배열되어 둥근 보름달로 보일 때로 C의 위치에 있을 때이다.

08 ㄷ. C에 위치할 때는 망으로, 태양 – 지구 – 달 순으로 일직선에 위치하여 지구의 본그림자 속으로 달 전체가 들어갈 때 개기 월식이 일어날 수 있다.
ㄹ. D에 위치할 때는 왼쪽 절반이 둥글게 보이는 하현달이다.
오답 피하기 ㄱ. A에 위치할 때는 달을 볼 수 없다.
ㄴ. B에 위치할 때는 오른쪽 절반이 밝게 보이는 상현달이다.

09 달이 지구 주위를 서쪽에서 동쪽으로 약 한 달을 주기로 공전하기 때문에 달의 위상이 약 한 달을 주기로 변한다.

10 태양 – 지구 – 달이 직각으로 위치하며, 달의 왼쪽 절반이 밝게 보이는 하현달이다. 하현달은 음력 22~23일경에 볼 수 있다.

11 (가)는 초승달, (나)는 그믐달, (다)는 상현달, (라)는 하현달, (마)는 보름달(망)이다. 달의 모양은 초승달 → 상현달 → 보름달(망) → 하현달 → 그믐달 순으로 변한다.

12 A는 보름달, D는 상현달, G는 초승달이다.
③ 가장 오랫동안 볼 수 있는 달은 초저녁에 동쪽 하늘에서 떠서 새벽에 서쪽 하늘로 지는 A이다.
오답 피하기 ① 달의 모양은 초승달 → 상현달 → 보름달로 변하므로 G → A로 변해간다.
② 보름달은 동쪽 하늘에, 초승달은 서쪽 하늘에 있으므로 해가 진 직후 초저녁에 관측한 것이다.
④ 달이 뜨는 위치는 점차 서쪽에서 동쪽으로 이동한다.
⑤ 매일 같은 시각에 관측한 달의 위치와 모양이 다른 것은 달이 공전하기 때문이다.

13 A는 삭, B는 초승달, C는 상현달, E는 망, G는 하현달, H는 그믐달이다.

14 추석은 음력 8월 15일로, 태양 – 지구 – 달이 일직선으로 위치하는 망일 때이다.

15 (가)는 태양 – 달 – 지구 순으로 일직선에 위치하여 달이 태양을 가리는 개기 일식으로 삭(A)일 때 일어난다. (나)는 태양 – 지구 – 달 순으로 일직선에 위치하여 지구의 본그림자 속에 달 전체가 들어가 가려지는 개기 월식으로 망(E)일 때 일어난다.

16 ㄱ. 음력 2일경에 볼 수 있는 초승달이다.
ㄴ. 5일 후에는 음력 7일경으로 상현달을 볼 수 있다.
오답 피하기 ㄷ. 초승달은 해가 진 직후 초저녁에 서쪽 하늘에서 볼 수 있다.

17 ㄴ. 보름달은 초저녁에 동쪽 하늘에서 떠서 새벽에 서쪽 하늘로 진다. 따라서 남쪽 하늘에서 관측될 때는 자정 무렵이다.
ㄷ. 달은 동쪽에서 서쪽으로 일주 운동을 하므로 이 시각 이후 달은 점차 서쪽으로 이동하여 새벽에 해 뜰 무렵에 서쪽 하늘에서 관측된다.
오답 피하기 ㄱ. (가)는 보름달로, (나)에서 C에 위치할 때이다.

18 ③ 일식은 삭일 때 달의 본그림자와 반그림자 지역에서 일어나고, 월식은 망일 때 지구의 본그림자 속으로 달이 들어갈 때 일어난다. 달의 그림자보다 지구의 그림자가 훨씬 크므로 일식이 일어나는 시간보다 월식이 일어나는 시간이 길다.
오답 피하기 ① 일식은 삭일 때 일어난다.
② 지구의 공전 궤도면과 달의 공전 궤도면은 같은 평면상에 있지 않고 기울어져 있으므로 태양, 지구, 달이 완전히 일직선이 되지 않을 때가 많다. 따라서 삭과 망일 때마다 일식과 월식이 일어나는 것은 아니다.
④ 달 전체가 지구의 본그림자 속으로 들어가 가려지는 현상을 개기 월식이라고 한다.
⑤ 달에 의해 태양의 일부가 가려지는 현상은 부분 일식이다.

19 개기 일식은 삭일 때 일어나고, 개기 월식은 망일 때 지구의 본그림자 지역에서 일어난다. A는 망, C는 삭의 위치이다.

20 ㄱ. A는 달의 본그림자 지역으로, 달이 태양 전체를 가리는 개기 일식을 관측할 수 있다.
오답 피하기 ㄴ. B는 달의 반그림자 지역으로, 달이 태양의 일부를 가리는 부분 일식을 관측할 수 있다.
ㄷ. C는 지구상에서 밤인 지역이며, 이날 달은 삭의 위치에 있으므로 월식이 일어나지 않는다.

21 달은 지구 주위를 서쪽에서 동쪽으로 공전하므로 월식이 시작될 때는 달의 왼쪽부터 가려지고, 끝날 때는 달의 왼쪽부터 보이기 시작한다.

22 ① A는 달의 본그림자 지역으로 개기 일식을 관측할 수 있다. 태양의 대기인 코로나는 개기 일식이 일어날 때 관측할 수 있다.
② B는 달의 반그림자 지역으로, 부분 일식을 관측할 수 있다.
④ 달이 D에 위치할 때는 달 전체가 지구의 본그림자 속으로 들어가 개기 월식이 일어난다. 개기 월식 때는 붉은색의 달을 볼 수 있다.
⑤ 달이 E에 위치할 때는 달의 일부가 지구의 본그림자 속으로 들어갔으므로 달의 일부가 가려지는 부분 월식이 일어난다.
오답 피하기 ③ 달이 C에 위치할 때는 달이 지구의 반그림자 지역에 위치하므로 월식이 일어나지 않는다. 부분 월식은 지구의 본그림자 지역에서 달의 일부가 가려질 때 나타나는 현상이다.

23 ① 태양 – 지구 – 달 순으로 일직선에 위치하는 망일 때 지구의 본그림자 지역에 달이 들어가 가려지면서 부분 월식과 개기 월식이 일어난다.
오답 피하기 ② (가)는 지구의 반그림자, (나)는 지구의 본그림자이다.
③ A와 같이 달의 일부가 지구의 본그림자에 위치할 때 지구에서는 부분 월식을 관측할 수 있다.
④ B와 같이 달 전체가 지구의 본그림자에 위치할 때 지구에서는 개기 월식을 관측할 수 있다.
⑤ C와 같이 달 전체가 지구의 반그림자에 위치할 때 지구에서는 월식을 관측할 수 없다.

24 자료 분석

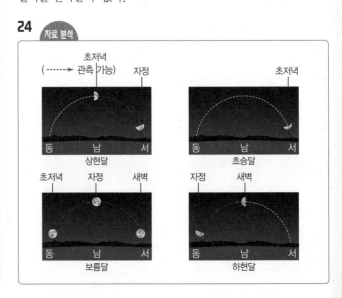

초저녁에 서쪽 하늘에서는 초승달을 볼 수 있고, 새벽에 해 뜨기 전에는 동쪽 하늘에서 그믐달을 볼 수 있다. 하현달은 자정 무렵에 동쪽 하늘에서 떠서 새벽에 남쪽 하늘에서 볼 수 있다.

25 자료 분석

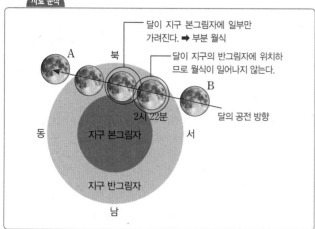

ㄱ. 달은 서쪽에서 동쪽으로 공전하며, 월식이 일어날 때 달은 왼쪽부터 가려지기 시작한다. 따라서 달의 이동 방향은 B → A이다.
오답 피하기 | ㄴ. 이날 달은 지구의 본그림자에 일부만 들어갔으므로 부분 월식이 일어났다.

ㄷ. 2시 22분에는 달이 지구의 반그림자에 위치하므로 부분 월식을 볼 수 없다.

26 **모범 답안** 동전의 시지름과 달의 시지름을 일치시키면 눈과 동전의 지름, 눈과 달의 지름이 이루는 두 삼각형은 닮은꼴이 되므로, 삼각형의 닮음비를 이용하여 달의 지름을 구한다.

채점 기준	배점
제시된 용어 5개를 모두 사용하여 삼각형의 닮음비를 이용한다고 옳게 서술한 경우	100 %
제시된 용어 4개만 사용하여 삼각형의 닮음비를 이용한다고 서술한 경우	80 %
제시된 용어 3개만 사용하여 삼각형의 닮음비를 이용한다고 서술한 경우	60 %
제시된 용어 2개만 사용하여 삼각형의 닮음비를 이용한다고 서술한 경우	40 %
삼각형의 닮음비를 이용한다고만 서술한 경우	20 %

27 지구가 한 바퀴 자전하는 동안 달은 지구 주위를 약 13° 공전한다.

모범 답안 지구가 자전하는 동안 달이 지구 주위를 공전하기 때문이다.

채점 기준	배점
지구가 자전하는 동안 달이 공전하기 때문이라고 옳게 서술한 경우	100 %
지구도 자전하기 때문이라고 서술한 경우	50 %

28 정월 대보름은 음력 1월 15일로 보름달이 뜨는 날이다. 보름달은 초저녁에 동쪽 하늘에서 떠서 자정 무렵에 남쪽 하늘에서 볼

수 있으므로 저녁 9시경에는 남동쪽 하늘에서 볼 수 있다.

모범 답안

채점 기준	배점
보름달을 남동쪽 하늘에 옳게 그린 경우	100 %
보름달은 그렸으나 남동쪽 하늘이 아닌 곳에 그린 경우	50 %
보름달이 아닌 달을 남동쪽 하늘에 그린 경우	50 %

29 **모범 답안** 지구의 공전 궤도면과 달의 공전 궤도면이 같은 평면상에 있지 않기 때문이다.

채점 기준	배점
제시된 용어 2개를 모두 사용하여 옳게 서술한 경우	100 %
제시된 용어를 사용하지 않고, 황도와 백도가 일치하지 않기 때문이라고 서술한 경우	50 %

03 태양계의 구성

01 ① 수성은 물과 대기가 없어 풍화와 침식 작용이 일어나지 않아 표면에 운석 구덩이가 많다.
② 금성은 두꺼운 대기를 가지고 있으며, 대기의 주성분은 이산화 탄소이다.
③ 화성의 극지방에는 얼음과 드라이아이스로 이루어진 극관이 있으며, 표면에는 태양계에서 가장 큰 화산이 있고, 물이 흘렀던 흔적과 대협곡이 존재한다.
④ 천왕성의 대기는 주로 수소와 헬륨이며, 메테인 성분이 포함되어 있어 청록색으로 보인다.
오답 피하기ㅣ ⑤ 밀도가 가장 작고, 얼음과 암석 조각으로 이루어진 뚜렷한 고리가 있는 행성은 토성이다.

02 행성 중 갈릴레이 위성을 가지고 있고, 표면에 가로줄 무늬와 붉은 점이 나타나는 것은 목성이다.

03 그림은 화성을 나타낸 것이다. 화성에서는 계절 변화가 나타나 극지방에 존재하는 극관은 계절에 따라 크기가 변한다. 화성의 표면에는 태양계에서 가장 큰 화산인 올림퍼스 화산이 있고, 물이 흘렀던 흔적이 남아 있다. 화성의 대기는 매우 희박하며, 주성분은 이산화 탄소이다.
오답 피하기ㅣ ② 화성은 포보스와 데이모스라는 위성을 2개 가지고 있다.

04 행성 중 표면 온도가 가장 높고, 가장 밝게 보이는 것은 금성이다. 금성은 태양으로부터 2번째에 위치한 행성이다.

05 외행성이면서 지구형 행성에 속하는 행성은 화성이다. 화성은 태양으로부터 4번째에 위치한 행성이다.

06 ㄱ. 목성형 행성은 지구형 행성보다 질량과 반지름이 크다.
ㄷ. 목성형 행성은 지구형 행성보다 많은 위성을 가지고 있다.
오답 피하기ㅣ ㄴ. 목성형 행성은 지구형 행성보다 평균 밀도가 작다.

07 단단한 표면이 있는 행성은 지구형 행성인 수성과 화성이므로, (다)는 목성이다. 수성과 화성 중 외행성은 화성이므로, (가)는 화성, (나)는 수성이다.

08 목성형 행성은 지구형 행성보다 반지름과 질량이 크고, 평균 밀도가 작으므로 A와 D는 목성형 행성이다.

09 지구형 행성은 목성형 행성보다 반지름과 질량이 작고, 평균 밀도가 크다. 따라서 A와 D는 목성형 행성, B와 C는 지구형 행성이다.
④ 목성형 행성인 D에 속한 행성들은 위성을 많이 가지고 있다.
오답 피하기ㅣ ① 화성은 지구형 행성이므로 B, C에 속한다.
② 목성은 목성형 행성이므로 A, D에 속한다.
③ 목성형 행성인 A에 속한 행성들은 모두 고리가 있다.
⑤ 목성형 행성이 큰 값을 갖는 물리량으로는 반지름, 질량, 자전 속도, 위성 수 등이 있다. 목성형 행성은 자전 속도가 빨라 자전 주기가 짧으므로 (가)에 들어갈 수 있는 물리량이 아니다.

10 질량이 크고, 평균 밀도가 작으며, 단단한 표면이 없는 (가)는 목성형 행성이고, (나)는 지구형 행성이다. 목성형 행성에 속하는 행성은 목성, 토성, 천왕성, 해왕성이고, 지구형 행성에 속하는 행성은 수성, 금성, 지구, 화성이다.

11 ①, ④ 태양은 태양계에서 유일하게 스스로 빛을 내는 천체로, 평균 표면 온도는 약 6000 ℃이다.
③ 태양의 표면 위로는 대기가 있는데, 평상시에는 광구가 너무 밝아 대기를 볼 수 없고 개기 일식이 일어나 광구가 가려질 때에만 볼 수 있다.
⑤ 태양의 활동이 활발해지는 시기에는 흑점 수가 많아지고, 태양풍이 강해지며, 홍염과 플레어의 발생 횟수가 증가한다. 또한 코로나도 크게 확장된다.
오답 피하기ㅣ ② 태양의 둥근 표면을 광구라고 한다.

12 ④ 광구 아래의 대류 현상에 의해 발생한 쌀알 무늬로, 고온의 물질이 상승하는 곳은 밝게, 저온의 물질이 하강하는 곳은 어둡게 보인다.
오답 피하기ㅣ ① 쌀알 무늬는 광구에서 나타나는 현상이다.

② 광구 아래의 대류 현상에 의해 발생한 것이다.

③ 광구에서 주변보다 온도가 낮은 부분은 흑점으로 검은 점처럼 보인다.

⑤ 지구에서 볼 때 동쪽에서 서쪽으로 이동하는 것은 흑점이다.

13 ㄱ. A는 광구에서 주위보다 온도가 약 2000 ℃ 낮아 검게 보이는 흑점이다.

ㄴ. B는 채층 위로 높이 솟아오르는 거대한 불기둥인 홍염으로, 대기에서 나타나는 현상이다.

오답 피하기 ㄷ. C는 광구 위로 나타나는 붉은색의 얇은 대기층인 채층으로, 평상시에는 광구가 밝아 관측할 수 없고 광구가 가려지는 개기 일식 때 관측할 수 있다.

14 ① 태양의 대기와 대기에서 일어나는 현상은 평상시에는 광구가 밝아서 관측할 수 없고, 개기 일식이 일어나면 관측할 수 있다.

② 태양의 대기는 광구 위로 나타나는 붉은색의 얇은 대기층인 채층과 채층 바깥쪽에 넓게 퍼져 있는 청백색의 가스층인 코로나로 구분할 수 있다.

③, ⑤ 태양의 대기에서는 채층 위로 높이 솟아오르는 거대한 불기둥인 홍염과 흑점 부근에서 일어나는 폭발 현상인 플레어가 나타난다.

오답 피하기 ④ 코로나의 온도는 100만 ℃ 이상으로 매우 높으며, 코로나가 채층보다 온도가 더 높다.

15 태양이 서쪽에서 동쪽으로 자전하기 때문에 지구에서 볼 때 흑점은 동쪽에서 서쪽으로 이동하는 것으로 관측된다.

16 A 시기는 흑점 수가 가장 많은 극대기로, 태양의 활동이 활발해진 시기이다. 이 시기에 지구에서는 대규모 정전 사태가 발생하고, 오로라 발생 지역이 넓어지며 발생 횟수 또한 많아진다. 또한 인공위성이나 송전 시설이 고장 나고, GPS의 오작동이나 무선 통신 장애가 발생하며, 지구에 도달하는 대전 입자의 양이 증가하여 자기 폭풍이 발생한다.

오답 피하기 ② 태풍은 수온이 높은 열대 해상에서 발생한 강한 저기압으로, 태양 활동의 영향을 크게 받지 않는다.

17 무선 통신 장애, 인공위성 오작동 등은 태양풍이 강해졌을 때 지구에서 일어나는 현상이다.

⑤ 태양풍이 강해지는 시기에는 태양 활동이 활발해져 채층 위로 솟아오르는 가스 분출 현상인 홍염이 자주 발생한다.

오답 피하기 ① 태양풍이 강해지는 시기에 태양에서는 흑점 수가 많아진다.

② 쌀알 무늬는 광구 아래의 대류 현상에 의해 나타나는 현상이고, 흑점의 강한 자기장은 광구 아래의 대류 현상을 방해한다. 따라서 태양 활동이 활발해진 시기에 쌀알 무늬가 더 뚜렷하게 발달하지는 않는다.

③ 오로라의 발생 횟수가 잦아지는 것은 태양 활동이 활발할 때 지구에서 일어나는 현상이다.

④ 태양 활동이 활발해지면 코로나의 크기가 더 커진다.

18 접안렌즈는 상을 확대하는 역할, 대물렌즈는 빛을 모으는 역할을 하므로 별빛이 어두울 때는 별빛을 더 많이 모아줄 수 있는 망원경으로 관측해야 한다. 따라서 대물렌즈가 더 큰 망원경으로 관측하면 된다.

19 자료 분석

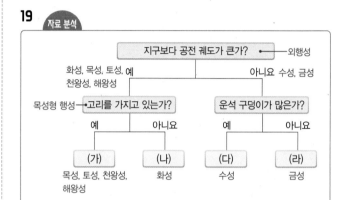

지구보다 공전 궤도가 큰 행성은 외행성이다. (가)는 외행성 중 고리를 가지고 있는 행성이므로 목성형 행성이며, (나)는 외행성이면서 목성형 행성이 아닌 행성이므로 화성이다. (다)는 내행성 중 운석 구덩이가 많은 행성이므로 수성이고, (라)는 금성이다.

① (가)는 목성형 행성이므로 목성, 토성, 천왕성, 해왕성이 해당되며, 모두 4개이다.

② (나)는 화성으로 지구형 행성에 속한다.

③ (다)는 수성으로 태양계 행성 중 크기가 가장 작다.

⑤ 물이 흐른 흔적이 있는 행성은 화성이다.

오답 피하기 ④ (라)는 금성으로 위성을 가지고 있지 않다.

20 자료 분석

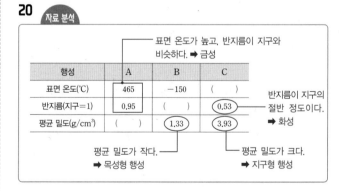

A는 금성, B는 목성형 행성(목성), C는 화성이다.

① 위성 수는 목성형 행성인 B가 가장 많다.

② 반지름은 목성형 행성인 B가 지구형 행성인 C보다 크다.

④ 대기압은 금성인 A가 화성인 C보다 크다.

⑤ 태양으로부터의 거리는 금성인 A가 가장 가깝고, 목성형 행성인 B가 가장 멀다.

오답 피하기 ③ 평균 밀도는 지구형 행성인 A가 목성형 행성인 B보다 크다.

21 흑점이 동쪽 끝에서 서쪽 끝까지 이동하는 데 12일이 걸렸으므로, 한 바퀴 이동하는 데는 약 24일이 걸린다. 흑점의 이동 주기는 태양의 자전 주기와 같다.

22 A는 평균 밀도가 크고 질량이 작은 행성들로 지구형 행성이고, B는 평균 밀도는 작고 질량이 큰 행성들로 목성형 행성이다.

모범 답안 (1) 수성, 금성, 지구, 화성

(2) 반지름이 크고, 위성 수가 많으며, 고리가 있다.

	채점 기준	배점
(1)	지구형 행성 4개를 모두 옳게 쓴 경우	40 %
	지구형 행성 중 1개만 쓴 경우	10 %
(2)	제시된 용어 3가지를 모두 포함하여 목성형 행성의 특징을 옳게 서술한 경우	60 %
	제시된 용어 2가지만 포함하여 목성형 행성의 특징을 서술한 경우	40 %

23 **모범 답안** 평상시에는 광구가 매우 밝기 때문에 광구가 가려지는 개기 일식 때 관측할 수 있다.

채점 기준	배점
광구가 매우 밝기 때문이라고 옳게 서술한 경우	100 %
광구가 가려져야 볼 수 있다고 서술한 경우	50 %

24 **모범 답안** (1) 코로나

(2) (가)가 (나)보다 코로나의 크기가 큰 것으로 보아 태양 활동은 (가) 시기가 (나) 시기보다 활발하다.

	채점 기준	배점
(1)	A의 이름을 옳게 쓴 경우	30 %
(2)	(가)와 (나) 시기에 태양의 활동을 코로나의 크기로 옳게 비교하여 서술한 경우	70 %
	(가)와 (나) 시기에 태양의 활동만 옳게 비교하여 서술한 경우	50 %

01 광합성

❶ 이산화 탄소   ❷ 엽록체   ❸ 빛   ❹ 물   ❺ 포도당   ❻ 산소
❼ 파란색   ❽ 이산화 탄소   ❾ 이산화 탄소   ❿ 감소   ⓫ 기공
⓬ 공변세포   ⓭ 광합성   ⓮ 열림   ⓯ 강할   ⓰ 낮을

중단원 퀴즈   시험 대비 교재 69쪽

❶ ㉠ 광합성, ㉡ 광합성, ㉢ 엽록체   ❷ 이산화 탄소   ❸ 물   ❹ 녹말
❺ 빛에너지   ❻ 산소   ❼ A: 빛의 세기, 이산화 탄소의 농도, B: 온
도   ❽ ㉠ 증산 작용, ㉡ 기공, ㉢ 공변세포   ❾ ㉠ B, 기공, ㉡ A, 공
변세포   ❿ ㉠ 증산 작용, ㉡ 이산화 탄소

중단원 기출 문제   시험 대비 교재 70~73쪽

01 ④   02 ②   03 ③   04 ②   05 ②, ⑤   06 광합성   07 이산화
탄소   08 ②   09 ⑤   10 ㄱ, ㄷ, ㅂ   11 ④   12 (가) D, 기공, (나) C,
공변세포   13 ③   14 ㉢   15 ③   16 ⑤   17 ③   18 ③   19 ②   20
해설 참조   21 해설 참조   22 해설 참조

01 ㄴ. 광합성은 식물의 잎에서 빛에너지를 이용하여 물과 이산
화 탄소를 원료로 양분을 만드는 과정이다.
ㄷ. 광합성이 일어날 때 식물의 잎에서 이산화 탄소를 흡수하고,
산소를 방출한다.
오답 피하기 ㄱ. 광합성은 빛이 있는 낮에 주로 일어난다. 호흡은
낮과 밤에 관계없이 항상 일어난다.

02 ①, ⑤ A는 광합성이 일어나는 장소인 엽록체이다.
③ 엽록체(A)에는 초록색 색소인 엽록소가 들어 있고, 엽록소에서
빛을 흡수한다.
④ 엽록체(A)는 식물 세포의 잎에 들어 있다.
오답 피하기 ② 기체 교환이 일어나는 통로는 기공이다.

03 A는 물, B는 이산화 탄소, C는 포도당, D는 산소이다.
③ C와 D는 광합성으로 생성되는 물질인데, D는 기공을 통해 공
기 중으로 방출되므로 나머지 C는 광합성으로 생성되는 양분인 포
도당이다.
오답 피하기 ① A는 뿌리에서 흡수되어 잎으로 이동한 물이다.
② B는 기공을 통해 공기 중에서 흡수되는 기체인 이산화 탄소이다.
④ D는 광합성으로 생성되는 기체인 산소이다.
⑤ 광합성은 엽록체에서 일어난다. 엽록소는 엽록체에 들어 있는
초록색 색소이다.

04 A와 B는 BTB 용액의 색깔 변화가 일어나지 않는다. C의
검정말에서 광합성이 일어나 이산화 탄소가 소모되므로 노란색
BTB 용액의 색깔이 파란색으로 변한다.

05 ② 노란색 BTB 용액에서 이산화 탄소가 소모될수록 BTB
용액의 색깔이 초록색으로 되었다가 파란색으로 된다.
⑤ B의 검정말은 빛을 받지 못해 광합성이 일어나지 않으며, C의
검정말은 빛을 받아 광합성이 일어난다. 그러므로 B와 C를 비교
하면 광합성에는 빛이 필요하다는 것을 알 수 있다.
오답 피하기 ① C만 검정말이 빛을 받아 광합성이 일어난다.
③, ④ A와 C를 비교하면 광합성에는 이산화 탄소가 필요하다는
것을 알 수 있다.

06 광합성은 식물이 빛에너지를 이용하여 물과 이산화 탄소를 원
료로 양분을 만드는 과정이다.

07 페트병 A와 B에 숨을 불어넣는 까닭은 광합성에 필요한 기
체인 이산화 탄소를 공급하기 위해서이다.

08 광합성으로 생성된 기체인 산소가 있는지 알아보기 위해서는
향의 불씨를 대어봐 향의 불씨가 다시 타오르는지 여부로 확인할
수 있다.

09 ① B에 어둠상자를 씌우는 까닭은 이미 만들어져 있던 양분
을 다른 곳으로 이동시키기 위해서이다.
② (다)는 검정말을 에탄올에 넣고 물중탕하는 과정으로, 엽록소를
제거해서 아이오딘 반응의 색깔 변화를 잘 확인할 수 있다.
③ 광합성이 일어나 녹말이 생성된 A의 검정말 잎은 (라)에서 아
이오딘 반응이 일어나 청람색으로 변한다.
④ A와 B의 검정말 잎의 아이오딘 반응 결과를 통해 광합성에는
빛이 필요하다는 것을 알 수 있다.
오답 피하기 ⑤ 이 실험을 통해 광합성 결과 녹말이 생성된다는 것
을 알 수 있다. 광합성 결과 최초로 생성되는 양분은 포도당이지만
곧바로 물에 잘 녹지 않는 녹말로 바뀌어 잎 세포에 저장된다.

10 광합성에 영향을 미치는 요인에는 빛의 세기, 이산화 탄소의
농도, 온도가 있다.

11 ①, ③ 시금치 잎 조각이 기포에 의해 떠오르는 것으로 보아
시금치에서 광합성이 일어나 산소가 발생한다는 것을 알 수 있다.
② 전등이 켜진 수가 많을수록 시금치 잎 조각이 모두 떠오르는 데
걸리는 시간이 짧아지므로 전등이 켜진 수가 많을수록 빛의 세기
가 강하다.
⑤ 실험 과정에서 비커에 넣은 1 % 탄산수소 나트륨 용액은 광합
성에 필요한 이산화 탄소를 공급한다.
오답 피하기 ④ 빛의 세기가 셀수록 광합성이 활발하게 일어난다는
것을 알 수 있다.

12 A는 물관, B는 체관, C는 공변세포, D는 기공이다. (가)는
기공에 대한 설명으로, 기공은 2개의 공변세포로 이루어져 있다.

13 ①, ② A는 엽록체가 들어 있는 공변세포이며, B는 2개의 공변세포(A)로 이루어진 기공이다.

④ 기공(B)이 열리면 증산 작용이 활발하게 일어난다.

⑤ 표피 세포(C)는 공변세포(A)와 달리 엽록체가 없어 투명하며, 광합성이 일어나지 않는다.

오답 피하기 ③ 기공(B)은 주로 광합성이 활발하게 일어나는 낮에 열린다.

14 공변세포에서 광합성이 일어나고 세포 내 농도가 높아져 주위 세포로부터 공변세포로 물이 들어온다.

15 물이 가장 많이 줄어든 눈금실린더는 잎이 달린 가지가 있고 바람이 잘 부는 상태인 (다)이다. 물이 가장 적게 줄어든 눈금실린더는 잎이 없는 가지가 있는 (나)이다.

16 ① (나)에는 잎이 없는 가지가 있으므로 증산 작용이 일어나지 않는다.

② (라)의 잎이 달린 가지에서 증산 작용이 일어나 비닐봉지 안에 물방울이 맺힌다.

③ (가)와 (나)를 비교하면 잎에서 증산 작용이 일어난다는 것을 알 수 있다.

④ 눈금실린더의 수면에 식용유를 떨어뜨리는 까닭은 물의 증발을 막기 위해서이다.

오답 피하기 ⑤ 바람이 잘 불고, 습도가 낮을 때 증산 작용이 잘 일어난다는 것을 알 수 있다.

17 ㄱ. 증산 작용이 활발할 때 뿌리에서 흡수한 물이 줄기를 거쳐 잎까지 상승한다.

ㄷ. 광합성이 활발하게 일어날 때 공변세포에서도 광합성이 일어나 기공이 열려 증산 작용이 활발하게 일어난다.

오답 피하기 ㄴ. 기공이 열려 있으면 이산화 탄소가 많이 흡수되므로 광합성도 활발히 일어난다.

18
자료 분석

ㄱ. 식물을 어둠상자에 하루 동안 넣어두는 까닭은 이미 만들어져 있던 양분을 다른 곳으로 이동시키기 위해서이다.

ㄴ. 수산화 나트륨은 이산화 탄소를 흡수하므로 A에서는 이산화 탄소가 없어 광합성이 일어나지 않고, B에서만 광합성이 일어난다. B의 잎에서만 아이오딘 반응에 대해 청람색으로 색깔 변화가 나타난다.

오답 피하기 ㄷ. 이 실험은 광합성에 이산화 탄소가 필요하다는 것을 알아보기 위한 것이다.

19
자료 분석

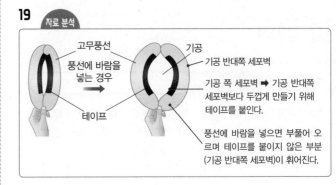

공변세포의 세포벽은 기공 쪽 세포벽이 기공 반대쪽 세포벽보다 두껍기 때문에 공변세포에 물이 들어오면 기공 반대쪽 세포벽이 더 많이 늘어나 기공이 열리게 된다.

20 광합성은 식물이 빛에너지를 이용하여 물과 이산화 탄소를 원료로 양분을 만드는 작용이다. 광합성으로 생성된 포도당은 곧바로 녹말로 바뀌어 잎의 세포에 저장된다.

모범 답안 포도당, 포도당은 곧바로 물에 잘 녹지 않는 물질인 녹말로 바뀌어 잎의 세포에 저장된다.

채점 기준	배점
포도당을 쓰고, 제시된 내용을 모두 포함하여 옳게 서술한 경우	100 %
포도당만 쓴 경우	30 %

21 광합성에 영향을 미치는 요인 중 빛의 세기에 대해 알아보는 실험이다. 검정말의 광합성에 의해 발생하는 기포는 산소이다.

모범 답안 (1) 산소

(2) 빛의 세기가 강해져 검정말에서 광합성이 더 활발하게 일어난다.

(3) 검정말과 전등 사이의 거리를 가깝게 한다. 전등을 더 밝게 한다. 1 % 탄산수소 나트륨 용액의 온도를 30~35 ℃ 정도로 높여준다.

	채점 기준	배점
(1)	산소라고 옳게 쓴 경우	20 %
(2)	빛의 세기가 강해지고, 광합성이 더 활발하게 일어난다는 내용을 모두 포함하여 옳게 서술한 경우	40 %
	2가지 내용 중 1가지만 포함하여 옳게 서술한 경우	20 %
(3)	기포 수를 증가시킬 수 있는 방법을 2가지 모두 옳게 서술한 경우	40 %
	기포 수를 증가시킬 수 있는 방법을 1가지만 옳게 서술한 경우	20 %

22 증산 작용은 광합성이 일어나는 잎에서 일어나며, 햇빛이 비치는 낮에 일어난다.

모범 답안 (나), 잎에서 증산 작용이 일어나 눈금실린더의 물이 나뭇가지로 이동하고 공기 중으로 방출되었기 때문이다.

채점 기준	배점
(나)를 쓰고, 까닭을 옳게 서술한 경우	100 %
(나)만 쓴 경우	30 %

02 식물의 호흡

❶ 호흡   ❷ 에너지   ❸ 포도당   ❹ 산소   ❺ 물   ❻ 이산화 탄소
❼ <   ❽ 광합성   ❾ 호흡   ❿ 엽록체   ⓫ 저장   ⓬ 방출   ⓭ 녹말
⓮ 설탕   ⓯ 에너지

중단원 퀴즈   시험 대비 교재 75쪽

1 호흡 **2** ㉠ 산소, ㉡ 이산화 탄소 **3** ㉠ 호흡, ㉡ 포도당, ㉢ 산소
4 A: 이산화 탄소, B: 산소 **5** (가) 광합성, (나) 호흡 **6** ㉠ 항상,
㉡ 이산화 탄소, ㉢ 산소, ㉣ 산소, ㉤ 이산화 탄소, ㉥ 에너지 **7** A:
물, B: 이산화 탄소, C: 포도당, D: 산소, E: 녹말, F: 설탕

중단원 기출 문제   시험 대비 교재 76~79쪽

01 ⑤ **02** ④ **03** ④ **04** ④ **05** B **06** ②, ④ **07** (가) 높아진
다., (나) 변화 없다. **08** ②, ④ **09** (가) **10** ④ **11** ⑤ **12** ④
13 ③ **14** ② **15** ④, ⑤ **16** ③ **17** ④ **18** ⑤ **19** ② **20** ①
20 해설 참조 **22** 해설 참조 **23** 해설 참조

01 ㄴ. 호흡은 살아 있는 모든 세포에서 항상 일어난다.
ㄷ. 호흡은 세포에서 생명 활동에 필요한 에너지를 얻기 위해 일어나는 과정이다.
오답 피하기 ㄱ. 호흡은 낮과 밤에 관계없이 항상 일어난다.

02 ①, ② 식물의 호흡에 필요한 물질인 산소는 광합성으로 생성되는 기체이며, 포도당은 광합성으로 만들어지는 양분이다.
③ 호흡 시 산소를 이용하여 양분인 포도당을 분해하고 에너지를 얻는다.
⑤ 호흡에 필요한 산소는 광합성으로 생성되거나 잎의 기공을 통해 공기 중에서 흡수된다.
오답 피하기 ④ 호흡 시 산소를 이용해서 양분을 분해하여 생명 활동에 필요한 에너지를 얻는다. 광합성이 일어나기 위해서는 빛에너지가 필요하다.

03 호흡으로 생성되는 요소는 물, 이산화 탄소, 에너지이며, 호흡에 필요한 물질은 포도당, 산소이다.

04 에너지는 싹을 틔우고, 꽃을 피우며, 열매를 맺는 등의 생명 활동에 사용된다. 그러므로 에너지가 많이 필요할 때 호흡이 활발하게 일어난다.

05 B에 들어 있는 시금치에서 호흡이 일어나 이산화 탄소가 발생하므로 B의 공기를 석회수에 통과시키면 석회수가 뿌옇게 흐려진다.

06 ②, ④ B 속에서 시금치의 호흡이 일어나서 이산화 탄소가 발생한다.
오답 피하기 ①, ③ A에는 시금치가 들어 있지 않으므로 광합성이 일어나지 않고 산소가 발생하지 않는다.
⑤ 시금치를 어두운 곳에 두면 빛을 받지 못해 광합성이 일어나지 않는다.

07 싹튼 콩은 호흡이 일어나 에너지를 방출하므로 보온병 내부의 온도가 올라가고, 삶은 콩은 호흡이 일어나지 않아 보온병 내부의 온도가 변화 없다.

08 실험을 통해 식물의 호흡은 살아 있는 세포에서 일어나며, 호흡 결과 에너지가 방출된다는 것을 알 수 있다.

09 (가)는 아침이나 저녁과 같이 빛이 약할 때 광합성이 활발하지 않아 광합성량과 호흡량이 같아지는 시점을 나타낸 것이다.

10 ① ㉠은 빛이 있을 때 일어나는 광합성이고, ㉡은 낮과 밤에 관계없이 항상 일어나는 호흡이다.
② 빛이 약할 때 일어나는 (가)는 아침이나 저녁에 일어나는 기체 교환이다.
③ (나)는 빛이 없는 밤에 일어나며, 광합성이 일어나지 않으므로 호흡량이 광합성량보다 많다.
⑤ 식물에서는 밤에 광합성이 일어나지 않고 호흡만 일어나므로 산소를 흡수하여 호흡에 이용한다.
오답 피하기 ④ (다)는 빛이 강한 낮에 일어나며, 광합성이 활발하게 일어나므로 광합성량이 호흡량보다 많다.

11 광합성량이 호흡량보다 많을 때 식물은 기공을 통해 이산화 탄소를 흡수하고 산소를 방출한다.

12 ㄱ. (가)는 엽록체가 있는 세포에서 일어나는 광합성이고, (나)는 살아 있는 모든 세포에서 일어나는 호흡이다.
ㄷ. 광합성(가)은 양분을 합성하는 과정이고, 호흡(나)은 양분을 분해하는 과정이다.
오답 피하기 ㄴ. 광합성(가)은 빛이 있는 낮에만, 호흡(나)은 항상 일어난다.

13 A와 B는 BTB 용액의 색깔 변화가 없고, C는 검정말의 호흡만 일어나 BTB 용액이 노란색으로 변하며, D는 광합성이 일어나 BTB 용액이 파란색으로 변한다.

14 ① C는 알루미늄 포일에 싸여 빛을 받지 못해 검정말에서 광합성이 일어나지 않고 호흡만 일어난다.
③ D는 빛을 받아 검정말에서 광합성이 일어난다.
④ 초록색 BTB 용액에 이산화 탄소가 첨가되면 노란색 BTB 용액으로 색깔이 변한다.
⑤ 검정말이 빛을 충분히 받으면 광합성이 호흡보다 활발하게 일어나 이산화 탄소를 많이 소모한다.
오답 피하기 ② C의 검정말은 빛을 받지 못해 광합성은 일어나지

않고 호흡만 일어나 이산화 탄소의 농도가 높아져서 초록색 BTB 용액이 노란색으로 변한 것이다.

15 콩은 씨(종자)에, 감자는 줄기에, 포도는 열매에 광합성 산물을 저장한다.

16 A는 물, B는 이산화 탄소, C는 포도당, D는 산소, E는 녹말, F는 설탕이다.
① 물(A)은 뿌리에서 흡수되어 물관을 통해 잎으로 이동하여 광합성에 사용된다.
② 초록색 BTB 용액에 이산화 탄소(B)가 첨가되면 BTB 용액이 노란색으로 변한다.
④ 산소(D)는 식물의 호흡 시 양분을 분해하는 데 필요한 기체이다.
⑤ 이산화 탄소(B)와 산소(D)는 식물 잎의 기공을 통해 출입한다.
오답 피하기 | ③ 녹말(E)이 아이오딘 반응에 청람색으로 색깔 변화가 나타난다.

17 ㄱ. 포도당(C)은 광합성 결과 최초로 생성되는 양분이다.
ㄷ. 녹말(E)은 밤에 물에 잘 녹는 설탕(F)으로 바뀌어 체관을 통해 식물의 각 기관으로 이동한다.
오답 피하기 | ㄴ. 포도당(C)은 곧바로 물에 잘 녹지 않는 녹말(E)로 바뀌어 잎 세포에 저장된다.

18 ① 광합성으로 만들어진 양분은 동물 등 다른 생물의 먹이가 되기도 한다.
②, ③ 광합성으로 만들어진 양분은 식물의 생명 활동에 필요한 에너지를 얻는 데 사용하거나 세포를 구성하는 물질로 사용한다.
④ 사용하고 남은 광합성 산물은 식물의 뿌리, 줄기, 열매 등 저장 기관에 저장한다.
오답 피하기 | ⑤ 사용하고 남은 광합성 산물은 녹말, 단백질, 지방 등의 형태로 저장 기관에 저장된다.

19 자료 분석

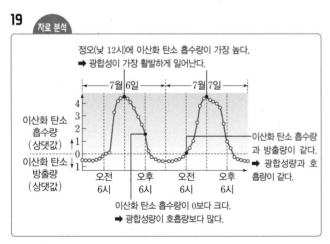

ㄴ. 7월 7일 오전 6시에 이산화 탄소 흡수량과 이산화 탄소 방출량이 같으므로 광합성량과 호흡량이 같다.
ㄷ. 6일과 7일 모두 정오에 이산화 탄소 흡수량이 가장 높아 광합성이 활발하게 일어난다.
오답 피하기 | ㄱ. 7월 6일 오후 6시에는 광합성량이 호흡량보다 많다.
ㄹ. 6일과 7일 오후 2시경에는 광합성과 호흡이 모두 일어난다.

20 자료 분석

시간	오전 6시	오후 2시	오후 8시
잎(녹말)	−	++	+
줄기(설탕)	−	+	++

(−: 없음, +: 있음, ++: 많이 있음)

낮 동안 잎에 저장되는 광합성 산물이다.
오후 2시에는 잎에 녹말이 많이 들어 있다. ➡ 광합성 산물인 포도당이 녹말로 바뀌어 잎에 저장된다.
밤에 다른 기관으로 이동하는 광합성 산물이다.
오후 8시에는 줄기에 설탕이 많이 들어 있다. ➡ 녹말이 설탕으로 바뀌어 줄기로 이동한다.

② 오전 6시, 오후 2시, 오후 8시 중 오후 2시에 잎에 녹말이 가장 많은 것으로 보아 광합성이 가장 활발하게 일어난다.
③ 광합성이 가장 활발하게 일어나는 오후 2시에 잎에 녹말이 많이 있으므로 광합성으로 만들어진 양분인 포도당은 녹말로 바뀌어 잎 세포에 저장된다는 것을 알 수 있다.
④, ⑤ 오후 8시에 잎에 있던 녹말의 양이 적어지고, 줄기에 있는 설탕의 양이 많아진 것으로 보아 녹말이 설탕으로 바뀌어 줄기로 이동한다는 것을 알 수 있다.
오답 피하기 | ① 오후 2시에는 광합성이 활발하게 일어나므로 잎에 포도당이 존재할 것이다.

21 (나)에서는 식물에서 광합성이 일어나 산소를 생성하므로 촛불이 가장 오래 켜져 있고, (다)에서는 식물의 호흡만 일어나 산소를 소모하므로 촛불이 가장 빨리 꺼진다.
모범 답안 (다), 식물이 광합성을 하지 않고 호흡만 하여 유리종 속 산소가 가장 빠르게 소모되기 때문이다.

채점 기준	배점
(다)를 쓰고, 그 까닭을 옳게 서술한 경우	100 %
(다)만 쓴 경우	30 %

22 (가)는 물과 이산화 탄소가 필요하고, 포도당과 산소를 생성하는 광합성이다. (나)는 포도당과 산소가 필요하고, 물과 이산화 탄소를 생성하는 호흡이다.
모범 답안 (가) 광합성, (나) 호흡, (가)는 엽록체가 들어 있는 세포에서 빛이 있을 때 일어나며, (나)는 살아 있는 모든 세포에서 항상 일어난다.

채점 기준	배점
(가)와 (나)에 해당하는 작용을 쓰고, 제시된 내용을 포함하여 (가)와 (나)의 차이점을 옳게 서술한 경우	100 %
(가)와 (나)에 해당하는 작용만 쓴 경우	30 %

23 **모범 답안** A, 체관이 제거되었으므로 잎에서 만든 양분이 아래로 내려오지 못하고 벗겨낸 부분의 위쪽에 쌓이기 때문이다.

채점 기준	배점
A를 쓰고, 그 까닭을 옳게 서술한 경우	100 %
A만 쓴 경우	30 %

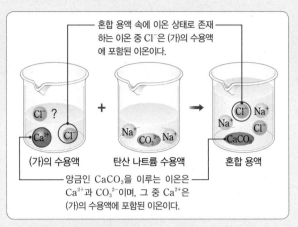

혼합 용액 속에 이온 상태로 존재하는 이온 중 Cl^-은 (가)의 수용액에 포함된 이온이다.

Cl^- ?

Ca^{2+} Cl^-

(가)의 수용액 + 탄산 나트륨 수용액 → 혼합 용액

Na^+ CO_3^{2-} Na^+

Na^+ Cl^- Cl^- Na^+ $CaCO_3$

앙금인 $CaCO_3$을 이루는 이온은 Ca^{2+}과 CO_3^{2-}이며, 그 중 Ca^{2+}은 (가)의 수용액에 포함된 이온이다.

Ⅰ. 물질의 구성 — 앙금 생성 반응

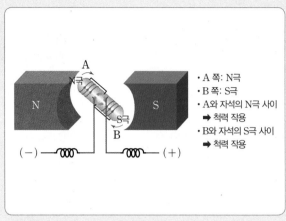

A

N극

S극

B

N (−) (+) S

· A 쪽: N극
· B 쪽: S극
· A와 자석의 N극 사이 ➡ 척력 작용
· B와 자석의 S극 사이 ➡ 척력 작용

Ⅱ. 전기와 자기 — 전자석의 회전

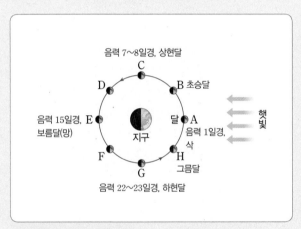

음력 7~8일경, 상현달
C

D B 초승달

음력 15일경 E 지구 달 A
보름달(망) 음력 1일경, 삭

햇빛

F H 그믐달
G

음력 22~23일경, 하현달

Ⅲ. 태양계 — 달의 위상 변화

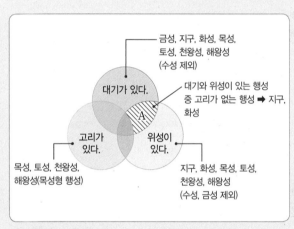

대기가 있다.

금성, 지구, 화성, 목성, 토성, 천왕성, 해왕성 (수성 제외)

A

대기와 위성이 있는 행성 중 고리가 없는 행성 ➡ 지구, 화성

고리가 있다. 위성이 있다.

목성, 토성, 천왕성, 해왕성(목성형 행성)

지구, 화성, 목성, 토성, 천왕성, 해왕성 (수성, 금성 제외)

Ⅲ. 태양계 — 행성의 분류

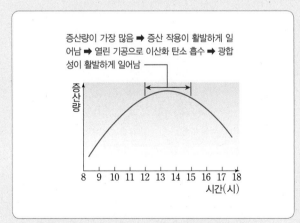

증산량이 가장 많음 ➡ 증산 작용이 활발하게 일어남 ➡ 열린 기공으로 이산화 탄소 흡수 ➡ 광합성이 활발하게 일어남

증산량

8 9 10 11 12 13 14 15 16 17 18
시간(시)

Ⅳ. 식물과 에너지 — 아침부터 저녁까지 증산량 측정 결과

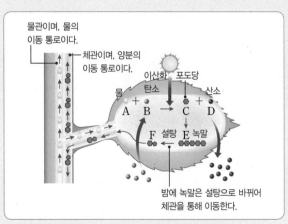

물관이며, 물의 이동 통로이다.

체관이며, 양분의 이동 통로이다.

이산화 탄소 포도당 산소

물 A B + C + D

F 설탕 E 녹말

밤에 녹말은 설탕으로 바뀌어 체관을 통해 이동한다.

Ⅳ. 식물과 에너지 — 잎에서 일어나는 광합성 과정

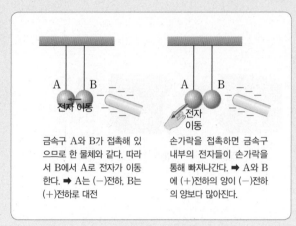

Ⅱ. 전기와 자기 — 대전체를 가까이 할 때 전자의 이동

금속구 A와 B가 접촉해 있으므로 한 물체와 같다. 따라서 B에서 A로 전자가 이동한다. ➡ A는 (−)전하, B는 (+)전하로 대전

손가락을 접촉하면 금속구 내부의 전자들이 손가락을 통해 빠져나간다. ➡ A와 B에 (+)전하의 양이 (−)전하의 양보다 많아진다.

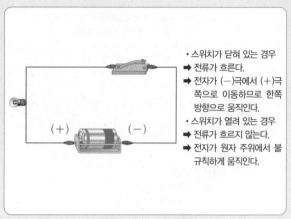

Ⅱ. 전기와 자기 — 전류가 흐를 때 전자의 이동

• 스위치가 닫혀 있는 경우
➡ 전류가 흐른다.
➡ 전자가 (−)극에서 (+)극 쪽으로 이동하므로 한쪽 방향으로 움직인다.
• 스위치가 열려 있는 경우
➡ 전류가 흐르지 않는다.
➡ 전자가 원자 주위에서 불규칙하게 움직인다.

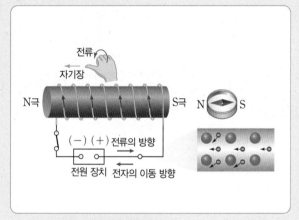

Ⅱ. 전기와 자기 — 코일 주위의 자기장

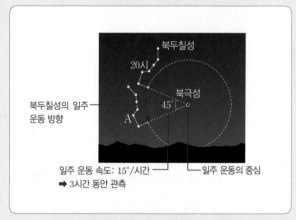

Ⅲ. 태양계 — 북쪽 하늘의 일주 운동

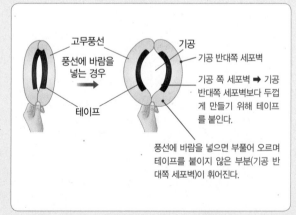

Ⅳ. 식물과 에너지 — 기공이 열리고 닫히는 원리

풍선에 바람을 넣으면 부풀어 오르며 테이프를 붙이지 않은 부분(기공 반대쪽 세포벽)이 휘어진다.

기공 쪽 세포벽 ➡ 기공 반대쪽 세포벽보다 두껍게 만들기 위해 테이프를 붙인다.

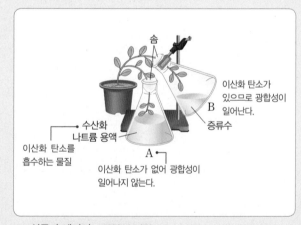

Ⅳ. 식물과 에너지 — 광합성 실험

이산화 탄소가 있으므로 광합성이 일어난다.

이산화 탄소가 없어 광합성이 일어나지 않는다.

[출처] 태양계 사진: www.nasa.gov